普通高等教育"十二五"规划教材
精 品 课 程 教 材

分子生物学

袁红雨　主编

U0347625

化学工业出版社
·北京·

本书系统介绍了分子生物学的基本理论、核心内容以及主要技术，全书共 12 章，分为 5 个部分。第 1、2 章着重介绍了核酸和基因组的结构；第 3~5 章讲述了 DNA 的复制、突变和重组；第 6~8 章系统分析了基因的表达过程，内容涉及 RNA 的生物合成、转录后加工以及蛋白质的生物合成与加工；第 9、10 章论述了原核生物和真核生物的基因表达调控；第 11、12 章对分子生物学研究方法进行了专题介绍，内容包括核酸的分离、纯化、检测和杂交，基因克隆，聚合酶链式反应，DNA 测序和基因组测序，基因表达分析以及蛋白质组学研究等。

全书图文并茂，内容新颖，架构清晰，可供生命科学相关专业的教师、本科生和研究生使用。

图书在版编目（CIP）数据

分子生物学/袁红雨主编. —北京：化学工业出版社，2012.7（2021.2 重印）
（普通高等教育"十二五"规划教材．精品课程教材）
ISBN 978-7-122-14624-3

Ⅰ.①现⋯ Ⅱ.①袁⋯ Ⅲ.①分子生物学-教材 Ⅳ.①Q7

中国版本图书馆 CIP 数据核字（2012）第 138384 号

责任编辑：赵玉清 刘 畅　　　　　　　　文字编辑：张春娥
责任校对：蒋 宇　　　　　　　　　　　　装帧设计：尹琳琳

出版发行：化学工业出版社（北京市东城区青年湖南街 13 号　邮政编码 100011）
印　　装：北京盛通商印快线网络科技有限公司
787mm×1092mm　1/16　印张 20½　彩插 2　字数 536 千字　2021 年 2 月北京第 1 版第 4 次印刷

购书咨询：010-64518888　　　　　　售后服务：010-64518899
网　　址：http://www.cip.com.cn
凡购买本书，如有缺损质量问题，本社销售中心负责调换。

定　　价：35.00 元

编写人员名单

主　　编　袁红雨

副主编　谢素霞　赵昕梅　田　华

编写人员　（按姓氏汉语拼音排序）

程　琳　刘慧娟　田　华　王　玲　谢素霞

徐永杰　袁红雨　张　伟　赵昕梅

前　言

　　分子生物学是在分子水平上研究生命现象的一门学科，其主要内容是研究遗传信息存储与传递的分子细节。自诞生以来，分子生物学取得了巨大的成就，它的理论和方法已渗透到生命科学的每一个领域，为生命科学的研究提供了新的思维方式和研究手段，也极大地推进了其他学科的发展。

　　虽然生命体的结构和生活方式千姿百态，然而从分子水平上观察却都凸显出生命过程内在的统一。正是这种统一使分子生物学发展成为一门独立的学科。分子生物学侧重于从分子水平上研究遗传信息的传递、表达和调控，因此可以认为是在遗传学和生物化学的基础上发展起来的一门新兴交叉学科，其起源可以追溯到 19 世纪中叶孟德尔以豌豆为材料进行的杂交实验。孟德尔的实验简捷明了，揭示了生物决定性状从一代传递到下一代最重要的遗传规律。大约从1900 年开始，遗传学家开始思考我们现在称之为"分子生物学"的问题，例如基因的分子本质是什么，遗传信息是如何被编码在一种生物分子中的，信息是如何从一代传递给下一代的，在一个突变体中遗传信息发生了怎样的改变等。然而，那时还没有探索这些问题的明确的逻辑出发点和实验操作的对象。直到 1944 年，通过肺炎双球菌的遗传转化实验才证明遗传物质就是DNA。1953 年，Watson 和 Crick 提出 DNA 双螺旋模型，从而把分子生物学推向高速发展的时期。

　　从 20 世纪 70 年代发展起来的重组 DNA 技术是一系列方法和技术的集合，使人们能够任意地对 DNA 进行切割、重组，将基因从一个有机体转移至另一个有机体，并使指定的基因在不同的细胞中工作。遗传学的这一分支称为基因工程。基因工程的出现对分子生物学的发展产生了深远的影响，特别是使人们理解了基因在动植物细胞中的表达和调控。基因工程还为人们提供了具有重要经济价值和医学价值的工具。采用基因工程可以对动植物进行遗传修饰，创造出动植物新品种，以及生产出有医疗价值的活性物质。

　　20 世纪 90 年代以来，重组 DNA 技术逐渐被用于基因组研究，特别是在人类基因组计划的影响下，分子生物学的主要目标已经从传统的单个基因的研究转向对生物整个基因组的研究。人类和一些模式生物基因组计划的完成开辟了遗传学研究的新方法。传统的遗传学从突变的有机体开始，寻找控制突变性状的基因，并对基因进行测序，现在可以从已知序列入手阐明基因的功能。

　　在长期的教学实践中，面对分子生物学内容多、信息量大、知识不断更新发展的特点，我们决定编写一本既涵盖分子生物学基本理论、核心内容和主要技术，又能反映本学科最新发展，适合普通高等院校使用的教材。在编写过程中，我们力求内容新颖、架构清晰、深入浅出、层层递进。全书共 12 章，前 2 章主要介绍 DNA 和基因组的结构；第 3～5 章介绍DNA 的复制、突变和重组；第 6～8 章重点讲述基因表达的分子细节；第 9～10 章分别介绍原核生物和真核生物的基因表达调控；第 11～12 章介绍分子生物学重要技术的原理和方法。

　　本书由长期从事分子生物学、遗传学和基因工程教学工作的老师编写，采用集体讨论、分别执笔的方式，主编负责全书的统筹规划和最终统稿。在本书的编写过程中，得到化学工业出版社编辑的热情鼓励和帮助，信阳师范学院的赵勤老师为本书的稿件收集与整理做了大量的工作，在此表示衷心感谢。分子生物学发展迅速，资料浩瀚，鉴于编者水平有限，缺点和错误在所难免，欢迎批评指正。

编者

2012 年 8 月

目　录

第 12 章　分子生物学方法 Ⅱ ····· 288

第1章 核酸的结构与性质

1869 年，瑞士青年科学家 Miescher 从被感染伤口的脓细胞中分离出了 DNA。然而，直到 1944 年，DNA 分子的生物学功能才被揭示。在这一年，加拿大细菌学家 Avery 和他的合作者发表了著名的肺炎双球菌转化实验。他们发现，从光滑型的肺炎双球菌中提取的 DNA 可以转化粗糙型的肺炎双球菌，使后者具有形成荚膜的能力。他们的结论是 DNA 是遗传物质，遗传信息以某种方式由 DNA 编码。1952 年，Hershey 和 Chase 通过噬菌体感染细菌实验进一步证实了这一结论。噬菌体由蛋白质外壳和 DNA 核心组成。Hershey 和 Chase 用 ^{32}P 和 ^{35}S 分别标记 DNA 和蛋白质，再用标记的噬菌体感染细菌，发现只有标记的 DNA 进入了细菌细胞内，而标记的蛋白质则留在细胞外。进入到细菌细胞内的 DNA 作为噬菌体的遗传物质完成了噬菌体的复制和增殖。

1953 年，Watson 和 Crick 在 DNA 的 X 射线衍射实验的基础上提出了 DNA 的双螺旋模型。该模型不但很好地解释了所有 DNA 的结构数据，也很好地解释了只有 4 种核苷酸简单重复构成的 DNA 是如何携带遗传信息的，以及遗传物质是如何复制的。DNA 的双螺旋结构学说为分子生物学的发展奠定了坚实的基础。

RNA 分子要比 DNA 短得多，起着传递遗传信息的作用。一些 RNA 具有酶的活性，在从核酸到蛋白质的信息传递中催化重要反应，具有重要的进化意义。尽管目前所知的生物以及大多数病毒都以 DNA 作为遗传信息的载体，但也有少数病毒的遗传物质是 RNA。这类病毒既利用 RNA 携带遗传信息，又利用 RNA 传递遗传信息。

1.1 DNA 的结构

1.1.1 DNA 的化学组成

DNA 的组成单位是脱氧核苷酸（deoxynucleotide）。脱氧核苷酸有三个组成成分：一个磷酸基团（phosphate）、一个 2′-脱氧核糖（2′-deoxyribose）和一个碱基（base）。之所以叫做 2′-脱氧核糖是因为戊糖的第二位碳原子没有羟基，而是两个氢。为了区别于碱基上原子的位置，核糖上原子的位置在右上角都标以 "′"。

1.1.1.1 碱基

构成 DNA 的碱基可以分为两类：嘌呤（purine）和嘧啶（pyrimidine）（图 1-1）。嘌呤为双环结构，包括腺嘌呤（adenine）和鸟嘌呤（guanine），这两种嘌呤有着相同的基本结构，只是附着的基团不同。而嘧啶为单环结构，包括胞嘧啶（cytosine）和胸腺嘧啶（thymine），它们同样有着相同的基本结构。可以用数字表示嘌呤和嘧啶环上的原子位置。

1.1.1.2 脱氧核苷

嘌呤的 N9 和嘧啶的 N1 通过糖苷键与脱氧核糖结合形成 4 种脱氧核苷（deoxynucleoside），分别称为 2′-脱氧腺苷、2′-脱氧胸苷、2′-脱氧鸟苷和 2′-脱氧胞苷。

1.1.1.3 脱氧核苷酸

脱氧核苷酸由脱氧核苷和磷酸组成（图 1-2）。磷酸与脱氧核苷 5′-碳原子上的羟基缩水生成 5′-脱氧核苷酸。脱氧核苷单磷酸依次以磷酸二酯键相连形成多核苷酸链（polynucleoti-

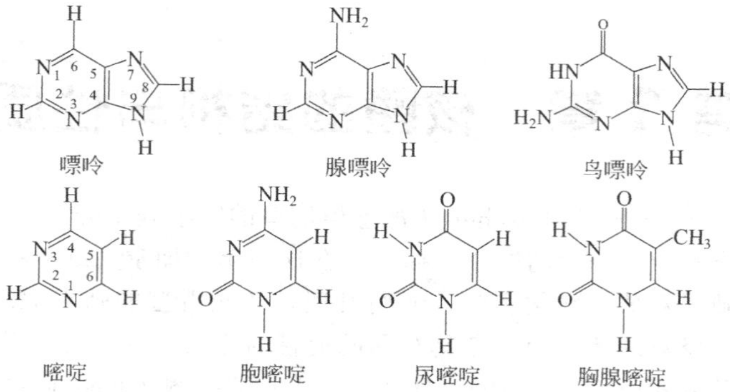

嘌呤
腺嘌呤
鸟嘌呤
嘧啶
胞嘧啶
尿嘧啶
胸腺嘧啶

图 1-1 嘌呤和嘧啶的分子结构示意图

de)，即一个核苷酸的 3′-羟基与另一核苷酸上的 5′-磷酸基形成磷酸二酯键（phosphodiester group）。也就是一个核苷的 3′-羟基和另一核苷的 5′-羟基与同一个磷酸分子形成两个酯键。多核苷酸链以磷酸二酯键为基础构成了规则的不断重复的糖-磷酸骨架，这是 DNA 结构的一个特点。核苷酸的一个末端有一个游离的 5′-基团，另一端的核苷酸有一游离的 3′-基团。所以，多核苷酸链是有极性的，其 5′-末端被看成是链的起点。这是因为遗传信息是从核苷酸链的 5′-末端开始阅读的。

2′-脱氧核糖
磷酸
碱基
2-核苷酸(dAMP)

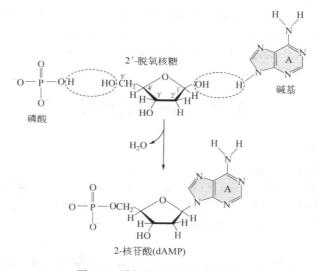

图 1-2 脱氧核苷酸的分子模型

1.1.2 DNA 双螺旋

1949 年，生物化学家 Erwin Chargaff 用纸色谱技术分析了 DNA 的核苷酸组成，发现在所有不同来源的 DNA 样品中，A 残基的数目与 T 残基的数目相等，而 G 残基的数目与 C 残基的数目相等。20 世纪 50 年代初，Rosalind Franklin 和 Maurice Wilkins 利用 X 射线衍射技术（X-ray diffraction）证实了 DNA 具有双螺旋结构形式。1953 年，Watson和 Crick 根据 DNA 分子的理化分析及 X 射线衍射数据提出了 DNA 的双螺旋结构（图 1-3）。

根据这一模型，双螺旋的两条反向平行的多核苷酸链绕同一中心轴相缠绕，形成右手螺旋。磷酸与脱氧核糖构成的骨架位于双螺旋外侧，嘌呤与嘧啶碱伸向双螺旋的内侧。碱基平

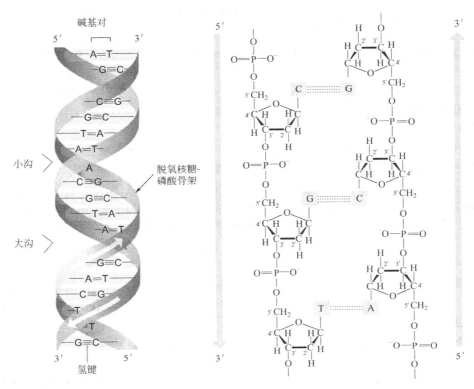

图 1-3　DNA 分子双螺旋模型

面与纵轴垂直，糖环平面与纵轴平行。

　　两条核苷酸链之间依靠碱基间的氢键结合在一起，形成碱基对（base pair，bp）。位于两条 DNA 单链之间的碱基配对是高度特异的：腺嘌呤只与胸腺嘧啶配对，而鸟嘌呤总是与胞嘧啶配对（图 1-4），结果是双螺旋的两条链的碱基序列形成互补关系（complementary），其中任何一条链的序列都严格决定了其对应链的序列。例如，如果一条链上的序列是 5′-ATGTC-3′，那么另一条链必然是互补序列 3′-TACAG-5′。碱基间的配对除了要求碱基之间形状的互补外，还要求碱基对之间氢供体和氢受体具有互补性。DNA 双链之间 G-C 和 A-T 配对可以保证碱基对之间氢供体和氢受体的互补性。在图 1-4 中，腺嘌呤 C6 上的氨基基团与胸腺嘧啶 C4 上的羰基基团可以形成一个氢键；腺嘌呤 N1 和胸腺嘧啶的 N3 上的 H 也形成一个氢键。鸟嘌呤与胞嘧啶之间可以形成 3 个氢键（图 1-4）。设想我们试着使腺嘌呤和胞嘧啶配对，这样一个氢键受体（腺嘌呤的 N1）对着另一氢键受体（胞嘧啶的 N3）。同样，两个氢键供体，腺嘌呤的 C6 和胞嘧啶的 C4 上的氨基基团，也彼此相对，所以，A∶C 碱基配对是不稳定的，它们之间无法形成氢键（图 1-5）。

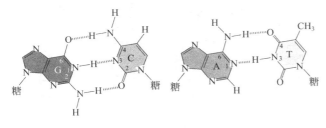

图 1-4　DNA 分子中的碱基配对

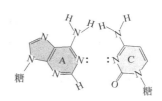

图 1-5　A 和 C 之间不能形成正确的氢键

　　氢键并不是稳定双螺旋的唯一因素。另一种维持双螺旋结构稳定性的重要作用力来自于碱基间的堆积力。碱基是扁平、相对难溶于水的分子，它们以大致垂直于双螺旋轴的方向上下堆积，DNA 链中相邻碱基之间电子云的相互作用对双螺旋的稳定性有着重要影响。G-C 对间的堆积力大于 A-T 对，这是 G-C 含量高的 DNA 比 A-T 含量高的 DNA 在热力学上更稳定的主要因素。另外，DNA 双链上的磷酸基团带负电荷，双链之间这种静电排斥力具有将双链推开的趋势。在生理状态下，介质中的阳离子或阳离子化合物可以中和磷酸基团的负电荷，有利于双螺旋的形成和稳定。

　　每圈螺旋含 10 个碱基对，碱基堆积距离为 0.34nm，双螺旋直径为 2nm。DNA 的两条单链彼此缠绕时，沿着双螺旋的走向形成两个交替分布的凹槽，一个较宽、较深，称为大沟（major groove），另一个较窄、较浅，称为小沟（minor groove）（图 1-3）。每个碱基对的边缘都暴露于大沟、小沟中。在大沟中，每一碱基对边缘的化学基团都有其自身独特的分布模式。因此，蛋白质可以根据大沟中的化学基团的排列方式准确区分 A：T 碱基对、T：A 碱基对、G：C 碱基对与 C：G 碱基对。这种区分非常重要，使得蛋白质无需解开双螺旋就可以识别 DNA 序列。

　　小沟的化学信息较少，对区分碱基对的作用不大。在小沟中，A：T 碱基对与 T：A 碱基对，G：C 碱基对与 C：G 碱基对看起来极其相似。另外，由于体积较小，氨基酸的侧链一般不能进入小沟之中。

1.1.3　DNA 结构的多态性

1.1.3.1　A 型 DNA

　　Watson 和 Crick 提出的 DNA 双螺旋结构属于 B 型双螺旋，它是以从生理盐溶液中抽出的 DNA 纤维在 92% 相对湿度下的 X 射线衍射图谱为依据推测出来的，这是 DNA 分子在水性环境和生理条件下最稳定的结构。然而，以后的研究表明 DNA 的结构是动态的。

　　在高盐溶液或脱水情况下，DNA 倾向于形成 A-DNA（图 1-6）。A-DNA 的直径是 2.6nm，每一螺旋含 11 个碱基对，每个碱基对上升 0.23nm。所以，与 B-DNA 相比，A-DNA 的直径变粗，长度变短。另外，A-DNA 的大沟变窄、变深，小沟变宽、变浅。由于大沟、小沟是 DNA 行使功能时蛋白质的识别位点，所以由 B-DNA 变为 A-DNA 后，蛋白质对 DNA 分子的识别也发生了相应变化。双链 RNA 和 DNA-RNA 杂合体会形成 A-型双螺旋。

1.1.3.2　Z 型 DNA

　　除了 A 型 DNA 和 B 型 DNA 以外，还发现有一种 Z 型 DNA。A. Rich 在研究 CGCGCG 寡聚体的结构时发现了这种类型的 DNA。虽然 CGCGCG 在晶体中也呈双螺旋结构，但它不是右手螺旋，而是左手螺旋（left handed），所以称作左旋 DNA（图 1-6）。Z 型 DNA 的螺距延长（4.5nm 左右），直径变窄（1.8nm），每个螺旋含 12 个碱基对，每个碱基对上升 0.38nm。另外，大沟已不复存在，小沟窄且深。在 CGCGCG 晶体中，磷酸基团在多核苷酸骨架上的分布呈 Z 字形，所以也称作 Z 型 DNA。还有，这一构象中的

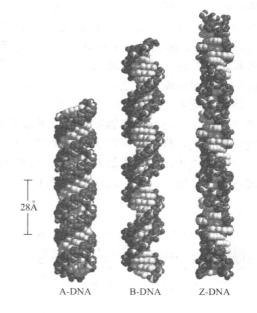

28Å

A-DNA　　B-DNA　　Z-DNA

图 1-6　A-DNA、B-DNA 和 Z-DNA

1Å＝0.1nm

重复单位是二核苷酸而不是单核苷酸。

目前仍然不清楚 Z-DNA 究竟具有何种生物学功能。但实验证明，天然 B-DNA 的局部区域可以出现 Z-DNA 的结构，说明 B-DNA 与 Z-DNA 之间是可以互相转变的，并处于某种平衡状态，一旦破坏这种平衡，基因表达可能失控，所以推测 Z-DNA 可能和基因表达的调控有关。

1.1.3.3　H-DNA

H-DNA 是一种三股螺旋。能够形成三股螺旋的 DNA 序列呈镜像对称，并且一条链为多聚嘌呤链，另一条链为多聚嘧啶链，例如（CT/AG）$_n$。H-DNA 的三股螺旋中的一条多聚嘌呤核苷酸与一条多聚嘧啶核苷酸链形成双螺旋，另一

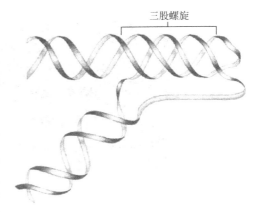

图 1-7　H-DNA 的模式图

条多聚嘧啶链与多聚嘌呤核苷酸同向平衡，嵌入到双螺旋的大沟之中（图 1-7），通过 Hoogsteen 碱基配对与嘌呤链结合，形成 dT-dA-dT 和 dC-dG-dC$^+$ 碱基三联体。第三股链上的 C 必须质子化，与 G 形成两个氢键，因此三股螺旋易于在酸性条件下形成。另外，负超螺旋也有利于 H-DNA 的形成。在形成三股螺旋时，会有一条多聚嘌呤核苷酸被置换出来，保持单链状态。

尽管三股螺旋的形成受到的限制比双螺旋多，然而计算机搜索发现，在天然的 DNA 分子中能够形成 H-DNA 的潜在序列比预期的要多，并且不是随机分布。例如，（CT/AG）$_n$ 出现在许多基因的启动子、重组热点和复制起点中。如果删除启动子中的（CT/AG）$_n$，或者使其发生突变都会降低基因的表达，说明 H-DNA 具有某种生物学功能。

1.2　DNA 超螺旋

1.2.1　超螺旋 DNA

许多病毒 DNA 以及所有的细菌 DNA 都是环状分子。环状 DNA 也出现在真核生物的线粒体和叶绿体中。闭合环状 DNA 分子没有自由的末端。从细胞中分离出来的环状 DNA 分子，例如 SV40 的环形 DNA 分子，如果在 DNA 链上没有断裂，呈超螺旋结构（superhelix 或 supercoil）（图 1-8）。超螺旋 DNA 是 DNA 双螺旋进一步扭曲盘绕所形成的特定空间结构。超螺旋是有方向的，左旋的超螺旋称为正超螺旋，右旋的超螺旋称为负超螺旋。

为了说明超螺旋的方向，以一段由 250 个碱基对组成的线形 B-DNA 为例来加以讨论。这段 DNA 的螺旋数应为 25（250/10＝25）。当将此线形 DNA 连接成环形时，形成的是松弛型 DNA（relaxed DNA）。但是，若将线形 DNA 的螺旋先拧松 2 周再连接成环形，这时闭合环形 DNA 两条链的互相缠绕次数比所预期的 B 型结构螺旋数要少，或者说是螺旋不足。这就造成这段 DNA 偏离最稳定的双螺旋结构，产生了热力学紧张状态。这种结构扭力能够以两种方式被容纳：一种是形成解链环形 DNA（unwound circle DNA），它的螺旋数为 23，还含有一个解链后形成的环；另一种是形成超螺旋 DNA（superhelix DNA），它的螺旋数仍为 25，但同时具有 2 个右旋超螺旋（图 1-9）。这样可使螺旋不足的 DNA 中的相邻碱基对以最接近于 B 型结构的距离堆积，并使分开的碱基通过氢键重新形成配对形式。由于欠旋引起的超螺旋是右旋的，为负超螺旋。但是，如果把上述线形 DNA 分子的一端沿着双螺旋的方向拧紧 2 圈，再连接成环，则会形成 2 个左旋的超螺旋，即正超螺旋。

超螺旋　　　　　　　　　　　　松弛环

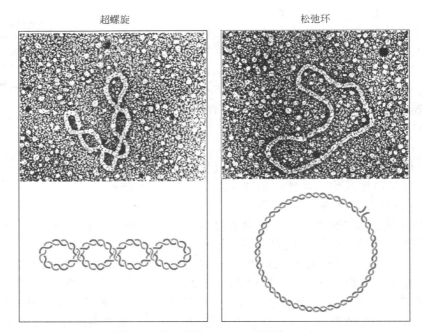

图 1-8　松弛环状 DNA 和超螺旋 DNA

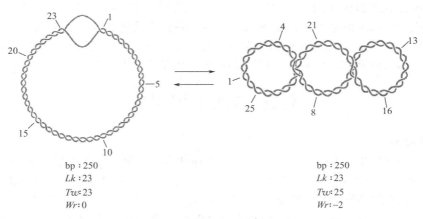

图 1-9　共价闭合环状 DNA（cccDNA）的拓扑结构

1.2.2　共价闭合环状 DNA 的拓扑结构

当 DNA 是一个闭合环形分子，或者 DNA 被蛋白质所固定两链不能自由旋转时，才能保持超螺旋状态。如果在闭合环形 DNA 的一条链上有一个切口，切点处的 DNA 链自由旋转，就可使 DNA 分子由超螺旋状态恢复成松弛状态。一个闭合环状 DNA 分子（covalently closed circular DNA，cccDNA）的超螺旋状态可以用扭转数、缠绕数和连环数来精确描述。扭转数（twist number，Tw）是指 DNA 分子的双螺旋的数目；而缠绕数（writhe number，Wr）可看成为 DNA 分子中超螺旋的个数。连环数（linking number，Lk）是指两条链完全分开时一条链必须穿过另一条链的次数。在 cccDNA 分子中，扭转数和缠绕数是可以相互转换的。也就是说，一个 cccDNA 分子在不破坏任何共价键的情况下，部分扭转数可以转变为缠绕数或者部分缠绕数可以转变为扭转数。唯一不变的是扭转数和缠绕数的和与连环数（linking number，Lk）相等（图 1-9），即

$$Lk = Tw + Wr$$

1.2.3　超螺旋密度

超螺旋的程度（图 1-10）可以用超螺旋密度（superhelical density）来衡量，用 σ 表示，定义为

$$\sigma = \Delta Lk / Lk^0$$

式中，ΔLk 表示与松弛闭合环状分子（Lk^0）相比，Lk 发生的变化，用 $Lk - Lk^0$ 表示。从细胞中分离出来的 DNA 分子通常是负超螺旋，σ 约为 -0.06。

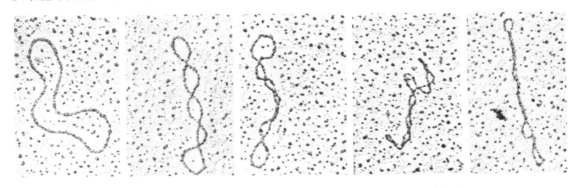

图 1-10　超螺旋 DNA 的电子显微照片——显示不同的超螺旋密度

那么，细胞内 DNA 分子形成负超螺旋的意义是什么？负超螺旋含有自由能，可以为打开双螺旋提供能量，使双链的解离过程得以顺利进行，因而有利于转录和复制。目前仅在生活在极端高温环境（如温泉）中的嗜热微生物中发现了正超螺旋 DNA。在这种情况下，正超螺旋提供能量，阻止 DNA 在高温中发生变性。正超螺旋是过旋的，因而嗜热微生物 DNA 双链的打开就比一般生物呈负超螺旋的 DNA 需要更多的能量。

1.2.4　拓扑异构酶

拓扑异构酶（topoisomerase）催化 DNA 产生瞬时单链或双链断裂而改变连环数，可分为Ⅰ型和Ⅱ型两种基本类型。

1.2.4.1　拓扑异构酶Ⅰ

拓扑异构酶Ⅰ的作用是使 DNA 暂时产生单链切口，让另一未被切割的单链在切口缝合之前穿过这一切口，连环数每次改变 ±1（图 1-11）。

所有拓扑异构酶催化的反应都是通过两次转酯反应完成的。在图 1-12 中，拓扑异构酶Ⅰ与靶 DNA 结合，其活性部位的酪氨酸残基进攻 DNA 骨架上的一个磷酸二酯键，导致 DNA 的一条链发生断裂，同时形成一个磷酸-酪氨酸连接，即拓扑异构酶通过磷酸-酪氨酸连接与切口的 5′-末端共价相连。切口的另一侧则带有一个游离的 3′-羟基。第一次转酯反应形成的共价中间物保存了被断裂的磷酸二酯键中的能量，所以只要逆转原来的反应，DNA 就可以被重新闭合。这时，拓扑异构酶转换成开放的构象，使另一条完整的单链穿过切口。随着拓扑异构酶回到闭合的构象，断裂处的游离 3′-羟基攻击磷酸-酪氨酸连接，又重新形成磷酸二酯键，从而完成第二次转酯反应，并释放拓扑异构酶。被释放出的拓扑异构酶可以接着催化另一轮反应。

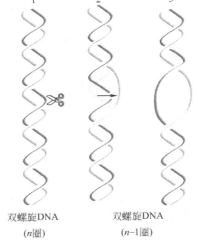

双螺旋DNA
（n 圈）　　双螺旋DNA
（$n-1$ 圈）

图 1-11　拓扑异构酶Ⅰ通过切开单链 DNA 改变连环数

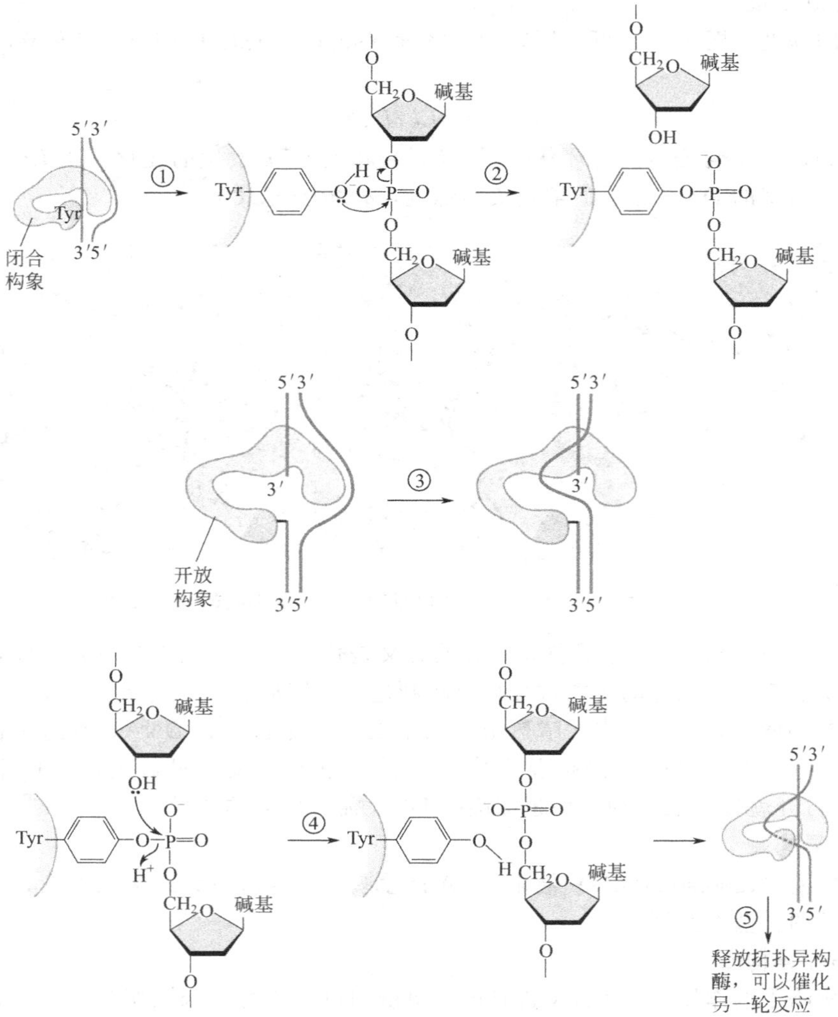

图 1-12　拓扑异构酶 I 的催化机制

1.2.4.2　拓扑异构酶Ⅱ

　　与拓扑异构酶 I 不同，拓扑异构酶Ⅱ在 DNA 上产生一个瞬时的双链切口，并在切口闭合以前使另一双链 DNA 片段得以穿过，连环数每次改变±2。拓扑异构酶Ⅱ的催化机制与拓扑异构酶 I 相同，但需要依靠 ATP 水解提供的能量来催化这一反应，这些能量主要用于改变拓扑异构酶-DNA 复合物的构象，而并非用于断裂 DNA 链或使它们重新连接。

　　细菌中的旋转酶（gyrase）属于Ⅱ型拓扑异构酶，它可以利用 ATP 水解提供的能量向 DNA 分子引入负超螺旋（图 1-13）。DNA 旋转酶是一个由 2 个 GyrA 亚基和两个 GyrB 亚基组成的四聚体，其中 GyrA 的作用是催化 DNA 双链的断裂和重连，而 GyrB 的作用是水解 ATP 为反应提供能量。旋转酶每分钟可以催化 1000 个超螺旋的形成，每向 DNA 分子引入一个超螺旋，旋转酶即发生一次构象的改变，产生一种无活性的形式。酶的激活需要水解 1 分子的 ATP。与旋转酶的作用相反，拓扑异构酶 I 的作用是消除 DNA 分子中过多的负超螺旋，从而使大肠杆菌染色体 DNA 的超螺旋水平维持稳定。

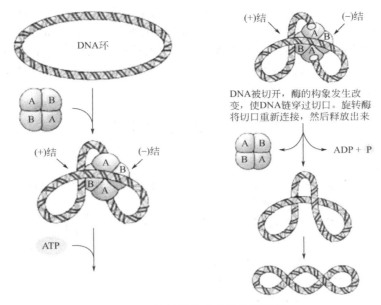

图 1-13　拓扑异构酶 Ⅱ 的作用机制

1.2.5　嵌入剂

　　能够插入双螺旋 DNA 相邻碱基对平面之间的分子称为嵌入剂，插入到 DNA 分子后，会导致 DNA 拓扑学上的改变（如解螺旋），并影响 DNA 的复制和转录，还可能引起突变。溴化乙锭是一种带正电的多环芳香族化合物，是实验室中经常使用的一种嵌入剂（图1-14）。平面状的溴化乙锭能嵌入到碱基对平面之间。在紫外光下，溴化乙锭会发出荧光，嵌入 DNA 后荧光强度显著增强。因此，溴化乙锭通常用来作为染料检测 DNA 的存在。

　　溴化乙锭的插入会增加相邻碱基对之间的距离，扭曲磷酸-核糖骨架，降低螺旋程度（图 1-14）。当溴化乙锭嵌入 2 个碱基对之间时，引起 DNA 解旋 26°，使得碱基对之间的夹

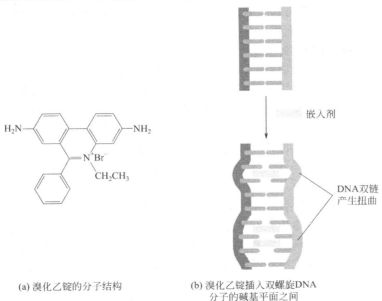

(a) 溴化乙锭的分子结构　　　(b) 溴化乙锭插入双螺旋DNA
　　　　　　　　　　　　　　　　　分子的碱基平面之间

图 1-14　嵌入剂

角由通常的 36°转变为 10°。对于 cccDNA 来说，溴化乙锭嵌入前后，双螺旋的连环数不发生变化，根据 $Lk = Tw + Wr$，Tw 的减少必须由 Wr 的增加来补偿。如果最初环状 DNA 为负超螺旋，加入溴化乙锭将增加 Wr，也就是说溴化乙锭的加入可以降低超螺旋的程度。如果加入足量的溴化乙锭，负超螺旋将变成 0；若再加入更多的溴化乙啶，Wr 将大于 0，此时 DNA 将变成正超螺旋。

1.3　DNA 的变性和复性

1.3.1　DNA 变性

　　DNA 分子由稳定的双螺旋结构松解为无规则线性结构的现象称为 DNA 变性（denaturation）。变性时维持双螺旋稳定性的氢键断裂，碱基间的堆积力遭到破坏，但不涉及核苷酸链中共价键的断裂（图 1-15）。凡能破坏双螺旋稳定性的因素如氢键和碱基堆积力，以及增强不利于 DNA 双螺旋构象维持的因素如磷酸基团的静电斥力和碱基内能的各种物理、化学条件都可以成为变性的原因，如加热、极端的 pH、低离子强度、有机试剂尿素和甲酰胺等，均可破坏双螺旋结构，引起核酸分子变性。

　　常用的 DNA 变性方法主要是热变性和碱变性。热变性使用得十分广泛，热量使核酸分子热运动加快，增加了碱基的分子内能，破坏了氢键和碱基堆积力，最终破坏核酸分子的双螺旋结构，引起核酸分子变性。然而，高温可能引起磷酸二酯键的断裂，得到长短不一的单

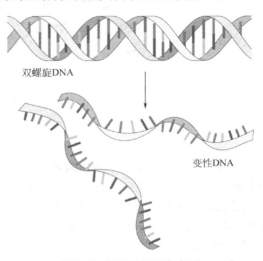

双螺旋DNA

变性DNA

图 1-15　DNA 变性示意图

链 DNA。而碱变性方法则没有这个缺点，在 pH 为 11.3 时，碱基去质子化，全部氢键都被破坏，DNA 完全变成单链的变性 DNA。

1.3.1.1　DNA 变性曲线和熔解温度

　　20 世纪 50 年代，通过研究 DNA 的变性，人们对双螺旋的特性有了深刻的认识。DNA 分子具有吸收 250～280nm 波长的紫外光的特性，其吸收峰值在 260nm 处，碱基是造成吸收的主要原因。在双螺旋 DNA 中，碱基有规则地堆积在一起，致使双螺旋的光吸收值比单链 DNA 低。双链 DNA 的光吸收值是 1.0 时，相同浓度的单链 DNA 的光吸收值是 1.37。因此，DNA 发生变性时溶液的光吸收值在 260nm 处会显著增强，这种现象称为增色效应（hyperchromic effect）。这样，通过检测 DNA 溶液紫外吸收率可以对 DNA 的变性过程进行监控。

　　对双链 DNA 进行加热变性，当温度升高到一定程度时，DNA 溶液在 260nm 处的吸光值突然上升至最高值，随后即使温度继续升高，吸光值也不再明显变化。若以温度对 DNA 溶液的紫外吸收率作图，得到的典型 DNA 变性曲线呈 S 形（图 1-16），不难看出，光吸收的急剧增加发生在一个相对较窄的温度范围内。通常将核酸加热变性过程中，紫外光吸收值达到最大值的 50% 时的温度称为核酸的解链温度，由于这一现象和结晶的熔解相类似，又称熔解温度（T_m，melting temperature）。在熔点处，DNA 光吸收的急剧增加说明 DNA 的变性是一个高度协同的过程。

1.3.1.2　影响 T_m 的因素

T_m 值随 DNA 的碱基组成和实验条件的不同而不同。T_m 值极大地取决于 DNA 中 G＋C 的百分含量，DNA 中 G＋C 的百分含量越高，DNA 的 T_m 值越高（图 1-17）。这是因为 G：C 碱基对之间有 3 个氢键，而 A：T 碱基对之间只有 2 个氢键，更重要的是，G：C 碱基对与相邻碱基对之间的堆积力比 A：T 碱基对之间的堆积力更大。

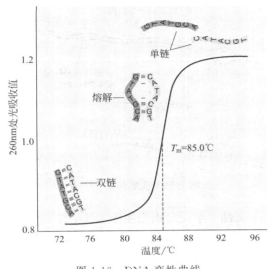

图 1-16　DNA 变性曲线　　　图 1-17　DNA 的解链温度与 G＋C 百分含量的关系

T_m 值的大小还取决于溶液中的离子强度。DNA 溶液的盐浓度越高，DNA 的 T_m 值也就越高。离子强度的效应反映出双螺旋的另一基本特征：两条 DNA 链的骨架有带负电的磷酸基团。如果这些负电没有被中和，双链之间的静电斥力将驱使两条链分开。在高离子强度下，负电被阳离子所中和，促进了双螺旋的稳定性；相反，在低离子强度下，未被中和的负电荷将会降低双螺旋的稳定性。

1.3.2　复性

复性是指变性 DNA 在适当条件下，两条互补链全部或部分恢复到天然双螺旋结构的现象，它是变性的一种逆转过程。

1.3.2.1　复性过程

热变性 DNA 一般经缓慢冷却后即可复性，此过程又称为退火（annealing）。复性是从单链分子间的随机碰撞开始的。当两条互补单链 DNA 中的互补区段在无规则运动中彼此靠近时，它们就会形成一个或几个局部的双螺旋，这一过程称为成核作用（nucleation）。然后，两条单链的其余部分就会像拉链那样，迅速形成双螺旋。因此，复性的限制因素是分子间的碰撞过程，部分变性的 DNA 分子会迅速复性，原因是不需要这样一个碰撞过程。

1.3.2.2　影响复性的因素

DNA 分子的浓度和大小影响复性的速度。DNA 的浓度直接影响单链分子间的碰撞频率，浓度高时互补序列之间相互碰撞的机会增加，复性速度快。相对分子质量大的线性单链其扩散速度受到妨碍，减少了互补顺序之间发生碰撞的机会，因此小片段 DNA 比大片段 DNA 更容易复性。

温度也会影响复性的速度，低温不仅减少互补链的碰撞机会，而且使已经错配的片段难以解开。所以，必须有足够高的温度以破坏单链 DNA 分子中形成的链内氢键，或者错配片段之间的氢键。然而，温度又不能过高，否则双链之间的氢键就不能形成和维持。一般认为，比 T_m 低 20～25℃左右的温度是复性的最佳条件，越远离此温度，复性速度就越慢。复性时温度下降必须是一缓慢过程，若在超过 T_m 的温度下迅速冷却至低温（如 4℃ 以下），则复性几乎是不可能的，核酸实验中经常以此方式保持 DNA 的变性（单链）状态。

溶液的离子强度也影响到复性的速度。DNA 溶液必须有足够高的盐浓度，以消除两条链上磷酸基团之间的静电斥力。一般情况下，盐浓度越高，复性速度越快。

1.3.2.3 分子杂交

两条来源不同，但含有互补序列的单链核酸分子形成杂合双链（heteroduplex）的过程称为分子杂交（hybridization）。在进行分子杂交时，首先在一定条件下使核

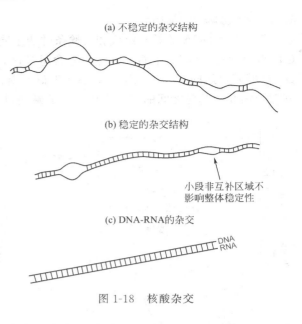

图 1-18 核酸杂交

酸变性（通常是升高温度），然后再在适当的条件下复性。杂交可以发生于 DNA 与 DNA 之间，也可以发生于 RNA 与 RNA 之间以及 DNA 与 RNA 之间（图 1-18）。分子杂交是分子生物学最常用的技术之一，常常被用来检测特定的核酸序列的存在。

1.4 RNA 结构

RNA 和 DNA 结构上的主要区别有三点：第一，RNA 通常以单链形式存在；第二，RNA 骨架含有核糖而不是 2′-脱氧核糖，在核糖的 2′-位置上带有一个羟基；第三，DNA 中的胸腺嘧啶被 RNA 中的尿嘧啶取代，尿嘧啶有着和胸腺嘧啶相同的单环结构，但是缺少 5′-甲基基团。

细胞内的 RNA 行使多种生物学功能。mRNA 是蛋白质生物合成的模板，tRNA 运载氨基酸并识别 mRNA 的密码子，rRNA 是核糖体的组成部分。此外，snRNA 参与 mRNA 的剪接，snoRNA 参与 rRNA 成熟加工，gRNA 参与 RNA 编辑，SRP-RNA 参与蛋白质的分泌，端粒酶 RNA 参与染色体端粒的合成。还有一些 RNA 是细胞中催化一些重要反应的酶。

尽管 RNA 是单链分子，它依然可以形成局部双螺旋，这是因为 RNA 链频繁发生自身折叠，从而使链内的互补序列形成碱基配对区。除了 A∶U 配对和 C∶G 配对外，RNA 还具有额外的非 Watson-Crick 碱基配对，如 G∶U 碱基对，这一特征使 RNA 更易于形成双螺旋结构。RNA 分子自身折叠形成双螺旋时，不配对的序列以发卡（hairpin）、凸起（bulge）、内部环等形式游离于双链区之外（图 1-19）。

RNA 骨架上 2′-OH 的存在阻止 RNA 形成 B 型螺旋。双螺旋 RNA 更类似于 A 型 DNA。它的小沟宽且浅而易于接近；而大沟狭且深，与它相互作用的蛋白质的氨基酸侧链难以接近它。所以 RNA 不适合与蛋白质进行序列特异性的相互作用。

RNA 分子中的核苷酸排列顺序称为核酸的一级结构。单链核苷酸自身折叠由单链区、茎环结构、内部环、双链区等元件组成的平面结构，称为 RNA 的二级结构。RNA 的二级结构主要由核酸链不同区段碱基间的氢键维系。在二级结构的基础上，核酸链再次折叠形成的高级结构称为 RNA 的三级结构（tertiary structure）。由于没有形成长的规则螺旋的限

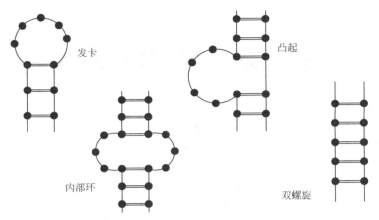

图 1-19　RNA 分子的几种二级结构

制，因此 RNA 可以形成大量的三级结构。

　　三级结构的元件包括假节结构、三链结构、环-环结合以及螺旋-环结合。假节结构是指茎环结构环区上的碱基与茎环结构外侧的碱基配对形成的由两个茎和两个环构成的假节（图 1-20）。环-环结合可以看成是特殊的假节结构。螺旋-环结合可以看成是特殊的三链结构。在三级结构形成时，原来相距很远的两个核苷酸相互接近并形成碱基对。这种碱基配对在三级结构的维系中起重要作用。

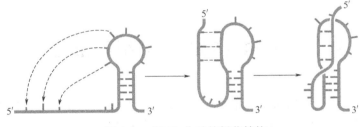

图 1-20　RNA 分子的假节结构

第2章 基因组 DNA

生命是由基因组决定的，每个生物的基因组携带着构建生物体和维持该生物体生命活动所需的所有生物信息。基因组（genome）一词最早出现在 1922 年，指的是单倍体细胞中所含的整套染色体。现在基因组指的是细胞或生物体中所有的 DNA，包括所有的基因和基因间隔区。

生命世界有两种类型的生物，即真核生物（eukaryote）和原核生物（prokaryote）。真核细胞具有由膜围成的间隔区，包括细胞核和细胞器。原核生物缺少广泛的内部间隔区，根据其遗传特征和生化特征可把原核生物分为截然不同的两组，即真细菌（eubacteria）和古细菌（archaebacteria）。原核生物和真核生物的基因组完全不同，因此有必要将它们分开介绍。

无论是原核生物还是真核生物的基因组 DNA 都是和蛋白质结合在一起的，每条 DNA 及其结合的蛋白构成了一条染色体。DNA 被包装成染色体具有多方面的功能：DNA 被有效压缩，以适应细胞的容量；在染色体中，DNA 非常稳定，可以保证 DNA 的编码信息可以忠实地传递下去；只有被包装成染色体后，基因组 DNA 在每次细胞分裂时才能有效地传递给两个子细胞；在染色体中，DNA 按照一定的方式被组织起来，有助于 DNA 行使转录、重组以及其他功能。

2.1 原核生物的基因组和染色体

2.1.1 原核生物基因组的遗传结构

绝大多数原核生物的基因组由一个单一的环状 DNA 分子组成。与真核生物相比，原核生物基因组要小得多，例如大肠杆菌（E. coli）的基因组为 4639kb，只是酵母基因组的 2/5。原核生物的基因数目也比真核生物要少，E. coli 只有 4397 个基因。

原核生物基因组的结构紧密，表现为：①基因间隔区较短；②缺乏断裂基因，除少数几个例外（主要是古细菌），原核生物中没有断裂基因；③重复序列罕见，原核生物基因组中也没有相当于真核生物基因组中那样高拷贝、全基因组分布的重复序列。在大肠杆菌的基因组中，非编码序列仅占 11%，以小片段的形式分布于整个基因组中。

原核生物基因组的另一个特征是存在操纵子。在原核生物的基因组中，功能相关的基因往往丛集在一起，形成一个转录单位，被转录成一条多顺反子 RNA，翻译产生的一组蛋白质参与同一个生化过程。例如，大肠杆菌的乳糖操纵子含有 3 个基因，参与将二糖（乳糖）转化为单糖（葡萄糖和半乳糖）的代谢途径（详见第九章）。通常在大肠杆菌生活的环境里不含乳糖，所以在大多数时间里，操纵子并不表达，不产生利用乳糖的酶。当环境中存在乳糖时，操纵子开启，3 个基因一起表达，协同合成利用乳糖的酶。

2.1.2 原核生物的染色体

与大多数细菌一样，大肠杆菌的染色体 DNA 呈环状，周长是 1.6mm。大肠杆菌细胞长约 $2\mu m$，宽约 $0.5\sim1\mu m$。游离的大肠杆菌染色体 DNA 将形成无规则的螺旋，其体积大约是细菌细胞的 1000 倍。因此，细菌染色体 DNA 必须经过高度压缩才能适应细胞的体积。

细菌的染色体 DNA 聚集在一起，在细菌细胞内形成一个较为致密的区域，称为类核或拟核（nucleoid）。可以把类核完整地从细菌细胞中分离出来。这种结构由蛋白质和一条超螺旋 DNA 组成，其中还含有一些 RNA 成分。用蛋白酶或 RNA 酶处理，可使类核由致密变得松散，表明蛋白质和 RNA 起到了稳定类核的作用。

在类核中，染色体 DNA 形成 40～50 个长度大约是 100kb 的环。环的两端以某种方式固定在类核的蛋白质核心上（scaffold），因此每一个环在拓扑学上是一个独立的结构域（domains）（图 2-1）。在电子显微镜下可以观察到有些结构域清晰地含有超螺旋，而另一些结构域则呈松弛状态，这可能是 DNA 断裂导致了超螺旋的消失。超螺旋也有助于 DNA 的压缩。

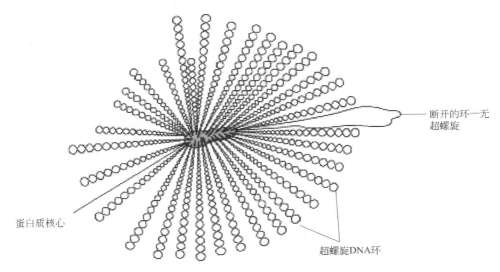

图 2-1　大肠杆菌的类核结构模型

40～50 个 DNA 超螺旋从蛋白质核心呈放射状伸出，其中一个环由于 DNA 链的断裂，超螺旋消失

类核中的蛋白质组分包括负责维持 DNA 超螺旋状态的促旋酶和拓扑异构酶 I，以及在类核组装过程中起特异作用的蛋白质。在这些包装蛋白中，数量最多的是 H-NS（histone-like nucleoid structuring）蛋白。这是一种由 2 个相同的亚基构成的二聚体，亚基的分子质量为 15.6kD。每个大肠杆菌细胞大约含有 20000 个 H-NS 二聚体，它们与 DNA 紧密结合，对 DNA 进行大规模压缩。但人们尚未证实这些蛋白质是否和细菌染色体 DNA 形成有规律性的结构。

2.2　真核生物的基因组

2.2.1　真核生物的 C 值矛盾与非编码 DNA

每一种生物单倍体基因组的 DNA 总量被称为 C 值（C value）。一个生物物种的 C 值是恒定的。随着生物的进化，生物体的结构和功能越来越复杂，其 C 值就越大：酿酒酵母的基因组为 12Mb，最简单的多细胞生物线虫的基因组有 100Mb，果蝇基因组的大小为 180Mb，而人类基因组的大小为 3200Mb。DNA 含量与有机体之间存在这样的关系不难理解，随着有机体变得越来越复杂，它们需要更大的基因组来容纳更多的遗传信息。

然而，在很多情况下，不同生物种类之间基因组大小的差异不能用生物已知的进化地位来解释（图 2-2）。许多复杂性相近的生物体其基因组大小却显著不同，如同为被子植物，DNA 含量可相差几个数量级。甚至还存在不同生物 C 值的大小与进化等级完全相反的现

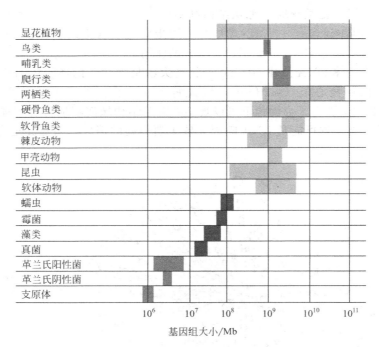

图 2-2　不同种类生物基因组 DNA 的 C 值

象，如软骨鱼类的 C 值比硬骨鱼、爬行类、鸟类和哺乳类都要高。鸟类是由爬行动物进化而来的，但是鸟类 DNA 的最高含量竟然与爬行类 DNA 的最低含量相同。这种 C 值往往与种系进化的复杂性不一致的现象称为 C-值矛盾（C-value paradox）。

为什么会出现 C-值矛盾呢？原因在于真核生物的基因组中存在着大量的非编码 DNA。甚至是较为原始的真核生物，例如酵母，其非编码 DNA 几乎占整个基因组 DNA 的 50%。在高等的真核生物的基因组中，非编码 DNA 所占的比例则更高。哺乳动物，例如小鼠和人，大约有 20000～30000 个基因分布在 3000Mb 的基因组 DNA 上，这意味着超过 85% 的 DNA 序列是非编码 DNA。显花植物的基因数目与哺乳动物的基因数目大致相同，但是基因组 DNA 的数量却是哺乳动物的 100 倍。

自人类基因组计划和模式生物基因组计划实施以来，越来越多的生物基因组序列被测定。在对基因组进行注释的过程中，发现物种的基因数目与生物进化程度或生物的复杂性之间存在不对应性，这种现象被称为 N（number of genes）-值矛盾（N-value paradox）。例如，秀丽线虫（*Caenorhabditis elegans*）的基因组（97Mb）含有 19000 个基因，而进化地位更高的黑腹果蝇（*Drosophila melanogaster*）的基因组（120Mb）只含有 13600 个基因。显然，要理解每一个物种发育、代谢、生长、繁殖和行为等问题的本质，仅靠基因组的序列测定是不能直接回答的。

2.2.2　真核生物基因组的序列组分

2.2.2.1　真核生物基因组 DNA 的复性动力学

在对生物的基因组进行大规模测序之前，人们对基因组序列组成的认识主要来源于对基因组 DNA 的复性动力学研究。在研究基因组 DNA 复性时，先将所分离的 DNA 用超声波或机械力剪切成大小大致相同的片段（大约 100～1000bp），接下来对 DNA 加热变性，再降低温度使之复性。研究 DNA 的复性反应，需要对复性过程中单链 DNA 浓度的变化进行检测。目前所采用的检测方法有两种，即测定 260nm 处的光吸收的减少值，或者在一定复性时间内检测能与羟基磷灰石柱结合的双链 DNA 的数量。羟基磷灰石柱能选择性地结合双链 DNA，而使单链 DNA 从柱中洗脱。

复性是一个复杂的多步骤过程，其中第一步成核反应是整个过程的限速步骤，它属于双分子反应，遵循二级反应动力学规律。复性的速率可用下列公式表示：

$$-\mathrm{d}C/\mathrm{d}t = KC^2 \tag{2-1}$$

式中，C 表示单链 DNA 的浓度；t 为反应时间；K 为速度常数。该式表示反应速度与浓度的平方成正比。

积分得：

$$C/C_0 = 1/(1+KC_0t) \tag{2-2}$$

式中，C_0 是单链 DNA 的起始浓度。上面的公式表明反应体系中单链 DNA 所占比例（C/C_0）是 DNA 初始浓度（C_0）与反应时间（t）的乘积的函数。在研究 DNA 复性时，人们用反应体系中剩余单链 DNA 所占的比例（C/C_0）对 C_0t 作图，所得到的曲线通称为 C_0t 曲线（图 2-3）。曲线上，复性反应完成一半时的 C_0t 值被称为 $C_0t_{1/2}$。如果保持实验条件（如温度、溶剂的离子强度、核酸片段的大小等）相同，$C_0t_{1/2}$ 与基因组的复杂性成正比。

核酸分子的复杂性可用序列中非重复碱基对的数目表示。Poly（A）的复杂性为 1，重复序列（ATGC）$_n$ 的复杂性为 4，长度为 10^5 bp 的非重复序列的复杂性为 10^5。当 DNA 绝对含量（即总的核苷酸

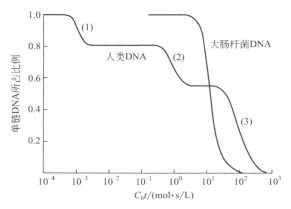

图 2-3　人类和大肠杆菌基因组
DNA 的复性动力学曲线

数）相同时，复杂性小的 DNA 分子因特定序列的拷贝数多，复性就快，复性需要的时间就短，$C_0t_{1/2}$ 值就小。例如，大肠杆菌基因组的大小为 0.004pg，总量为 12pg 的大肠杆菌基因组 DNA，每一序列的平均拷贝数为 3000。假如一个细菌基因组的大小为 0.008pg，12pg 的基因组 DNA 中，每一序列的平均拷贝数为 1500。因此，后者基因组 DNA 复性反应的 $C_0t_{1/2}$ 是大肠杆菌 DNA 的 2 倍。

在不存在重复序列的情况下，$C_0t_{1/2}$ 值与基因组的大小成正比。各种原核生物的基因组 DNA 都是单一序列，在确定的 DNA 浓度下，$C_0t_{1/2}$ 值代表了基因组的大小。已知大肠杆菌基因组含 $4.6×10^6$ bp 单一序列，通常以此为标准，在相同的复性条件下，通过下面的公式可以估算其他基因组大小：

$$4.6×10^6 × 样品 DNAC_0t_{1/2} / 大肠杆菌 C_0t_{1/2} \tag{2-3}$$

2.2.2.2　快速复性组分、中间复性组分和慢速复性组分

原核生物基因组 DNA 多为单一序列，它的 C_0t 曲线通常只有一个拐点，曲线是单一的 S 形曲线。真核生物基因组的 C_0t 曲线通常有几个拐点，由几个（一般为 2～3 个）S 形曲线组成。从真核生物的 C_0t 曲线（图 2-3）可以看出，按照复性速度，可以将人类的基因组 DNA 分成快速复性组分（fast component）、中间复性组分（intermediate component）和慢速复性组分（slow component）三种类型。所有的真核细胞中都存在这三类 DNA 组分，但每类组分所占的比例变化很大，比如与哺乳动物相比，酵母基因组的快速复性组分所占比例很小。

复性动力学实验中的快速复性组分的 $C_0t_{1/2}$ 值小于 0.01，为一种高度重复 DNA。所谓重复 DNA 是指在 DNA 分子或整个基因组中以多拷贝形式存在的任何 DNA 序列。哺乳动物 DNA 中间复性成分的 $C_0t_{1/2}$ 值位于 0.01～10 之间，是一种中度重复 DNA，含有几个不同的家族，其长度和拷贝数差别很大。大约 50%～60% 的哺乳动物基因组 DNA 复性得特别慢，$C_0t_{1/2}$ 值约为 100～10000，属于单拷贝序列，绝大多数基因属于单拷贝序列。

2.2.2.3 基因的种类和结构

（1）基因的种类 基因是携带遗传信息并将遗传信息从一代传向下一代的结构和功能单位。从分子水平看，基因是 DNA 分子上一段特定的核苷酸序列，该序列决定着一个特定多肽链的氨基酸序列，或者决定着一个特定 RNA 的核苷酸序列。因此，根据编码产物可将基因分为编码蛋白质的基因和编码 RNA 的基因两种类型。编码蛋白质的基因又称为结构基因，它决定多肽链的一级结构，结构基因的突变可导致多肽链一级结构的改变。RNA 基因的最终表达产物为各种类型的 RNA，由于不编码蛋白质，所以又被称为非编码 RNA（noncoding RNA）。

非编码 RNA 可以分为两类：持家 RNA 和调控 RNA。持家 RNA 在细胞的生命活动中恒定表达，其功能是维持基本生命活动所必需的，包括：参与蛋白质生物合成的 rRNA、tRNA；参与 mRNA 前体剪接反应的核内小分子 RNA（small nuclear RNA，snRNA）；参与真核生物 tRNA 前体 5′ 端成熟的 RNase P 的 RNA 组分；参与 RNA 编辑的 gRNA；参与 rRNA 加工的核仁小 RNA（small nuleolar RNA，snoRNA）；参与真核生物蛋白质分泌过程的 SRP RNA；参与真核生物端粒 DNA 合成的端粒酶的 RNA 等。在原核生物中还普遍存在一种既可以像 tRNA 那样携带氨基酸，又可以像 mRNA 那样作为蛋白质合成模板的持家 RNA，该 RNA 被称为 tmRNA。

调控 RNA 包括参与介导转录后基因沉默的小干扰 RNA（small interference RNA，siRNA）和微小 RNA（microRNA，miRNA）等。在原核生物中，还有调控复制、转录和翻译的反义 RNA（antisense RNA）。

（2）基因的结构 真核生物的基因一般以单顺反子的形式存在，编码一种多肽链。原核生物的基因一般以多顺反子的形式存在，转录产生的 mRNA，可同时编码几种基因产物（图 2-4）。无论是原核生物还是真核生物的基因都可分为编码区和非编码区。编码区的核苷酸序列以起始密码子开始，以终止密码子结束，形成一个读码框（open reading frame，ORF）。原核生物基因的编码序列是连续的，而真核生物的编码序列中间插有与氨基酸编码无关的 DNA 间隔区。编码区称为外显子（exon），这些间隔序列称为内含子（intron）。含有内含子的基因称为不连续基因或断裂基因（split gene）。断裂基因在表达时首先转录成初级转录产物，即前体 mRNA；然后经过加工，删除内含子，将外显子连接起来，形成一个连续的读码框。非编码区还包括 5′-非翻译区（5′-untranslated region，5′-UTR）和 3′-非翻译区（3′-untranslated region，3′-UTR）（图 2-4）。非编码区不会被翻译，但是对基因遗传信息的表达却是必需的。

基因起始位点上游的启动子（promoter）序列是 RNA 聚合酶的识别位点，RNA 聚合酶可以与它结合并开始正确转录。原核生物基因的启动子含有两个保守序列：-35 序列和 -10 序列。真核生物结构基因的启动子区的保守序列包括 TATA 框、CAAT 框和 GC 框等。

基因 3′ 端的终止子（terminator）序列具有终止转录的功能。原核生物的终止子含有倒转重复序列，产生的 RNA 可以形成发卡结构，使转录终止。在真核生物中，mRNA 的 3′ 端

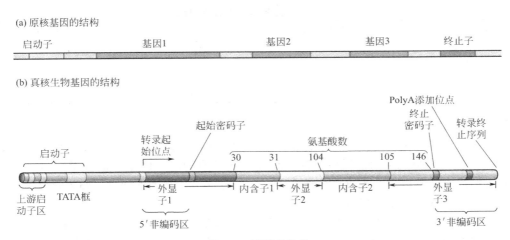

图 2-4　基因的结构

有一段非常保守的序列 AAUAAA，与 3′端的加工和多聚腺苷酸化有关，称为加尾信号。该序列同样介导 mRNA 转录的终止。

2.2.2.4　基因的大小和密度

（1）基因的大小　真核生物的基因包括外显子和内含子。在高等真核生物的基因中，外显子所占的比例很小。例如，人的一个基因的平均转录长度大约为 27kb，而编码蛋白质的区段平均仅为 1.3kb。可以看出，人的基因平均仅有 5％的序列直接参与了氨基酸序列的编码，而其他 95％都由内含子构成。正是由于这个原因，真核生物基因的大小主要取决于内含子的大小和数目，而与外显子的大小没有必然联系。

在不同的基因中，内含子的数目变化很大，有些断裂基因含有一个或少数几个内含子，如珠蛋白基因；某些基因含有较多的内含子，如人类编码一种骨骼肌蛋白（tintin）的基因具有 178 个外显子。内含子之间在大小上也有很大的差别，从几百个碱基对到几万个碱基对不等。

进化过程中，断裂基因首先出现在低等的真核生物中。简单的真核生物内含子较少，长度都很短。例如，在酿酒酵母中，仅有 3.5％的基因有内含子，而且没有一个内含子大于1kb。在高等真核生物中，绝大多数基因是断裂基因，内含子的数目也显著增加。表 2-1 比较了酵母、果蝇和人的基因的平均大小。

表 2-1　酵母、果蝇和人类基因的平均大小

物　　种	内含子的平均数目	基因的平均长度/kb	mRNA 的平均长度/kb
酵母	0.04	1.6	1.6
果蝇	3	11.3	2.7
人	6	16.6	2.2

（2）基因的密度　生物体的复杂性与基因的密度之间大致存在一种负相关关系：生物体复杂性越低，其基因组中的基因密度越高。目前发现基因密度最高的生物体是病毒。在某些情况下，病毒利用 DNA 的两条链来编码相互重叠的基因。原核生物的基因密度也非常高，大肠杆菌 4.6Mb 基因组中大约分布着 4400 个基因，平均 1Mb 基因组 DNA 上有950 个基因。简单的单细胞真核生物酿酒酵母的基因密度与原核生物非常接近（表2-2）。相反，人的基因密度估计是原核生物的 1/50。果蝇的基因组中的基因密度介于酵母和人之间。

表 2-2　几种生物体基因密度的比较

物　种	基因组大小/Mb	基因数目	基因密度/(个/Mb)
大肠杆菌	4.6	4397	950
酿酒酵母	12	5800	480
果蝇	180	13700	80
人类	3300	25000	7

2.2.2.5　基因家族

真核生物基因组中来源相同、结构相似、功能相关的一组基因称为一个基因家族（gene family）。它们是由祖先基因倍增后，发生趋异进化形成的。基因家族的各个成员可以聚集在一起，形成串联基因簇，也可以分散在不同的染色体上。基因家族也可归为重复序列，但并不是重复序列的主要组成成分。

（1）核糖体 RNA 基因　　核糖体 RNA 基因（rDNA）是编码 18S、5.8S 和 28S rRNA 的基因。人类的 rRNA 基因呈簇排列，一个 rRNA 基因簇含有很多个转录单位。在一个转录单位中编码 18S、5.8S 和 28S rRNA 的序列被称为转录间隔区的非编码序列隔开（图 2-5）。转录单位之间为非转录间隔区。人类基因组有 280 个拷贝的 rRNA 基因，被组织成 5 个基因簇分布于 13 号、14 号、15 号、21 号和 22 号染色体的核仁组织区，每个基因簇含有 50～70 个 rRNA 基因的重复单位。

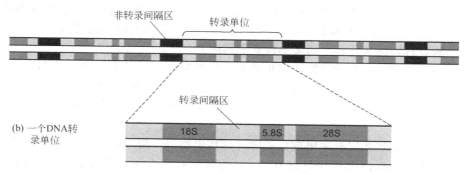

图 2-5　真核生物 rDNA 重复单位

（2）组蛋白基因（hDNA）　　在许多生物中，编码 H1、H2A、H2B、H3 和 H4 这 5 种组蛋白的基因彼此靠近，串联在一起，构成一个重复单位。重复单位的组织形式因生物种类而异，表现为基因排列次序、转录方向和基因间隔区的差异。许多生物的组蛋白基因重复单位常常聚集在一起，构成一个基因簇。在组蛋白基因簇中，重复单位的拷贝数依物种而异，在海胆中约有 300～600 个，果蝇中约有 100 个。但是，鸟类和哺乳类 hDNA 不成簇存在。所有的组蛋白基因均无内含子。

（3）珠蛋白基因家族　　人类的血红蛋白由两条 α-珠蛋白链和两条 β-珠蛋白链组成。人类的 α-珠蛋白由 16 号染色体上的一个小的多基因家族编码。α-珠蛋白基因簇长 30kb 左右，含有 3 个功能基因、3 个假基因和 1 个功能未知的基因，它们的排列顺序如图 2-6(a) 所示。

β-珠蛋白由 11 号染色体上的另一个多基因家族编码。β-珠蛋白基因簇的长度超过 50kb，含有 5 个功能基因和 1 个假基因，其基因排列顺序如图 2-6(b) 所示。

在 α-珠蛋白基因簇和 β-珠蛋白基因簇中，基因的排列顺序与它们在个体发育中的表达顺序相同（图 2-7）。例如，β-基因簇的 ε 在胚胎早期表达，G$_γ$ 和 A$_γ$（它们只有一个氨基酸的

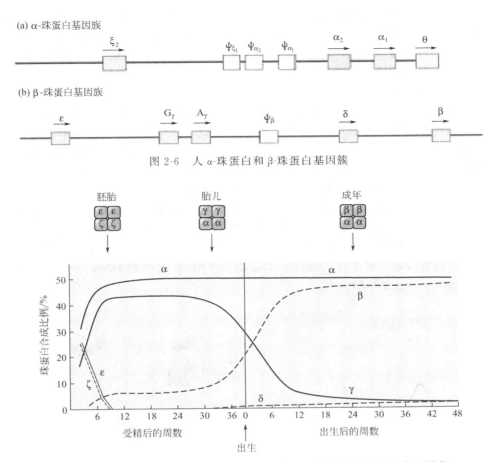

图 2-6　人 α-珠蛋白和 β-珠蛋白基因簇

图 2-7　人类 α-珠蛋白和 β-珠蛋白基因家族各成员在个体发育中的表达顺序

差别）在胎儿期表达，δ 和 β 在成人期表达。α-基因簇的 ζ 在胚胎早期表达，α_2 在胎儿期表达，α_1 在成人期表达。胎儿需要从母体血液中获取氧分子，所以由两个 α 亚基和两个 γ 亚基构成的血红蛋白与氧分子的结合能力比两个 α 亚基和两个 β 亚基构成的血红蛋白强。

　　（4）基因超家族　基因超家族（gene superfamily）是指祖先基因经过分阶段的连续倍增产生的一组相关基因。在功能上，超家族成员之间存在一定的相关性，结构上有相似性，但是从序列上已经很难辨认出它们之间的同源关系。例如，免疫球蛋白基因、T-细胞受体基因、HLA-基因等构成的基因超家族。珠蛋白超家族的成员除了 α-珠蛋白基因家族和 β-珠蛋白基因家族外，还包括肌红蛋白基因和脑红蛋白基因等。在哺乳动物中，G 蛋白耦联的受体超家族由多种激素和神经递质的受体组成，通过 G 蛋白介导胞外和胞内之间的信号传递，它们彼此间的序列相似性很低，但都具有 7 个 α-螺旋组成的跨膜区（见第十章）。

2.2.2.6　基因组中的重复序列

　　如上所述，在高等生物中，单拷贝序列只是总 DNA 的一个组成部分。人类基因组 65% 的序列为单一序列，而蛙中的单拷贝序列只占 22%，其余的序列为各种各样的重复序列（repetitive sequence）。有些重复序列的重复单元一个接一个地串联在一起形成串联重复序列（tandem repeat），另一些重复序列的重复单元分散存在，形成散布重复序列（interspersed repeat）。一些重复序列是真正的基因，而大部分重复序列由非编码 DNA（non-coding DNA）组成。

(1) 散布重复序列　与定位在染色体特定部位的卫星 DNA 不同，散布重复序列分布于整个基因组，因此又称为全基因组重复序列。散布重复序列包括 DNA 转座子、病毒型反转录转座子、短散布元件（short interspersed elements，SINES）和长散布元件（long interspersed elements，LINES）等（详见第五章）。

(2) 串联重复序列

① 卫星 DNA　图 2-3 中的快速复性组分是由一些完全相同或相似的短寡聚核苷酸序列串联在一起形成的简单序列 DNA，长度可能有几百 kb。一个基因组可能含有几种不同类型的简单序列 DNA，各自含有一个不同的重复单位。由巨大数量的串联重复序列构成的简单序列 DNA 可能有着不同于主体基因组 DNA 的碱基组成。如果确实是这样，则简单序列 DNA 就会有着与基因组其他序列不同的浮力密度，因为 DNA 的浮力密度是由其碱基组成决定的。当用密度梯度离心法分离基因组 DNA 时，含有简单序列 DNA 的片段就会形成不同于主带的卫星带（satellite band），所以简单序列 DNA 又叫卫星 DNA（satellite DNA）（图 2-8）。有些高度重复 DNA 的碱基组成与主带 DNA 相差不大，则不能通过浮力密度梯度离心法分离，但可以通过其他方法鉴定（如限制性作图），这样的 DNA 序列称为隐蔽卫星DNA（cryptic satellite DNA）。

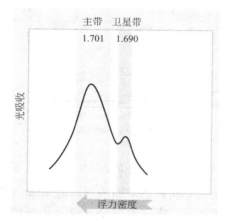

图 2-8　小鼠的基因组 DNA 片段化后经 CsCl 密度梯度离心，形成一个主带和一个卫星带

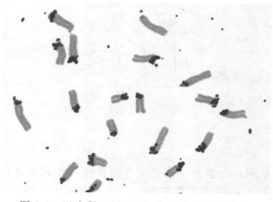

图 2-9　以小鼠卫星 DNA 为探针的原位杂交

由于卫星 DNA 一般集中分布在染色体的特定区段，因此常用原位杂交（*in situ* hybridization）方法进行定位。大部分卫星 DNA 分布在染色体着丝粒、着丝粒周边区或近端粒区（图 2-9），被压缩成异染色质，是转录惰性区。

② 小卫星 DNA　小卫星（minisatellites）是由短的重复单位串联在一起形成的一段 DNA 序列。小卫星中重复单位的拷贝数远比卫星 DNA 少。在真核生物基因组中存在两种形式的小卫星 DNA，一种是端粒 DNA，它是染色体的末端序列，由数百个拷贝短的重复单位串联而成。人的端粒 DNA 长 3～20kb，重复单位是 TTAGGG。另一种被称为可变数目串联重复（varible number tandem repeat，VNTR）。一个典型的 VNTR 由 5～50 个拷贝的串联重复序列构成，重复单位的长度是 10～100bp。在哺乳动物中，VNTR 比较常见，分散于整个基因组。由于不等交换，在不同个体基因组的相同位点上以及同一基因组的不同位点上，重复单位的拷贝数都不相同。一些高变的 VNTR，有多达 1000 种等位形式，可以用于 DNA 指纹分析。利用 *Hinf* I 等在重复序列中不存在切点的限制酶切割基因组 DNA，以重复单位中的核心序列作为探针进行 DNA 印迹分析，得到的杂交带型在个体之间是不同的，

被称为 DNA 指纹（DNA fingerprint）。

③ 微卫星 DNA　微卫星是一些重复单位更短的串联重复序列，也称为短串联重复（short tandem repeat，STR）。重复单位一般由 1～6 个核苷酸组成，可串联成长度为 50～100bp 的微卫星序列。微卫星是真核生物基因组重复序列中的主要组成部分之一，均匀遍布于基因组中。微卫星的拷贝数在个体间呈现高度变异，因而具有高度多态性。人类基因组中 CA 重复的微卫星普遍存在，平均每 36kb 一个，占基因组的 0.25%。AT（平均 50kb 一个）和 AG（平均 125kb 一个）也是较常见的二核苷酸重复。但是 CG 重复微卫星非常稀少，平均 1Mb 一个。A 和 T 单核苷酸重复非常普遍，但是 G 和 C 单核苷酸重复出现的频率比较低。三核苷酸和四核苷酸重复非常稀少，但它们有高度的多态性，可以被开发成分子标记。人群中任何两个人若干位点的微卫星组合几乎都不相同，所以微卫星也可用于 DNA 指纹分析。

一般将小卫星和微卫星 DNA 的多态性统称为简单序列长度多态性（simple sequence length polymorphism），它产生于同一位点重复单位重复次数的差异。表 2-3 总结了真核生物基因组中的各种序列组分。

表 2-3　真核生物基因组的序列组分（以人类基因组为例）

种　类	特　性
单拷贝序列	
蛋白质编码基因	包括上游调控区、外显子和内含子
RNA 基因	编码 snRNA、snoRNA、7SL RNA、端粒酶 RNA、Xist RNA 及一系列小分子调控 RNA
基因间 DNA	约 1/4 的基因间 DNA 为单拷贝序列
散布重复序列	
假基因	
短散布重复序列	
Alu 元件(300bp)	约 1000000 拷贝
MIR 家族(平均约 130bp)	约 400000 拷贝
长散布元件	
LINE-1 家族(平均约 800bp)	约 200000～500000 拷贝
LINE-2(平均约 250bp)	约 270000 拷贝
病毒类元件(500～1300bp)	约 250000 拷贝
DNA 转座子(平均约 250bp)	约 200000 拷贝
串联重复序列	
rRNA 基因	形成 5 个基因簇，每个基因簇大约由 50 个串联重复单位组成，分布于 5 条不同的染色体上
tRNA 基因	多拷贝基因
端粒 DNA	几个 kb 的重复序列，重复单位的长度为 6bp
小卫星 DNA	0.1～20kb 的重复序列，重复单位的长度为 5～50bp，在染色体上的位置靠近端粒
卫星 DNA	100kb 或更长的重复序列，重复单位的长度为 20～200bp，大多位于着丝粒附近
超大卫星 DNA	100kb 或更长的串联重复序列，重复单位的长度为 1～5kb，位于染色体的不同区域

2.3　真核生物的染色体和染色质

真核生物的基因组 DNA 被包装成具有一定形态结构的染色体，每一个染色体具有一条巨大的线性 DNA 分子。在真核生物的染色体中，DNA 与被称为组蛋白的碱性蛋白相结合，这种由 DNA 和组蛋白构成的复合体称为染色质（chromatin）。

2.3.1　组蛋白

真核细胞中含有 5 种组蛋白（histones）——H1、H2A、H2B、H3 和 H4。组蛋白的氨基酸组成十分特殊，富含带正电的氨基酸，在各种组蛋白中有超过 20% 的氨基酸残基为赖氨酸和精氨酸。H1 为连接组蛋白，分子质量约为 20kD，由球形的中央结构域及 N 端和 C 端两个臂构成。H2A、H2B、H3 和 H4 是相对较小的蛋白质，分子质量一般为 11～15kD，称为核心组蛋白，构成核小体的核心。每种核心组蛋白包括一个约 80 个氨基酸残基构成的保守区域，称为组蛋白折叠域 (histone fold domain) (图 2-10)，调节组蛋白的组装。组蛋白折叠域由 3 个 α-螺旋组成，螺旋间由短的无规则的环隔开。每个核心组蛋白有一个 N 端延伸，称为"尾巴"，这是因为它没有一个确定的结构。组蛋白 N 端尾巴上含有许多修饰化位点，修饰作用包括发生在赖氨酸和丝氨酸残基上的磷酸化、乙酰化和甲基化。这些修饰，特别是乙酰化可以调节染色质的结构与功能 (见第十章)，并且是表观遗传学的重要内容。

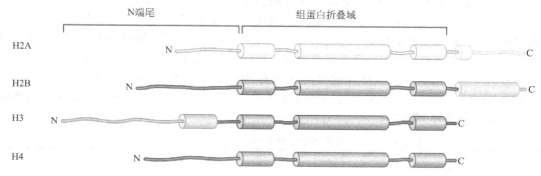

图 2-10　核心组蛋白保守的折叠结构域和 N 端尾巴

4 种核心组蛋白没有种属和组织特异性，在进化上十分保守，特别是 H3 和 H4 是已知蛋白质中最保守的。比较不同来源的 H4 分子中的 102 个氨基酸残基，发现豌豆和牛的这种组蛋白只有两个氨基酸的差异，而它们的分歧时间已有 3 亿年的历史，人和酵母也只有 8 个氨基酸的差异。这种现象反映出这些组蛋白在生物学功能上的重要性。H1 组蛋白的中心球形结构域在进化上保守，而 N 端和 C 端两个"臂"的氨基酸变异较大，所以 H1 在进化上不如核心组蛋白保守。H1 组蛋白有一定的种属和组织特异性，在哺乳动物细胞中，H1 约有 6 种密切相关的亚型，氨基酸顺序稍有不同。

组蛋白带正电荷，能够与 DNA 分子上带负电荷的磷酸基团通过静电引力结合在一起。这种静电引力是稳定染色质最主要的因素。如果将染色质置于浓度较高的盐溶液 (0.5mol/L NaCl) 中，染色质将解离成游离的组蛋白和 DNA，这是因为盐溶液破坏了这种静电引力。

2.3.2　核小体

细胞在通过细胞周期时，染色质的结构不断发生着变化。在间期细胞中，染色质呈松散状态，但也不是散布在整个细胞核中。构成一条染色体的染色质似乎集中在细胞核的一个区域。在 DNA 复制完成以后，染色质大约压缩 100 倍，呈现一定的形态，称为染色体。把染色体分离出来，并使其逐渐解压缩，然后在电子显微镜下观察处于不同压缩状态的染色质，发现其基本结构是一种 11nm 粗的纤维，就像一根细线上串联着许多有一定间隔的小珠状颗粒 (图 2-11)。染色体就是由这种串珠状结构多层次压缩而成的。

电镜下的小珠状结构称为核小体 (nucleosome)，由 DNA 和组蛋白组成。每个核小体包括

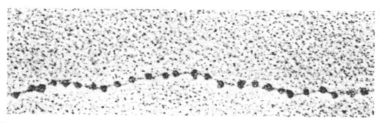

图 2-11　在低盐亲水介质中展开的染色质，示串珠状的核小体

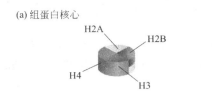

(a) 组蛋白核心

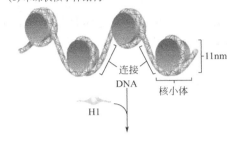

(b) 串珠状核小体结构

11nm

连接
DNA

核小体

H1

(c) H1结合导致染色质进一步凝缩

图 2-12　核小体结构模型（见彩图）

200bp DNA，缠绕在一个由组蛋白 H2A、H2B、H3 和 H4 各两分子组成的圆盘状八聚体核心上（图 2-12）。根据其对微球菌核酸酶的敏感性，核小体 DNA 被分为核心 DNA 和连接 DNA。微球菌核酸酶能迅速地剪切无蛋白质保护的 DNA 序列，而对结合有蛋白质的 DNA 序列的剪切效率很差。核心 DNA 的长度为 147bp，在组蛋白八聚体上以左手方式缠绕 1.65 圈，形成核小体核心颗粒（nucleosome core particle）。两个核心颗粒之间的 DNA 称为连接 DNA（linker DNA）。不同物种的核心 DNA 的长度相同，但连接 DNA 的长度是可变的，从 15～55bp 不等。组蛋白 H1 有两个臂从它的中央球形结构域伸出，分别与核小体一端的连接 DNA 以及核心 DNA 的中部结合，使 DNA 更紧密地盘绕在组蛋白核心上（图 2-12），被称为连接组蛋白。一个核小体包括一个核心颗粒、连接 DNA 和一分子的组蛋白 H1。

核小体组装是一个有序的过程。核心组蛋白首先在溶液中形成中间组装体。H3 和 H4 通过折叠域的互作形成一个异源二聚体，两个 H3-H4 二聚体形成一个四聚体。H2A 和 H2B 在溶液中也是通过折叠域的相互作用形成异源二聚体，但不形成四聚体。核小体组装时，$(H3-H4)_2$ 四聚体与核心 DNA 中间的 60bp 区段相互作用，并与核心 DNA 进出核小体的片段结合，造成 DNA 高度弯曲。结合到 DNA 上的 $(H3-H4)_2$ 四聚体再与两个拷贝的 H2A-H2B 二聚体结合完成核小体的组装。

核小体结构可视为染色体 DNA 的一级包装，由直径为 2nm 的 DNA 双螺旋链绕组蛋白形成直径为 11nm 的核小体"串珠"结构。若以每碱基对沿螺旋中轴上升 0.34nm 计，200bp DNA（一个核小体的 DNA 片段）的伸展长度为 68nm，形成核小体后仅为 11nm（核小体直径），其长度压缩了 6～7 倍。在低离子强度和去 H1 组蛋白的条件下，电镜下可清晰地看到染色体一级包装的核小体纤维。

2.3.3　从核小体到中期染色体

巨大的细胞核 DNA 分子要包装成染色体需经多层次的结构变化才能实现。若增大离子强度，并保留 H1，通过电镜可观察到 11nm 纤维会折叠成 30nm 纤维，这种结构代表了 DNA 压缩的第二个层次，反映了细胞核染色质结构。关于 30nm 纤维的结构，目前较公认的模型是螺线管模型（solenoidal model），该模型认为核小体纤维盘绕形成一种中空螺线管，其外径为 30nm。每圈含 6 个核小体（图 2-13），因此，螺线管的形成使 DNA 一级包装又压缩了 6 倍。H1 组蛋白在维持毗邻核小体的紧密度及核小体纤维

核小体核心颗粒

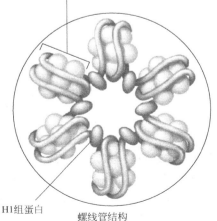

H1组蛋白　　　螺线管结构

图 2-13　30nm 染色质纤维横切面示意图

折转形成螺线管中起了重要作用。DNA 包装为核小体和 30nm 纤维共同导致 DNA 的线性长度压缩了 40 倍。

30nm 纤维需要进一步的折叠才能成为染色体，但是折叠的细节尚不清楚。20 世纪 70 年代，Laemmli 等用 2mol/L NaCl 溶液或硫酸葡聚糖加肝素处理 Hela 细胞中期染色体，除去组蛋白和大部分非组蛋白后，在电镜下观察到由非组蛋白构成的染色体骨架（chromosome scaffold）和由骨架伸展出的无数 DNA 侧环组成的晕圈（图 2-14）。据此，1993 年 Freeman 等提出了 30nm 螺旋管与染色体骨架相结合的染色体包装模型（图 2-15）。一般认为 30nm 纤维围绕染色体骨架形成 40～90kb 的环，环的基部与柔韧的染色体骨架相连，形成伸展的间期染色体。染色体骨架螺旋化，并进一步压缩成中期染色体（图 2-16）。

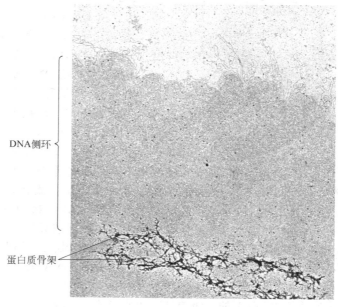

图 2-14 Hela 细胞去除组蛋白的中期染色体电镜照片

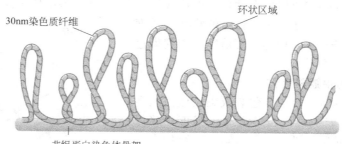

图 2-15 30nm 染色质纤维围绕染色体骨架盘绕成环

2.3.4 异染色质与常染色质

中期染色体是真核细胞中 DNA 压缩程度最高的状态，只有在核分裂时才出现。分裂结束后，染色体松散开来，形成看不到单个结构的染色质。用光学显微镜观察间期细胞核时，可以看到着色深浅不同的区域（图 2-17）。深的区域主要集中在核的周边，称为异染色质（heterochromatin），结构相对致密。异染色质又分为组成型异染色质（constitutive hetero-

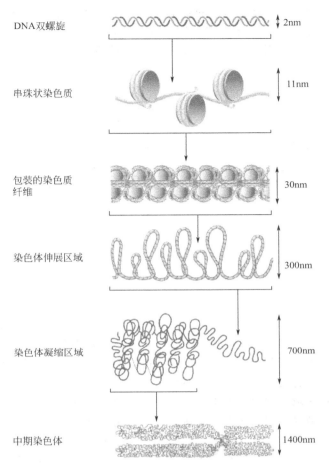

DNA双螺旋　　　2nm

串珠状染色质　　11nm

包装的染色质
纤维　　　　　30nm

染色体伸展区域　300nm

染色体凝缩区域　700nm

中期染色体　　1400nm

图 2-16　染色体的包装过程

chromatin）和兼性异染色质（facultative heterochromatin）两种。组成型异染色质的 DNA 不含基因，一直保持压缩状态。着丝粒、端粒以及某些染色体的特定区域（例如，人的大部分 Y 染色体）属于组成型异染色质。

　　与组成型异染色质不同，兼性异染色质（facultative heterochromatin）无永久特性，仅在部分细胞的部分时间出现。兼性异染色质含有基因，但这些基因因位于异染色质区而失活。例如，哺乳类雌性个体的体细胞有 2 条 X 染色体，到间期一条变成异染色质，位于这条 X 染色体上的基因就全部失活。

　　常染色质在间期相对疏松，在整个细胞核中分散存在，且染色较弱（图 2-17）。一般认为异染色质的结构高度致密，参与基因表达的蛋白质不能接近 DNA，因此无转录活性。相反，常染色质允许参与基因表达的蛋白质与 DNA 结合，有转录活性。

2.3.5　真核生物染色体 DNA 上的几个重要元件

　　真核生物的染色体 DNA 上有几个重要的元

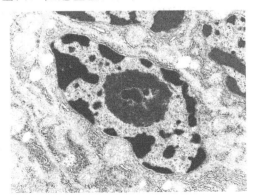

图 2-17　异染色质与常染色质

件，分别是指导染色体 DNA 复制起始的复制起点、细胞分裂时引导染色体进入子细胞的着丝粒及负责保护和复制线性染色体末端的端粒（图 2-18）。这三种元件对于细胞分裂过程中染色体的正确复制和分离至关重要。以下对每一个元件逐一加以介绍。

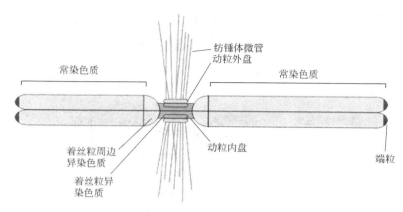

图 2-18　染色体结构模型

2.3.5.1　复制起点

复制起点（origin of replication）是 DNA 复制开始的位点，一般来说位于非编码区。真核生物染色体 DNA 有多个复制起点，例如，酵母第三号染色体是已知真核生物最小的染色体之一，总共携带 180 个基因，含有 19 个复制起点。不同生物的复制起点都有 2 个共同的特征：第一，它们含有复制起始子蛋白的结合位点，此位点是组装复制起始机器的核心序列；第二，它们含有一段富含 AT 的 DNA 序列，此段序列容易解旋。

复制起始子蛋白是复制起始中涉及的唯一序列特异性 DNA 结合蛋白，在复制起始过程中，一般执行 3 种功能：第一，与复制起点处的特异性序列结合；第二，一旦与 DNA 结合，它们就扭曲或者解旋其结合位点附近的 DNA 区域；第三，起始子蛋白与复制起始所需的其他因子相互作用，使它们聚集到复制机器上。

酵母的一个复制起点大约由 150 个碱基对构成，含有一个起始位点识别复合体（origin recognition complex，ORC）的结合位点和一个解旋区，有些复制起点还有一个 Abf1 的结合位点（图 2-19）。ORC 的作用是起始 DNA 的合成，而 Abf1 的作用是促进 ORC 与 DNA 结合。

图 2-19　酵母的复制起点

2.3.5.2　着丝粒

着丝粒（centromere）是染色体上染色很淡的缢缩区，由一条染色体复制产生的两个姐妹染色单体在此部位相联系。着丝粒指导一个称为动粒（kinetochore）的蛋白质复合体的形成（图 2-18）。纺锤体微管附着在动粒上，在有丝分裂后期拉动姐妹染色单体相互远离，进入两个子代细胞。因此，着丝粒是 DNA 复制后染色体正确分离所必需的。

一些生物的着丝粒 DNA 已被测序，发现它主要由重复序列构成。人类着丝粒 DNA 称

为 α-卫星 DNA（alphoid DNA），由 171bp 重复单位串联而成，构成了着丝粒异染色质的主体部分。着丝粒的大小和组成在不同生物间变化很大。人类染色体着丝粒的大小从 240kb 到几个 Mb 不等，而酿酒酵母能够使酵母人工染色体有效分离的最小着丝粒区域只有 125bp。如图 2-20(a) 所示，酿酒酵母的着丝粒 DNA 由三个保守元件组成，它们募集着丝粒蛋白，并指导这些蛋白质组装成动粒。

着丝粒 DNA 与组蛋白装配成着丝粒染色质。着丝粒特异性组蛋白取代通常的 H3，与 H2A、H2B 和 H4 一起构成组蛋白八聚体核心，着丝粒 DNA 缠绕在八聚体上形成着丝粒核小体。人类的 H3 组蛋白变构体是 CENPA，它取代 H3 组蛋白形成的着丝粒核小体是动粒组装的位点。在酿酒酵母中，Cse4 取代 H3 参与组蛋白核心的形成，另外，结合在 CDE Ⅰ上的 Cbf1 同源二聚体和结合在 CDE Ⅲ 上的 Cbf3 复合体一同参与动粒的形成 [图 2-20(b)]。

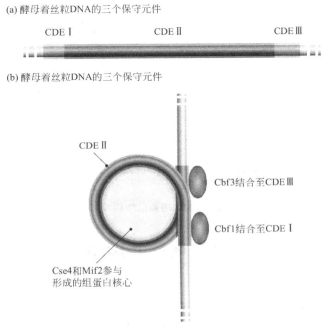

图 2-20　酿酒酵母的着丝粒

2.3.5.3　端粒

端粒（telomere）是真核生物染色体的末端，由端粒 DNA 和蛋白质构成。端粒可以维持染色体末端的稳定性，防止线性 DNA 末端发生降解以及染色体末端的融合。染色体断裂产生的末端具有"黏性"，会使不同的染色体粘连在一起，然而染色体的天然末端是稳定的。端粒还能使线性 DNA 分子的末端得以复制，解决了线性 DNA 分子的"末端复制问题"（详见第三章）。

端粒 DNA 由简单序列串联重复而成，并且具有一个 3′-突出端（3′-overhang）。重复单位的长度通常为 6～8bp，例如，四膜虫端粒 DNA 的重复单位是 TTGGGG，哺乳动物端粒 DNA 的重复单位是 TTAGGG。端粒 DNA 的一条链富含 G，并且富含 G 的 DNA 单链的走向是 5′→3′方向，构成端粒 DNA 的 3′-末端。

人类染色体的端粒长度是 5～15kb，主要由双链 DNA 组成，以 30～200nt 长的 3′-突出末端结束。绝大多数真核生物的染色体在末端回折，形成的环称为 t-环（telomere-loop）（图 2-21）。这种结构首先在人类染色体的端粒中被观察到，它的大小与端粒 DNA 的长度有关。t-环的形成需要端粒重复序列和 3′-末端的单链区。这些 DNA 序列募集一系列端粒 DNA 特异性结合蛋白催化 t-环的形成。图 2-21（b）为人类染色体 t-环形成的模式图，3′-末端的单链区侵入端粒 DNA 的双螺旋区，并置换出双螺旋的一条单链。然后，这条被置换出的单链被单链结合蛋白 POT1（protection of telomeres）覆盖。其他的多亚基蛋白质复合体结合在双链区，其中一些蛋白质的功能已经被阐明，它们中有些催化 DNA 的弯曲，有些参与调节端粒 DNA 的长度，还有一些主要起保护作用。

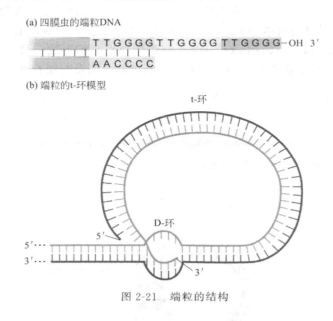

(a) 四膜虫的端粒DNA

TTGGGGTTGGGGTTGGGG–OH 3′

AACCCC

(b) 端粒的t-环模型

t-环

D-环

5′…

3′…

5′

3′

图 2-21　端粒的结构

2.4　核外基因组

2.4.1　质粒基因组

2.4.1.1　质粒的基本特征

（1）质粒的拷贝数　质粒是独立于细胞染色体之外、自主复制的 DNA 分子。质粒 DNA 通常是环状双链，主要存在于细菌中。不同的质粒在宿主细胞中的拷贝数变化很大。有些质粒，如 F 质粒，在一个细胞中存在一个或两个拷贝，这种类型的质粒称为严紧型质粒（stringent plasmids）；有些则存在很多拷贝，例如 ColE 质粒的拷贝数多达 50 个或更多，这种类型的质粒称为松弛型质粒（relaxed plasmids）。质粒，尤其是松弛型质粒经过结构改造，已成为基因工程中最常用的载体。质粒的大小也有很大的变化。大肠杆菌的 F 质粒是一个中等大小的质粒，大约是大肠杆菌染色体 DNA 的 1%。大多数多拷贝质粒要小得多，ColE 质粒的大小仅为 F 质粒的十分之一。

（2）质粒 DNA 编码的表型　因大小不同，质粒能够编码几种或者几百种蛋白质。质粒很少编码细胞生长必需的产物，如 RNA 聚合酶、核糖体的亚基或者三羧酸循环中的酶。然而，质粒携带的基因通常使细菌获得在某种特定条件下的选择优势，如使宿主细胞能够利用稀有碳源（比如甲苯），或者对重金属或抗生素产生抗性，或者合成毒素杀死周围的敏感性菌株。不具有任何可识别表型的质粒称为隐蔽质粒（cryptic plasmid）。或许，隐蔽质粒所携带的基因的功能尚未得到鉴定。

（3）质粒的宿主范围　一种质粒的宿主范围包括这种质粒能够在其中复制的所有类型的

细菌。宿主范围通常是由质粒的 *ori* 区决定的。不同质粒的宿主范围变化很大。有些质粒只能存在于几种密切相关的细菌中，例如，F 质粒仅能生存于大肠杆菌和相关的肠道细菌中。也有一些质粒的宿主范围很宽，例如 P 家族的质粒能够生存于几百种不同的细菌中。宽宿主范围质粒能够编码起始复制所需的所有蛋白质，所以不依赖于宿主细胞来提供这些功能，并且它们还能够在不同类型的细胞中表达这些基因。显然，宽宿主范围的质粒的启动子和核糖体结合位点能够被很多细菌识别。

（4）质粒 DNA 的转移　部分质粒可自主地从一个宿主细胞移动到另一个宿主细胞，这一特点称为质粒的可移动性。许多中等大小的质粒，如 F 质粒和 P 质粒具备这一性质，因而被称为 Tra$^+$（transfer positive）。质粒的转移涉及的基因超过 30 个，小型质粒，例如 ColE 质粒，没有足够的 DNA 来容纳转移所必需的基因，因此不能独立地转移。然而，很多小型质粒，包括 ColE 质粒，可以在 Tra$^+$ 质粒编码的蛋白质的作用下，从一个细胞传递到另一个细胞，这种现象称为质粒 DNA 的迁移作用（mobilization），具有迁移作用的质粒称为 Mob$^+$（mobilization positive）。一些具有转移性质的质粒（例如，F 质粒）也能够转移染色体上的基因。

当质粒 DNA 从供体细胞向受体细胞发生转移时，质粒 DNA 的一条链在 *oriT*（origin of transfer）位点被一种质粒编码的特异性内切核酸酶切断。*oriT* 不同于质粒的复制起点 *oriV*。一种质粒编码的专一性的解旋酶将断裂的链从质粒上剥离出来，然后被转移至受体细胞。一旦整条链进入了受体细胞，两个末端重新连接起来，又形成一个环状 DNA 分子。在供体细胞内，当旧链不断地被解旋酶从质粒 DNA 上分离出来时，通常会从断裂的 3′-OH 开始合成一条新的互补链。

① *tra* 基因　接合是一个非常复杂的过程，与质粒 DNA 转移有关的一组基因称为 *tra*（transfer）基因。大多数 *tra* 基因的产物参与菌毛（pilus）的形成。菌毛是从细胞表面伸出的丝状附属物，借助于菌毛，供体和受体菌形成杂交对。菌毛同时也可以成为某些噬菌体的吸附位点。菌毛由一种 *tra* 基因编码的菌毛蛋白（pilin）装配而成。许多 *tra* 基因的编码产物则参与将菌毛蛋白运出细胞，并在细胞表面装配成菌毛。还有一些 *tra* 基因的编码产物，例如内切核酸酶、解旋酶和引物酶直接参与 DNA 的转移。引物酶在质粒 DNA 转移的过程中通过合成 RNA 引物，引发互补链的合成。

② *tra* 基因的表达调控　*tra* 基因的转录依赖于 *traJ* 基因编码的一种转录激活蛋白。如果 *traJ* 一直被转录，其他 *tra* 基因的编码产物就会持续合成，细胞表面的菌毛就会一直存在。然而，通常情况下，*traJ* 的表达为 *finP* 和 *finO* 两个质粒基因的表达产物所抑制。*finP* 基因的启动子位于 *traJ* 基因的内部，以相反的方向组成型表达一种反义 RNA。FinP RNA 与 *traJ* 转录产物互补配对，抑制了转录激活蛋白 TraJ 的合成。FinO 蛋白的作用是稳定 FinP RNA。

很多天然质粒只有在进入细胞后的短时间内进行高效传递，随后就平静下来，只发生零星的转移。这是因为通常情况下，*tra* 基因被抑制，没有菌毛蛋白的合成和其他 *tra* 基因的作用，细胞的表面就会失去菌毛。菌毛是某些类型的噬菌体的吸附位点，如果群体中所有的细菌一直都携带菌毛，噬菌体就会快速繁殖，侵染和杀死所有携带质粒的细菌。

在一些细胞中，抑制作用偶尔被解除，使少部分的细胞能够转移质粒 DNA。*tra* 基因周期性地表达，可能并不会阻止质粒在群体中的快速传递。当含有质粒的细胞群体遇到一个不含质粒的群体，携带质粒的细胞最终会表达 *tra* 基因，然后质粒被转移到另一个细胞。当质粒首次进入一个新细胞，*tra* 基因的有效表达使质粒从一个细胞向另一个细胞级联传递。结果，质粒会占领群体中的大多数细胞。

F 质粒是第一个被发现的具有转移性的质粒，它的发现与 *finO* 基因的插入失活有关。由于 IS*3* 的插入，F 因子自身成为一个组成型表达 *tra* 基因的突变体。结果，含有 F 因子的菌株的表面总是带有菌毛，能够不断地向供体菌传递 F 因子。

2.4.1.2　质粒的种类

根据质粒的主要特征可以把质粒分为以下 5 类：

① 致育质粒或称 F 质粒　仅携带转移基因，除了能够促进质粒通过有性接合转移外，不具备其他特征，如大肠杆菌的 F 质粒（图 2-22）。

② 耐药性质粒（或称 R 质粒）　携带有能赋予宿主细菌对某一种或多种抗生素抗性的基因。

③ Col 质粒（Col plasmid）　编码大肠杆菌素，这是一种能够杀死其他细菌的蛋白质。大肠杆菌携带的 ColE1 质粒属于此类质粒。

④ 降解质粒　使宿主菌能够代谢一些通常情况下无法利用的分子，如甲苯和水杨酸。假单胞菌中的 TOL 质粒属于此类质粒。

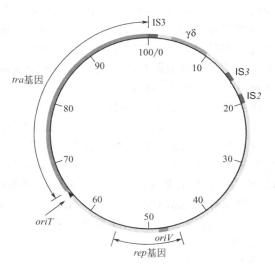

图 2-22　F 质粒

IS*2* 和 IS*3* 为插入序列；γδ 又称 Tn*100*，为一转座子；*tra* 基因编码的蛋白质参与鞭毛的生成；*rep* 编码的蛋白质参与 DNA 的复制；*oriV* 是环状 DNA 的复制起点；*oriT* 是滚环复制的起点

⑤ 毒性质粒（virulence plasmid）　赋予宿主菌致病性，比如根瘤农杆菌中的 Ti 质粒能够在双子叶植物中诱导根瘤菌。

2.4.2　线粒体基因组

细胞核 DNA 和线粒体 DNA（mitochondrion DNA，mtDNA）有着不同的起源。根据内共生学说（endosymbiosis），线粒体基因组来自于被真核细胞的祖先内吞的原核细胞的环状 DNA。在长期的进化过程中，线粒体丢失了很多作为细胞器不必要的基因，并且许多必需的基因被转移到细胞核。结果，动物线粒体只有很少的 DNA 被保留了下来。人类的线粒体 DNA 只有 13 个蛋白质编码基因，它们均编码呼吸链组分蛋白，我们知道呼吸链是线粒体的主要生化特征。mtDNA 还编码 12S 和 16S 两种 rRNA，及 22 种 tRNA（图 2-23）。其他的呼吸链蛋白、DNA 和 RNA 聚合酶、核糖体蛋白以及一些调控因子都由核基因编码，在细胞质合成后被转运到线粒体。mtDNA 序列向细胞核的转移是一个持续的过程，但是并非所有转移到细胞核内的线粒体基因都是有功能的。在人类的核基因组中存在数百个线粒体来源的假基因。

哺乳动物线粒体基因组最为致密，不含内含子，有些基因是重叠的。除基因排列紧凑外，多数 tRNA 基因位于 rRNA 和 mRNA 之间。前体 RNA 的断裂正好位于 tRNA 前后，因此 tRNA 序列形成的二级结构可能是加工的识别信号，在加工过程中起着标点符号的作用。

人类的 mtDNA 为环状双链 DNA 分子，大小为 16569bp，每个细胞（卵细胞和精细胞除外）通常有 100～1000 个 mtDNA。mtDNA 的两条链有不同的碱基组成，一条链富含 G，称为重链（H 链），另一条链富含 C，是轻链（L 链）。人类的 mtDNA 共有 37 个基因，重链编码 28 个，轻链编码 9 个。mtDNA 没有内含子，所有的编码序列都是连续的。mtDNA 上有一段 1121bp 的非编码序列，称为取代环（D-loop），含有 H 链的复制起点，以及 H 链

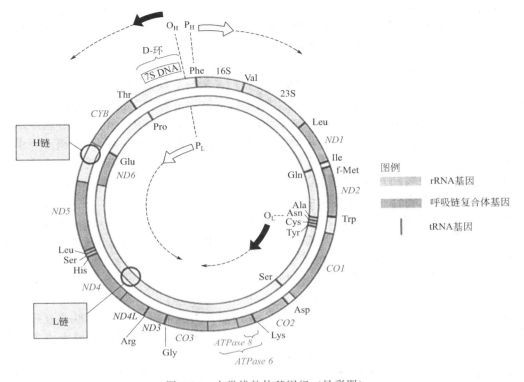

图 2-23　人类线粒体基因组（见彩图）

O_H 和 O_L 是重链和轻链合成的起始位点；P_H 和 P_L 是重链和轻链转录的起始位点和方向

和 L 链转录的启动子。从两个启动子开始的转录沿环状 mtDNA 移动，产生一条多顺反子
RNA，经过转录后加工形成成熟的 rRNA、tRNA 和 mRNA。

酿酒酵母（*S. cerevisiae*）线粒体基因组的结构与人类线粒体基因组的结构明显不同。
哺乳动物线粒体基因组最为致密，不含内含子，除取代环外只有 87 个核苷酸不参与编码，
并且许多基因的序列是重叠的。酿酒酵母的 mtDNA 随不同株系而不同，平均约为 80kb，
基因间有大段非编码序列间隔，并且细胞色素 b 和细胞色素氧化酶亚基 I 的编码基因含有内
含子。植物细胞的线粒体基因组的大小差别很大，最小的为 100kb 左右，大部分由非编码
序列组成，且有许多短的同源序列，同源序列之间的重组会产生较小的亚基因组环状 DNA，
与完整的 "主" 基因组共存于线粒体内，因此植物线粒体基因组的研究更为困难。

动物和植物线粒体基因组组织结构存在显著不同。动物线粒体基因的排列方式非常保
守，但基因之间的同源性却很低，有人将动物线粒体基因列入演变剧烈的基因；而植物中的
情况完全不同，植物线粒体基因在不同植物中高度保守，但这些基因在 mtDNA 上的排列方
式却有很大的变异，即使是亲缘关系很近的物种之间，基因排列方式上仍存在显著差异。

mtDNA 可用于分子系统发生研究（molecular phylogenetic studies）。与细胞核 DNA 相
比，mtDNA 作为生物种系发生的 "分子钟"（molecular clock）有其自身的优点。它的基因
组小，拷贝数多，容易分析。mtDNA 基本上都来自卵细胞，所以 mtDNA 是母性遗传
（maternal inheritance），且在亲子代之间传递时不发生重组，因此具有相同 mtDNA 序列的
个体必定来自同一位供体的雌性祖先。mtDNA 突变率高，是核 DNA 的 10 倍左右。mtD-
NA 的不同区段有着不同的进化速率，通常进化速率最大的是控制区；蛋白编码基因中的细
胞色素氧化酶 I（cytochrome oxidase I，CO I）、CO II 和 NADH 脱氢酶亚基 5（NADH

dehydrogenase subunit 5）基因次之；核糖体 RNA 较保守；进化速率最慢的是 tRN A。因此，mtDNA 可被用来分析同一物种内不同个体及不同群体之间的遗传关系，也可以被用来分析亲缘关系较近的不同物种之间的系统关系。

2.4.3 叶绿体基因组

叶绿体基因组也是闭合环状双链 DNA 分子，被子植物叶绿体 DNA（chloroplast DNA，ctDNA）大小在 120～217kb 之间。每个植物细胞含有许多叶绿体，而每个叶绿体通常含有几十个拷贝的 ctDNA，这使得一个叶细胞中 ctDNA 的拷贝数达到成千上万。ctDNA 不含 5-甲基胞嘧啶，这一特征可被用作鉴定 ctDNA 及其纯度的依据。已知 ctDNA 编码 100 多种基因，这些基因可分为 3 类：叶绿体遗传系统基因，包括编码 rRNA、tRNA、核糖体蛋白以及翻译起始因子的基因；光合系统基因，这是一类与光反应、暗反应有关的基因；以及与氨基酸、脂质、色素生物合成有关的基因。

大多数植物的 ctDNA 具有两个大片段反向重复序列（inverted repeated sequence，IR）。这类植物的叶绿体 rRNA 基因均为双拷贝，对称分布于两个 IR 序列上，它们的 ctDNA 被两个 IR 序列分成大、小两个单拷贝区。

根据 ctDNA 中 IR 序列的拷贝数和排列形式，可以把 ctDNA 分为 3 种类型：I 型只有单拷贝 rRNA 基因，如松科、豆科（豌豆和蚕豆）的 ctDNA；II 型含有反向重复序列，大多数被子植物，如水稻、玉米、烟草等的 ctDNA 均属此类；III 型含有 IR 串联重复序列，如部分裸子植物含有 3 个 IR 序列，即有 3 套 rRNA 基因。植物叶绿体基因组的大小主要取决于 IR 序列的长度和拷贝数，其次是小单拷贝区的大小。

大多数植物的叶绿体基因组存在操纵子结构模式，若干基因排列在一起，组成一个多顺反子转录单位。例如，编码细胞色素 b_6/f 蛋白复合体的 4 个基因 *psbB-psbH-petB-petD* 组成一个操纵子，编码 ATP 合酶亚基的 4 个基因 *atpI-atpH-atpF-atpA* 组成一个操纵子等。有些叶绿体基因的启动子与原核生物的启动子类似，具有保守的－10 区和－35 区，用突变改变－10 区和－35 区核苷酸序列中的一个或几个碱基，通常会降低其在体外转录的活性。有许多叶绿体基因有内含子，与核基因的内含子相比，叶绿体基因中的内含子往往比较长。有些内含子还存在 ORF 结构，可能与剪接加工有关。叶绿体基因组中的内含子可以分成两类：一类是处于 tRNA 反密码子环上的内含子，与酵母核 tRNA 基因的内含子类似；另一类是蛋白质基因中的内含子，与线粒体基因的内含子类似。

第 3 章　DNA 的复制

DNA 复制是指在细胞分裂之前亲代细胞基因组 DNA 的加倍过程。这样，细胞分裂结束时，每个子代细胞都会得到一套完整的、与亲代细胞相同的基因组 DNA。当 DNA 的双螺旋结构被揭示时，人们就认识到 DNA 分子的两条单链彼此互补可以作为复制的基础，也就是每个亲代 DNA 分子双链中的任一条链都可以作为模板指导合成子代 DNA 的互补链。本章将介绍 DNA 复制所涉及的一些基本问题，如 DNA 复制是如何起始、延伸和终止的；参与 DNA 合成的酶有哪些，它们的作用是什么；以及使 DNA 复制和细胞分裂相互协调的机制又是什么。

3.1　DNA 复制的一般特征

3.1.1　半保留复制

DNA 在复制过程中，首先两条亲本链之间的氢键断裂，双链分开，然后以每条亲本链为模板，按碱基互补配对原则选择脱氧核糖核苷三磷酸，由 DNA 聚合酶催化合成新的互补子链（daughter strand）。复制结束后，每个子代 DNA 的一条链来自亲代 DNA，另一条链则是新合成的，并且，新形成的两个 DNA 分子与原来的 DNA 分子的碱基序列完全相同。这种复制方式称为半保留复制（semiconservative replication）（图 3-1）。

1958 年，M. Meselson 和 F. W. Stahl 采用同位素[15]N 标记 DNA 分子证明了 DNA 是半保留复制的（图 3-2）。[15]N 的掺入会导致 DNA 分子密度显著增加，这样就可以通过密度梯度离心将亲本链和子代链区分开来。首先用含有[15]NH_4Cl 的培养基培养大肠杆菌，使亲代的 DNA 双链都标记上[15]N，提取样品的 DNA 进行 CsCl 密度梯度离心，只在离心管底部形成一条带位。然后将生长在[15]NH_4Cl 培养基的大肠杆菌转移到含有唯一氮源，但密度较低的[14]N（[14]NH_4Cl）培养基中培养一代，使新合成的链中所含的 N 原子皆为[14]N。提取样品中的 DNA，采用密度梯度离心的方法进行分析。若是半保留复制，应只出现一种中等密度的带，由[15]N 标记的亲本链和[14]N 标记的子链互补而成。实验结果显示，离心管中只出现一条带，位于中部，表明实验结果与半保留复制模型完全吻合。若将 *E. coli* 再放入[14]N 培养基中培

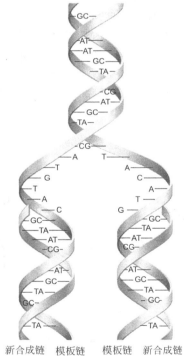

新合成链　模板链　　模板链　新合成链

图 3-1　DNA 的半保留复制

养一代，按半保留复制模型应有两种双螺旋 DNA，一种为[14]N/[14]N 双螺旋 DNA，另一种为[14]N/[15]N 双螺旋 DNA。密度梯度离心得到两个 DNA 条带，比例相等，一条位于上部（低密度带），一条位于中部（中密度带），符合半保留复制。当 *E. coli* 在[14]N 培养基上生长 3 代，离心以后，轻链 DNA 和杂种 DNA 的比例是 3∶1。

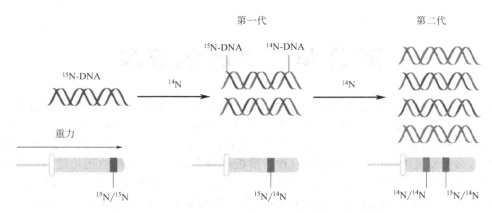

图 3-2　Meselson 和 Stahl 的 DNA 复制实验（见彩图）

3.1.2　复制起点与复制子

　　作为一个单位进行自主复制的一段 DNA 序列称为复制子（replicon）。复制通常是从复制子的一个固定位点开始的，这种起始 DNA 复制的序列叫做复制起点（origin of replication）。DNA 复制时，双螺旋的两条链在复制起点处解开，形成两条模板链。一旦复制开始，就会在 DNA 分子上形成两个复制叉（replication fork）。复制叉是 DNA 分子上正在进行 DNA 合成的区域，呈分叉状的"Y"型结构。在复制叉处 DNA 聚合酶以两条相互分离的亲本链为模板合成两条新的子链。复制叉沿着 DNA 分子向两个相反的方向移动，因此复制是双向的。原核生物的染色体，以及很多噬菌体和病毒的 DNA 分子都是环状的，它们作为单个复制子完成复制。大肠杆菌的环状双链 DNA 分子复制到一半时的形状看起来像希腊字母"θ"，因此又称 θ 型复制（图 3-3）。少数 DNA 分子进行的是单向复制，只有一个复制叉。

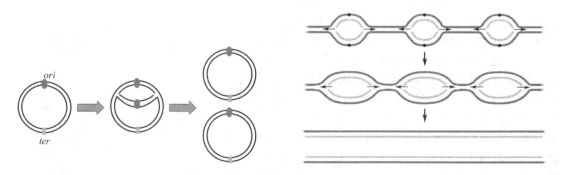

图 3-3　θ 型复制模型　　　　　　　　图 3-4　真核生物 DNA 的多个复制叉结构

　　真核生物染色体的线状 DNA 含有多个复制子，每一个复制子都有自己的复制起点。一个典型的哺乳动物细胞有 50000～500000 个复制子，复制子的长度为 40～200kb。正在复制的真核生物基因组 DNA 分子上会形成许多复制泡。随着复制叉沿着 DNA 分子向两个方向移动，复制泡不断变大，最终，两个相邻复制泡的复制叉会相遇、融合，完成 DNA 的复制（图 3-4）。

3.1.3　DNA 合成的引发

　　目前已知的 DNA 聚合酶都只能延伸已经存在的 DNA 链，而不能从头启动 DNA 链的合成，这是因为它在合成 DNA 时需要一个自由的 3′-OH。那么，一个新的 DNA 链的合成是如何开始的呢？研究发现，DNA 复制时还需要另外一种酶来合成一段 RNA 作为合成 DNA 的引物（primer）。在细菌中，引物合成依靠引物酶（primase）（图 3-5），这是一种与转录酶不相关的 RNA 聚合酶，不需要用特异 DNA 序列来起始 RNA 引物的合成。每个引物长约 5 个核苷酸，一旦引物合成完毕就由 DNA 聚合酶取代引物酶继续链的合成。

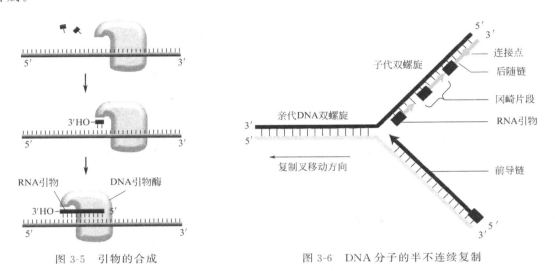

图 3-5　引物的合成　　　　　　　图 3-6　DNA 分子的半不连续复制

3.1.4　半不连续复制

在复制叉处，两条亲本链均作为模板指导新生链的合成。DNA 分子的两条链是反向平行的，而 DNA 复制时无论以哪条链作模板，新链的合成都是按 5′→3′方向进行的，所以只有一条新生链能够沿着复制叉运动的方向连续复制，此新生链称为前导链（leading strand）。另一条新生链由于延伸的方向与复制叉前进的方向相反，必须分段合成（图 3-6）。这些片段于 1969 年首先在大肠杆菌中分离出来，被称为冈崎片段（Okazaki fragment）。在细菌中，冈崎片段长约 1000～2000 个核苷酸；在真核生物中，相应片段的长度可能短得多，由 100～400 个核苷酸组成。这些冈崎片段以后由 DNA 连接酶连成完整的 DNA 链，因此冈崎片段是 DNA 复制中短暂出现的中间产物。不连续合成的链称为后随链（lagging strand），这种前导链的连续复制和后随链的不连续复制的现象在生物界普遍存在，称为 DNA 合成的半不连续复制。

3.1.5　滚环复制与 D 环复制

3.1.5.1　滚环复制

环状 DNA 分子除了能够进行"θ"型复制外，还能进行滚环复制（rolling-circle replication）〔图 3-7(a)〕。在进行滚环复制时，首先在双链环状 DNA 分子一条链的特定位点上产生一个切口，切口的 3′-OH 末端围绕着另一条环状模板被 DNA 聚合酶延伸。随着新生链的延伸，旧链不断地被置换出来，因此整个结构看起来像一个滚环。新生链延伸一周后，被置换的链达到一个复制子的长度，连续延伸则可以产生多个复制子组成的连环体（concatemer）。被置换出的单链也可以作为模板合成互补链形成双链体。某些噬菌体 DNA 和质粒 DNA 是以滚环的方式进行复制的〔图 3-7(b)〕。

（1）M13 噬菌体的滚环复制　　M13 噬菌体的基因组 DNA 为一种单链环状 DNA，又称正链 DNA。当进入大肠杆菌细胞后，宿主细胞的 RNA 聚合酶识别基因组 DNA 上的一个发卡结构，并转录出一段 RNA 分子，从而破坏了发卡结构，转录亦告终止。然后，DNA 聚

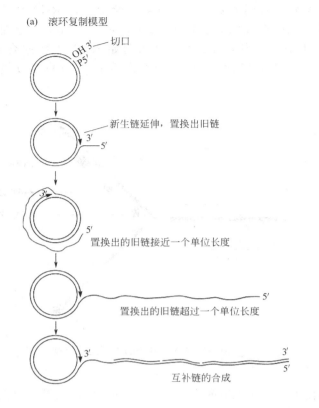

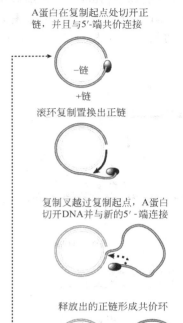

(a) 滚环复制模型

OH 3′ 切口
P 5′

新生链延伸，置换出旧链

置换出的旧链接近一个单位长度

置换出的旧链超过一个单位长度

互补链的合成

(b) M13噬菌体的滚环复制

A蛋白在复制起点处切开正链，并且与5′-端共价连接

－链
＋链

滚环复制置换出正链

复制叉越过复制起点，A蛋白切开DNA并与新的5′-端连接

释放出的正链形成共价环

图 3-7　滚环复制

合酶Ⅲ以转录出的 RNA 作为引物合成互补链（负链），最终形成双链环状 DNA 分子，这是单链基因组 DNA 在细胞内复制过程中产生的一种中间体，又称复制型（replicative form，RF）DNA 分子。随后，RF 型分子进行 θ 型复制产生更多的 RF 型 DNA 分子。

　　当细胞内的 RF 型 DNA 分子积累到一定的数目，便开始进行滚环复制。首先由噬菌体基因组编码的 A 蛋白（protein A）在双链 DNA 特定位点上切开（＋）链 DNA，产生一个游离的 3′-OH 和一个与 A 蛋白上一个特定的酪氨酸残基共价连接的 5′-磷酸基团，这一位点又称为复制起点 [图 3-7(b)]。接着宿主细胞的 DNA 聚合酶Ⅲ以（－）链作为模板延伸 3′-末端合成新的（＋）链，同时原来的（＋）链被不断地置换出来，直到复制叉重新抵达复制起点，于是一条完整的（＋）链被合成出来。此时，A 蛋白再次识别起始位点，并切割（＋）链，释放出一个完整的 M13 基因组 DNA，而 A 蛋白又与滚环的 5′-磷酸基团共价连接，开始下一轮循环。

　　（2）λ 噬菌体 DNA 的滚环复制　λ 噬菌体 DNA 经过滚环复制产生的是由多个基因组拷贝串联形成的连环体。存在于 λ 噬菌体头部结构中的 DNA 是一种双链、线性 DNA，但是在分子的两端各有一段由 12 个核苷酸组成的单链序列，称为 cos 位点。这两个单链 DNA 片段是互补的，当 λ DNA 进入大肠杆菌细胞后，两个单链末端互补配对，于是线性 DNA 闭合成环 [图 3-8(a)]。闭合环状 DNA 分子首先进行的是 θ 型复制，到了感染的后期，λ DNA 开始进行滚环复制。λ DNA 滚环复制的起始与 M13 噬菌体类似，环状 DNA 分子的一条链被切断，自由的 3′-末端作为引物起始合成一条新链，随着新链的延伸原来的旧链被置换出来 [图 3-8(b)]。

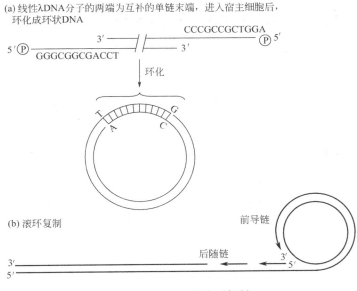

图 3-8　λDNA 的滚环复制

与 M13 噬菌体不同的是，被置换出的旧链作为模板合成一条互补链，形成双链 DNA。另外，当复制叉沿着环状模板滚动一周时，被置换出的一个基因组长度的旧链并不从滚环结构上释放出来，而是随着复制叉的连续滚动，形成一个由多个拷贝的线性基因组 DNA 前后串联在一起的连环体，相邻的基因组 DNA 由 *cos* 位点隔开。*cos* 位点是一种限制性内切酶的识别序列，该内切酶是 λ DNA 分子中基因 A 的表达产物，能够在 *cos* 位点处交错切开双链 DNA 分子，形成单链的黏性末端，并与其他一些蛋白质一起，将每个 λ 基因组包裹进噬菌体的头部。

滚环复制也存在于真核生物细胞，例如，某些两栖类卵母细胞内的 rDNA 和哺乳动物细胞内的二氢叶酸还原酶基因，在特定的情况下通过滚环复制，在较短的时间内迅速增加目标基因的拷贝数。

3.1.5.2　D 环复制

叶绿体和线粒体 DNA 采用的是 D 环复制。动物细胞的线粒体 DNA 为双链环状 DNA，DNA 两条链的密度并不相同，一条链因富含 G 而具有较高的密度，所以被称为重链（heavy strand，H strand），另一条链因富含 C 而具有较低的密度，因而被称为轻链（light strand，L strand）。线粒体 DNA 的复制是非对称的，每一个 DNA 分子有两个相距很远的复制起始区 O_H 和 O_L。O_H 用于 H 链的合成，O_L 用于 L 链的合成。两条链的合成都需要先合成 RNA 引物，但都是连续合成的。

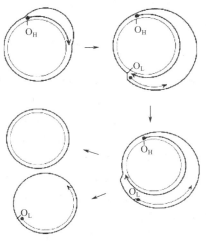

O_H 首先被启动，先合成 H 链。新合成的 H 链一边延伸，一边取代原来的 H 链。被取代的 H 链以单链环的形式游离出来，形成取代环（displacement-loop），即 D 环。当 H 链合成到约 2/3 时，O_L 暴露出来，由此启动 L 链的合成。在 L 链的合成尚未完成时，两个子代 DNA 分子即发生分离，随后完成 L 链的合成（图 3-9）。

图 3-9　D 环复制

3.2 大肠杆菌染色体 DNA 的复制

E. coli 基因组 DNA 就是一个复制子，其复制的详细过程已十分清楚，参与复制的主要蛋白质和酶的种类和功能见表 3-1。

表 3-1 参与大肠杆菌 DNA 复制的主要蛋白质和酶

蛋 白 质	基 因	主 要 功 能
DnaA	*dnaA*	复制起始因子，与复制起始区 *oriC* 结合起始复制
DnaB	*dnaB*	解开 DNA 双螺旋
DnaC	*dnaC*	募集 DnaB 蛋白到复制叉
SSB	*ssb*	单链结合蛋白
引物酶	*dnaG*	合成 RNA 引物
Pol Ⅰ	*polA*	切除引物，填补冈崎片段之间的缺口
Pol Ⅲ		DNA 聚合酶Ⅲ全酶
α	*dnaE*	链的延伸
ε	*dnaQ*	动力学校对
θ	*holE*	未知，核心酶的一个亚基
β	*dnaN*	滑动夹
τ	*dnaX*	介导核心酶形成二聚体
γ	*dnaX*	滑动夹装载因子的一个亚基
δ	*holA*	滑动夹装载因子的一个亚基
δ′	*holB*	滑动夹装载因子的一个亚基
χ	*holC*	滑动夹装载因子的一个亚基
ψ	*holD*	滑动夹装载因子的一个亚基
DNA 连接酶	*lig*	缝合相邻的冈崎片段
DNA 旋转酶		向 DNA 分子引入负超螺旋，消除复制叉前进中的拓扑学障碍
α	*gyrA*	切断 DNA 双螺旋的两条链，并催化切口重新连接
β	*gyrB*	水解 ATP
Tus 蛋白	*tus*	结合终止子序列，以极性的方式阻止复制叉移动
拓扑异构酶Ⅳ		解开连环体
A	*parC*	切断 DNA 双螺旋的两条链，并催化切口重新连接
B	*parE*	水解 ATP

所有的 DNA 复制都可以分为起始、延伸和终止三个阶段，现分别加以讨论。

3.2.1 复制的起始

大肠杆菌的复制起点称为 *oriC*。将大肠杆菌的染色体 DNA 随机断裂后插入到缺乏复制起点的质粒中，由于质粒上含有选择标记，凡能存活的克隆，质粒中都含有一段控制 DNA 复制的序列。通过缺失分析鉴定出大肠杆菌的复制起点约 245bp，含有 9bp 和 13bp 两种短的重复基序（图 3-10）。9bp 基序（TTATCCACA）共有 4 个拷贝，为 DnaA 蛋白的结合位点。通过 DnaA 蛋白与 *oriC* 的相互作用以及 DnaA 蛋白之间的相互作用，大约 30 个 DnaA 蛋白结合在复制起始区。这种结合只能发生在负超螺旋 DNA 分子上，而负超螺旋是大肠杆菌染色体的正常存在状态。

DNA 分子在 DnaA 蛋白复合体上缠绕，形成一个类似于核小体的结构，导致双螺旋在串联排列的 3 个富含 AT 的 13bp 基序（GATCTNTTNTTTT）处解开。一般认为解旋是由 DNA 双螺旋在 DnaA 蛋白复合体上缠绕后产生的扭转张力引起的。

DNA 双螺旋的进一步打开需要 DnaB 蛋白。DnaB 蛋白是大肠杆菌细胞中主要的解旋酶（helicase），其作用是解开 DNA 双链。在复制起点处，DNA 双链被打开后，DnaA 蛋白便

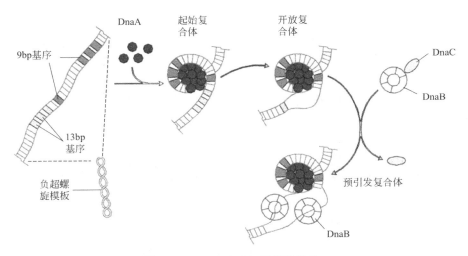

图 3-10 *E. coli* DNA 复制的起始

会募集两个 DnaB-DnaC 复合体与两条模板 DNA 结合。DnaC 蛋白为 DnaB 蛋白的装载因子，依靠 DnaC 蛋白的单链 DNA 结合域以及与 DnaA 蛋白的相互作用，DnaB-DnaC 蛋白复合体结合在复制起始位点。然后，DnaC 蛋白催化由 6 个亚基组成的 DnaB 蛋白解环，并套在单链 DNA 上。在 DnaB-DnaC 蛋白复合体中，DNA 解旋酶保持非活性状态。DnaB 蛋白安装完毕后，装载因子从复合体中释放出来，DnaB 的解旋酶活性被激活，利用水解 ATP 产生的能量按 $5'{\rightarrow}3'$ 方向向前运动，解开 DNA 双螺旋，在其身后留下单链 DNA 模板。单链结合蛋白（single-stranded binding protein，SSB）与解旋酶解开的单链 DNA 结合，防止单链降解，并阻止其退火。

3.2.2 复制的延伸

一旦复制起始，复制叉就沿着 DNA 分子前进，合成与亲本链互补的新链。新生链的合成由 DNA 聚合酶催化完成。已从大肠杆菌细胞中分离出了 5 种 DNA 聚合酶。DNA 聚合酶Ⅲ是大肠杆菌 DNA 复制中催化链延伸反应的主要聚合酶。DNA 聚合酶Ⅰ专门用于 RNA 引物的去除以及引物移除后缺口的填补。DNA 聚合酶Ⅱ、Ⅳ和Ⅴ主要参与 DNA 修复和 DNA 跨损伤合成。

3.2.2.1 DNA 聚合酶

（1）DNA 聚合酶Ⅰ DNA Pol Ⅰ 为一条由 928 个氨基酸残基组成的多肽链，分子质量为 109kD，由 *polA* 基因编码。酶分子中含有一个 Zn^{2+}，是聚合酶活性所必需的。分子呈球形，直径为 6.5nm，是 DNA 直径的 3 倍左右，每个大肠杆菌细胞内约有 400 个 DNA 聚合酶Ⅰ分子。Pol Ⅰ 是一种多功能酶，除了具有 $5'{\rightarrow}3'$ 聚合酶活性外，还具有 $3'{\rightarrow}5'$ 外切酶活性和 $5'{\rightarrow}3'$ 外切酶活性。

用枯草杆菌蛋白酶可将 Pol Ⅰ 水解成大小两个片段。大片段含有 605 个氨基酸残基（324～928），又称为 Klenow 片段或 Klenow 酶，含有大、小两个结构域，其中大结构域具有 $5'{\rightarrow}3'$ 聚合酶活性，小结构域具有 $3'{\rightarrow}5'$ 外切酶活性；小片段含有 323 个氨基酸残基（1～323），具有 $5'{\rightarrow}3'$ 外切酶活性。

① DNA 聚合酶Ⅰ的 $5'{\rightarrow}3'$ 聚合酶活性 这是 DNA 聚合酶最主要的活性，按模板 DNA 上的核苷酸顺序，将与模板互补的 dNTP 逐个加到引物 3'-OH 末端，即促进引物的 3'-OH 与 dNTP 的 α-磷酸基团形成磷酸二酯键。酶的专一性表现为新进入的 dNTP 必须与模板 DNA 碱基正确配对时才有催化作用（图 3-11）。DNA 聚合酶Ⅰ的持续合成能力不强，每次与模板-引物结合仅能添加 20～100 个核苷酸。

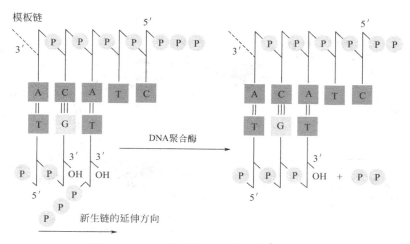

图 3-11　DNA 聚合酶 I 的 5′→3′聚合酶活性

　　② DNA 聚合酶 I 的 3′→5′外切核酸酶活性　这种酶活性的主要功能是从 3′→5′方向识别并切除 DNA 生长链末端与模板 DNA 不配对的核苷酸（图 3-12），因此这种活性又称为校对（proofreading）。DNA 聚合酶的校对活性使 DNA 复制的忠实度提高了 2 个数量级，因此对于维持 DNA 复制的真实性至关重要。

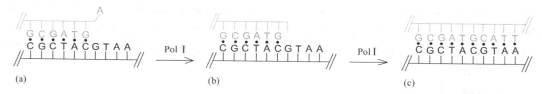

图 3-12　DNA 聚合酶 I 的 3′→5′外切核酸酶活性

　　所有的 DNA 聚合酶都有相似的三维结构，类似于一个半握的右手。聚合酶活性部位位于手指和手掌的结合处。如图 3-13 所示，只要是正确的核苷酸被添加到生长链的 3′-OH 末端，DNA 聚合酶就会沿模板迅速向前移动一个核苷酸的距离，生长链的 3′-OH 末端重新定位在聚合酶活性位点，等待下一个核苷酸的进入。如果掺入的是错误的核苷酸，新掺入的碱基不能与模板配对，造成聚合酶停顿，以及新生链的 3′-OH 末端转移至 3nm 以外的 3′→5′外切酶活性位点。在错配的碱基被切除后，3′-OH 末端又回到聚合酶活性部位，延伸过程

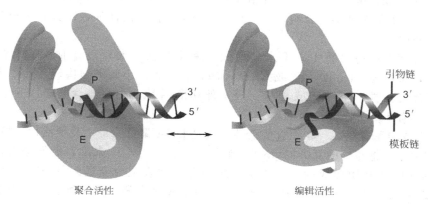

图 3-13　DNA 聚合酶的聚合酶活性和校对活性

重新开始。

③ DNA 聚合酶 I 的 5′→3′ 外切核酸酶活性　这种酶活性是从 DNA 链的 5′-端向 3′-端水解已配对的核苷酸，本质是切断磷酸二酯键，每次能切除 10 个核苷酸。如果在双链 DNA 分子上引入一个缺口，而后加入 *E. coli* 的 DNA 聚合酶 I，它能够在缺口的 3′-OH 末端起始 DNA 的复制反应，同时除去 5′-侧的核苷酸（5′→3′ 外切酶活性），于是缺口就沿 5′→3′ 方向移动，这种反应叫做缺口平移（nick translation）（图 3-14）。这种酶活性在 DNA 损伤的修复中可能起着重要作用，对冈崎片段 5′-端的 RNA 引物的去除也是必需的。

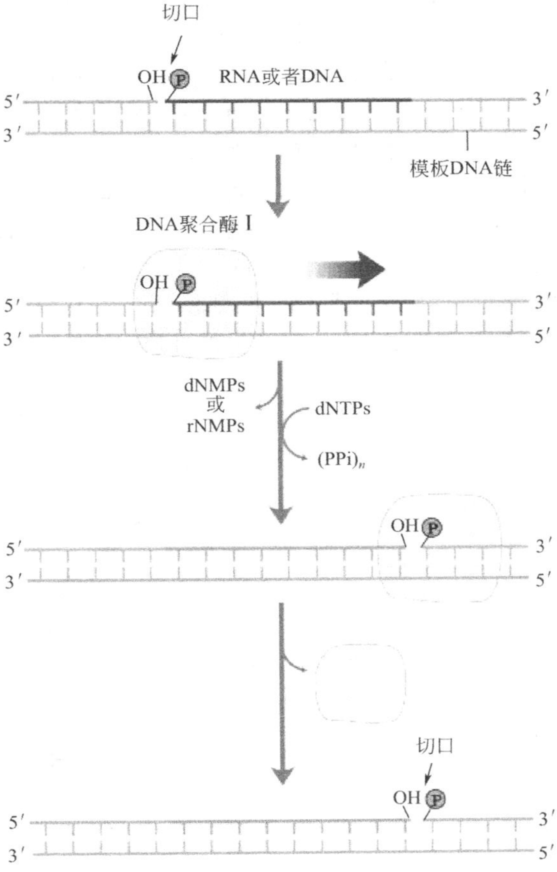

（2）DNA 聚合酶 II　DNA 聚合酶 II 具有聚合酶活性和 3′-外切酶活性，但无 5′-外切酶活性。其大小为 90kD，由 *polB* 基因编码。Pol II 的聚合反应速度非常慢，无法满足 *E. coli* 染色体 DNA 复制的需要，此酶最有可能参与 DNA 的修复。缺乏此酶活性的突变株在生长和 DNA 复制上无任何缺陷。

（3）DNA 聚合酶 III　DNA 聚合酶 III 由 10 个不同的亚基构成（表 3-1），其中 α 亚基、ε 亚基和 θ 亚基构成核心酶（core enzyme）。α 亚基具有 5′→3′ 聚合

图 3-14　DNA 聚合酶 I 催化的缺口平移反应 DNA 聚合酶 I 在缺口的 3′-OH 末端起始 DNA 的复制反应，同时除去 5′-侧的核苷酸

活性，ε 亚基具有 3′→5′ 外切酶活性，θ 亚基功能尚不清楚，可能仅仅起结构上的作用，使两个核心亚基以及其他各辅助亚基装备在一起。DNA 聚合酶 III 具有两个拷贝的核心酶。

两个拷贝、半环状的 β 亚基围绕 DNA 双螺旋形成一个环状二聚体（图 3-15）。一旦 β 亚基二聚体与 DNA 紧密结合，它的作用就像一个"滑动夹子"携带着核心聚合酶沿着 DNA 链自由滑动。这样，聚合酶的活性位点就可以一直定位在生长链的 3′-OH 末端。另一方面，核心酶与滑动夹结合后，其持续合成 DNA 的能力也显著提高。DNA 聚合酶的持续合成能

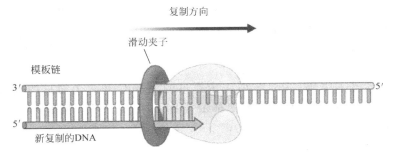

图 3-15　聚合酶核心酶与环绕引物-模板接头上的滑动夹子结合

力，又称进行性，被定义为每次聚合酶与模板-引物结合时所能添加的核苷酸的平均数。与滑动夹的结合是如何改变 DNA 聚合酶的持续合成能力的呢？在无滑动夹的情况下，DNA 聚合酶平均每聚合 20～100 个核苷酸就会从 DNA 模板上脱落下来。而在有滑动夹子的情况下，DNA 聚合酶仍经常地离开引物-模板接头，但是与滑动夹的紧密结合使其能够迅速地重新结合到同一引物-模板接头上，继续合成 DNA，从而大大增加了 DNA 聚合酶的进行性。

聚合酶的第三个组成部分是由 5 个亚基（γ、δ、δ′、χ 和 ψ）构成的一个所谓的 γ 复合体，又称夹子装载因子（clamp loader）。它催化滑动夹打开，并将其结合在引物-模板接头上，这一过程需要能量。当 DNA 链合成完成以后，装载因子还催化滑动夹从 DNA 分子上移除。最后，两个拷贝的 τ 亚基使两个核心聚合酶形成二聚体（图 3-16）。表 3-2 比较了三种 DNA 聚合酶 Pol Ⅰ、Ⅱ 和 Ⅲ 的性质。

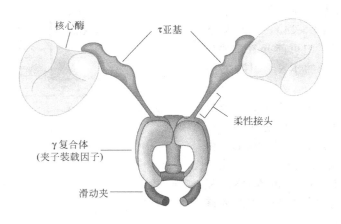

图 3-16　DNA 聚合酶全酶

表 3-2　大肠杆菌 Pol Ⅰ、Ⅱ 和 Ⅲ 的比较

性质	Pol Ⅰ	Pol Ⅱ	Pol Ⅲ
亚基数目	1	1	10
分子数/细胞	400	100	10
V_{max}（掺入的 nt/s）	16～20	2～5	250～1000
3′-外切酶活性	有	有	有
5′-外切酶活性	有	无	无
进行性	3～200	10000	500000
生物学功能	DNA 修复、RNA 引物去除	DNA 修复	染色体 DNA 复制

（4）DNA 聚合酶 Ⅳ 和 Ⅴ　DNA 聚合酶按照它们的氨基酸序列相似性可划分成若干家族，Pol Ⅳ 和 Pol Ⅴ 均属于 DNA 聚合酶的 Y 家族。Y 家族成员有两个明显的特征：一是在未受损伤的 DNA 模板上进行低保真度 DNA 合成；二是能够越过模板链上的损伤继续进行 DNA 合成，这种机制称为跨损伤合成（translesion synthesis，TLS）。Y 家族成员催化的跨损伤合成有高度的易错性，易引起突变，属于差错倾向性 DNA 聚合酶（error prone polymerase），而且进行性极低。

Pol Ⅳ 由 *dinB* 基因编码；Pol Ⅴ 由 1 个拷贝的 UmuC 和 2 个拷贝的被截短的 UmuD（UmuD′）组装而成。这两种 DNA 聚合酶都是基因组 DNA 受到严重损伤时，被诱导合成，属于 SOS 反应的组成部分（详见第 4 章）。

3.2.2.2　复制叉上的 DNA 合成

（1）DNA 解旋　在复制叉处，DNA 解旋酶利用 ATP 水解释放的能量，在后随链模板

上沿着 $5' \to 3'$ 方向运动打开 DNA 双螺旋（图 3-17）。打开的单链 DNA 随即被 SSB 蛋白所覆盖。SSB 与单链 DNA 的结合有协同效应，即一个 SSB 与单链 DNA 结合会促进另一个 SSB 结合。这种协同效应有利于 SSB 快速与单链 DNA 结合，使其处于伸直状态，以利于作为模板指导 DNA 合成。

（2）在复制叉处前导链和后随链的合成同时进行　在复制叉处前导链被连续合成，而后随链是不连续合成的。如图 3-18 所示，DNA 解旋酶在后随链模板上沿着 $5' \to 3'$ 方向运动。DNA 聚合酶Ⅲ全酶通过 τ 亚基和解旋酶相互作用，两个 τ 亚基分别与一个

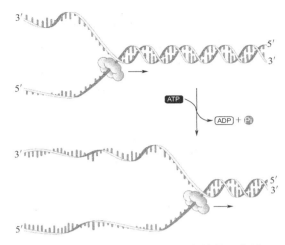

图 3-17　DNA 解旋酶打开 DNA 双螺旋的两条链

核心酶结合，其中一个核心酶复制前导链，另一个核心酶复制后随链〔图 3-18(a)〕。引物酶周期性地与 DNA 解旋酶结合，并在后随链模板上合成新的 RNA 引物〔图 3-18(b)〕。当负责后随链合成的核心酶完成一个冈崎片段的合成后，其构象发生了改变，降低了与滑动夹以及 DNA 的亲和力，于是从滑动夹和 DNA 上脱落下来〔图 3-18(c)〕。随后，DNA 聚合酶Ⅲ的滑动夹装载因子在新形成的模板-引物接头位置上组装新的滑动夹〔图 3-18(d)〕。新组装的滑动夹与核心酶结合，起始下一个冈崎片段的合成〔图 3-18(e)〕。

（3）复制体　复制叉上与 DNA 复制有关的各种蛋白质相互作用，形成的一种复合体称为复制体（replisome）。复制体的各种组分都可单独行使其功能，但是当聚集在一起时，它们的活动因相互作用而彼此协调。除了 DNA 聚合酶全酶各亚基之间的相互作用外，DNA 解旋酶与 DNA 聚合酶Ⅲ全酶之间的相互作用尤为关键。解旋酶与全酶的夹子装载因子相互作用使解旋酶的运动速度增加 10 倍。因此，如果 DNA 解旋酶与 DNA 聚合酶分离，其速度将减慢。在这种情况下，DNA 聚合酶的复制速度快于解旋酶打开 DNA 双螺旋的速度，这使得聚合酶Ⅲ全酶能够赶上 DNA 解旋酶，重新形成一个完整的复制体。

第二种重要的相互作用发生在 DNA 解旋酶与引物酶之间。引物酶与解旋酶之间的结合并不紧密。在约每秒一次的间隔中，引物酶与解旋酶和 SSB 覆盖的单链 DNA 结合并合成新的 RNA 引物。虽然 DNA 解旋酶与引物酶之间的相互作用相对较弱，但是这种相互作用大大激发了引物酶的功能。RNA 引物合成后，引物酶从 DNA 解旋酶上脱落并进入溶液中。

（4）冈崎片段的连接　新合成的冈崎片段与上一个冈崎片段被一切口分开。冈崎片段的 RNA 引物长约 5～10 个核苷酸，而它的 DNA 部分长约 1000～2000bp。DNA 聚合酶Ⅰ与切口结合，利用其 $5' \to 3'$ 外切酶活性切去上一个冈崎片段的 RNA 部分，同时延伸新生成的冈崎片段的 3'-OH 末端，这一过程相当于切口平移。当 RNA 引物被切除后，两个毗邻的冈崎片段的 5'-P 和 3'-OH 之间在 DNA 连接酶催化下形成一个磷酸二酯键，从而把冈崎片段连接成连续的、不含 RNA 序列的后随链（图 3-19）。连接酶在催化连接反应时需要能量，细菌来源的 DNA 连接酶以 NAD^+ 作为能源，真核细胞、病毒和噬菌体的连接酶利用 ATP 作为能源。

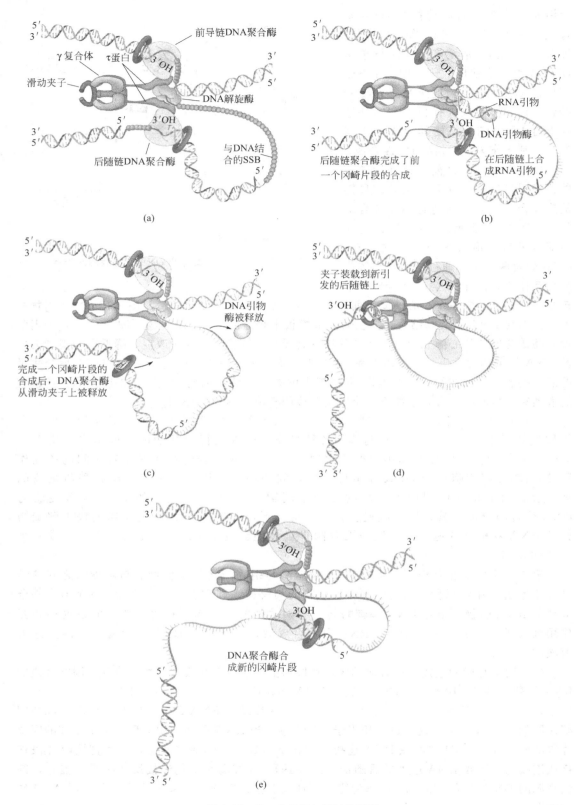

图 3-18 *E. coli* DNA 复制的延伸

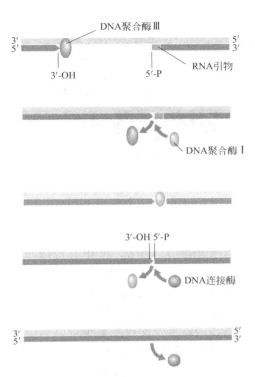

图 3-19　相邻的冈崎片段之间的连接

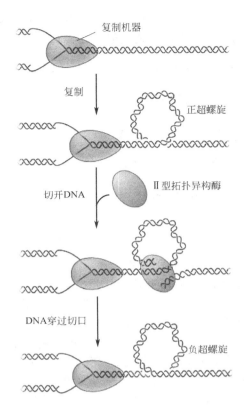

图 3-20　拓扑异构酶在 DNA 复制过程中的作用

（5）拓扑异构酶除去 DNA 解旋时产生的超螺旋　DNA 分子的两条单链通过氢键结合在一起并且相互缠绕形成双螺旋结构，因此在复制的过程中两条亲本链不能简单地解开。随着复制叉的前进，其前方的双螺旋要形成正超螺旋。细菌的染色体 DNA 以负超螺旋的形式存在，因此一开始形成的正超螺旋会被负超螺旋抵消。然而，当染色体 DNA 复制了大约5％时，原有的负超螺旋就会被用尽。随后形成的正超螺旋必须被消除，否则会影响 DNA双链的进一步分离。DNA 旋转酶（DNA gyrase）是一种 Ⅱ 型拓扑异构酶，它负责向 DNA分子引入负超螺旋，迅速消除 DNA 解旋引起的超螺旋的积累（图 3-20）。喹诺酮（quinolo-ne）类抗生素（例如，萘啶酮酸和环丙沙星）通过作用于 Ⅱ 型拓扑异构酶，特别是旋转酶，抑制细菌 DNA 的复制，并最终杀死细菌。

3.2.3　复制的终止

细菌基因组的复制是从单一位点双向进行的，两个复制叉在复制终止区相遇。大肠杆菌的复制终止区域位于环状染色体上与复制起点相对的一侧。在这一区域存在若干个终止位点（*Ter*），它们按照特定的方向排列在染色体上（图 3-21），制造了一个复制叉"陷阱"。复制叉可以进入该区域，但不能出去，原因是 *Ter* 位点只在一个方向上发挥作用。当序列特异性 DNA 结合蛋白 Tus（terminus utilization substance）与终止位点结合后，只阻断沿一个方向前进的复制叉，而对沿另一个方向前进的复制叉不起作用。例如，*TerB* 只阻断沿顺时针方向移动的复制叉，*TerA* 只阻止沿逆时针方向移动的复制叉。当复制叉在终止位点相遇时，DNA 的复制就停止了。那些位于终止区尚未复制的序列会在两条亲本链分开以后，通过修复合成的方式填补。复制结束时，两个环状子代 DNA 分子以链环体的形式套在一起。在细胞分裂之前，环套在一起的两个 DNA 分子必须分开，然后被分配给两个子细胞。在大肠杆菌细胞中，连环体的拆分由拓扑异构酶Ⅳ完成。拓扑异构酶Ⅳ实际上是一种Ⅱ型的拓扑异构酶，其作用方式类似于旋转酶。

(a) 大肠杆菌的复制终止区

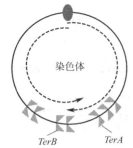
TerB　　　　TerA

(b) Tus与终止位点结合后，阻断一个方向上的复制叉前进

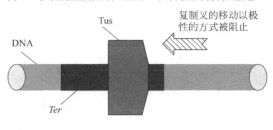

图 3-21　*E.coli* 基因组 DNA 复制的终止

3.2.4　复制起始调控

　　Dam 甲基化酶能够识别 GATC 序列，并使其中的 A 甲基化，生成 N^6-甲基腺嘌呤。大肠杆菌染色体 DNA 的 *oriC* 含有 11 个拷贝的 GATC 序列（图 3-22）。在 DNA 复制之前，染色体 DNA 上的每一 GATC 序列，包括 *oriC* 区域中的 GATC，都被甲基化。新复制的 GATC 位点呈半甲基化状态，即旧链是甲基化的，但新链尚未被甲基化（图 3-23）。基因组大部分区域的半甲基化状态维持 1~2min，半甲基化指导的碱基错配修复系统可以利用这段短暂的时间修复错配的碱基（见第 4 章）。*oriC* 位点的完全甲基化速度比较慢，需要 10~15min。新复制、半甲基化的 *oriC* 可被 SeqA 蛋白识别。SeqA 与半甲基化的 GATC 紧密结合极大地降低了与之结合的 GATC 序列的甲基化速率，并阻止 DnaA 蛋白与复制起点结合。当 SeqA 偶尔从 GATC 位点上脱离时，序列即被 DNA 甲基化酶完全甲基化，防止了 SeqA 的重新结合。当 GATC 被完全甲基化之后，DnaA 蛋白能进行结合并指导新一轮 DNA 的复制。

　　细菌 DNA 的复制叉移动速度比较恒定，大约是每分钟 50000bp。大肠杆菌完成复制需要 40min，但是在营养丰富的培养基中，大肠杆菌每 20min 即可分裂一次。这是因为大肠杆

A/T丰富区

```
5′-GGATCCTGGGTATTAAAAAGAAGATCTATTTATTTAGAGATCTGTTCTAT
   CCTAGGACCCATAATTTTTCTTCTAGATAAATAAATCTCTAGACAAGATA
   |                                                |
   1                                              50
                                      DnaA框
   TGTGATCTCTTATTAGGATCGCACTGCCCTGTGGATAACAAGGATCGGCT
   ACACTAGAGAATAATCCTAGCGTGACGGGACACCTATTGTTCCAAGCCGA
   |                                                |
   51                                             100

   TTTAAGATCAACAACCTGGAAAGGATCATTAACTGTGAATGATCGGTGAT
   AAATTCTAGTTGTTGGACCTTTCCTAGGAATTGACACTTACTAGCCACTA
   |                                 DnaA框          |
   101                                            150

   CCTGGACCGTATAAGCTGGGATCAGAATGAGGGTTATACACAGCTCAAAA
   GGACCTGGCATATTCGACCCTAGTCTTACTCCCAATATGTGTCGAGTTTT
   |                        DnaA框                   |
   151                                            200

   ACTGAACAACGGTTGTTCTTTGGATAACTACCGGTTGATCCAAGCTTCCT
   TGACTTGTTGCCAACAAGAACGTATTGATGGCCAACTAGGTTCGAAGGA
   |           DnaA框                               |
   201                                            250

   GACAGAGTTATCCACAGTAGATCGC
   CTGTAGCAATAGGTGTCATCTAGCG-3′
   |                     |
   251                 275
```

图 3-22　大肠杆菌 *oriC* 序列

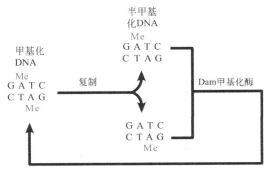

图 3-23　DNA 维持甲基化

菌染色体 DNA 一轮复制尚未完成时，复制过的部分就开始了第二轮复制。因此，正在复制的大肠杆菌染色体 DNA 上会出现多个复制叉。

3.3　真核生物 DNA 复制

3.3.1　SV40 DNA 的复制

　　SV40 最初是从野生猴子的肾细胞培养物中分离出来的一种 DNA 病毒。SV40 的基因组 DNA 为一约 5kb 长的双链环状 DNA，进入细胞核后会形成核小体。SV40 DNA 的复制发生在宿主细胞的 S 期，几乎完全利用宿主蛋白，特别适合在体外进行研究，因此为研究哺乳动物 DNA 的复制提供了非常好的模型。

　　与大肠杆菌的复制起始过程一样，SV40 DNA 的复制也发生在一个特定的位点上（图 3-24）。病毒编码的大 T 抗原是一种多功能、位点专一性 DNA 结合蛋白，它与 SV40 DNA 的复制起点结合，利用其解旋酶活性局部打开 DNA 双螺旋，形成一个复制泡。DNA 双螺旋的打开需要水解 ATP 提供能量和复制蛋白 A（replication protein A，RPA）的参与。大 T 抗原也可以与单链 DNA 结合，在复制叉处水解 ATP，打开 DNA 双链。与其他许多解旋酶不同，大 T 抗原沿前导链模板，按 $3'\rightarrow5'$ 方向移动，推动复制叉前进。大 T 抗原还能与一系列细胞蛋白相互作用，其中包括 DNA 聚合酶 α/引物酶和单链 DNA 结合蛋白 RPA。在真核细胞中，引物酶与 DNA 聚合酶 α 形成一个复合物，这个复合物在复制起点与单链模板结合，并合成大约 10 个核苷酸长的 RNA 引物。接着，RNA 引物要被 DNA 聚合酶 α 延伸一小段距离。

　　因为 DNA Polα 的延伸能力相对较低，无 $3'$-外切酶活性，因此无校对能力，很快就被高延伸性的 DNA 聚合酶 δ 和 ε 取代。聚合酶 δ 由 3～5 个亚基组成；聚合酶 ε 由 4 个亚基组成。聚合酶 δ 和 ε 都有 $3'$-外切酶活性，因此具有校对能力。聚合酶 α、δ 和 ε 一起参与染色体 DNA 的复制（表 3-3）。

　　聚合酶 δ 或 ε 取代 DNA Polα/引物酶的过程称作聚合酶切换（polymerase switching）。发生聚合酶切换时，由 5 种亚基组成的细胞复制因子 C（replication factor C，RFC）结合到引物模板接头上，催化由增殖细胞核抗原（proliferating cell nuclear antigen，PCNA）构成的滑动夹子取代 Polα/引物酶与引物的末端结合，然后 Polδ 结合到 PCNA 上并最终完成冈崎片段的合成。PCNA 的作用与大肠杆菌的 β 亚基一样，是稳定聚合酶 δ 与模板的结合，增强其延伸能力。RFC 无论在亚基组成、一级结构还是在功能上都类似于大肠杆菌的 γ 复合体，所以也是一种夹子装载因子。当遇到原先已形成的冈崎片段的 $5'$-末端时，Polδ/PCNA 复合物从 DNA 上释放下来。在真核生物中，拓扑异构酶在消除 DNA 分子上由于复制叉移动时形成的扭转张力方面起着重要作用。

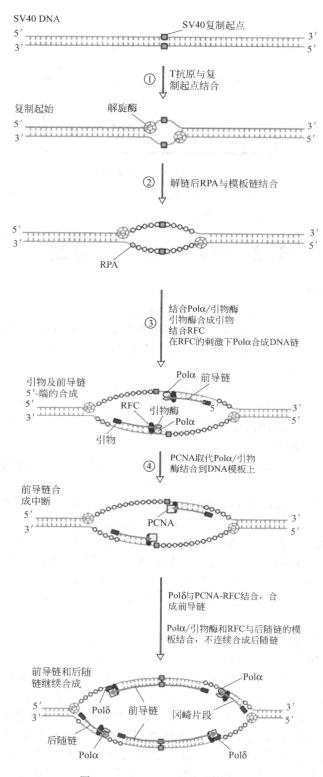

图 3-24　SV40 DNA 的复制模型

表 3-3 真核生物主要的 DNA 聚合酶

性质	DNA 聚合酶 α	DNA 聚合酶 δ	DNA 聚合酶 ε	DNA 聚合酶 γ	DNA 聚合酶 β
亚细胞定位	细胞核	细胞核	细胞核	线粒体	细胞核
延伸能力	中等	高	高	高	低
3′-外切酶活性	无	有	有	有	无
5′-外切酶活性	无	无	无	无	无
生物学功能	引物的合成	前导链和后随链合成的主要 DNA 聚合酶	前导链和后随链的合成;DNA 修复	线粒体 DNA 合成	DNA 修复

引物的去除通过两个步骤，首先由 RNase H1 降解大部分 RNA 引物。由于 RNase H1 断裂两个核糖核苷酸之间的磷酸二酯键，因此会留下单个核糖核苷酸连接到冈崎片段上。最后一个核糖核苷酸则由 FEN-1 除去。引物去除后留下的缺口由 Polδ 用邻近的冈崎片段作为引物负责填充。DNA 连接酶 I 将相邻的两个 DNA 片段连接起来，形成大分子 DNA 链。拓扑异构酶 I 负责清除复制叉移动形成的正超螺旋，拓扑异构酶 IIa 和 IIb 负责连环体的拆分。参与 SV40 DNA 体外合成的蛋白质见表 3-4。

表 3-4 体外 SV40 DNA 复制所需的蛋白质

蛋 白 质	功 能
大 T 抗原	识别起始位点;打开 DNA 双螺旋;解旋酶;引发复合体装载蛋白
RPA	单链 DNA 结合蛋白;促进复制起点解旋;刺激 DNA 聚合酶 α/引物酶;与 RFC 和 PCNA 相互作用刺激 DNA 聚合酶 δ
DNA 聚合酶 α/引物酶	起始前导链和后随链的合成
DNA 聚合酶 δ	完成前导链和后随链的合成
DNA 聚合酶 ε	可能参与前导链的合成
RFC	DNA 聚合酶 δ 和 ε 的辅助因子;PCNA 装载因子;DNA 依赖的 ATP 酶活性
PCNA	DNA 聚合酶 δ 和 ε 的辅助因子;增加 DNA 聚合酶的进行性
拓扑异构酶 I	消除 DNA 复制时在复制叉前方形成的正超螺旋
拓扑异构酶 IIa 拓扑异构酶 IIb	复制结束后,拆分两个环套在一起的子代 DNA 分子
RNase H1	内切核酸酶,切除 RNA 引物
FEN-I	5′→3′外切核酸酶,切除冈崎片段 5′-末端的核苷酸
DNA 连接酶 I	连接冈崎片段

3.3.2 真核生物基因组复制的调控

细胞从前一次分裂结束起到下一次分裂结束为止的活动过程称为细胞周期（cell cycle），分为间期与分裂期（M）两个阶段。间期又分为三个时期，即 DNA 合成前期（G1 期）、DNA 合成期（S 期）与 DNA 合成后期（G2 期）。在 G1 期，细胞为 DNA 的复制做好准备。S 期是基因组的复制期，在 S 期 DNA 经过复制含量增加 1 倍。G2 期是 DNA 复制完毕，有丝分裂开始之前的时期。在细胞周期中，S 期与 M 期必须协调，这一点非常重要，只有这样，基因组才能在有丝分裂前完全复制且只复制一次。

对酿酒酵母的研究使人们认识到基因组 DNA 的复制是如何进行调控的。酵母染色体的复制起点被称为自主复制顺序（autonomously replicating sequences, ARS）。像所有的真核生物的染色体一样，每一酵母染色体含有多个复制起点。在酿酒酵母的 17 个染色体中，大约有 400 个复制起点，其中一些已经被仔细地研究过。在酵母的复制起点常见 3 种元件。A 元件和 B1 元件是起始位点识别复合体（origin recognition complex, ORC）的结合位点，B2 序列促进 DNA 解旋和其他复制因子的结合。

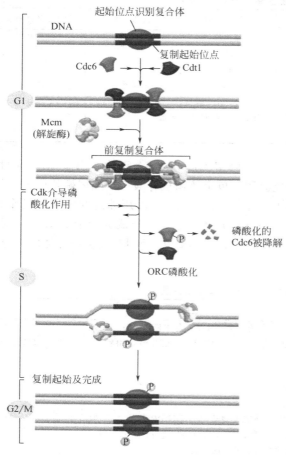

图 3-25　真核生物 DNA 复制的起始
显示每个复制起点在细胞周期中只被激活一次

在酵母细胞中，ORC 与复制起点的结合非常紧密，事实上在整个细胞周期中，ORC 一直保持着与 ARS 的结合状态。在 G1 期的早期，ORC 募集两个解旋酶装载因子（Cdc6 和 Cdt1）。然后，ORC 和装载因子共同募集到 Mcm，形成前复制复合体（pre-replicative complex，pre-RC）。Mcm 是一种六聚体 DNA 解旋酶，在真核生物复制叉上解开 DNA 双螺旋。pre-RC 的形成并不导致起始位点 DNA 立即被解旋或者 DNA 聚合酶的募集。只有在细胞从细胞周期的 G1 期到达 S 期后，G1 期形成的 pre-RC 才被激活，并启动复制的起始。

在 G1/S 交界处，细胞周期蛋白依赖型蛋白激酶（cyclin-dependent kinase，Cdk）被激活，导致很多复制蛋白，包括 DNA 聚合酶 α、δ 和 ε 被募集至 pre-RC 并起始 DNA 的合成。

在 S 期，Cdk 不但能够引发 DNA 复制的起始，还能够阻止复制后的 DNA 分子在 S 期被再次复制。复制开始以后，S-Cdk 促使 Cdc6 与 ORC 分离，从而导致 pre-RC 的解体，避免了从同一起始位点开始的新一轮的 DNA 复制。通过磷酸化 Cdc6，S-Cdk 引发游离的 Cdc6 快速降解。S-Cdk 还使一部分 Mcm 磷酸化。磷酸化的 Mcm 被转运出细胞核，保证 Mcm 蛋白复合体不能与复制起始位点结合。S-Cdk 还阻止 Cdc6 和 Mcm 蛋白在任一起始位点的组装。

在整个 G2 期和分裂期的早期，细胞一直维持着很高的 S-Cdk 活性，防止 DNA 分子的再次复制。在有丝分裂的末期，细胞内所有的 Cdk 活性都降为零。Cdc6 和 Mcm 蛋白的去磷酸化使得 pre-RC 能够再次装备，为新一轮的 DNA 复制做好准备。如图 3-25 所示。

3.3.3　核小体的组装

真核生物的 DNA 分子与组蛋白结合形成染色质。染色质的复制涉及 DNA 的复制，以及新合成的 DNA 分子被重新包装成核小体。染色质在复制时，核小体需要解体为亚组装部件，但 H3-H4 四聚体并不从 DNA 分子上释放出来，而是随机地与两个子代双螺旋结合。但是，H2A-H2B 二聚体则要被释放，成为游离的组分，然后再重新参与子代染色体核小体的组装［图3-26(a)］。在体内，需要一些染色质组装因子指导组蛋白在 DNA 分子上装配成核小体。这些因子是一些带负电的蛋白质，与 H3-H4 四聚体或 H2A-H2B 二聚体形成复合体，并护送它们到达核小体的组装位点，因此又被称为组蛋白伴侣（histone chaperone）。如图 3-26(b) 所示，CAF-1 和 NAP-1 分别伴随游离的 H3-H4 四聚体和 H2A-H2B 二聚体移动到新复制 DNA 的分子上，并将结合的组蛋白转移给 DNA。CAF-1 因子通过与 DNA 滑动夹的相互作用被引导至新复制的 DNA 链上。子链上新组装的核小体的组蛋白可能全部来自亲代核小体，或者全部是新合成的组蛋白，但是大部分新组装的核小体由亲代组蛋白和新合成的组蛋白构成。

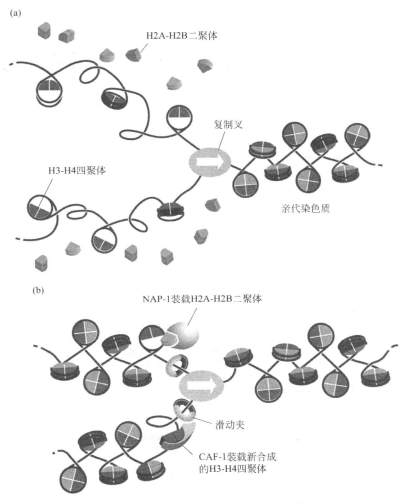

图 3-26　DNA 复制后核小体快速组装

（a）复制叉经过时，核小体解体成亚组装部件，H3-H4 四聚体在两条子代 DNA 分子上随机分布，而 H2A-H2B
脱离 DNA 分子；（b）组蛋白伴侣将组蛋白运送至新合成的 DNA 分子上，参与核小体的装配

　　亲代 H3-H4 四聚体在子代染色体上的随机分布，可以导致子代染色体获得与亲代染色体相同的修饰模式，而组蛋白的修饰方式携带有表观遗传的信息。图 3-27 描述了组蛋白 N 末端甲基化模式在亲代和子代染色体之间传递的一种机制。某些甲基化酶复合体特异性地识别组蛋白 N 末端尾的一个甲基化位点，然后催化邻近核小体的组蛋白在相同的位点上发生甲基化反应。

3.3.4　端粒 DNA 复制

　　对于线性 DNA 分子来说，后随链的不连续合成导致模板链的 $3'$-末端不能被复制。这是由 DNA 聚合酶的性质决定的。DNA 聚合酶需要一段短的 RNA 引物起始 DNA 的合成，然后按照 $5' \rightarrow 3'$ 方向延伸引物。在 DNA 分子的末端，RNA 引物被删除后不能通过标准途径修复缺口，致使后随链要比模板链短一截（图 3-28）。如果不能解决线性 DNA 复制的末

组蛋白被甲基化　　只有一半的子代染色体　　甲基化酶重建亲代组
的亲代染色体　　　　具有被甲基化的组蛋白　　蛋白修饰模式

图 3-27　组蛋白修饰方式的维持

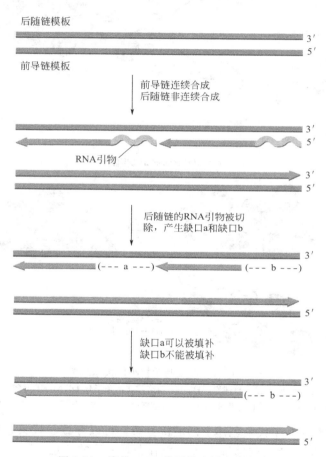

图 3-28　线状 DNA 分子的末端复制问题

端问题，伴随着细胞分裂，染色体会逐渐变短。到了 20 世纪 80 年代，越来越多的证据表明细胞能够通过延长它们的端粒 DNA 来解决末端复制问题。

　　如第 2 章所述，真核生物染色体的末端称为端粒。端粒 DNA 由首尾相连富含 TG 的重复 DNA 序列构成，并且均具有一 3′-单链拖尾末端。端粒 DNA 的这种独特结构，使端粒酶（telomerase）能够延伸其单链末端。端粒酶是催化端粒 DNA 合成的酶，由蛋白质及 RNA 组成。端粒酶的蛋白质组分具有反转录酶活性，而它的 RNA 组分含有与端粒重复 DNA 互补的区段。端粒酶能以自身携带的 RNA 为模板，反转录合成端粒 DNA。如图 3-29 所示，通过延伸与移位交替进行，端粒酶反复将重复单位加到突出的 3′-末端上。这样，通过提供一个延伸的 3′-端，端粒酶为后随链的复制提供了额外的模板。其互补链则像一般的后随链那样合成，最终留下 3′-突出端。

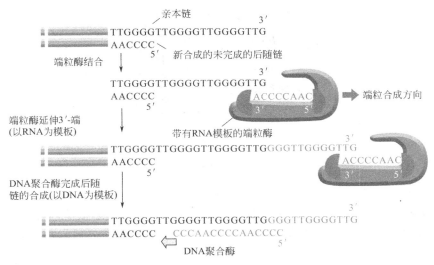

图 3-29 端粒 DNA 的复制过程

虽然由端粒酶在理论上能无限延伸端粒 DNA，但是每种生物的端粒 DNA 的平均长度是一定的。与端粒双链区域结合的蛋白质对端粒的长度进行精确的调控，这些蛋白质作为弱的阻遏物可以抑制端粒酶的活性。当端粒 DNA 含有几个拷贝的重复单位时，这些蛋白质几乎不与端粒结合，端粒酶延伸端粒 DNA。随着端粒变长，这些蛋白质将在端粒上积聚，并抑制端粒酶的活性。另外，端粒 DNA 由重复序列构成，意味着细胞能承受相当程度端粒长度的变化。

3.4 反 转 录

以 RNA 为模板合成 DNA 的过程称为反转录（reverse transcription）。反转录在真核生物和原核生物中普遍存在，上一节讲过的真核生物端粒 DNA 的合成就是一种由端粒酶催化的反转录反应。某些 RNA 病毒也携带一种依赖 RNA 的 DNA 聚合酶，称为反转录酶（reverse transcriptase，RT）。含有反转录酶的 RNA 病毒称为反转录病毒（retrovirus）。

3.4.1 反转录病毒的结构

反转录病毒颗粒可分为被膜、衣壳和病毒核心三部分（图 3-30）。被膜来源于宿主的细胞膜，其上结合有病毒基因组编码的糖蛋白。成熟的糖蛋白被切割成被膜糖蛋白（surface glycoprotein，SU）和跨膜糖蛋白（transmembrane protein，TM）两条多肽链。外膜糖蛋白通过二硫键固定在跨膜糖蛋白上。病毒被膜脂双层内表面结合有基质蛋白（matrix protein，MA）。被膜内为由衣壳蛋白（capsid protein）组成的衣壳。衣壳内有 RNA 基因组，其上结合有核质蛋白（nucleoprotein，NC）、反转录酶、整合酶（integrase，IN）和蛋白酶（protease）。

3.4.2 反转录病毒的基因组

所有反转录病毒的基因组都由两条相同的正链 RNA 组成，RNA 的 5′-端有一帽子结构，3′-端有 Poly（A）尾。病毒基因组 RNA 具有末端正向重复，称为 R 区，其长度在不同

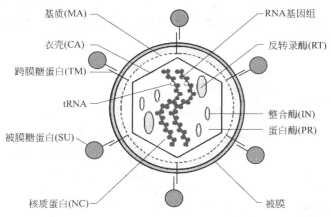

图 3-30　反转录病毒的结构

的病毒中存在差异，从 18nt 至 250nt 不等。在 5′-端的 R 片段之后是 75～250nt 的非编码区，称为 U5 区。U5 区是基因组首先被反转录的区域，反转录后形成前病毒的 3′-端。3′-端的 R 区段之前是 200～1200nt 的非编码区，称为 U3 区，反转录之后形成前病毒的 5′-端，含有负责转录的启动子。另外，病毒基因组还有一个引物结合位点（primer binding site，PBS），这是一段由 18nt 构成的序列，与引物 tRNA 的 3′-端互补（图 3-31）。

图 3-31　反转录病毒基因组结构

一个典型的反转录病毒基因组包含 3 个基因：*gag* 编码基质蛋白、衣壳蛋白和核质蛋白三种不同的蛋白质；*pol* 基因编码基因组复制所需的反转录酶和整合酶；*env* 编码外膜糖蛋白和跨膜糖蛋白。在所有的反转录病毒中，这三个基因的排列顺序是固定的，即 5′-*gag*-*pol*-*env*-3′。在不同类型的反转录病毒中，反转录病毒的蛋白酶由 *gag* ORF 的 3′ 部分和 *pol* ORF 的 5′ 部分编码，或者由 *gag* 和 *pol* 中的一个 ORF 编码。

3.4.3　反转录过程

反转录酶催化产生病毒 RNA 的双链 DNA 拷贝，与病毒 RNA 互补的那条 DNA 链称为负链，另一条 DNA 链称为正链。反转录酶还有必需的 RNase H 活性，特异性切割 RNA-DNA 杂交分子中的 RNA 链。

与所有 DNA 聚合酶一样，反转录酶也需要一个与模板退火的引物起始 DNA 的合成。起始负链合成的引物是宿主细胞的一种空载的 tRNA。它的 3′-端与 U5 附近的引物结合位点互补配对（图 3-32）。反转录酶延伸引物至模板 RNA 的 5′-端。由于 PBS 紧靠基因组 RNA 的 5′-端，所以在这一阶段合成的 cDNA 并不长。

在反转录过程中，RT 利用其 RNase H 活性切割 RNA-DNA 双链体中的 RNA 单链后，U5-R DNA 以单链的形式被释放。这条 U5-R DNA 单链随后与病毒 RNA 分子另一端的 R 区配对，这是第一次模板转换，又称第一次跳跃。

一旦完成第一次跳跃，与 RNA 3′-端结合的 U5-R DNA 单链就可以作为引物，以剩余的 RNA 为模板继续 DNA 的合成，得到的 DNA 单链终止于 PBS 的 3′-端。与此同时，RT 的 RNase H 活性水解模板链，但由于 RNA 基因组上有一段短的（约 10nt）多聚嘌呤片段

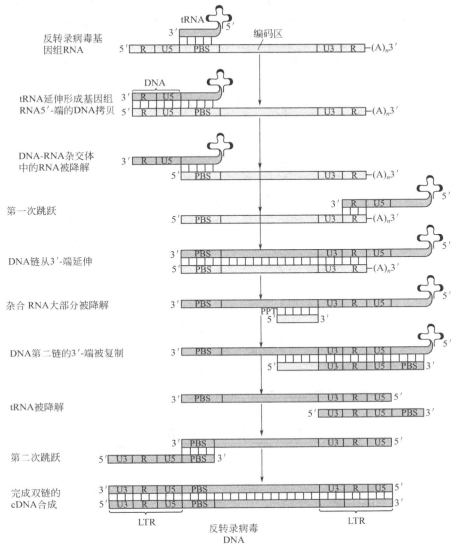

图 3-32　反转录病毒基因组的反转录过程

（poly purine tract，PPT）对 RNase H 的作用不敏感，因而会留下 PPT 序列作为正链 DNA 合成的引物。

　　PPT 引物的延伸将复制 U3、R、U5 和 PBS 序列。一旦 tRNA 引物从负链 cDNA 上移除，随即发生第二次跳跃，正链上的 PBS 序列与负链上的 PBS 序列互补配对。然后正链 DNA 和负链 DNA 互为模板完成全长双链 cDNA 的合成。以基因组 RNA 为模板合成的双链 cDNA 具有由 U3、R 和 U5 构成的长末端重复（long terminal repeat，LTR）（图 3-32）。

3.4.4　原病毒 DNA 的整合

　　由反转录产生的病毒 DNA 被反转录病毒携带的整合酶直接插入到宿主的染色体中。病毒 DNA 的两端是短的末端倒转重复，病毒的整合会导致靶位点产生短的正向重复。

　　病毒 DNA 的整合由整合酶催化完成（图 3-33）。病毒 DNA 的整合与转座子的转座过程相似，其 DNA 末端非常重要，末端突变能阻止整合过程。整合酶识别并结合到 cDNA 的末端，然后从每条单链的 3′-端切除两个核苷酸。靶位点的选择是随机的，整合酶在靶位点上产生交错切口，形成 4～6nt 的 5′-单链末端。在切割位点处，病毒 DNA 的 3′-末端与靶序列的 5′-末端共价连接。病毒 DNA 5′-端的两个拖尾碱基被切除。这样，在病毒 DNA 的两侧分别形成了一个 4～6nt 长的缺口，缺口的修复导致靶序列被复制。整合后的病毒 DNA 与整合前相比，两侧各丢失了 2 个碱基对。

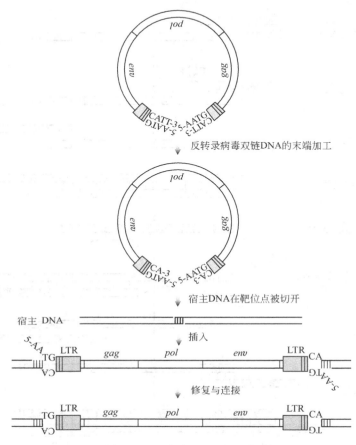

图 3-33　原病毒 DNA 的整合

第 4 章　DNA 的突变、损伤和修复

4.1　DNA 突变

4.1.1　突变的主要类型

突变（mutation）是指发生在 DNA 碱基序列水平上的永久的、可遗传的改变，而带有突变的基因、细胞或个体称为突变体（mutant）。碱基序列的变化可以分为以下几种主要类型：①碱基替换（base substitution），即 DNA 分子中一个碱基被另一个碱基替代，又称点突变；②插入（insertion），涉及一个或多个碱基插入到 DNA 序列中；③缺失（deletion），涉及 DNA 序列上一个或多个碱基的缺失；④倒位（inversion），一段碱基序列发生倒转，但仍保留在原来的位置上；⑤重复（duplication），一段碱基序列发生一次重复；⑥易位（translocation），一段碱基序列从原来的位置移出，并插入到基因组的另一位置。

以下主要论述发生在蛋白质编码区中的突变对基因功能的影响。然而，突变也可以出现在 tRNA、rRNA 或者其他非编码 RNA 基因中，这些突变会对核糖体的功能、RNA剪接或其他关键过程产生显著影响。另外，突变也可能落在基因的启动子或者其他调控元件中。这些调控位点对基因的表达至关重要，如果发生突变，则会对基因的表达模式产生影响。

4.1.1.1　碱基替换

碱基替换又称点突变（point mutation）（表 4-1），是一种最为简单的突变形式，可分为转换（transition）和颠换（transversion）两种类型。前者指嘌呤与嘌呤之间，或嘧啶与嘧啶之间的替换；后者指嘌呤与嘧啶之间的替换。

表 4-1　点突变

类型	定　义	例　子	突变的后果
同义突变	核苷酸序列发生了变化,但并不影响密码子所编码的氨基酸		核苷酸序列发生了变化,但氨基酸序列不发生改变
错义突变	核苷酸序列发生了变化,使密码子编码的氨基酸也发生了变化		蛋白质的一级结构发生了变化
无义突变	核苷酸的一种改变,使编码氨基酸的密码子转变为终止密码子		提前终止,生成截短了的多肽链
移码突变	插入或者删除一个或几个碱基,导致读码框发生改变		使插入或缺失位点下游的氨基酸序列发生根本的改变

根据碱基替换对多肽链中氨基酸顺序的影响，点突变又可以分为以下三种类型：

（1）同义突变　有时 DNA 的一个碱基对的改变并不会影响它所编码的蛋白质的氨基酸序列，这是因为改变前和改变后的密码子是简并密码子，它们编码同一种氨基酸，因此这种基因突变又称为同义突变（synonymous mutation）。在表 4-1 中，密码子 TAT 的第三位碱基 T 被 C 取代而成为 TAC，但 TAT 和 TAC 都编码酪氨酸，翻译成的多肽链没有变化。

（2）错义突变　由于碱基对的改变，而使决定某一氨基酸的密码子变为决定另一种氨基酸的密码子的基因突变叫错义突变（missense mutation）。在表 4-1 中，编码色氨酸的密码子（TGG）被编码丝氨酸的密码子（TGT）所取代。这种基因突变有可能使它所编码的蛋白质部分或完全失活。假设密码子 GUA 变为 GAA，这将会导致缬氨酸被谷氨酸所取代。缬氨酸的侧链基团是疏水性的，体积较大；而谷氨酸的侧链基团是带负电荷的亲水基团，体积较小。所以，在大多数情况下，谷氨酸取代缬氨酸将会严重影响蛋白质的功能，甚至导致蛋白质完全失活。如果所涉及的氨基酸残基位于蛋白质的表面，而且不参与和其他分子的相互作用或者对蛋白质的溶解性不产生大的影响，那么，这种氨基酸替代的后果可能并不严重。

有一些错义突变造成的氨基酸替代并不影响蛋白质的功能，我们称之为中性突变。例如密码子 AGG 突变为 AAG，导致 Lys 取代了 Arg，这两种氨基酸都是碱性氨基酸，性质十分相似，所以蛋白质的功能并不发生重大的改变。中性突变连同同义突变一起又被称为沉默突变（silent mutation）。

错义突变的一种十分有用的类型是温度敏感突变（temperature sensitive mutation）。顾名思义，突变的蛋白质在低温下能够正确折叠，但是在高温下不稳定，呈伸展状态。因此，蛋白质在许可温度（permissive temperatures）下有活性，在较高的温度或称非许可温度（nonpermissive temperatures）下没有活性。温度敏感突变的一个例子是果蝇的 *para*（*ts*）突变，这种突变影响钠离子通道蛋白的作用。钠离子通道与神经冲动的传导有关，在限制温度下突变蛋白没有活性，果蝇处于麻痹状态。在较低的温度下，果蝇能够正常飞行。

很多基因的产物无论在任何条件下对细胞的生存都是必需的，例如编码 RNA 聚合酶、核糖体蛋白质、DNA 连接酶和解旋酶的基因，这类基因发生突变常常具有致死效应。温度敏感突变体则可以用来研究这些必需基因的功能。在许可温度下，突变体能够正常生长；在非许可温度下，用于分析突变对基因功能的影响。

（3）无义突变　由于某个碱基替代使决定某一氨基酸的密码子变成一个终止密码子的突变叫无义突变（nonsense mutation）（表 4-1）。其中密码子改变为 UAG 的无义突变又叫琥珀突变（amber mutation），改变为 UAA 的无义突变又叫赭石突变（ochre mutation）。无义突变使多肽链的合成提前终止，产生截短的蛋白质，这样的蛋白质常常是没有活性的。

突变也可以把终止密码子转变成编码某一氨基酸的有义密码子，造成终止信号的通读（readthrough），结果是多肽链的 C 末端添加了一段氨基酸序列。对于大多数蛋白质而言，C 末端延伸一段短的氨基酸序列并不影响它们的功能，但是过长的延伸会影响蛋白质的折叠，降低蛋白质的活性。

4.1.1.2　移码突变

读码框内的碱基序列在指导蛋白质合成时，是按照三联体密码子阅读的，即三个连续的碱基对应于多肽链中的一个氨基酸。密码子是连续的，中间没有任何停顿。因此，基因的编码序列中插入或者缺失一个或两个碱基，会使 DNA 的阅读框架发生改变，导致插入或缺失部位之后的所有密码子都跟着发生变化，产生一种截短的或异常的多肽链，这种突变称为移码突变（frameshift mutations）（表 4-1）。移码突变常常会彻底破坏编码蛋白的功能，除非移码突变发生在读码框的远端。

　　然而，一次插入（或者缺失）三个碱基会添加（或者删除）一个完整的密码子，阅读框并不发生改变。这时，除了添加或缺失一个氨基酸残基，蛋白质的其他部分并未发生变化。如果添加（或缺失）的氨基酸不在蛋白质的功能区，仍能产生功能蛋白。一个或少数几个碱基的插入或缺失也归为点突变。

4.1.1.3　缺失突变

　　在这里讨论的缺失突变指的是大片段缺失。缺失通常用"△"或者 DE 表示，因此 △ (argF—lacZ) 或者 DE (argF—lacZ) 代表大肠杆菌染色体从 argF 至 lacZ 的区域发生了缺失。大的缺失可以移除一个基因的部分序列、整个基因，甚至几个基因。显然，移除一个基因，细胞就不能合成这个基因所编码的蛋白质。如果这种蛋白质是细胞生命活动所必需的，那么缺失是致死的。缺失也可能移除基因的调控区，根据被移除的精确的区域，基因的表达可以降低，也可以升高。例如，缺失移除了调控序列上一个阻遏蛋白的结合位点，相关基因的活性将升高。所以，DNA 缺失也能提高基因的表达水平。如果移除的是没有功能的 DNA，如基因间的非编码序列或者基因中的内含子序列，缺失可能没有明显的表型效应。

　　缺失突变比想象的要常见得多。大肠杆菌大约 5% 的自发突变是缺失突变。尽管细菌缺少内含子，基因间隔区也非常短，大肠杆菌的基因组仍会发生非致死性的大范围缺失。主要原因是细菌的很多基因只在一定的环境条件下是必需的。大肠杆菌的整个乳糖操纵子被删除，只会阻止细菌不能利用乳糖作为碳源，除此之外，并无其他有害效应。

4.1.1.4　插入突变

　　通常情况下，大多数的插入突变是由可移动因子插入到 DNA 分子中引起的。可移动因子包括插入序列、DNA 转座子和反转录转座子，以及某些可以整合到宿主染色体上的病毒。插入可用"::"表示，例如 lacZ::Tn10 就表示转座子 Tn10 插入到了 lacZ 基因中。可移动因子的长度通常为几个 kb，如此大的遗传元件插入到靶基因中，可以彻底破坏基因的功能。

　　转座子和病毒通常含有多个转录终止子，介导转录的终止。当这些遗传元件插入到细菌操纵子的一个结构基因中时，除了导致该基因的插入失活外，还会阻止其下游基因的表达，这种现象称为极性，原因是插入元件中的终止子序列阻挡了 RNA 聚合酶转录下游基因。

　　偶尔，插入突变也可以激活一个基因。如果插入的位置是一个阻遏蛋白的识别位点，阻遏蛋白将不能再与调控序列结合，于是基因被活化。另外，有几种转座子的末端带有驱动外侧基因表达的启动子序列。这样的转座子插入到新的位置，可能会激活原来沉默的基因。基因组中有一种隐蔽基因，它们能够编码功能性产物，但由于启动子的缺损不能表达。例如，大肠杆菌的 bgl 操纵子在野生型菌株中没有活性，但是，当转座子刚好插入到操纵子的上游时，其携带的朝向外侧的启动子会重新激活该操纵子的表达。

4.1.1.5　DNA 重排

　　DNA 重排包括倒位、易位和重复。如果倒位发生在基因内部，通常导致基因失活；如果倒位片段的两个末端序列落在基因间隔区，这时倒位片段携带的基因将保持完整，但是相对于染色体的其余部分，基因的方向发生了倒转，这时倒位对基因功能产生的影响可能并不显著。

　　易位指一段 DNA 序列离开原初的位置，插入到同一条染色体的另一位置，或者插入到另一条染色体上。如果是一个完整的基因连同其调控序列一起发生了易位，基因仍保持其功能，易位造成的危害较小。然而，如果基因的一个片段发生了易位，并插入到另一个基因的内部，将造成两个基因失活。

如果重复发生在一个基因的内部，将会破坏该基因的功能；如果是携带一个或几个完整基因的 DNA 片段发生重复，将导致基因拷贝数的增加。基因重复以及随后发生的序列趋异被认为是新基因产生的重要途径。

4.1.2 突变的产生

依据产生的过程，突变可分为自发突变（spontaneous mutation）和诱发突变（induced mutation）。由外在因素，如化学诱变剂、放射线等，引起的突变称为诱发突变。由内在因素引起的突变称为自发突变。

4.1.2.1 自发突变

（1）DNA 聚合酶差错引起的自发突变　DNA 聚合酶在维持 DNA 复制忠实性方面最为重要，它根据模板链的核苷酸序列，按照 Watson-Crick 碱基配对原则选择正确的核苷酸。如果选择的核苷酸与模板链上的核苷酸不匹配，则加以抛弃，重新挑选；如果选择的核苷酸与模板链上的核苷酸互补，则保留下来，并催化与前一个核苷酸形成磷酸二酯键。另外，DNA 聚合酶还具有校对活性，能够切除新插入的错误核苷酸。尽管聚合酶的校对活性极大地增加了 DNA 合成的精确度，然而有些错误掺入的核苷酸仍有可能逃脱检测并与模板链形成错配。如果错误插入的核苷酸没有被替换，则在下一轮复制时，将会导致 DNA 序列中产生一个永久的改变（图 4-1）。

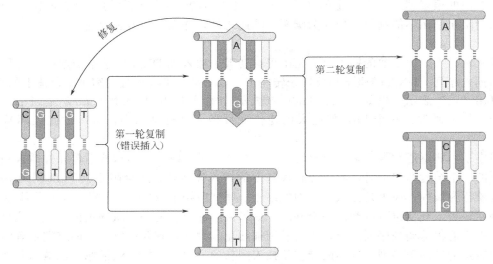

图 4-1　DNA 复制时错误掺入的碱基导致的点突变

先导链和后随链的出错率是不对等的，后随链出错率大约是先导链的 20 倍，原因可能是 DNA 聚合酶 I 的校对功能弱于 DNA 聚合酶 III。后随链是不连续合成的，各个冈崎片段的 RNA 引物被切除后留下的缺口由 DNA 聚合酶 I 填补，而先导链均由聚合酶 III 负责合成。

除造成点突变外，DNA 聚合酶自发性错误也会以非常低的频率产生插入或缺失突变。当复制叉遇到短的串联重复序列时，模板链与新生链之间有时会发生相对移动，导致部分模板链被重复复制或者被遗漏，其结果是新生链上的重复单位数目发生了变化，这种现象称为复制滑移（replication slippage）（图 4-2）。这是微卫星多态性产生的主要原因。

发生在短串联重复序列处的链的滑移可能与人类三核苷酸重复序列扩增疾病（trinucleotide repeat expansion disease）的发生有关。例如，在人的 HD 基因中存在 5′-CAG-3′三核苷酸的串联重复，编码蛋白质产物中的多聚谷氨酰胺。正常人的 HD 基因含 6～35 个 CAG；亨廷顿氏病（Huntington'disease）人的 HD 基因的 CAG 数量扩增至 36～121 个拷贝，增

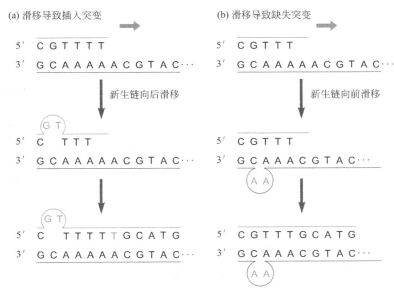

图 4-2　复制滑移导致的插入或缺失突变

加了多聚谷氨酰胺的长度，造成蛋白质功能障碍。一些与智力缺陷有关的疾病与基因前导区的三核苷酸扩增引起的染色体脆性位点（fragile site）有关。

（2）碱基的互变异构引起的自发突变　　另外，碱基的互变异构有时也会导致突变的发生。DNA 分子中的碱基都存在两种互变异构体，它们处于动态平衡之中，每一种碱基都可以从一种异构体转变为另一种异构体。鸟嘌呤和胸腺嘧啶存在酮式和烯醇式两种互变异构体，平衡更倾向于酮式（图 4-3）；腺嘌呤和胞嘧啶有氨基和亚氨基两种互变异构体，平衡更倾向于氨基形式。烯醇式鸟嘌呤优先与 T 配对，而烯醇式胸腺嘧啶优先与 G 配对。腺嘌呤罕见的亚氨基互变异构体优先与 C 配对，胞嘧啶的两种互变异构体都与 G 配对。

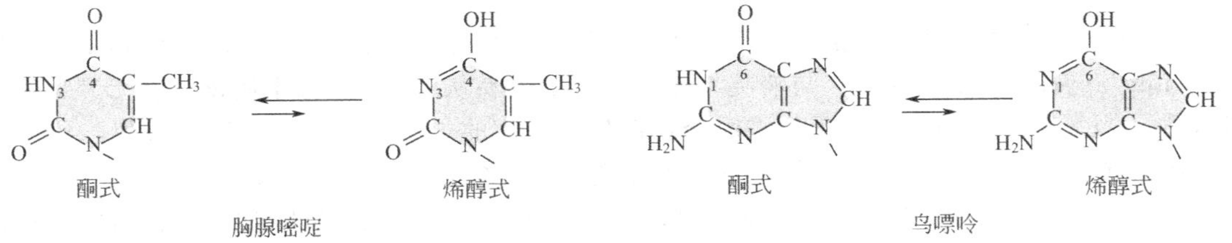

酮式　　　烯醇式　　　　　　　　　酮式　　　　烯醇式

胸腺嘧啶　　　　　　　　　　　　　　鸟嘌呤

图 4-3　碱基的互变异构

DNA 复制时，碱基因互变异构导致的配对性质的改变也会诱导突变的发生。图 4-4 表示偶尔在复制叉到达的关键时刻，模板上的 G 从酮式变为烯醇式，与 T 而不是与 C 配对。DNA 再复制一次产生的两个子代双螺旋中的一个将带有突变（图 4-4）。由于正常碱基形成异构体的概率很低，所以自发突变的频率也很低，一般为 $10^{-10} \sim 10^{6}$。如果某一碱基类似物能以较高的频率产生异构体，当掺入 DNA 分子后，就能提高突变率。

（3）DNA 的化学不稳定性引起的自发突变　　在正常的生理条件下，腺嘌呤、鸟嘌呤尤其是胞嘧啶可以自发地发生脱氨作用（deamination），脱去嘌呤环或嘧啶环上的氨基（图4-5）。胞嘧啶脱氨产生尿嘧啶，因此复制时在新生链对应位点上插入的是腺嘌呤而不是鸟嘌呤。腺嘌呤自发脱氨转变成次黄嘌呤（hypoxanthine），优先与胞嘧啶配对，而不是与胸腺嘧啶配对。因此，腺嘌呤和胞嘧啶的脱氨作用可以造成突变。鸟嘌呤脱氨后变成了黄嘌呤

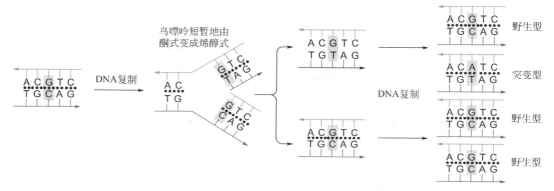

图 4-4　DNA 复制时模板上的 G 从酮式变为烯醇式导致碱基转换

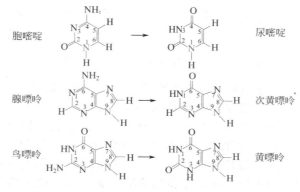

图 4-5　DNA 分子的脱氨基作用

（xanthine），由于黄嘌呤仍与胞嘧啶配对，只是它们之间只形成两个氢键，因此鸟嘌呤的脱氨作用并不能引起突变。

　　DNA 分子中连接碱基与脱氧核糖的共价键偶尔会发生自发断裂，产生一个无碱基位点（apurinic/apyrimidinic，AP）。与嘧啶相比，嘌呤更容易从 DNA 骨架上脱落。在 DNA 合成过程中，当复制机器遇到无碱基位点时会在新生链对应的位点插入一个错误的碱基，导致碱基替换，或者越过 AP 位点直接复制下一个完整的核苷酸，导致碱基的缺失。

　　（4）错配和重组造成的突变　重组可以发生在两个密切相关的 DNA 序列之间。DNA 的缺失、倒位、易位和重复可能来自于基因组中相似序列之间的错配以及随后发生的重组。同一 DNA 分子的两个同向重复序列之间的错误配对使它们之间的序列形成一个独立的环，两个配对序列之间的交换又使环状部分从原来的 DNA 分子上切割下来，而原来的 DNA 分子则产生相应的缺失［图 4-6(a)］。图 4-6(b) 表示同一 DNA 分子上的两个反向重复序列发生配对形成的茎环结构。随后的重组将导致反向重复序列之间的部分发生倒位。大肠杆菌染色体含有 7 个拷贝的 rRNA 基因。有一些大肠杆菌菌株，染色体上两个 rRNA 操纵子之间的序列发生了倒位。这些菌株能够存活，但生长速度比正常的菌株要慢一些。

4.1.2.2　诱发突变

　　某些物理或化学因素可以提高突变率，这些能够导致突变发生的物理或化学因素就称为诱变剂（mutagen）。诱变剂会对 DNA 分子造成损伤。如果损伤在 DNA 复制之前还没有被体内的修复系统所修复，在 DNA 复制过程中，当复制叉抵达损伤部位时，常常发生复制错误，从而引起突变。不同的诱变剂以不同的方式对 DNA 分子产生损伤，因而诱导突变的方

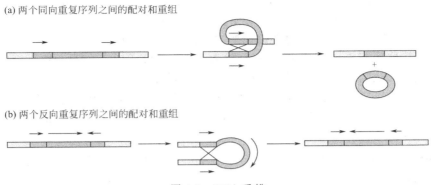

(a) 两个同向重复序列之间的配对和重组

(b) 两个反向重复序列之间的配对和重组

图 4-6　DNA 重排

式可能各不相同。对 DNA 造成损伤的因素并不一定都是诱变剂，比如造成 DNA 断裂的断裂剂，这种类型的损伤可阻遏复制，导致细胞死亡。

（1）物理诱变剂　高频率的电磁辐射，包括紫外线、X 射线和 γ 射线，可以对 DNA 造成损伤。紫外线是波长为 100～400nm 的电磁辐射，属于非电离辐射，直接作用于 DNA。DNA 分子的碱基在 254nm 左右有一个吸收峰，靠近这一波长的紫外线能够被有效吸收，光子被吸收后会激活碱基，产生额外的化学键。紫外线通常引起相邻的嘧啶碱基发生共价交联产生二聚体，尤其是当相邻的两个嘧啶碱基是胸腺嘧啶的时候，会形成环丁烷二聚体（图 4-7）。紫外线诱导形成的另一种嘧啶二聚体是 6,4-光产物（6,4-photoproduct），由两个相邻嘧啶的 C4 和 C6 共价连接而成。6,4-光产物约占二聚体总数的 20%，但是具有更强的诱变效果。

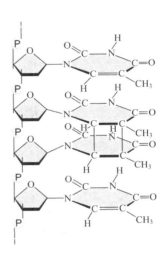

图 4-7　UV 辐射诱导胸腺嘧啶二聚体的产生

X 射线和 γ 射线是电离辐射，它们作用于水分子及其他细胞内分子产生离子和自由基，尤其是羟自由基（hydroxyl radical）。具有高度反应活性的自由基会对 DNA 分子产生广泛的损伤。X 射线和 γ 射线也可以直接作用于 DNA，对 DNA 产生损伤。在分子生物学发展的早期，X 射线经常被用来在实验室诱发突变。X 射线倾向于产生多种突变，并且常常造成 DNA 重排，例如缺失、倒转和易位。

加热可以促进碱基和戊糖之间 N-糖苷键的水解，结果导致 DNA 分子上出现 AP 位点，其中嘌呤更容易从 DNA 分子上脱落。AP 位点处的糖-磷酸基团不稳定，很快被切除，在双链 DNA 分子上留下一个缺口。双链 DNA 分子上的缺口一般没有诱变作用，因为这种损伤可以被有效修复。事实上，在人的一个细胞中，每一天会形成 10 000 个 AP 位点。但是，在某些情况下，缺口可以产生突变，比如大肠杆菌细胞中的 SOS 反应被激活时（见 4.2.8）。

（2）化学诱变剂

① 碱基类似物　碱基类似物（base analog）指化学结构与核酸分子的正常碱基类似的化合物。在 DNA 合成过程中，碱基类似物可取代正常的碱基添加到新生链的 3′-末端，而不被 DNA 聚合酶的 3′→5′ 外切酶活性所切除。如果是单纯的碱基替代，并不引发突变，因为在下一轮 DNA 复制时又可以产生正常的 DNA 分子。然而，碱基类似物以更高的频率发生酮式和烯醇式的互变异构，或者形成两种形式的氢键，这就使得碱基类似物具有诱变作用。

　　5-溴尿嘧啶（5-bromouracil，5-BU 或 BU）和 2-氨基嘌呤（2-aminopurine，2-AP）是实验室常见的两种碱基类似物。5-溴尿嘧啶通常以酮式结构存在，是胸腺嘧啶的结构类似物，与 A 配对（图 4-8）。但它有时能以烯醇式结构存在，与 G 配对。DNA 复制时，BU 以通常的酮式结构取代 T 与模板上的 A 配对掺入到 DNA 分子中。在下一轮复制中，酮式结构可以转变成烯醇式结构，与 G 配对。再经过一轮的复制，G 与 C 配对，引起 T∶A 至 C∶G 的转换（图 4-9）。DNA 复制时 BU 也可以取代 C 与 G 配对，产生 G∶C 至 A∶T 的转换，但这种能力较弱。不管哪种情况，BU 掺入到 DNA 分子后，必须经过两轮复制才能产生稳定的可遗传突变。

(a) 酮式5-溴尿嘧啶与腺嘌呤配对　　　　　　　(b) 烯醇式5-溴尿嘧啶与鸟嘌呤配对

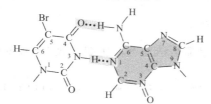

图 4-8　5-溴尿嘧啶能与鸟嘌呤错配

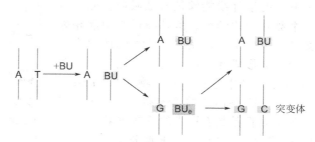

图 4-9　5-溴尿嘧啶诱发的点突变

　　2-AP 是腺嘌呤的结构类似物，DNA 复制时它能代替 A 进入 DNA 分子中与 T 配对，形成两个氢键，结合得较为牢固；它也能与 C 形成只有一个氢键的碱基对，结合得较弱（图 4-10）。随后，经 DNA 复制，C 与 G 配对完成 A∶T 至 G∶C 的转换，且这种转换多是单方向的，因为 2-氨基嘌呤较难代替 G 而与 C 配对。

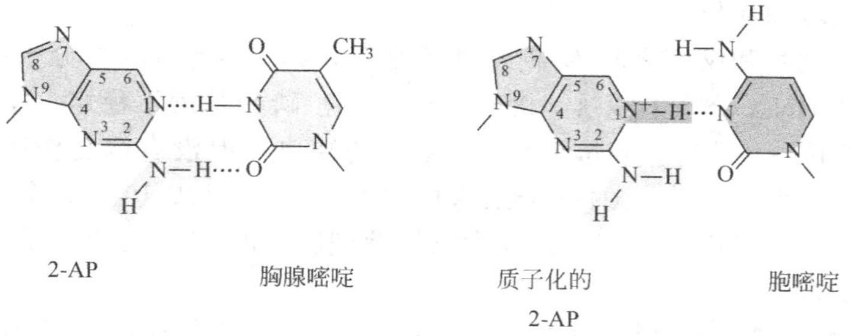

2-AP　　　　　　　胸腺嘧啶　　　　　　　质子化的　　　　　胞嘧啶
　　　　　　　　　　　　　　　　　　　　　　2-AP

图 4-10　2-AP∶T 和 2-AP∶C 碱基对

　　② 脱氨剂　许多化学诱变剂能以不同的方式修饰 DNA 分子的碱基，改变其配对性质而引起突变。脱氨剂（deamination agent）可以除去碱基上的氨基，改变其配对性质，造成碱基替换。脱氨作用可以自发地发生，一些化学物质，例如亚硝酸（nitrous acid），也可以促进腺嘌呤、胞嘧啶和鸟嘌呤脱氨作用的发生。

　　③ 烷化剂　烷化剂（alkylating agent）是一类能够向碱基添加烷基基团的诱变剂。最常用的有甲基磺酸乙酯（EMS）、甲基磺酸甲酯（MMS）和亚硝基胍（NTG）等［图 4-11(a)］。碱基的许多活性基团都能被烷化剂攻击，其中鸟嘌呤的 N^7 和腺嘌呤的 N^3 是最容易受到攻击的位点［图 4-11(b)］。碱基被烷基化后配对性质会发生改变，例如鸟嘌呤 N^7 被乙基化后就不再与胞嘧啶配对，而改为与胸腺嘧啶配对，结果会使 G：C 对转变成 A：T 对。烷化鸟嘌呤的糖苷键不稳定，容易脱落形成 DNA 上无碱基的位点。鸟嘌呤的 O^6 被甲基化后，形成的 O^6-甲基鸟嘌呤与 T 配对。O^6-甲基鸟嘌呤具有特殊的诱变能力，因为双螺旋没有表现出明显的变形，这样的 DNA 损伤很难被普通的修复系统所识别。

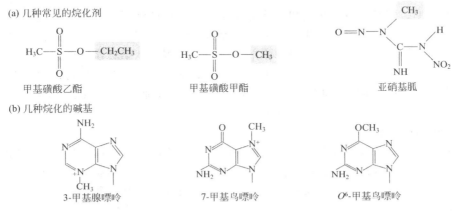

(a) 几种常见的烷化剂

甲基磺酸乙酯　　　　甲基磺酸甲酯　　　　亚硝基胍

(b) 几种烷化的碱基

3-甲基腺嘌呤　　　　7-甲基鸟嘌呤　　　　O^6-甲基鸟嘌呤

图 4-11　烷化剂及烷化碱基

　　④ 嵌入剂　吖啶橙（acridine orange）、原黄素（proflavine）和溴化乙锭（ethidium bromide）等吖啶类染料能够有效地诱导移码突变（图 4-12）。吖啶类化合物是一种平面多环分子，其大小和形状与一个嘌呤-嘧啶碱基对相当，因此能够插入 DNA 分子中两个相邻的碱基对之间，使得原来相邻的碱基对分开一定的距离，致使 DNA 在复制时增加或缺失一个碱基，造成移码突变。

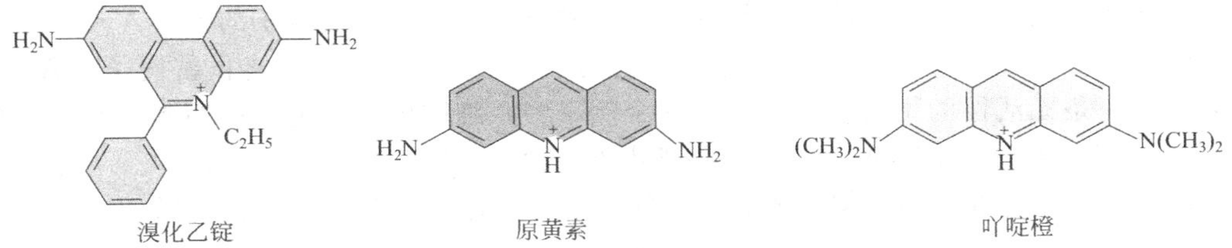

溴化乙锭　　　　　　原黄素　　　　　　　吖啶橙

图 4-12　溴化乙锭、原黄素和吖啶橙的分子结构

　　⑤ 活性氧　DNA 易受到活性氧（O_2^-、H_2O_2 和 ·OH）的攻击。与分子氧相比，活性氧携带了更多的电子，具有更高的反应活性。细胞内的活性氧既可以由细胞内的正常代谢途径产生，也可以由环境因子诱导产生。这些自由基可在许多位点上攻击 DNA，产生多种类型的氧化损伤，其中鸟嘌呤氧化后产生的 8-氧代鸟嘌呤（8-oxo-G）（图 4-13）有强烈的致变效应，因为它既能与腺嘌呤也能与胞嘧啶配对。如果在复制时与腺嘌呤配对，则产生 G：C 到 T：A 的颠换，这是人类癌症中最常见的突变之一。因此，电离辐射和氧化剂的致癌效应可能与诱导产生的自由基把鸟嘌呤转化为氧代鸟嘌呤有关。

4.1.3　正向突变、回复突变与突变的校正

　　到目前为止，我们所讨论的突变都属于正向突变（forward mutation），也就是导致野生

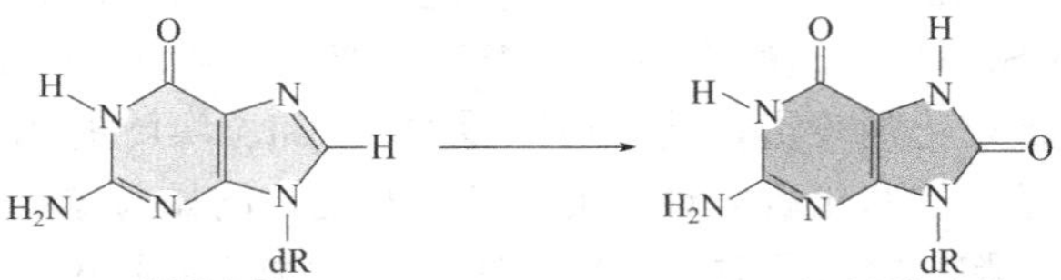

图 4-13 鸟嘌呤被氧化为氧代鸟嘌呤

型性状发生改变的突变。相反的过程也可以发生，这种使突变型性状恢复到野生型性状的突变就称为回复突变（reverse mutation）。回复突变可以自发地发生，也可以用诱变剂处理增加其产生的频率。回复突变产生的机制十分复杂，最简单的情形是第二次突变与第一次突变发生在同一位点，并且恢复了野生型序列，这是真正的回复突变。然而，真正的回复突变很少发生，大多数回复突变都发生在基因组的另一位点。因此，第二次突变并未恢复野生型的碱基序列，只是抑制了第一次突变的表型效应。第二次突变与原初突变可以发生在同一基因之中，也可以发生在不同的基因之中，前者称为基因内抑制（intragenic suppression），后者称为基因间抑制（intergenic suppression）。

4.1.3.1 基因内抑制

错义突变所造成的表型性状的改变可能是因为突变影响到了蛋白质的空间结构，进而导致蛋白质活性丧失。假设一种蛋白质空间结构的形成完全取决于多肽链上两个特定氨基酸残基之间的静电吸引作用。如果突变导致其中一个带正电荷的氨基酸残基被一带负电荷的氨基酸残基所取代，蛋白质就不能正确折叠。但是，如果第二次突变使另一带负电荷的氨基酸残基被一带正电荷的氨基酸残基取代，蛋白质就会重新折叠成正确的构象。

移码突变的回复突变通常发生在同一基因的另一个位点上，并且回复突变位点靠近原初突变位点，只有这样两个突变位点之间才会有很少的氨基酸发生改变，这时两个突变位点之间的氨基酸序列发生改变不会对蛋白质的功能产生显著影响。

4.1.3.2 基因间抑制

无义突变可以被发生在另一基因上的突变所抑制。无义抑制突变通常是一个 tRNA 基因突变，导致其反密码子发生改变，结果产生一种能够识别终止密码子的 tRNA。

在图 4-14 中，野生型基因的一个酪氨酸密码子 UAC 突变成一个终止密码子 UAG，突变基因编码一条无活性的蛋白质片段。在这个例子中，细胞内无义突变的抑制突变发生在亮氨酸 tRNA 基因内，使 tRNA^{Leu} 的反密码子由 3′-AAC-5′ 转变成了 3′-AUC-5′。于是，这种突变型的 tRNA 能够把 UAG 解读成亮氨酸的密码子。像这样能够将终止密码子解读成有义密码子的突变型 tRNA 也称为抑制 tRNA（suppressor tRNA）。

抑制 tRNA 的产生并不会影响读码框中有义密码子的识别。对应于一种密码子细胞往往有多个拷贝的 tRNA 基因，所以即使其中一个拷贝发生了突变，也不会影响到 tRNA 对密码子的识别。抑制突变至少在微生物中相当普遍，人们在细菌的谷氨酰胺、亮氨酸、丝氨酸、酪氨酸和色氨酸 tRNA 基因中发现了抑制突变。由抑制 tRNA 插入的氨基酸可能就是原来的氨基酸，这时蛋白质的功能得到了完全恢复。或者，抑制 tRNA 在突变位点插入了另外一种氨基酸，使得突变基因产生了一个有部分活性的蛋白质。

在蛋白质合成过程中，终止密码子由释放因子识别，抑制 tRNA 和释放因子对终止密码子的识别存在竞争关系。因此，抑制作用是不完全的，抑制效率通常只有 10%～40%，但这样的抑制效率足以满足细胞生命活动的需要。然而，抑制 tRNA 也能识别未突变基因的终止密码子，造成通读，产生延长的多肽链。携带抑制突变的细胞生长速度比正常的细胞

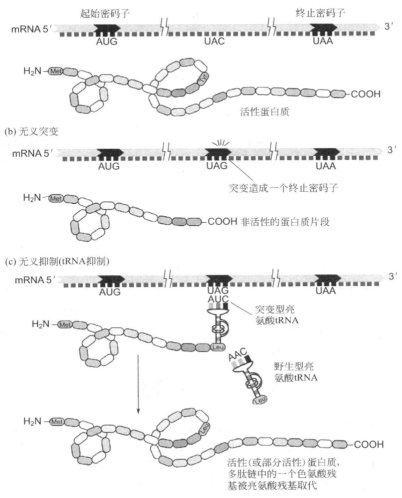

图 4-14 无义抑制

要慢也就不足为奇了。事实上,只有细菌和低等的真核生物(例如酵母)能够容忍抑制突变,在昆虫和哺乳动物中,抑制突变是致死的。

在细菌中,也会偶尔发现移码抑制 tRNA(frameshift suppressor tRNA)。这些突变的 tRNA 具有扩大了的反密码子环和四个碱基组成的反密码子,能够识别 mRNA 分子上的四个碱基,因此可以消除一个碱基插入引起的突变效应。

4.1.4 突变热点

突变可以发生在基因组中的任一位点。但是在基因组中,一些位点发生突变的概率比随机分布所估计的要高出许多,可能是预期的 10 倍,甚至是 100 倍,这些位点被称为突变热点(hot spot),发生在热点上的突变常常是相同的。

大多数热点是 DNA 分子中的 5-甲基胞嘧啶位点。5-甲基胞嘧啶是 DNA 分子中胞嘧啶的修饰产物,在 DNA 分子中与鸟嘌呤正确配对。然而,5-甲基胞嘧啶常常发生自发脱氨形成胸腺嘧啶,导致 G:T 对的产生,在双链 DNA 分子中产生一个错配。当 DNA 复制时,在一个子代 DNA 分子中,T:A 对取代 C:G 对,导致突变的发生(图 4-15)。

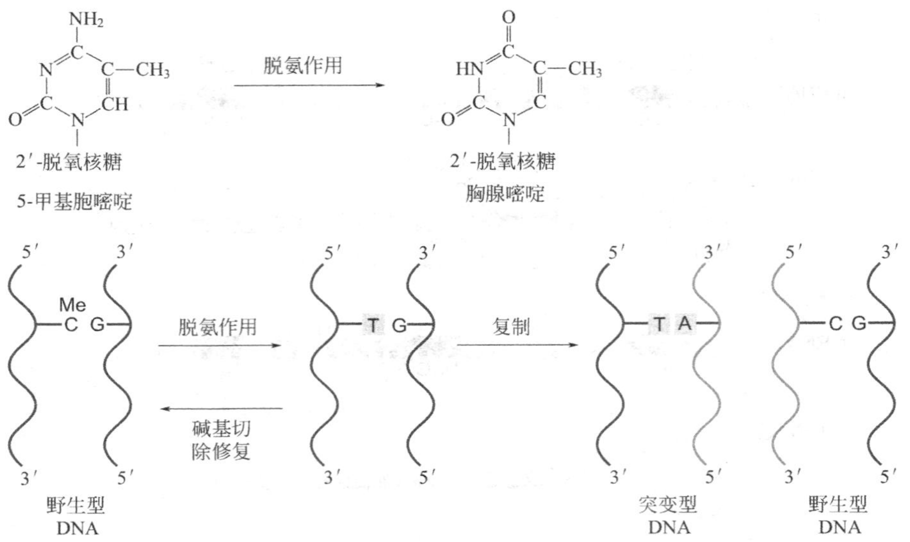

图 4-15　5-甲基胞嘧啶脱氨产生胸腺嘧啶，如果不被修复，将导致 CG 对向 TA 对的转换

突变热点的形成还有其他原因。如前所述，短的串联重复序列在 DNA 复制时会发生链的滑移，造成重复单位的插入或缺失。因此，短的串联重复序列也是突变的热点。例如，大肠杆菌 *lacI* 基因中有三个连续的 CTGG 序列，很容易产生一个 CTGG 序列的插入突变或缺失突变。另外，两个相邻的相似序列常常会介导 DNA 的重排。

4.2　DNA 修复

一系列物理或化学因素可以对 DNA 造成化学损伤，这些因素包括化学诱变剂、辐射以及 DNA 分子自发的化学反应等。有些类型的 DNA 损伤，如胸腺嘧啶二聚体或 DNA 骨架的断裂，使得 DNA 不能再作为复制和转录的模板。还有一些损伤虽然不会阻止复制和转录的进行，但是可引起碱基错配，在下一轮复制之后导致 DNA 序列的永久改变。细胞在进化过程中，形成了多种修复机制（表 4-2），它们能够有效地识别并修复损伤，从而维护了基因组的稳定性。

表 4-2　大肠杆菌的几种 DNA 修复系统

类　　型	损　　伤	酶
错配修复	复制错误	MutS、MutL 和 MutH
光复活修复	嘧啶二聚体	DNA 光解酶
碱基切除修复	受损的碱基	DNA 糖基化酶
核苷酸切除修复	嘧啶二聚体、碱基上大的加合物	UvrA、UvrB、UvrC 和 UvrD
双链断裂修复	双链断裂	RecA 和 RecBCD
跨损伤 DNA 合成	嘧啶二聚体、脱嘌呤位点	UmuC 和 UmuD′

4.2.1　光复活

在可见光存在的情况下，DNA 光解酶（DNA photolyase）可以把环丁烷嘧啶二聚体分解为单体。DNA 光解酶，又称光复活酶（photoreactivating enzyme），在黑暗中结合到环丁烷二聚体上，吸收可见光后被激活，裂解二聚体，然后与 DNA 分子脱离（图 4-16）。从光复活修复过程可以看出，光解酶不是将嘧啶二聚体替换掉，而是将两个嘧啶环之间的非正常化学键切开，恢复到原来的形式。由于这种修复作用只在可见光下才会发生，所以称为光复活（photoreactivation）。光复活是第一种被阐明的 DNA 修复机制，广泛存在于各类有机体中，但是在人类和有胎盘的哺乳动物中尚未发现这种修复机制。

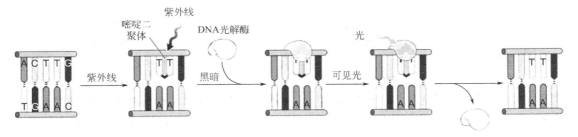

图 4-16　光复活作用

4.2.2　烷基的转移

一些酶可将烷基从核苷酸转移到自身的多肽链上。例如人类细胞中的一种 O^6-甲基鸟嘌呤甲基转移酶（O^6-methylguanine DNA methyltransferase）能直接将鸟嘌呤 O^6 位上的甲基移到蛋白质特定的半胱氨酸残基上修复损伤的 DNA（图 4-17）。大肠杆菌的 Ada（adaptation to alkylation）蛋白可以通过分别位于多肽链的 N 末端和 C 末端的两个活性中心去除 DNA 分子上的甲基基团。当甲基化碱基的甲基基团被转移至 Ada 靠近 C 末端的一个位点上时，Ada 蛋白失活并被降解。Ada 蛋白亦能修复甲基化的磷酸二酯键，这时甲基基团从 DNA 骨架的磷酸基团上转移至 Ada 蛋白靠近 N 末端的一个特定的位点上。靠近 N 末端的甲基化作用将 Ada 蛋白转化为转录激活因子，增强几个与 DNA 烷基化修复有关的基因的转录。

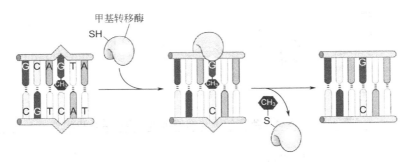

图 4-17　烷基化碱基的直接修复

DNA 光解酶和烷基转移酶直接作用于 DNA 的损伤部位，把受到损伤的核苷酸恢复到原初状态，因此上述两种修复机制又称直接修复（direct repair）。

4.2.3　核苷酸切除修复

核苷酸切除修复系统（nucleotide excision repair，NER）可以修复包括环丁烷二聚体、6-4 光产物和几类碱基加成物在内的一系列损伤。尽管这些损伤也可以通过其他途径得到修复，但 NER 是一种主要的修复手段。其他能够引起 DNA 产生明显变形的损伤也可以通过该途径进行修复，但 NER 不能修复 DNA 上的错配碱基，以及仅造成 DNA 产生微小变形的碱性类似物和甲基化碱基。研究发现，与核苷酸切除修复有关的基因发生缺损会降低细菌对紫外线的抗性，因此这类基因就用 *uvr*（UV resistance）表示。

核苷酸切除修复需要移去一段包括损伤在内的单链核苷酸序列，然后再通过 DNA 聚合酶把产生的单链缺口填补上（图 4-18）。修复过程需要多种酶的一系列作用（表 4-3），其中包括 UvrA、UvrB、UvrC 和 UvrD。由 2 个 UvrA 亚基和 1 个 UvrB 亚基构成的复合体非特异性地结合在 DNA 分子上，并沿 DNA 分子滑动，对其进行扫描，此过程需要 ATP 水解。UvrA 负责检测双螺旋中的扭曲，一旦遇到扭曲，UvrA 就退出复合体。然后，UvrC 与 UvrB 结合，并诱导 UvrB 的构象发生改变，于是 UvrB 在损伤的 3′-端（距损伤 4 个核苷酸）产生一个切口。接着 UvrC 在损伤的 5′-端（距损伤 7～8 个核苷酸）产生一个切口。UvrD 是一种解旋酶（又称 DNA helicase Ⅱ），它与 5′-断裂位点结合解开两个切口之间的 DNA 双螺旋，导致一段短的带有损伤的 ssDNA 和 UvrC 被释放出来。此时 UvrB 仍结合于另一条单链 DNA 分子上，可能是防止单链被降解，也可能是指导 DNA 聚合酶Ⅰ与缺口的 3′-OH结合，合成一段新的核苷酸片段填补缺口，最后一个磷酸二酯键由 DNA 连接酶催化形成。

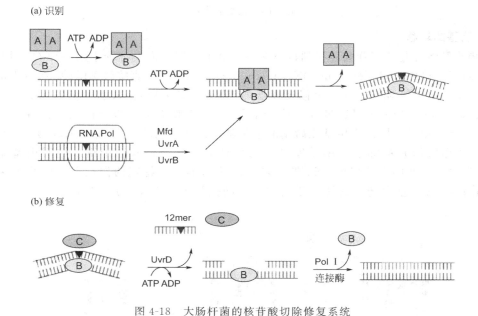

图 4-18　大肠杆菌的核苷酸切除修复系统

表 4-3　参与原核细胞 NER 系统的主要蛋白质及其功能

蛋 白 质	功　　能
UvrA	检测 DNA 分子上的扭曲
UvrB	具有 ATP 酶和核酸内切酶活性，在嘧啶二聚体的下游(3′-端)切开 DNA 链
UvrC	具有 DNA 内切酶活性，在嘧啶二聚体的上游(5′-端)切开 DNA 单链
UvrD	DNA 解旋酶Ⅱ，通过解链移去两个切口之间带有损伤的 DNA 片段
Pol Ⅰ	填补缺口
DNA 连接酶	缝合 DNA 链上的切口

　　当正在进行转录的 RNA 聚合酶遇到 DNA 损伤时，RNA 聚合酶的移动受阻，RNA 合成终止。这时，细胞的修复系统将优先修复模板链上的损伤。在细菌细胞中，转录修复耦联因子（transcription-repair coupling factor，TRCF）检测到受阻的 RNA 聚合酶后，使 RNA 聚合酶与模板脱离，并指导 UvrAB 与受阻位点结合，启动切除修复（图 4-18）。转录耦联修复的意义在于它将修复酶集中于正在被活跃转录的基因上。

　　在真核细胞中，转录耦联修复尤其重要，因为真核生物基因组的编码区相对稀少，距离较远。真核细胞实现转录修复耦联的关键组分是通用转录因子 TFⅡH。TFⅡH 具有解旋酶活性，在转录起始时解开 DNA 双链。在转录过程中，TFⅡH 能够检测到 DNA 分子由于化学损伤产生的扭曲。当 TFⅡH 遇到 DNA 损伤时，会募集核苷酸切除修复系统，修复损伤。

4.2.4　碱基切除修复

碱基切除修复是清除 DNA 分子中受损碱基的一种主要方法。首先 DNA 糖基化酶 (glycosylases) 切断脱氨碱基、甲基化碱基和氧化碱基等非正常碱基与脱氧核糖之间的糖苷键，在 DNA 上产生一个无嘌呤（apurinic）或无嘧啶（apyrimidinic）位点（AP 位点）（图 4-19）。细胞内的 AP 核酸内切酶附着在 AP 位点上，切断 AP 位点 5′-侧的磷酸二酯键，形成一个游离的 3′-OH 末端。DNA 聚合酶Ⅰ利用其 5′→3′外切酶活性切去 AP 位点及其下游的一段核苷酸序列，同时延伸 3′-OH 末端填补缺口。

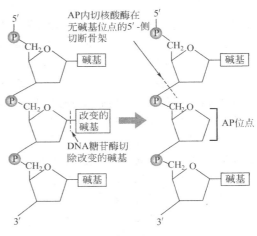

图 4-19　碱基切除修复

不同的受损碱基由专一性的 DNA 糖基化酶负责切除。胞嘧啶脱氨产生的尿嘧啶由尿嘧啶-N-糖基化酶（uracil-N-glycosylase）从 DNA 分子上去除。8-氧代鸟嘌呤（8-oxoguanine）是鸟嘌呤的氧化产物，具有很强的诱变性，一种特异性的 DNA 糖基化酶 MutM 蛋白将 8-氧代鸟嘌呤从 DNA 分子上去除。另一种 DNA 糖基化酶 MutY 去除与 8-氧代鸟嘌呤配对的 A。MutT 为 8-氧代-dGTP 酶，能水解 8-氧代-dGTP 的两个磷酸基团，生成 8-氧代-dGMP，防止 8-氧代-dGTP 作为 DNA 合成的前体掺入到新合成的 DNA 分子中。

4.2.5　错配修复

DNA 聚合酶的 3′→5′外切酶活性可将错误掺入的核苷酸去除。聚合酶的这种校正功能将 DNA 复制的忠实度提高 100 倍。然而，DNA 聚合酶的校正作用并非绝对安全，有些错误插入的核苷酸会逃脱检测，并在新生链与模板链之间形成错误配对。在下一轮复制时错误插入的核苷酸将指导与其互补的核苷酸插入到新合成的链中，结果导致 DNA 序列中产生一个永久性改变。

DNA 的错配修复系统（mismatch repair）可以检测到 DNA 复制时错误插入并漏过校正检验的任何碱基，并对之进行修复，将 DNA 合成的精确性又提高了 2～3 个数量级，对维护 DNA 复制的正确性十分重要。复制中出现的错配碱基存在于子链中，因此该系统必须在复制叉通过之后有一种能够识别亲本链与子链的方法，以保证只从子链中纠正错配的碱基。

大肠杆菌染色体 DNA 是被甲基化的。DNA 腺嘌呤甲基化酶（DNA adenine methylase, Dam）将 GATC 序列中的 A 修饰成 N^6-甲基腺嘌呤。DNA 胞嘧啶甲基化酶（DNA cytosine methylase, Dcm）将 CCAGG 和 CCTGG 中的 C 转换成 5-甲基胞嘧啶。这三种序列都是回文序列，所以 DNA 分子两条链的甲基化程度是相同的。这些甲基化的碱基并不干扰碱基间的正常配对，N^6-甲基腺嘌呤和 5-甲基胞嘧啶仍分别与 T 和 G 形成正确的碱基配对。类似的情况是尿嘧啶和胸腺嘧啶（即 5-甲基尿嘧啶）都与 A 配对。

刚完成复制的 DNA，旧链是甲基化的，新链未被甲基化。Dam 和 Dcm 甲基化酶需要花费几分钟的时间来完成对新链的甲基化反应。细菌细胞中的各种修复系统利用这段时间对 DNA 进行检查，寻找错误掺入的碱基。DNA 分子的半甲基化状态使修复系统能够正确区分旧链和新合成的链。子代双螺旋 DNA 分子保持一段时间的半甲基化状态还与新一轮 DNA

复制起始的控制有关（详见第 3 章细菌 DNA 复制起始的控制一节）。不同种类的细菌可能有不同的识别序列，但是它们通过甲基化来识别新链和旧链的原理都是相同的。

MutSHL 修复系统是大肠杆菌主要的错配修复系统，它通过判断 GATC 序列是否发生甲基化来区分新生链和模板链。大肠杆菌中许多与 DNA 修复有关的基因用 *mut*（mutator）表示，原因是这些基因发生突变会导致有机体的突变率增高。MutSHL 修复系统至少包括 12 种蛋白质组分，其功能不仅是参与链的识别和错配碱基位点的识别，也包括修复过程。2 分子的 MutS 识别并结合新合成 DNA 链上由错配碱基对引起的变形区域（图 4-20）。接着 2 分子的 MutL 蛋白结合到 MutS-DNA 复合体上。MutS-MutL 复合物在 DNA 分子上沿两个方向滑动，导致 DNA 形成一个回环。一旦遇到半甲基化的 GATC 序列，MutS-MutL 便募集 MutH 与半甲基化位点结合，并激活其的内切核酸酶活性。MutH 在子链 GATC 序列 5′-端切断磷酸二酯键，产生一个 5′-磷酸末端和一个 3′-羟基末端。核酸外切酶在解旋酶（UvrD）及 SSB 蛋白的

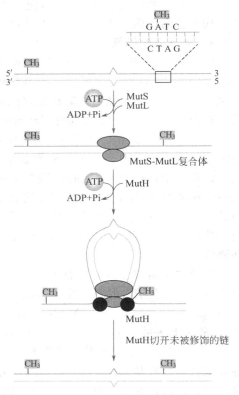

图 4-20　大肠杆菌的错配修复的起始

协作下，从切口处开始去除包括错配碱基在内的一段碱基序列。如果切口位于错配位点的 3′-端，此步骤由外切核酸酶 I 负责完成（图 4-21）。如果切口位于错配位点的 5′-端，则由能够从 5′→3′ 方向降解核酸链的外切核酸酶Ⅶ或 RecJ 执行。最后，DNA 聚合酶Ⅲ和 DNA 连接酶根据亲本链的序列填补子链上被切除的部分，包括错配的碱基。

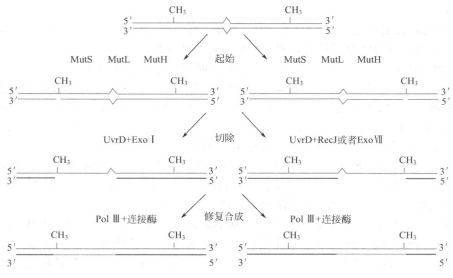

图 4-21　错配修复的方向性

4.2.6　极小补丁修复

5-甲基胞嘧啶脱氨生成胸腺嘧啶，而胸腺嘧啶为 DNA 的天然碱基，常常不被修复。因此，5-甲基胞嘧啶是基因组中的突变热点。然而，大肠杆菌中绝大多数由 Dcm 甲基化酶催化形成的 5-甲基胞嘧啶出现在 CC（A/T）GG 序列中。在这两种序列中，一旦出现 T 取代 C 与 G 配对的情况，T 就被去除。一种专一性的核酸内切酶切断 T∶G 错配碱基对 T 一侧的磷酸二酯键。DNA 聚合酶Ⅰ移去一小段核苷酸序列，其中包括错配的 T，并合成一段正确的核苷酸序列取而代之。这一修复系统有时又称为极小补丁修复（very short patch repair），起始极小补丁修复的核酸内切酶被称为 Vsr 内切核酸酶。

4.2.7　重组修复

在讨论重组修复机制之前，有必要先分析一下胸腺嘧啶二聚体对 DNA 复制的影响。当聚合酶Ⅲ遇到模板链上的胸腺嘧啶二聚体时，会停顿下来，然后在其下游 1000bp 的地方重启 DNA 的合成，于是新生链在二聚体对应的位置上出现一个缺口。该缺口可用图 4-22 所示途径进行填补：①受损 DNA 复制时，一条子代 DNA 分子在损伤的对应部位出现缺口；②另一条子代 DNA 分子完整的母链 DNA 上与缺口对应的片段通过重组被用于填补子链上的缺口，但是母链 DNA 会形成一个新的缺口；③母链上的缺口再以另一条子链 DNA 为模板，经 DNA 聚合酶催化合成一新的 DNA 片段进行填补，最后由 DNA 连接酶连接，完成修补。

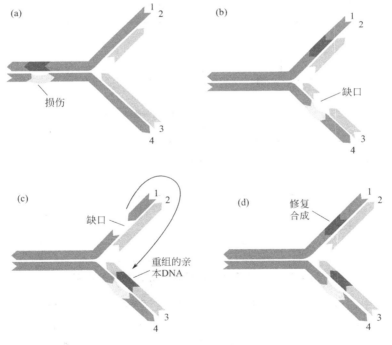

图 4-22　重组修复

重组修复并不能去除损伤，损伤仍然保留在原来的位置，但是重组修复使细胞能够完成 DNA 复制，并且新合成的子链是完整的。经多次复制后，损伤就被"冲淡"了，在子代细胞中只有一个细胞带有损伤 DNA。重组修复机制对于细胞处理不易或者不能被修复的损伤有着特殊的意义。

4.2.8　SOS 反应

当 DNA 受到严重损伤，染色体 DNA 的复制和细胞的分裂受到抑制时，细胞会产生

SOS 反应：超过 40 个与 DNA 损伤修复、DNA 复制以及突变产生有关的基因的表达水平升高，细胞的 DNA 修复能力得到加强，并且在 SOS 反应的晚期，还会出现 DNA 的跨损伤合成（translesion synthesis，TLS），导致 DNA 突变的产生。

4.2.8.1　SOS 反应的诱导

在正常的细胞内，SOS 基因的表达为阻遏蛋白 LexA 所抑制（图 4-23）。LexA 以二聚体的形式与 SOS 基因启动子区的 SOS 框（5′-TACTG (TA)$_5$CAGTA-3′）结合，抑制了基因的转录起始。然而，此时细胞中的某些 SOS 基因产物也能维持在相当高的水平，这是因为有些基因具有另一个不受 LexA 调控的启动子，或者基因的 SOS 框的碱基序列与一致序列的出入比较大，LexA 与之结合得不是十分牢固。

当 DNA 受到严重损伤后，细胞启动的切除修复和重组修复导致细胞内累积了一定数量的单链 DNA。RecA 蛋白因与单链 DNA 结合而被活化。活化后的 RecA 蛋白再与 LexA 结合，引起 LexA 发生自体切割，解除 LexA 对 SOS 基因的阻遏作用（图 4-23），诱发 SOS 反应。

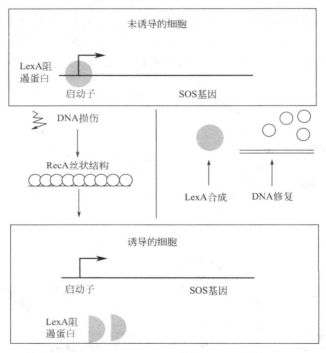

图 4-23　RecA 和 LexA 对 SOS 系统的调控作用

在 SOS 反应中，SOS 基因是按照一定的顺序被诱导表达的。SOS 基因的表达时间由 LexA 与启动子的亲和力决定。首先被诱导表达的基因包括 LexA 阻遏蛋白基因、参与核苷酸切除修复的基因 *uvrAB* 和 *uvrD*、参与重组修复的基因 *ruvAB*、编码 Pol Ⅱ 和 Pol Ⅳ 的基因 *dinA* 和 *dinB* 及编码产物抑制 UmuD 被加工成 UmuD′ 的基因 *dinI*。大肠杆菌细胞受到紫外线照射后，DNA 的合成会受到短暂的抑制，但是细胞会很快重新启动 DNA 的合成，Pol Ⅱ 和 Pol Ⅳ 参与 DNA 合成受阻后的恢复。UmuD′ 是 Pol Ⅴ 的一个亚基，所以 Din Ⅰ 蛋白的功能是延迟差错倾向性 DNA 聚合酶 Ⅴ 的形成。*recA* 和 *recN* 代表第二批被诱导的基因，它们的编码产物参与重组修复。以 *sulA* 和 *umuDC* 为代表的第 3 组基因最后被激活。*umuDC* 操纵子被激活后细胞会进行 DNA 跨损伤合成。SulA 的作用是抑制细胞的分裂。如果 DNA 的复制速度恢复到正常，这 3 类基因按照与激活相反的顺序依次被关闭。

4.2.8.2　跨损伤合成

umuC 和 *umuD*（UV-induced mutagenesis，umu）属于同一个操纵子，转录方向是 D→C。如上所述，与其他 SOS 基因一样，*umuC* 和 *umuD* 基因在正常情况下被 LexA 阻遏。当 DNA 受到损伤、复制受阻时，与单链 DNA 结合的 RecA 不但促进 LexA 的自体切割，同样也能促进 UmuD 发生自体切割，形成 UmuD′。只是 RecA 促进 UmuD 切割的效率相当低，这就保证了 UmuD 的自体切割只在 SOS 反应的晚期才会发生。两分子 UmuD′ 与一分子的 UmuC 组成的三聚体称为 DNA 聚合酶 V。

在损伤位点，DNA 聚合酶 V 取代停顿下来的 DNA 聚合酶Ⅲ复制 DNA 的损伤区。这种 DNA 聚合酶虽然是模板依赖性的，但是在向新生链的 3′-末端添加核苷酸时并不依赖碱基配对原则，容易将错误的碱基插入到新生链中，因此 DNA 聚合酶 V 又称为差错倾向聚合酶（error-prone polymerase）（图 4-24）。Pol V 的延伸性极低，在损伤位点的另一侧，DNA 聚合酶Ⅲ迅速取代 DNA 聚合酶 V 进行 DNA 合成。

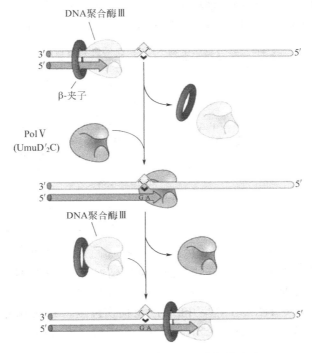

图 4-24　DNA 聚合酶 V 的跨损伤合成

4.2.9　真核生物的 DNA 修复

4.2.9.1　DNA 修复缺陷与人类遗传疾病

前面已讲述的细菌的 DNA 修复系统多数也存在于动物细胞中。然而，人们对这些修复系统在真核细胞中的工作细节并不是十分清楚，在多数情况下，只是在真核细胞中发现了细菌修复系统中功能蛋白的同源物。人类修复系统的缺陷往往会造成各种各样的健康问题，特别是修复系统的缺失造成的高突变率会诱发癌症的发生。

例如，人类的 *hMSH2*（human MutS homologue 2）基因的编码产物非常类似于大肠杆菌的 MutS 蛋白。该基因的缺陷会极大地增加几种癌症的发生率。这类病人的基因组具有较高频率的短的插入和缺失突变。在正常情况下，这些突变会被错配修复系统所纠正。当在大肠杆菌细胞中表达人类正常的 *hMSH2* 基因时，细菌的突变率会升高，这显然是因为

hMSH2干扰了 MutS 的作用。*BRCA1* 基因的缺陷使人对乳腺癌和卵巢癌易感。BRCA1 蛋白参与双链断裂修复和转录耦联的切除修复。如果 *BRCA1* 基因发生突变，这些修复过程就无法进行。

着色性干皮病（xerederma pigmentosum，XP）是一种由核苷酸切除修复系统缺陷引起的隐性遗传疾病。大约 10 个参与核苷酸切除修复的基因中的任何一个发生突变都会引起着色性干皮病。核苷酸切除修复是人类细胞修复环丁烷二聚体和其他光产物的唯一途径，所以患者的皮肤对太阳光和紫外线照射极度敏感，伴随着多种皮肤癌的产生。

4.2.9.2 真核生物核苷酸切除修复

真核细胞和大肠杆菌的核苷酸切除修复原理基本相同，但是对损伤的检测、切除和修复则更为复杂，涉及 25 个或者更多的多肽（表 4-4）。真核生物核苷酸切除修复也分为全基因组 NER（global genome NER，GGR，图 4-25）和转录偶联 NER（transcription coupled NER，TCR），GGR 可以修复基因组中任一位置上的损伤，而 TCR 优先修复转录模板链上的损伤，GGR 和 TCR 只在损伤的识别机制方面存在区别，一旦转录因子ⅡH（TFⅡH）被募集到损伤位点，两种修复途径将会利用相同的修复步骤来完成整个修复反应。

表 4-4　参与真核生物 NER 系统的主要蛋白质

蛋 白 质	功　能
XPC/HR23B	检测 DNA 分子上的扭曲
XPB	DNA 解旋酶，TFⅡH 的组分
XPD	DNA 解旋酶，TFⅡH 的组分
XPA	优先结合受损伤的 DNA，募集 RPA 和 XPF/ERCC1
RPA	与未受损伤的单链 DNA 结合，保护其免受核酸酶的切割；指导 PCNA 组装
XPG	内切核酸酶，在损伤部位的 3′-侧切断 DNA 链
XPF/ERCC1	内切核酸酶，在损伤部位的 5′-侧切断 DNA 链
DNA Polδ/ε	DNA 修复合成
CSA	与 CSB 一起参与起始 TCR
CSB	与 CSA 一起参与起始 TCR
DNA 连接酶	缝合 DNA 链上的切口

在 GGR 中，由 XPC-HR23B 异二聚体负责识别受损 DNA，XPC-HR23B 可能是通过与未配对碱基的相互作用与损伤位点紧密结合的。某些情况下，XPC-HR23B 与损伤位点的亲和力比较低，需要受损 DNA 结合蛋白（damaged DNA binding protein，DDB）的参与才能启动 NER。然后，由 XPC-HR23B 募集 TFⅡH 至损伤位点。TCR 由停顿在损伤位点 5′端的 RNA 聚合酶引发，然后由 CSA 和 CSB 取代 GGR 中的 XPC-HR23B 将 TFⅡH 募集至受阻的 RNA 聚合酶。

TFⅡH 为一多亚基复合体，其中包括 XPB 和 XPD 两种亚基。XPB 和 XPC 具有解旋酶活性，围绕受损位点打开 DNA 双螺旋。XPA 和 RPA 作为单链 DNA 结合蛋白分别与已解开的两条单链结合，其中 XPA 优先与受损单链结合，而 RPA 与未受损的单链结合保护其免受核酸酶的切割，并募集 DNA 聚合酶进行 DNA 修复合成。

随后，XPG 和 XPF/ERCC1 被招募到已解链的损伤部位，作为 DNA 结构特异的内切酶，分别在损伤位点的 3′侧和 5′侧切开 DNA 单链。XPG 首先进行切割，切点距损伤位点 2~8nt；XPF/ERCC1 后切，切点距损伤部位 15~24nt。XPB/XPD 解旋酶协助被切下的一段包含损伤的核苷酸片段从双螺旋中释放出来。

由 DNA 聚合酶 δ 或者 ε 与 PCNA 一起以未受损伤的单链 DNA 为模板进行 DNA 修复合成。DNA 连接酶催化新合成 DNA 链的 3′-末端与原初 DNA 链的 5′-端共价连接，完成核苷酸切除修复。

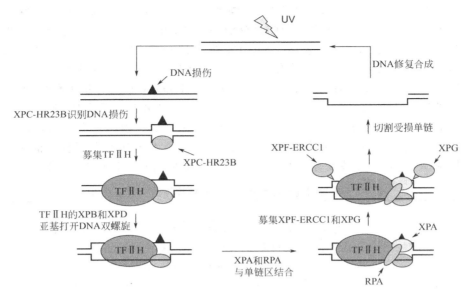

图 4-25　哺乳动物细胞的 GGR

4.2.9.3　双链断裂修复

电离辐射和一些化学诱变剂可以造成 DNA 双链断裂（double-strand break，DSB）。一些生物学过程也会产生双链断裂。例如，一些转座子发生转座时，首先要从原来的位置上切割下来，然后再被插入到一个新的位点，这样就会在原来的位点上留下一个双链断裂。在所有的 DNA 损伤中，DSB 对细胞最为有害。如果不被修复，DNA 的断裂将引起多种有害后果，如阻断复制、引起染色体缺失等，进而导致细胞死亡或肿瘤转化。

真核细胞主要通过两种机制来修复这种形式的断裂（图 4-26）：第一种机制是同源重组，即利用同源染色体或姊妹染色单体上的相应序列来修复断裂，这将在第 6 章中进行详细介绍；第二种机制称为非同源末端连接（non-homologous end joining，NHEJ），顾名思义，双链断裂的两个末端不需要同源性就能直接连接起来。在细菌和低等真核生物中，双链断裂主要由同源重组进行修复。然而，在哺乳动物细胞中，NHEJ 是一种主要的双链断裂修复方

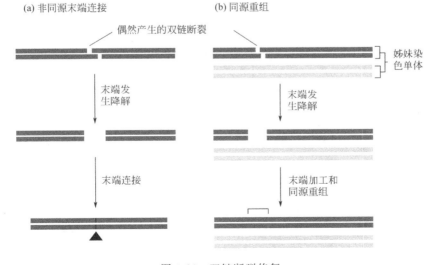

图 4-26　双链断裂修复

式，缺乏这种修复方式的突变体对导致 DNA 断裂的电离辐射和化学试剂极度敏感。

至少已鉴定出 7 种蛋白质参与 NHEJ，分别是 Ku70 和 Ku80、DNA 依赖型蛋白激酶催化亚基（DNA-PK$_{CS}$）、Artemis 蛋白、XRCC4 蛋白、XLF 和 DNA 连接酶 Ⅳ（表 4-5）。Ku70 和 Ku80 构成一个异二聚体，结合到双链断裂的末端。除了保护末端不被核酸外切酶降解外，Ku70/Ku80 二聚体还募集 DNA-PK$_{CS}$形成一个 DNA 依赖型蛋白激酶（DNA-PK），同时被募集的还有 Artemis 蛋白。四聚体蛋白在双链末端的装配激活了 DNA-PK$_{CS}$的激酶活性，使 Artemis 蛋白磷酸化，并激活其核酸酶活性。Artemis 蛋白被激活后，即开始加工DNA 的末端，创造出连接酶的有效底物。最后一步是 DNA 连接酶 Ⅳ 复合体催化已加工好的 DNA 末端的连接，连接酶复合体由连接酶和两个辅助蛋白 XLF 和 XRCC4 组成。

表 4-5　参与哺乳动物细胞非同源末端连接的主要蛋白质

蛋 白 质	功　能
Ku70	与 Ku80 一起构成异源二聚体，结合到断裂的末端，并募集 DNA-PK$_{CS}$
Ku80	与 Ku70 一起构成异源二聚体，结合到断裂的末端，并募集 DNA-PK$_{CS}$
DNA-PK$_{CS}$	DNA 依赖型蛋白激酶的催化亚基
Artemis 蛋白	受 DNA$_{CS}$-PK$_{CS}$调控的核酸酶，对断裂的末端进行加工
XRCC4	连接酶复合体的一个辅助亚基
XLF	连接酶复合体的一个辅助亚基
DNA 连接酶 Ⅳ	连接酶复合体的一个亚基，催化双链断裂的重新连接

第 5 章　DNA 重组

　　DNA 分子的断裂和重新连接所导致的遗传信息的重新组合称为重组（recombination），重组的产物称为重组 DNA（recombinant DNA）。由于重组，一个 DNA 分子的遗传信息可以和另一个 DNA 分子的遗传信息结合在一起，也可以改变一条 DNA 分子上遗传信息的排列方式。DNA 重组广泛存在于各类生物中，说明重组对物种生存具有重要意义。通过重组实现基因的重新组合使物种能够更快地适应环境，加快进化的过程。此外，DNA 重组还参与许多重要的生物学过程，例如重组在 DNA 损伤修复和突变中发挥着重要作用。

　　DNA 重组包括同源重组（homologous recombination）、位点特异性重组（site-specific recombination）和转座（transposition）三种形式。同源重组是更为普遍的一种重组机制，它可以发生在任何两个相同或相似的 DNA 序列之间，涉及两个 DNA 分子在相同区域的断裂和重新连接。位点特异性重组发生在 DNA 分子特定的序列之间，需要特殊的蛋白质（重组酶）介导，发生的概率相对较小。转座是一种特殊的重组，通过转座特定的遗传因子从 DNA 分子的一个位点移动到另一个位点。

5.1　同　源　重　组

　　同源重组发生在两个同源 DNA 分子之间。真核细胞减数分裂过程中，同源染色体彼此配对，同源染色体 DNA 片段发生交叉与互换，这是发生在真核生物中的同源重组。同源重组同样在接合、转导或转化后外源 DNA 与细菌基因组的整合中起作用。

5.1.1　同源重组的分子模型

5.1.1.1　Holliday 模型

　　1964 年 Robin Holliday 提出的遗传重组模型是人们从分子水平上认识重组的基础。如图 5-1 所示，发生同源重组时，两条同源 DNA 分子彼此并排对齐，相互配对的 DNA 中两个方向相同的单链在 DNA 内切酶的作用下，在相同位置上同时被切开。在切口处发生链的交换，一个切口的 3′-端与另一切口的 5′-端连接在一起，形成连接分子（joint molecule），也称 Holliday 结构（Holliday structure）。两条同源 DNA 分子之间的单链交叉位点被称作分支点。

　　分支点可以发生移动，称为分支迁移（branch migration）。分支迁移的结果是在两个 DNA 分子中形成异源双链区（heteroduplex），该区段的两条单链分别来自两个不同的 DNA 分子。因为参与重组的两条同源 DNA 分子的碱基序列不一定完全一致，异源双链区往往含有错配碱基。

　　链交换所形成的连接分子必须进行拆分，才能形成两个独立的双链分子，这需要再产生两个切口。如果切口发生在当初未切的 2 条链上，那么原来的 4 个链均被切开，释放出剪接重组 DNA（splice recombinant DNA），即一个亲本双链 DNA 通过一段异源双链区与另一个亲本双链 DNA 共价连接。因此，纵向切割会导致异源双链区域两侧的序列发生重组。

　　如果切口发生在当初被切的两条链上，连接分子拆分后将形成补丁重组体（patch recombinant）。分开的两个 DNA 分子除保留了一段异源双链 DNA 外，均完整无缺。因此，连接 DNA 分子无论如何拆分，所形成的两个独立的 DNA 分子总有一段异源双链区，但是异源双链区两侧的重组未必同时发生。

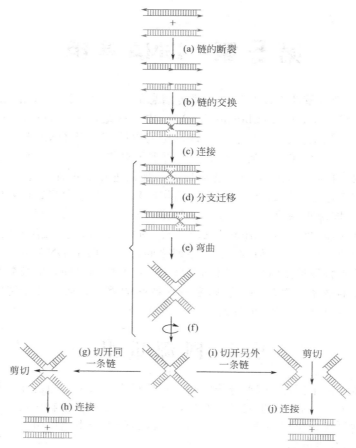

图 5-1　同源重组的 Holliday 模型（见彩图）

5.1.1.2　Meselson-Radding 模型

尽管 Holliday 模型很好地解释了 DNA 链的侵入、分支迁移和 Holliday 中间体的拆分等同源重组的核心过程，但它仍然存在不足。例如，它没有解释 2 个同源 DNA 分子是如何配对的，以及如何在 2 条 DNA 分子的对应位点形成单链切口。Matthew Meselson 和 Charles Radding 对 Holliday 模型提出了修改。在 Meselson-Radding 遗传重组模型（图 5-2）中，仅在一个双螺旋上产生单链切口。DNA 聚合酶利用切口处 3′-OH 合成的新链把原有的链逐步置换出来，使之成为以 5′-P 为末端的单链区。随后游离的 DNA 单链侵入另一条 DNA 双螺旋中，取代它的同源单链并与其互补链配对形成异源双链区，被置换的单链形成 D-环（D-loop）。D-环单链区随后被切除，两个 DNA 分子在 DNA 连接酶的作用下形成 Holliday 交叉。与 Holliday 模型不同，此时只在一条 DNA 分子上出现异源双链区。如果发生分支迁移，在两条双螺旋上均出现异源双链区。随后发生的连接分子的拆解与 Holliday 模型一样。

5.1.1.3　同源重组的双链断裂模型

DNA 双链断裂（double-stand break，DSB）也会引发同源重组。根据该模型（图 5-3），重组时两个彼此配对的 DNA 分子中的一个发生双链断裂，而另一个保持完整。双链断裂后，在核酸外切酶的作用下，切口被扩大，并且形成两个 3′ 单链末端。其中一个单链末端侵入另一双螺旋的同源区，并取代其中的一条链，形成 D-环。随着侵入链被 DNA 聚合酶延伸，D-环不断扩大，当 D-环的长度超过断裂 DNA 分子上被降解的区域，断裂 DNA 分子的另一 3′单链末端就与 D-环退火，并作为引物被 DNA 聚合酶延伸。结果，断裂受体 DNA 分子上被降解的区域就以另一 DNA 分子上的同源区为模板得到了修复，同时形成两个分支点，分支点会沿着 DNA 移动，发生分支迁移。最终 Holliday 结构被拆分，形成两个独立的 DNA 分子，从而结束重组事件。同样的，依据拆分 Holliday 结构时所剪切的 DNA 链，可以最终决定 DNA 分子重组位点两侧的基因是否发生交换。

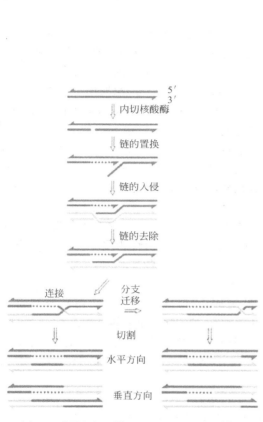

图 5-2　同源重组的 Meselson-Radding 模型

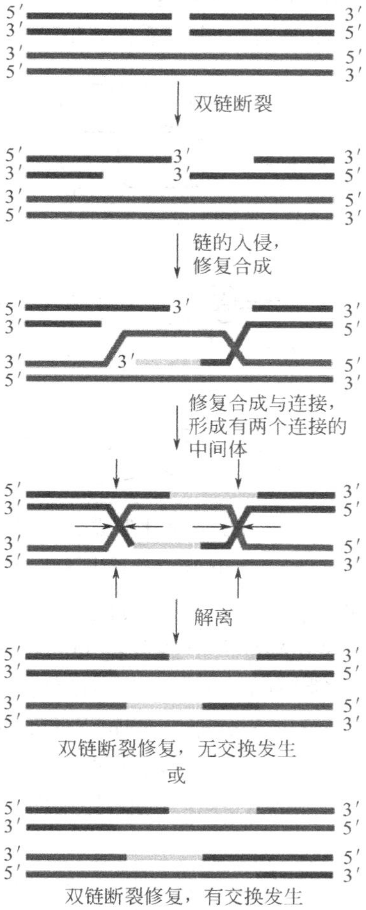

图 5-3　同源重组的双链断裂模型

5.1.1.4　Holliday 中间体

电镜观察从细菌和动物细胞中分离出正在发生重组的质粒和病毒 DNA，可以发现与 Holliday 中间体类似的交叉和围绕着交叉点旋转形成的 Holliday 异构体（图 5-4）。因此，无论重组的起始机制是什么，两个相连的 DNA 分子之间的交叉点都要发生迁移，并且 Holliday 结构要围绕交叉点发生旋转形成异构体。

5.1.2　大肠杆菌的同源重组

通过遗传分析，在大肠杆菌细胞中发现了 3 种重组途径，即 RecBCD、RecE 和 RecF 途径。以下步骤为这 3 种途径所共有：①产生一个具有 3′-OH 末端

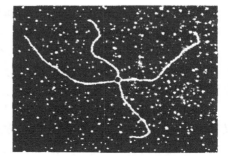

图 5-4　电镜下的 Holliday 中间体

的单链 DNA；②单链 DNA 侵入其同源双链 DNA 分子；③形成 Holliday 中间体，并发生分支迁移；④内切核酸酶对中间体进行切割，连接后产生重组体；⑤3 种重组途径均需要 RecA 蛋白。与 Meselson-Radding 模型一样，细菌中的重组也是由单链切口发动的。然而，在大肠杆菌中引发重组的末端是 3′-OH 末端，而不是 5′-P 末端。在这里主要介绍由 RecBCD 酶复合体发动的重组途径，这也是大肠杆菌中最重要的重组途径。

5.1.2.1 RecBCD 酶复合体催化单链 DNA 的形成

RecBCD 具有多种酶活性，其主要的酶活性包括 ssDNA 外切酶活性、dsDNA 外切酶活性和解旋酶活性。RecBCD 与 dsDNA 的末端结合，然后以大约每秒 1000bp 的速度解开 DNA 双链，同时降解解旋产生的 ssDNA。RecBCD 对两条单链的降解速度是不一致的，它优先降解 3′-末端链。一个正在被 RecBCD 加工的 DNA 的末端会形成一个单链环和一个 5′-端拖尾（图 5-5）。

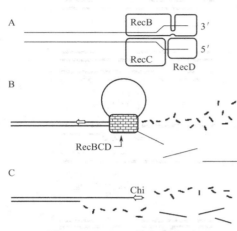

图 5-5　RecBCD 催化形成 3′-末端带有 Chi 位点的单链 DNA

RecBCD 的酶活性受重组热点 Chi 的调节。Chi 位点是大肠杆菌基因组中的一种不对称的 8bp 核苷酸序列（5′-GCTGGTGG-3′），能够改变 RecBCD 的酶活性。一旦 RecBCD 遇到 Chi 序列，RecBCD 核酸酶活性就会发生改变，其 3′→5′ 外切酶活性受到抑制，5′→3′ 外切酶活性被激活，由原来优先降解 3′-末端链，改变为只降解 5′-末端链，但是它的解旋酶活性未受到影响，结果产生 3′-末端带有 Chi 位点的 ssDNA（图 5-5）。因此，Chi 是重组的热点。

5.1.2.2 RecA 蛋白促进单链 DNA 与双链 DNA 进行链的交换

不论实际机制如何，RecBCD 的作用产生了游离的 3′-单链末端，这一游离末端将侵入另一双链 DNA 分子。单链的侵入由 RecA 蛋白介导，这是一种单链 DNA 结合蛋白，参与大肠杆菌中所有的同源重组事件。它催化一个双链 DNA 分子的 3′-单链末端侵入另一个双链 DNA 分子，形成异源双链区，同时置换出同源单链，形成 Holliday 结构（图 5-6）。

RecA 介导的链交换可以分为三个阶段：①RecA 聚集在 ssDNA 上形成丝状结构的联会前阶段；②RecA-ssDNA 寻找同源双链 DNA 分子并与之配对的联会阶段，在这一阶段可能形成三股螺旋（triplex）结构，入侵的 ssDNA 位于完整螺旋的大沟之中；③发生链的交换，形成连接分子的阶段，入侵的单链置换出双链中的同源单链，同时产生一个长的异源双链区。

5.1.2.3 分支迁移和 Holliday 中间体的拆分

分支迁移由结合在 Holliday 分支点上的 RuvA 和 RuvB 蛋白催化。RuvA 以四聚体的形式识别并结合到 Holliday 分支点上，然后募集 RuvB 蛋白。RuvB 为催化分支迁移的解旋酶，利用 ATP 水解释放的能量催化分支迁移。与多数解旋酶一样，RuvB 也是一种环状六聚体，其特别之处在于 RuvB 优先结合双链 DNA，而不是单链 DNA。

RuvC 蛋白是一种特殊的核酸内切酶，在重组中的作用是促进 Holliday 连接的分离，故又称拆分酶。RuvC 二聚体以对称的方式结合在分支位点上，催化断裂反应，切开极性相同的两条单链，拆分 Holliday 中间体（图 5-7）。Holliday 中间体能够以两种方式被解离，但只有一种方式产生重组 DNA。

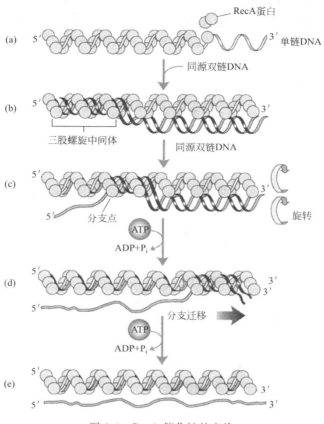

图 5-6 RecA 催化链的交换

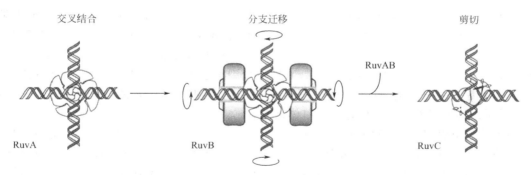

图 5-7 RuvA、RuvB 和 RuvC 在同源重组中的作用

5.1.3 真核细胞的同源重组

发生在减数分裂过程中的同源重组有两方面的重要作用：一是确保同源染色体能够正确配对，而同源染色体的联会是生殖细胞形成时染色体数目减半的基础；另外，减数分裂重组也常常引起非姐妹染色单体之间的交换，结果是亲本 DNA 分子上的等位基因在下一代发生了重新组合。

减数分裂重组是由染色体 DNA 双链断裂启动的（图 5-8）。在减数分裂的前期Ⅰ同源染色体开始配对时，Spo11 蛋白在染色体的多个位置上切断 DNA。Spo11 的切割位点在染色体上并非随机分布，而是多分布于染色体上核小体包装疏松的区域。Spo11 蛋白由两个亚基组成，每个亚基上特异的酪氨酸分别进攻 DNA 分子两条单链上的磷酸二酯键，从而切断 DNA，并且在断裂处形成磷酸-酪氨酸连接，所以 Spo11 与拓扑异构酶及下面要讲到的位点特异性重组酶具有同样的性质。

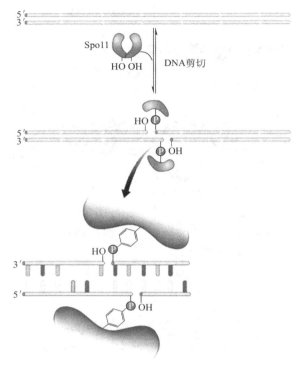

图 5-8　Spo11 蛋白在染色体 DNA 分子上产生双链断裂

在断裂处，MRX 酶复合体利用其 $5'\rightarrow3'$ 的外切酶活性降解 DNA，生成 $3'$-单链末端，其长度通常可达 1kb 或更长（图 5-9）。MRX 复合体由 Mre11、Rad50 和 Xrs2 三个亚基组成，并以三个亚基的首字母命名。Rad51 和 Dmc1 是在真核细胞中发现的两种与细菌 RecA 蛋白同源的蛋白质，它们介导链的交换，在减数分裂重组中发挥重要作用。Rad51 在进行有丝分裂和减数分裂的细胞中广泛表达，而 Dmc1 则仅在细胞进入减数分裂时被表达，依赖 Dmc1 的重组倾向于发生在非姐妹染色单体之间。

除了鉴定出引起 DNA 双链断裂的 Spo11、生成 $3'$-单链末端的 MRX 以及介导链交换的蛋白质外，还发现了许多其他的蛋白质参与这一过程，例如，Rad52 和 Mus81。Rad52 通过抵抗 RPA 的作用而启动 Rad51 蛋白丝的组装。因此，Rad52 与大肠杆菌的 RecBCD 蛋白有相似的活性，RecBCD 蛋白可以帮助 RecA 结合在原本被 SSB 所结合的单链 DNA 上，而 Mus81 蛋白可能是拆分 Holliday 中间体的酶。

5.1.4　交配型转换

同源重组除了能够促进 DNA 配对、DNA 修复和遗传交换外，还能够改变基因在染色体上的位置，这种类型的重组有时是为了调节基因的表达。

酿酒酵母是一种单细胞真核生物，它既能以单倍体（haploid）形式，也能以二倍体（diploid）形式进行繁殖（图 5-10）。单倍体酵母有 a 和 α 两种交配型。当 a 和 α 细胞接近时，它们能够进行融合形成一个 a/α 二倍体细胞。二倍体细胞经过减数分裂又形成 2 个单倍体 a 细胞和 2 个单倍体 α 细胞。相同交配型的细胞则不能发生融合。

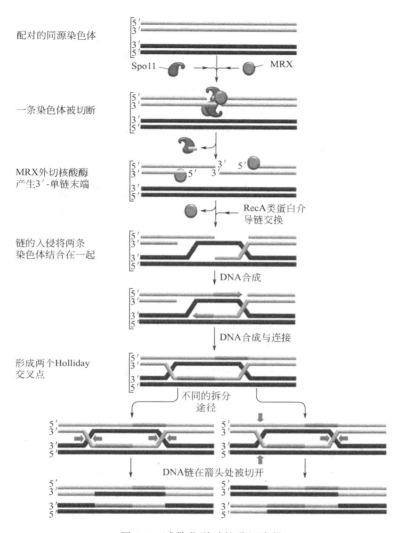

配对的同源染色体

Spo11　→　MRX

一条染色体被切断

MRX外切核酸酶
产生3′-单链末端

RecA类蛋白介
导链交换

链的入侵将两条
染色体结合在一起

DNA合成

DNA合成与连接

形成两个Holliday
交叉点

不同的拆分
途径

DNA链在箭头处被切开

图 5-9　减数分裂时的重组途径

　　单倍体细胞的交配型是由位于第三染色体交配型基因座（mating-type locus，MAT locus）上的等位基因决定的。在 a 型细胞中，出现在 *MAT* 基因座上的是 *a1* 基因，而在 α 型细胞中，出现在 *MAT* 基因座上的是 *α1* 基因和 *α2* 基因。

　　交配型可以发生转换，a 型可以转换成 α 型，α 型也可以转换成 a 型。无论以什么类型开始，在几代之后，群体中就会产生很多两种交配型的细胞。交配型的转换是通过重组实现的（图 5-11）。各种类型的细胞除了位于 *MAT* 基因座上有转录活性的 *a* 基因或 *α* 基因以外，还有一套无转录活性的 *a* 基因和 *α* 基因分别存在于 *MAT* 座的两侧。这些额外的拷贝无转录活性，因为在这些基因的上游存在一个沉默子，它们所在的基因座 *HMR*（hidden MAT right）和 *HML*（hidden MAT left）被称为沉默盒（silent cassettes）。它们的功能是为改变细胞的交配类型提供遗传信息。与之对应，*MAT* 座位上存在 *a* 或 *α* 的活性盒（active cassette）。交配型转换需要通过同源重组使遗传信息从 *HM* 基因座转换到 *MAT* 基因座。

　　交配型转换始于 *MAT* 基因座的双链断裂，该反应由 HO 内切酶（homing endonucleases）催化完成。HO 是一种序列特异性的内切核酸酶，其识别序列长 24bp，只存在于酵母基因组的 *MAT* 基因座。

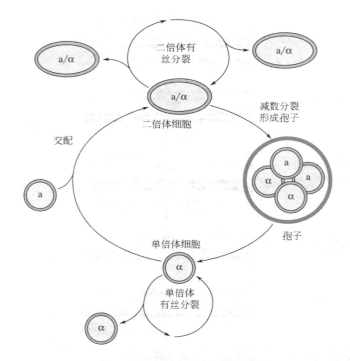

图 5-10　酿酒酵母的生活周期

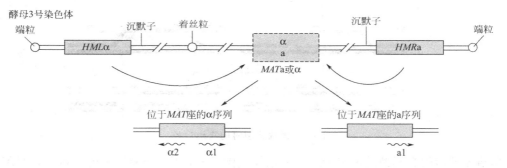

图 5-11　酵母的交配型转换

HO 对 *MAT* 基因座进行交错切割，产生 4 个碱基长的 3′拖尾序列。与减数分裂重组机制一样，再由 MRX 复合体作用于被切开的末端，利用其 5′→3′的 DNA 外切酶活性切割DNA，而 3′-端 DNA 链保持稳定。MRX 复合体催化产生的 3′单链尾巴被 Rad1 蛋白包裹。这种被 Rad1 包裹的单链 DNA 末端寻找染色体上的同源区域，选择性地侵入 *HMR* 或 *HML* 基因座。如果 *MAT* 基因座的 DNA 序列是 a，侵入会发生在含有 α 序列的 *HML* 基因座；反之，如果 *MAT* 带有 α 基因，侵入则会发生在含有 a 序列的 *HMR* 基因座。被选择的 *HM* 基因座的信息会取代 *MAT* 基因座上原有的信息，从而导致交配型转换。

图 5-12 为交配型转换的重组模型。在这个模型中，首先由 HO 在重组位点引入 DSB，经过链侵入之后，侵入的 3′-端作为引物启动 DNA 合成，并形成一个完整的复制叉，前导链和后随链同时进行复制。但是与普通的 DNA 复制不同，两条新合成的子链被置换出来，形成双螺旋，再连接到最初被 HO 内切酶切断的 DNA 位点上，这个新的片段有着与模板相同的 DNA 序列。

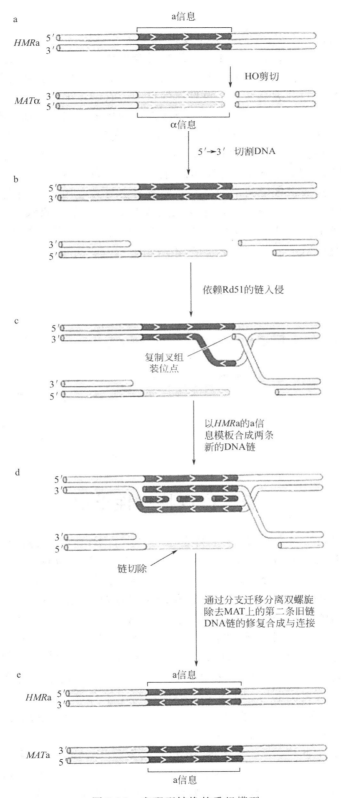

图 5-12 交配型转换的重组模型

5.1.5　基因转换

DNA 重组模型都是依据在重组过程中要形成异源双链区这一事实提出来的。人们在研究真菌的基因转换时首先意识到了在 DNA 重组时会形成异源双链区。为了说明基因转换，在这里首先介绍真菌的有性生殖周期。两个基因型不同的单倍体细胞融合形成一个二倍体的杂合子。杂合子经过减数分裂形成 4 个单倍体的孢子，它们在子囊中呈线性排列。有时，紧接着减数分裂之后是一次有丝分裂，产生 8 个线性排列的子囊孢子。如果杂合子的基因型为 Aa，则经过减数分裂和一次有丝分裂所产生的 8 个子囊孢子应呈现 4∶4 的分离比。然而，人们发现 A 与 a 的分离比并不总是预期的 4∶4，有时会出现异常的分离比，例如 6∶2 或 2∶6 等，这种现象称为基因转换，即基因的一种等位形式转变成了另一种等位形式。

重组时产生的异源双链区中的错配碱基在修复时会导致基因转换的发生（图 5-13）。在重组过程中，假如链的侵入或分支迁移包括 A/a 基因，那么在异源双链区中，一条链为 A 基因的序列，另一条链为 a 基因的序列。细胞的错配修复系统将随机校正异源双链区中的错配碱基。因此，修复后双链体是带有 A 序列还是 a 序列，取决于哪条链被修复系统所修复，这就会产生基因转换。

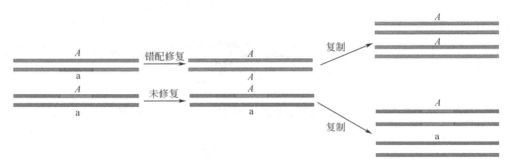

图 5-13　基因转换（见彩图）

5.2　位点特异性重组

位点特异性重组是指发生在 DNA 上特定序列之间的重组，不依赖于 DNA 顺序的同源性，由能识别特异 DNA 序列的蛋白质介导。与同源重组一样，位点特异性重组也涉及链的交换、Holliday 交叉的形成、分支迁移和 Holliday 连接的解离等过程。但位点特异性重组不需要 RecA 蛋白和单链 DNA，而且分支迁移的距离较短。位点特异性重组介导一系列生物学事件，如，噬菌体 DNA 整合到宿主染色体 DNA 之中和基因组 DNA 的重排等。这里仅介绍 λ 噬菌体 DNA 的位点特异性整合，位点特异性重组介导的 DNA 重排见第十章。

λ 噬菌体 DNA 侵入大肠杆菌细胞后，面临着裂解生长和溶源生长的选择。要进入溶源状态，游离的 λ 噬菌体 DNA 要插入到宿主的染色体 DNA 中，这个过程称为整合（integration）。由溶源生长进入裂解生长，λDNA 又必须从宿主染色体上切除下来，这个过程称为外切（excision）。整合和外切均需要通过细菌 DNA 和 λDNA 特定位点之间的重组来实现，这些位点称为 *att* 位点（attachment site）。

如图 5-14 所示，大肠杆菌 DNA 上的 *att* 位点叫做 *att*B，由 B、O 和 B′三个序列组分构成。λDNA 上的 *att* 位点称为 *att*P，由 P、O 和 P′三个序列组分构成。"O" 序列为 *att*B 和 *att*P 所共有，被称为核心序列，长 15bp，重组就发生在此序列上。B 和 B′分别代表 *att*B 的核心序列两侧的序列；P 和 P′则代表 *att*P 的核心序列两侧的序列。P 和 P′序列的长度分别是 150bp 和 90bp，它们对重组是必需的，为一系列参与重组的蛋白质的结合位点。线状 λDNA 进入大肠杆菌细胞后，通过末端 *cos* 位点的配对，立即变成环状分子。重组时，它插入到细菌染色体中呈线状。原噬菌体两端的 *att* 位点是由重组产生的 BOP′和 POB′。

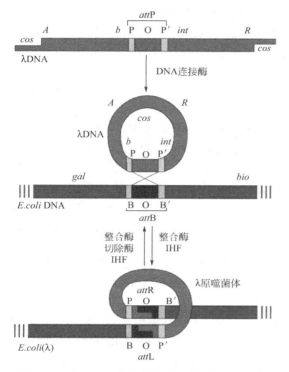

图 5-14　发生在 λ 噬菌体和宿主基因组 DNA 之间的位点特异性重组，导致 λ 噬菌体整合到宿主染色体 DNA 中；*att*L 和 *att*R 之间的位点特异性重组导致原噬菌体与宿主染色体 DNA 脱离

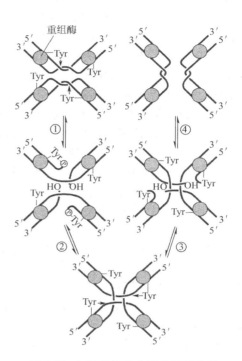

图 5-15　λ 噬菌体整合酶的作用机制

催化整合反应的酶称为整合酶（integrase，Int），属于酪氨酸重组酶家族，由 λ 基因组编码。这类重组酶还包括 *E. coli* 的 XerD 蛋白、P1 噬菌体的 Cre 蛋白和酵母的 FLP 蛋白，它们通常由 300～400 个氨基酸残基组成，含有两个保守的结构域，需要 4 个酶分子同时参与反应，具有共同的反应机制。酪氨酸重组酶所催化的链的切割与重连反应与 Ⅰ 型拓扑异构酶相似，为系列转酯反应，没有磷酸二酯键的水解，也没有新的 DNA 合成，不需要 ATP。

图 5-15 表示整合酶的作用机制。两个酶分子分别在 *att*P 和 *att*B 核心序列的对应位点上产生单链切口，切口处的 3′-磷酸基团与整合酶活性位点的酪氨酸共价连接。断裂 DNA 的 5′-OH 各自进攻另一 DNA 分子上的磷酸-酪氨酸连接，从而实现第一次单链交换，并形成一个 Holliday 交叉。分支点沿着同源区迁移 7bp 的距离，接着发生第二次单链交换，交换机制与第一对单链的交换机制相同，因此该重组系统需要 4 个酶分子，每一分子负责切开两条双链体中的一条链。整合反应还需要一种叫做整合宿主因子（integration host factor，IHF）的蛋白质参与，该蛋白含有两个亚基，均由宿主基因编码。

如果受到诱导（induction），原噬菌体将从细菌基因组中切除（excision）。原噬菌体的切除需要两种噬菌体编码的蛋白质——整合酶（Int）和切除酶（Xis），另外还需要几种细菌蛋白，比如 IHF 和 Fis。所有这些蛋白质都结合到 *att*L 和 *att*R 的 P 和 P′臂上，促进 *att*L 和 *att*R 中央的核心序列并排对齐，从而有助于原噬菌体的切除。

5.3 转 座

在生物的基因组中存在一类特殊的 DNA 序列，它们能够作为独立的单位从基因组的一个位置移动到另一个位置，这种能够改变自身位置的 DNA 片段被称为转座子（transposons）。1951 年，美国遗传学家 McClintock 首先在玉米中发现了转座子，20 年后人们又从细菌中分离出了转座子。现在我们知道转座子存在于地球上的一切生物中，包括人类。事实上，在真核生物中由转座子衍生的序列占据了物种基因组的很大一部分，例如人和玉米基因组的 50% 以上是由转座相关序列组成的。

所有的转座子都有两个基本特征。首先，转座子的两端为反向重复序列（inverted repeat, IR）；第二，转座子至少含有一个编码转座酶（transposase）的基因。转座酶是转座子转座所必需的，一方面，转座酶识别转座子的末端反向重复序列，催化反向重复序列所界定的转座子从基因组的一个位置移动到另一个位置；另一方面，转座酶还要识别宿主细胞 DNA 分子上的靶序列作为转座子新的插入位点。靶序列的长度通常是 3~9bp，一般由奇数个碱基对组成，以 9 个碱基对最为普遍。由于靶序列的长度较短，特异性不高，因此转座的发生就有一定的随机性。

很多转座子还携带有与转座不相关的基因，例如抗生素抗性基因、毒性基因等。这些基因位于转座子内，随转座子一起从一个 DNA 分子移动到另一个 DNA 分子，对基因组的进化产生了十分重要的影响。

根据转座子的结构及其转座机制，可将其分为 3 个家族，即 DNA 转座子、病毒型反转录转座子和非病毒型反转录转座子。DNA 转座子在转座过程中一直保持 DNA 的形态，后两种反转录转座子的移位都需要一个暂时性的 RNA 中间体。表 5-1 总结了转座子的主要类型。

表 5-1　转座子的主要类型

种　类	结 构 特 点	转 座 机 制	例　子
DNA 介导的转座			
插入序列	结构简单，两端为倒转重复序列，内部含有转座酶基因	转座子从原来的位点切除后，插入到一个新位点	IS1、IS2、IS3
复合转座子	两端为 IS 元件，中央区携带有抗药性基因	转座子从原来的位点切除后，插入到一个新位点	Tn5、Tn10、Tn7
TnA 转座子家族	两端为倒转重复序列，内部的结构基因不止一个，通常有转座酶、解离酶和抗生素抗性基因	转座时，转座子被复制，转座的是原转座子的一个拷贝	Tn3、Tn501、γδ
Mu 噬菌体	为一种细菌病毒，噬菌体 DNA 的两端为倒转重复序列，内部携带有与噬菌体增殖有关的基因，其中包括编码转座酶的基因	转座时，转座子被复制，转座的是原转座子的一个拷贝	Mu 噬菌体
真核生物转座子	两端为倒转重复序列，中间的编码区具有内含子	转座子从原来的位点切除后，插入到一个新位点	P 因子(果蝇)、Ac 和 Ds 元件(玉米)、Tc1/mariner
RNA 介导的转座			
病毒型反转录转座子	两侧为 250~600bp 的长末端重复(LTR)，内部含有反转录酶、整合酶和类反转录病毒的 Gag 蛋白的编码区	RNA 聚合酶 Ⅱ 从左侧 LTR 中的启动子起始转录，转录产物反转录成 cDNA 后，插入到靶位点	Ty 因子(酵母)、Copia 因子(果蝇)
非病毒型反转录转座子	两侧为非编码区(UTR)，内部有两个 ORF，3′-UTR 的末端连接一串长度不等的 AT 碱基对	RNA 聚合酶 Ⅲ 从内部启动子开始转录生成 RNA，ORF2 编码的蛋白质利用其核酸内切酶活性切断靶 DNA，起始靶位点引导的反转录过程	LINE(哺乳动物)、返座假基因(哺乳动物中的 SINE)

5.3.1　DNA 转座子

5.3.1.1　细菌的 DNA 转座子

（1）插入序列　插入序列（insertion sequences，IS）是最简单的转座子。典型的插入序列长 750～1500bp，具有 10～40bp 长的末端反向重复序列（表 5-2），但两者之间并非完全匹配。所有的 IS 元件都含有一个编码区，编码的转座酶能识别 IS 元件的末端重复序列，介导转座的发生（图 5-16）。末端重复序列的完整性对于 IS 元件的转座十分重要，转座酶对 IS 元件两个边界的识别保证了 IS 元件作为一个整体在基因组中移动。

表 5-2　*E. coli* 的几种插入序列

IS 类别	长度/bp	IR 长度/bp	靶位点长度/bp	染色体上的拷贝数	F 质粒上的拷贝数
IS*1*	786	23	9	5～8	
IS*2*	1327	41	5	5	1
IS*3*	1258	40	3	5	2
IS*4*	1426	18	11～14	1～2	
IS*5*	1195	16	4	丰富	
IS*10*	1329	22	9		

IS 元件位于细菌染色体上，也存在于噬菌体和质粒 DNA 分子中。在大肠杆菌的染色体中发现了几个拷贝的 IS*1*（图 5-16）、IS*2* 和 IS*3*。F 因子中没有 IS*1*，但有一个拷贝的 IS*2* 和两个拷贝的 IS*3*。当质粒和染色体上具有相同的 IS 元件时，质粒可以通过同源重组整合到宿主细胞的染色体上。

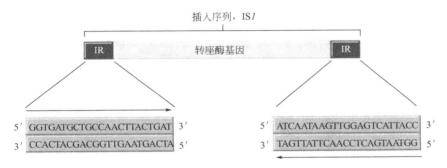

图 5-16　IS*1* 的结构

插入序列最初是因为移动到靶基因内部造成基因插入失活而被发现的。这种插入突变通常造成基因的功能完全丧失，如果是插入到操纵子的结构基因中，还会造成下游基因的表达受阻，此现象被称为极性效应（polar effect）。

（2）复合转座子　复合转座子（composite transposon）的中心区携带有抗药性标记，两侧是被称为模块（module）的 IS 元件或类 IS 元件（图 5-17）。每个 IS 元件都具有以倒转重复序列为末端的一般结构，所以复合转座子的两个末端也是同样的倒转重复序列。有些复合转座子两侧的 IS 序列是相同的，另一些例子中，模块高度同源但不相同。与 IS 序列一样，复合转座子的转座也会在靶基因组中产生短的正向重复。表 5-3 列出了几种复合型转座子。

表 5-3　几种复合型转座子

转　座　子	抗性标记	长度/bp	IS 模块
Tn*5*	卡那霉素抗性基因	5 700	IS*50*
Tn*9*	氯霉素抗性基因	2 638	IS*1*
Tn*10*	四环素抗性基因	9 300	IS*10*

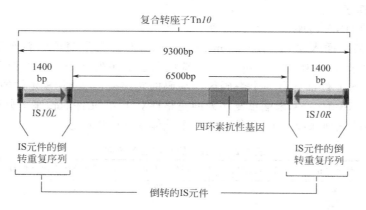

图 5-17　复合转座子 Tn10 的结构

　　两个属于同一类型的 IS 元件可转座它们之间的任何序列。当两个 IS 元件彼此接近时，IS 元件以及夹在它们之间的序列有可能发展成为复合转座子。很多质粒看起来像是通过 IS 元件以及夹在它们之间的基因装配起来的，比如携带多种抗生素抗性基因的 R 质粒。R 质粒上的许多抗性基因的两侧都有 IS 元件，在图 5-18 中，四环素抗性基因夹在两个 IS3 序列之间，IS1 位于多个抗性基因的两翼。显然，R 质粒上的抗性基因是通过 IS 元件从其他 DNA 分子上转座过来的。

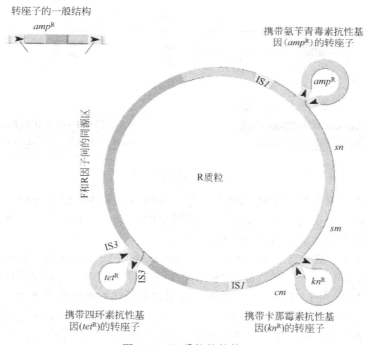

图 5-18　R 质粒的结构

　　（3）TnA 转座子家族　　TnA 转座子的两端为倒转重复序列，但缺乏末端 IS 组件，内部通常有转座酶、解离酶和抗生素抗性基因。例如，Tn3 的两个末端为 38bp 的反向重复序列，两个反向重复序列之间分布着 3 个基因（图 5-19）。bla 基因编码 β-内酰胺酶（β-lacta-mase），使宿主菌对氨苄青霉素产生抗性。tnpA 编码转座酶，在转座过程中识别 Tn3 的倒

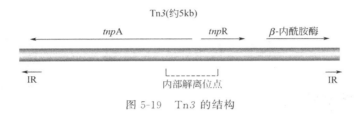

图 5-19　Tn3 的结构

转重复序列。*tnpR* 的编码产物具有两种功能，一是作为基因表达的阻遏物，阻遏 *tnpA* 和其自身的转录。TnpR 蛋白还具有解离酶的功能，介导 Tn3 在共整合结构的解离。*tnpA* 和 *tnpR* 基因之间有一个富含 A-T 的内部顺式控制区，TnpR 的两种功能就是通过和此区的结合来实现的。表 5-4 列出了几种 TnA 家族的转座子。

表 5-4　几种 TnA 家族转座子

转　座　子	抗性标记	长度/bp	IR 长度/bp
Tn1	青霉素抗性基因	4957	
Tn3	青霉素抗性基因	4957	38
Tn501	Hg 抗性基因	8200	38
Tn7	甲氧苄氨嘧啶、壮观霉素、链霉素	14000	35

5.3.1.2　转座的分子机制

转座子可以通过两种机制进行转座。一种是保守型转座（conservative transposition），另一种是复制型转座（replicative transposition）。在保守型转座中，转座元件从供体位点上被切割下来，然后插到靶位点上，因此这个机制又叫做剪切-粘贴转座（cut and paste transposition）。在复制型转座中，转座子被复制，转座的 DNA 序列是原转座子的一个拷贝，而不是它本身。因此，复制型转座伴随着转座子拷贝数的增加。

（1）保守型转座　某些细菌转座子，包括很多 IS 元件和复合转座子，都是通过剪切-粘贴机制进行转座的（图 5-20）。这种相对简单的机制是一个保守的过程，即只有靶序列被复制，而原始的转座子则不发生复制。转座时，转座酶结合到转座子的末端序列上，把转座子从供体 DNA 分子上切割下来。为了使转座子插入到受体 DNA 分子中，转座酶会在受体 DNA 上产生一个交错的双链切口。交错单链的长度由转座子的类型决定。然后，由转座酶把转座子的 3′-末端和靶序列的 5′-末端连接起来，在转座子的两侧分别形成一个缺口。缺口被宿主细胞中的 DNA 聚合酶填补后，一段短的靶序列便被复制。

（2）复制型转座　进行复制型转座的转座子除了具有编码转座酶的基因外，还具有编码解离酶（resolvase）的基因以及解离酶的作用位点，即内部解离位点（internal resolution site，IRS）。复制型转座的第一步是转座酶在供体转座子的两侧各产生一个单链切口，使得转座子序列的两个 3′-OH 末端得到释放。与剪切-粘贴转座不同，这时转座子 DNA 并不从原来的序列上被切割下来。转座酶还在受体 DNA 分子上形成一个交错的双链切口（图5-21）。

然后，供体转座子的 3′-OH 末端与受体 DNA 的 5′-末端连接在一起，这一机制与前面的剪切-粘贴机制相同。但是，这里产生的是双交叉的 DNA 分子。在此中间体中，转座子的 3′-端被共价连接到新的靶位点，而 5′-端仍连接在原处。

中间产物的两个 DNA 交叉成为一个复制叉结构，以断开的靶 DNA 的 3′-端为引物，从两个方向复制转座子，产生两个拷贝的转座子 DNA。复制结束后，新合成的链的 3′-末端与供体 DNA 上游离的 5′-末端连接形成共整合体。最后一步是共整合体的解离，产生两个拷贝的转座子，一个在供体位点上，另一个在靶位点上。

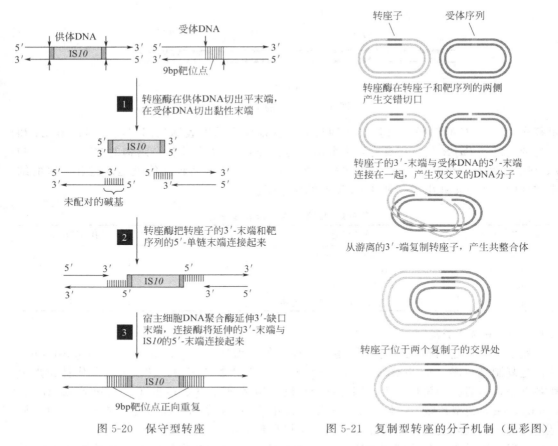

图 5-20　保守型转座　　　　　　　　图 5-21　复制型转座的分子机制（见彩图）

　　这一模型解释了为什么复制型转座会形成共整合体。当复制沿两个方向通过转座子后，供体 DNA 和受体 DNA 相互连接在一起，两个 DNA 分子被两个转座子隔开。该模型还解释了为什么受体分子中有一段很短的、被称为靶序列的 DNA 会被复制，使插入的转座子位于两个重复的靶序列之间。

　　（3）两种转座机制的比较　尽管复制型转座和保守型转座看起来十分不同，但两种转座的机制却密切相关。无论是复制型转座还是保守型转座，转座酶都会对靶序列进行交错切割，并在转座子和宿主 DNA 的交界处切断 DNA 链。然而，在保守型转座中切开的是两条链，在复制型转座中只有一条链被切开。在两种情况下，都是转座子自由的 3′-OH 末端与被打开的靶序列的 5′-末端共价连接。这种连接使得保守型转座子移动到一个新的位置，但是在复制型转座中产生的是一个共整合体。

　　下一步又十分类似，宿主细胞的 DNA 聚合酶以打开的靶 DNA 的 3′-OH 为引物，填补缺口。在保守型转座中，新合成的 DNA 片段很短，这一步仅复制靶序列。在复制型转座中，单链区比较长，这一步复制的是转座子本身。

　　与其他复合型转座子一样，Tn7 也是以"剪切-粘贴"的方式进行转座的，然而，它编码的转座酶比较特殊，由两种蛋白质组成。TnsA 在转座子的 5′-端产生一个单链切口，而TnsB 则在转座子的 3′-端产生一个单链切口。因此，当两种蛋白均表达时，它们在转座子的两端产生的是双链切口。Tn7 有一种突变体编码一种带有缺陷的 TnsA 蛋白，不能切割转座子的 5′-末端。然而，TnsB 能够继续发挥作用，在转座子的两侧各产生一个单链切口，并将转座子的 3′-OH 与打开的靶序列的 5′-端连接起来，形成一个共整合体。所以 TnsB 类似于 Tn3 转座子所编码的转座酶。

5.3.1.3　转座频率的调控

转座频率的调节对于转座子来说十分重要，一个转座子必须能维持一个最低转座频率才能存活，若转座频率太高会损伤宿主细胞。因此，每个转座子都有调控其转座频率的机制。

转座酶在转座过程中发挥着关键作用，一些转座子可以通过控制转座酶的合成调控转座发生的频率。细胞内的转座酶浓度很低，例如 Tn10 的转座酶在每一世代每个细胞中的数量低于一个分子，转座很少发生。Tn10 是一种复合型转座子，由 3 个功能模块组成。最外面的两个模块分别是 IS10L（左侧）和 IS10R（右侧），中央模块携带有四环素抗性基因。IS10R 具有编码转座酶的基因，转座酶能够识别 IS10R、IS10L 和 Tn10 的末端反向重复序列。IS10L 的序列与 IS10R 十分相似，但它不能编码有功能的转座酶。

Tn10 利用反义 RNA（antisense RNA）机制来限制转座酶的合成，调控转座发生的频率。如图 5-22 所示，靠近 IS10R 的右侧末端有两个启动子，它们利用宿主 RNA 聚合酶指导两个方向上的 RNA 合成。P_{IN} 指导向 IS10R 内部的转录，转录产物翻译产生转座酶。P_{OUT} 指导向 IS10R 外侧的转录，产生一个由 69 个核苷酸构成的转录物。在细胞内，P_{OUT} 的转录物比 P_{IN} 的转录物要多出 100 倍以上，原因是 P_{OUT} 是比 P_{IN} 更强的启动子，并且 P_{OUT}

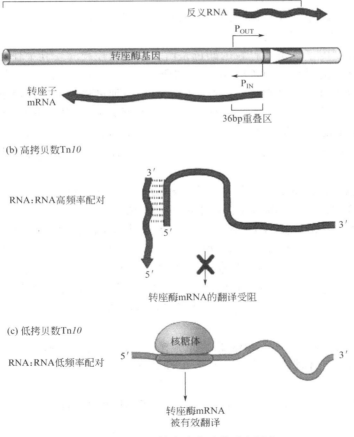

图 5-22　Tn10 转座酶表达的反义调节

的转录物比 P_{IN} 的转录物更为稳定。这两种 RNA 在 5′-端有一重叠区，通过重叠区的互补配对，P_{OUT} 转录产物可以封闭 P_{IN} 转录产物上的核糖体结合位点，阻止转座酶的合成。

　　细胞 Tn10 的拷贝数越多，反义 RNA 也就越多，两种 RNA 的配对就会频繁发生，转座酶的合成就会受到限制，Tn10 的转座就受到抑制。相反，如果细胞内仅有一个 Tn10 拷贝，反义 RNA 的水平就会很低，两种 RNA 发生配对的机会很小，转座酶就能有效合成，转座发生的频率也会大大增加。这种现象称为多拷贝抑制。

　　限制转座子转座频率的第二个途径是把转座过程局限在细胞周期的某一特定阶段（图 5-23）。Tn10 的两个末端反向重复序列以及转座酶基因的启动子中各有一个 GATC 位点。我们知道，新合成的 DNA 分子的 GATC 位点是半

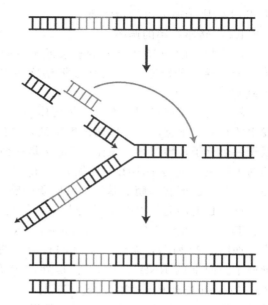

图 5-23　复制叉经过后的 Tn10 转座

甲基化的。RNA 聚合酶和转座酶与半甲基化序列的结合能力要比与完全甲基化序列的结合能力强。所以，半甲基化的 DNA 不但能够激活 Tn10 的转座酶基因的启动子，还能够增强转座子末端的活性。结果，在复制叉经过后的短暂间期，Tn10 更容易发生转座。

5.3.1.4　真核生物 DNA 转座子

　　（1）玉米的控制因子　玉米籽粒的颜色是由多个基因控制的，其中任何一个基因发生突变都会导致无色籽粒的形成。McClintock 仔细研究了导致白色籽粒上形成紫色斑点的不稳定突变，她认为紫色斑点不是常规突变产生的，而是一种可移动的控制因子在起作用。

　　基因型为 c/c 的玉米植株结白色的籽粒，而基因型为 C/ _ 的植株结紫色籽粒。如果基因型为 c/c 的籽粒在发育的某个阶段，一个细胞的 c 基因回复突变为 C，细胞将产生紫色素，最终在白色籽粒上形成一个紫色斑点。在籽粒发育的过程中，回复突变发生得越早，紫色斑点越大。

　　McClintock 认为原来的 c 突变是由一个被称为解离因子（dissociator，Ds）的控制因子插入到 C 基因内部引起的，然而 Ds 自身不能移动。激活因子（activator，Ac）是另外一种可移动的控制因子，它能够激活 Ds 插入到 C 基因或其他基因，也能使 Ds 从靶基因中转出，使得突变基因回复突变成野生型基因，这就是著名的 Ac-Ds 系统（图 5-24）。

　　在 Ac-Ds 系统中，Ac 为自主型转座子，这类转座子本身携带转座酶基因，可以自主转座。Ac 全长 4563bp，两端是 11bp 的反向重复序列（图 5-25）。Ac 具有一个转录单元，产生一个 3.5kb mRNA，编码一个由 807 个氨基酸残基组成的转座酶。Ac 转座会产生 8bp 靶序列重复。

　　Ds 为非自主型转座子，这类转座子本身不具有编码转座酶的基因，需要在自主型转座子提供转座酶的情况下才能发生转座。非自主性转座子一般为自主性转座子的缺失体（图 5-25）。目前发现的几种 Ds 转座子均为 Ac 的缺失体。它们共同的特征是缺失了 Ac 中一段编码转座酶的序列，由于缺失的程度不同，就形成了不同的 Ds 转座子。Ds 发生转座，需要 Ac 提供转座酶。

　　（2）果蝇中的 P 因子　P 因子是果蝇中的转座子。完整的 P 因子的长度是 2907bp，两

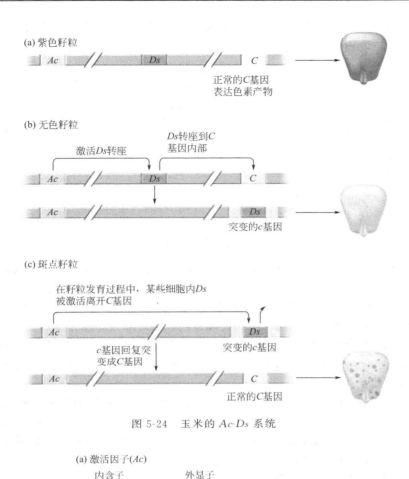

(a) 紫色籽粒

正常的C基因
表达色素产物

(b) 无色籽粒

激活Ds转座

Ds转座到C
基因内部

突变的c基因

(c) 斑点籽粒

在籽粒发育过程中，某些细胞内Ds
被激活离开C基因

c基因回复突
变成C基因

突变的c基因

正常的C基因

图 5-24　玉米的 Ac-Ds 系统

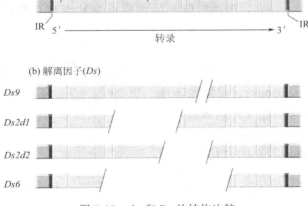

(a) 激活因子(Ac)

内含子　　外显子

IR　5'　　　　转录　　　　3'　IR

(b) 解离因子(Ds)

Ds9

Ds2d1

Ds2d2

Ds6

图 5-25　Ac 和 Ds 的结构比较

端为 31bp 的反向重复序列，其中央区编码的转座酶为细菌 IS 序列转座酶的类似物（图 5-26），因此，完整的 P 因子能够自主转座。P 因子转座时会导致靶 DNA 复制产生 8bp 正向重复序列。带有内部缺失的 P 因子经常出现。某些较短的 P 因子失去了产生转座酶的能力，因此不能自主转座，但可以被完整 P 因子编码的酶反式激活。

　　实验室中培育的黑腹果蝇（*Drosophila melanogaster*）有两类不同的品系：P 品系与 M 品系。P♀×P♂、M♀×M♂ 或 P♀×M♂ 产生的后代并无异常，但 M♀×P♂ 的后代果蝇的生殖细胞中却会发生一系列异常现象，如突变率增高、染色体断裂及不育等。这种现象称为杂交不育（hybrid dysgenesis）。

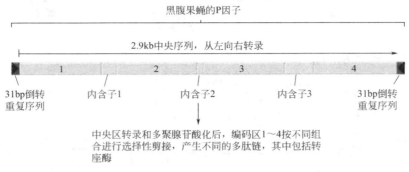

图 5-26 果蝇 *P* 因子的结构示意图

P 品系果蝇基因组中整合有 30～40 个拷贝的 *P* 因子，但其体细胞和卵细胞中都含有抑制 *P* 因子转座的物质，因此其后代基因组处于稳定状态。M 品系基因组中不含 *P* 因子，细胞质中也不存在抑制物，因此当 M 型卵细胞与 P 型精子结合后，精子携带的 *P* 因子会在果蝇的生殖细胞中发生转座，引起插入、缺失和重组，最终导致生殖细胞的死亡，造成杂交不育。*P* 因子的转座为什么仅发生在生殖细胞中？在体细胞中 *P* 因子编码一个 66kD 的蛋白，该蛋白能抑制转座，而在生殖细胞中，*P* 因子则编码 87kD 的转座酶。这两种不同的产物是 mRNA 选择性剪接的结果。

（3）*Tc1/mariner* 因子　*Tc1/mariner* 家族的保守转座子是真核细胞中最常见的 DNA 转座子。来自线虫 *C. elegans* 的 *Tc1* 因子和来自果蝇的 *mariner* 是 *Tc1/mariner* 家族中最早发现的两个成员。*Tc1/mariner* 家族的成员在真菌、植物、非脊椎动物和脊椎动物中都很普遍。

Tc1/mariner 转座子是已知最简单的自主转座子之一。它们的长度通常在 1300～2500bp 之间，含有一个转座酶基因，两端为反向重复序列。*Tc1/mariner* 因子的移动是通过剪切-粘贴机制实现的。*Tc1/mariner* 移动后留下的断裂通常被真核生物的双链断裂修复系统修复。

5.3.2 反转录转座子

所有真核生物，从酵母到人类，都含有反转录转座子（retrotransposons）。反转录转座子是一类通过 DNA-RNA-DNA 方式进行转座的可移动因子，即转座子转录产生相应的 RNA，再经反转录生成新的转座子 DNA 并整合到基因组中（图 5-27）。反转录转座子根据其结构和转座方式可分为含 LTR 的反转录转座子和不含 LTR 的反转录转座子 2 个主要类群。含 LTR 的反转录转座子又称为病毒型反转录转座子，不含 LTR 的也称为非病毒型反转录转座子。

5.3.2.1　病毒型反转录转座子

这类转座子在结构上与反转录病毒的基因组十分相似，都具有 250～600bp 正向末端重

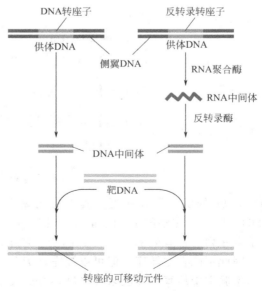

图 5-27 两种转座方式的比较

复，也称长末端重复（long terminal repeat，LTR）。LTR 反转录转座子是高等植物基因组的一种主要成分，在玉米基因组中所占的比重超过 50％，在小麦基因组中所占的比重超过 90％。LTR 反转录转座子与反转录病毒的基本区别在于 LTR 反转录转座子缺少反转录病毒的被膜蛋白（envelope，env）基因，因此不能形成有感染能力的胞外病毒粒子，而只能形成局限于宿主细胞内的病毒样颗粒（virus-like particle，VLP）。

（1）酵母的 *Ty* 因子　　*Ty* 是酵母转座子（transponson yeast）的缩写。酵母基因组中随机分布着 331 个拷贝的 *Ty* 因子，约占酵母基因组的 3.1％，分别属于 5 个不同的转座子家族。*Ty* 因子具有 LTR 意味着它们的转座方式类似于反转录病毒的反转录过程。Gerald Fink 及其同事通过两个巧妙的实验证实了 *Ty* 因子由 RNA 介导转座。他们首先将 *Ty* 因子置于半乳糖启动子的下游，使 *Ty* 因子的转录受半乳糖的诱导，然后把重组质粒导入酵母细胞。如果培养基中没有半乳糖，几乎观察不到转座现象；反之，如果向培养基中加入半乳糖，则可以促进 *Ty* 因子的转座。在另外一个类似的实验中，他们将一个内含子插入到 *Ty* 序列内部，使用半乳糖诱导转录后，发现新的位置上出现的转座子拷贝已丢失了内含子。这表明 *Ty* 因子的确是通过 RNA 进行转座的，否则它的转座不可能受到半乳糖的诱导，更不可能丢掉内含子序列。

Ty1 长 6.3kb，两端有 334bp 的正向重复，又叫做 δ 序列（图 5-28）。在细胞内 *Ty* 因子可被转录成 2 种 Poly（A）$^+$ RNA，其含量占单倍酵母细胞总 mRNA 的 5％以上。这两种 RNA 的转录都是由左边 δ 序列内的启动子起始，一个在 5.0kb 之后终止，另一个在 5.7kb 之后终止，位于右端的 δ 序列内。

Ty1 因子含有两个阅读框，*TyA*（相当于反转录病毒的 *gag* 基因）编码一种 DNA 结合蛋白，*TyB*（相当于反转录病毒的 *pol* 基因）编码蛋白酶、整合酶和反转录酶。*TyB* 位于 *TyA* 的下游，两个基因重叠 38bp。*TyA* 阅读框的翻译从它的起始密码子开始，到终止密码子结束。*TyB* 基因的翻译也是从 *TyA* 的起始密码子开始，但是要通过特殊的移框机制跳过 *TyA* 基因的终止密码子，将两个阅读框融合在一起，最终翻译成的是 TyA-TyB 融合蛋白。

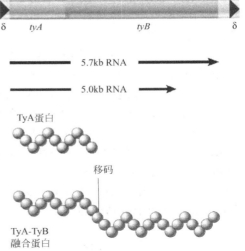

图 5-28　*Ty1* 反转录转座子的结构和表达

对于 *Ty1* 因子来说，一个 7 核苷酸序列 CUU-AGG-C 就足以促使框移的发生。这一核苷酸序列是如何造成核糖体改变阅读框的呢？研究发现，正在解读密码子 CUU 的核糖体会出现停顿，因为识别下一个密码子（AGG）的精氨酰-tRNA 在细胞中非常稀少。此时，核糖体的 P 位点被与 CUU 结合的肽酰-tRNA 所占据。核糖体停顿的时候，肽酰-tRNA 会沿 mRNA 向前滑动一个碱基，即从 CUU 密码子滑动到重叠的 UUA 密码子，这就产生了移框突变，肽链的延伸过程随即按新的阅读框继续进行，造成融合蛋白 TyA-TyB 的表达。如果密码子 AGG 被 tRNA^{Arg} 识别，则不会发生框移，翻译终止于 TyA 的终止密码子。TyA 和 TyB 编码产物的最终比例大约为 20：1。

Ty mRNA 指导合成的蛋白质可以介导反转录转座，但是由于缺乏反转录病毒外壳蛋白的 *env* 基因，*Ty* RNA 在细胞内并不能装配成感染性的病毒颗粒，但可以形成类病毒颗粒。

（2）果蝇的 *Copia* 因子　　*Copia* 因子是果蝇的一种反转录转座子，为果蝇基因组中最常见的一种中度重复序列。每个果蝇大概有 20～60 个拷贝的 *Copia* 因子散布在基因组中。*Copia* 因子全长 5000bp 左右，两端各有一个相同的 276bp 的正向重复序列（图 5-29）。当 *Copia* 因子发生转座时，在染色体的插入位点产生 5bp 的正向重复序列。*Copia* 因子家族中各个成员的序列间差别很小，低于 5%，这些差别通常是很小的缺失。

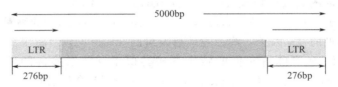

图 5-29　果蝇的 *Copia* 因子

Copia 因子有一个 4 227bp 的长的阅读框，编码由整合酶、反转录酶和一种 DNA 结合蛋白组成的多聚蛋白质。阅读框同反转录病毒的 *gag* 和 *pol* 的序列有部分同源性，但同 *env* 基因的同源性很低，这提示 *Copia* 因子同 *Ty* 因子一样，也是起源于反转录病毒，但没有病毒包装所必需的 *env* 基因序列。

5.3.2.2　非病毒型反转录转座子

长散布元件（long interspersed element，LINE）和短散布元件（short interspersed element，SINE）是哺乳动物基因组中最丰富的中度重复 DNA。它们均属于非病毒型反转录转座子，以 RNA 为中间体进行转座，但没有长末端重复。在人类基因组中，LINEs 的全长为 6～7kb，SINEs 的长度约为 300bp。

（1）长散布元件　哺乳动物基因组中最丰富的 LINEs 是 L1 家族。L1 元件缺少 LTR，其 3′-末端具有一串长度不等的 AT 碱基对，该序列起源于真核生物 mRNA 的 Poly（A）（图 5-30）。人类基因组中大约有 100000 份的 L1，约占人类总 DNA 的 5%，甚至更多。完整的 L1 元件长 6.5kb，其 5′-UTR 含有的内部启动子使其能被 RNA 聚合酶Ⅲ转录。尽管启动子在 5′-UTR 内，但它指导的 RNA 合成却起始于转座子的第一个核苷酸。L1 含两个阅读框，ORF1 的编码产物以顺序专一性方式结合到 L1 RNA 上，同时与 ORF2 的编码产物结合。ORF2 的编码产物具备核酸内切酶和反转录酶活性。L1 元件两侧为短的靶序列正向重复。在人类基因组中，绝大多数 L1 都是长短不一的缺失突变体。完整的 L1 大约只有 3000 个拷贝，而含有两个有功能的 ORF 的 L1 则更少。

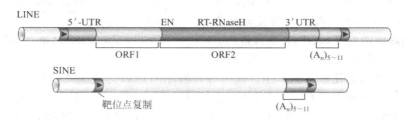

图 5-30　LINE 和 SINE 的遗传结构

L1 偶尔会产生一个新的拷贝，并插入到基因组的某一位点。曾经发现人类第 22 号染色体上的一个完整的 L1 转座到 X 染色体上凝血因子Ⅷ的基因中，导致了贫血病的发生。这一有活性的 L1 拷贝也存在于大猩猩基因组的相同位点上，说明在灵长类几百万年的进化历程中，该拷贝一直潜伏在基因组的同一位置上。

（2）短散布元件　SINE 的长度小于 0.5kb，具有一个内部 RNA 聚合酶Ⅲ启动子和一个富含 A／T 的 3′-末端，两侧为靶 DNA 倍增形成的短正向重复序列（图 5-30）。短散布元件具有 3′-聚腺苷酸序列，表明其转座机制可能与 LINE 相同。但是，由于 SINE 没有编码内切核酸酶和反转录酶的基因，为非自主反转录转座子，其转座可能由 LINE 编码的蛋白质介导。根据来源，SINE 可以分为两类，即起源于 tRNA 的短散布元件和起源于 7SL RNA 的短散布元件。多数短散布元件家族都起源于 tRNA，起源于 7SL RNA 的短散布元件包括灵长类的 *Alu* 家族和啮齿类的 *B1* 家族。所以，SINE 是一类返座假基因。

　　Alu 家族是一组散布在人类基因中的中度重复序列，每一拷贝的长度约为 300bp，在人类基因组中大约有一百万个拷贝，占人类基因组的 10％左右，因每一拷贝中有一个 *Alu* Ⅰ 的识别位点而得名。人类的 *Alu* 家族起源于一个 130bp 序列的一次串联重复，因此由左、右两个单体组成，二者之间由一富含腺嘌呤的连接区隔开（图 5-31）。与左侧单体相比，右边的单体中存在一个 31bp 的插入。*Alu* 序列同样具有一个 3′-聚腺苷酸序列，两侧具有正向的靶序列重复。*Alu* 家族的每一个成员与共有序列平均有 80％的一致性。啮齿类的 *B1* 家族的长度是 130bp，相当于人类 *Alu* 序列的一个单体，并且序列间有 70％～80％的一致性。

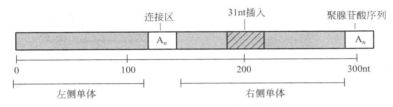

图 5-31　*Alu* 序列的结构

　　（3）非病毒型反转录转座子的转座机制　　如图 5-32 所示，*L1* 元件在 RNA 聚合酶的作用下转录成 *L1* RNA。*L1* RNA 被转运到细胞质指导 ORF1 和 ORF2 两种蛋白质的合成。这些蛋白质保持与编码它们的 RNA 相结合，促进转座子自身的转座。在细胞质中形成的蛋白质-*L1* RNA 复合体重新进入细胞核。已知 ORF2 蛋白具备核酸内切酶和反转录酶两种活性，这种蛋白质在靶位点上切开 DNA 的一条链，起始反转录和整合反应。反转录酶以切割位点的 3′-OH 作为引物，以 *L1* RNA 为模板合成 cDNA 第一链。后续的转座反应包括 *L1* RNA 的降解、cDNA 第二链的合成及 DNA 的连接与修复等步骤，最终形成一个新插入的 *L1* 元件。

　　（4）加工后假基因　　假基因（pseudogene）是一类与功能基因相关、但带有缺陷的 DNA 序列。最初，在非洲爪蟾 DNA 中克隆了一个 5S rRNA 基因的相关序列。与功能基因相比，该序列的 5′-端有一 16bp 的缺失以及 14bp 的错配，于是就将这个截短的 5S rRNA 基因的同源物描述为假基因。

　　根据是否保留相应功能基因的间隔序列（如内含子），假基因可以分为两大类：一类保留了间隔序列（如珠蛋白假基因家族），另一类则缺少间隔序列。保留了间隔序列的假基因又称未经加工的假基因。一个功能基因发生一次重复产生两个相同的拷贝，这两个拷贝可能都保持了它们原有的功能，使有机体产生更多的产物。或者，一个拷贝由于有害突变的发生，失去其功能而成为假基因。

　　缺少间隔序列的假基因又称为加工后假基因（processed pseudogene）或返座假基因（retropseudogene）。大多数返座假基因具有以下 4 个特征：①完全缺失存在于功能基因中的间隔序列；②只与功能基因的转录产物相似，没有功能基因的 5′-端调控序列；③3′-末端具有 Poly（A）尾；④两端常含有 7～21bp 的靶序列正向重复。与大多数未经加工的假基因一样，大多数反转录假基因本身存在着多种遗传缺陷，包括阅读框中的无义突变，以及核苷酸的插入或缺失导致阅读框的移码。

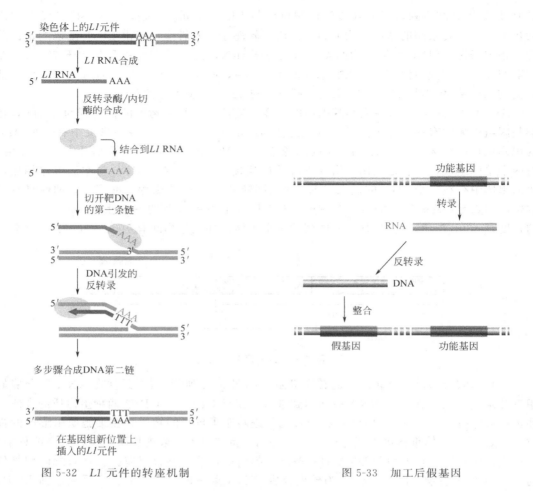

图 5-32   *L1* 元件的转座机制   图 5-33   加工后假基因

返座假基因的特征明显提示这些序列来自于成熟 mRNA（图 5-33），由 LINE 编码的蛋白质介导转座。尽管细胞 RNA 会发生转座，但这是一个稀有现象。避免这一过程的基本机制是 LINE 编码的蛋白质在翻译时迅速地结合到自己的 RNA 上，其催化的反转录和整合反应对编码自己的 RNA 表现出很强的偏好性。

5.3.3   Mu 噬菌体

Mu 噬菌体既是一种细菌的病毒，又是一种转座子。Mu DNA 进入大肠杆菌细胞后，在转座酶的催化下，通过转座随机插入到宿主的染色体中（图 5-34）。换句话说，整个 Mu 基因组就是一个转座子。如果 Mu 插入到宿主基因中，将导致基因的插入失活。由于这种病毒在侵染细胞时会造成宿主细胞频繁地发生突变，早期的研究者就把这种病毒命名为 Mu 噬菌体（mutator phage）。

像很多噬菌体一样，Mu 能够以静止状态的前噬菌体形式存在，也可以裂解细胞。Mu 噬菌体在进行裂解生长时，以复制型转座的形式进行复制（图 5-35）。Mu 噬菌体在经过多次转座后，它的很多拷贝插入到宿主 DNA 分子中，导致很多宿主细胞的基因遭到破坏，于是宿主细胞不可避免地死亡。与其他病毒不同的是，从未发现 Mu 作为一个独立的 DNA 进行复制。被包装成病毒颗粒的 DNA 片段，含有一个完整的 Mu 基因组，但是在基因组 DNA 的两端各连接有一小段宿主细胞的 DNA。因此，即使是在病毒颗粒内，Mu DNA 依然插入到宿主细胞的 DNA 中。当病毒的 DNA 侵入一个新的宿主细胞时，Mu 基因组通过转座脱

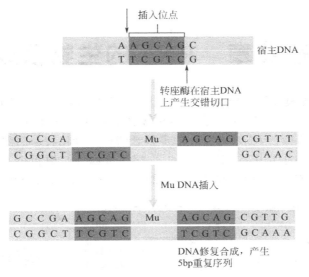

图 5-34　Mu 通过转座整合到宿主基因组 DNA 中

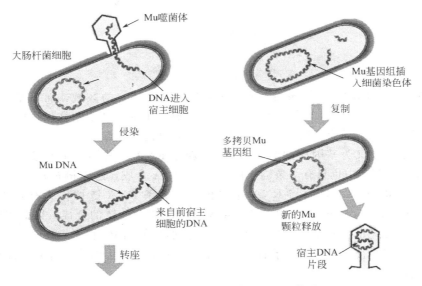

图 5-35　Mu 噬菌体为一转座子（见彩图）

离宿主 DNA。Mu DNA 从未独立地存在过，它是一个真正的转座子。

很多其他种类的病毒也会整合到宿主的 DNA 分子中。然而，这些病毒不是以转座的形式进行复制的，并且病毒 DNA 以独立的形式被包装成病毒颗粒，并不携带宿主的 DNA 分子，因此它们都不是转座子。

第 6 章　RNA 的生物合成

转录是以 DNA 为模板酶促合成 RNA 的过程，是基因表达全过程的第一步，并最终导致由基因编码的蛋白质的合成。转录在化学和酶学上与 DNA 的复制非常相似，二者都是通过酶的作用合成一条与模板 DNA 链互补的多核苷酸链。催化转录的酶是 RNA 聚合酶，该酶在模板链的指导下向生长中的 RNA 链的 $3'$-端共价添加与模板链互补的核苷酸。因此，RNA 链是沿 $5' \rightarrow 3'$-方向合成的，并且新合成的 RNA 链与 DNA 模板链反相平行（图 6-1）。

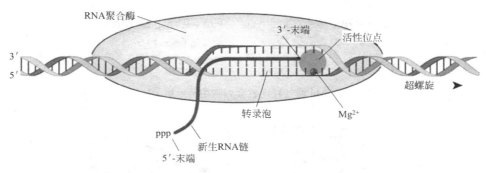

图 6-1　转录的简单图解

与 DNA 复制不同的是，转录发生在 DNA 分子某些特定的区域，而不是以整个 DNA 分子作为模板。转录时，RNA 聚合酶首先与 DNA 分子上的启动子结合，并打开 DNA 双螺旋，暴露出模板链，然后聚合酶从一个特定的、被称为起始位点的核苷酸处起始 RNA 链的合成。这一位点被定义为基因序列的 +1 位置，新生 RNA 链的第一个碱基通常是腺嘌呤。每次转录，双链 DNA 中也只有一条链被用来指导 RNA 合成，这条链被称为模板链，又叫反义链（antisense strand），而与 RNA 序列相同的那条 DNA 链被称为有意义链（sense strand）或称编码链（coding strand）。RNA 聚合酶能够起始链的合成，因此 RNA 合成不需要引物。转录的终止也发生在 DNA 分子上特定的区域，即终止子（terminator）处。终止子经常含有反向互补序列，被转录后在 RNA 产物上形成发卡结构，导致 RNA 聚合酶停顿并随即终止转录。

6.1　原核生物的转录机制

6.1.1　大肠杆菌 RNA 聚合酶

大肠杆菌 RNA 聚合酶分为核心酶和全酶两种形式。全酶（holoenzyme）由 2 个 α 亚基、1 个 β 亚基、1 个 β′ 亚基、1 个 ω 亚基和 1 个 σ 亚基组成（$\alpha_2\beta\beta'\omega\sigma$）（表 6-1）。σ 因子参与转录的起始，它识别基因的启动子区域，引导 RNA 聚合酶正确地起始转录，但不参与转录的延伸，在转录起始后就从转录复合物上释放出来。不含 σ 因子的酶称为核心酶（即 $\alpha_2\beta\beta'\omega$），负责转录的延伸。RNA 聚合酶的 α 亚基形成两个功能域，分别是氨基末端结构域（α-NTD）和羧基末端结构域（α-CTD），两个结构域之间是大约 14 个氨基酸组成的连接区。α-NTD 参与核心酶的形成，而 α-CTD 是游离的，可以和其他蛋白质或 DNA 元件发生相互作用。RNA 聚合酶的两个最大的亚基 β 和 β′ 与 α 亚基二聚体结合共同构成 RNA 聚合酶的催化中心。

表 6-1　E. coli RNA 聚合酶全酶的组成及其功能分工

亚　基	基因	大小/kD	亚基数目	功　能
α	<i>RopA</i>	36	2	N 端结构域参与聚合酶的组装；C 端结构域参与和调控蛋白及增强元件的相互作用
β	<i>RopB</i>	151	1	与 β′ 一起构成催化中心
β′	<i>RopC</i>	155	1	与模板 DNA 结合
ω	<i>RopZ</i>	11	1	不明确
σ^{70}	<i>RopD</i>	70	1	启动子识别

大肠杆菌的 RNA 聚合酶总体上像一只蟹爪，蟹爪的两个钳子主要由 β 和 β′ 亚基构成。钳子的基部有一个主要的通道，被称为活性中心裂隙。酶的活性位点就位于活性中心裂隙之中，可以结合两个 Mg^{2+}。另外，RNA 聚合酶还有多种次级通道通向酶的内部，允许 DNA、RNA 和 NTP 进出活性中心裂隙（图 6-2）。

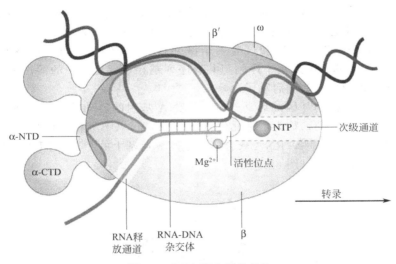

图 6-2　RNA 聚合酶的结构

6.1.2　σ^{70} 启动子

启动子是 DNA 分子上 RNA 聚合酶首先结合的序列。大肠杆菌至少有 7 种 σ 因子，其中最常见的是 σ^{70}（因其分子质量为 70kD 而得名），它参与 <i>E. coli</i> 绝大多数基因的转录。σ^{70} 所识别的启动子的长度是 40～60bp。通过比较不同基因的启动子序列，人们在启动子中发现了两个 6bp 的共有序列（consensus sequence），一个在 −10 位置，另一个在 −35 位置（图 6-3）。共有序列是指在一组 DNA 序列中，特定位置上出现频率最高的核苷酸构成的序列，而 "−" 表示该序列位于转录起始位点的上游。

−10 区在许多大肠杆菌基因的启动子中都存在，其中心位于转录起始位点上游大约 10bp，有时也称为 Pribnow 框，因为它是由 Pribnow 于 1975 年首先发现的。−10 区的共有序列是 TATAAT，该区似乎是聚合酶启动 DNA 解旋的区域。

−35 区位于 −10 区的上游，也是一段保守的 6 聚体序列，其共有序列是 TTGACA。−35 区被认为是 RNA 聚合酶最初识别的序列，在高效启动子中非常保守。−35 区和 −10

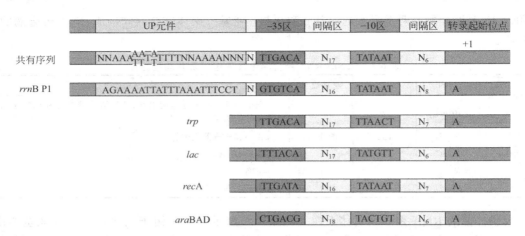

图 6-3 原核生物的几种启动子序列

区之间的距离非常重要，实验表明，当两个序列之间的距离为 17bp 时转录效率最高。在 90% 的启动子中，二者之间的距离为 16～19bp。

必须指出，启动子的一致序列是综合统计了多种基因的启动子序列以后得出的结果。迄今为止，在大肠杆菌中还没有发现哪一个基因的启动子与一致序列完全一致。在两个保守序列中，－10 区前两个碱基（TA）和最后一个碱基（T）最保守，而－35 区的前三个碱基（TTG）最保守。一个基因的启动子序列与共有序列越相近，启动子的活性就越高，为强启动子；反之，活性就越低，为弱启动子。

在一些转录活性超强的基因的启动子（如 rRNA 基因的启动子）中，在－35 序列的上游还有一段富含 AT 的序列，称为增强元件（up-element，UP 元件）（图 6-3）。该元件能够显著提高转录效率。实验证明，RNA 聚合酶通过其 α 亚基上的 CTD 与 UP 元件的相互作用促进聚合酶与启动子的结合（图 6-4）。

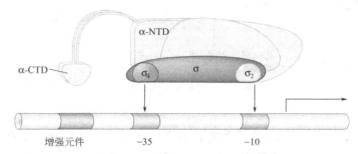

图 6-4 σ 和 α 亚基与启动子相互作用将 RNA 聚合酶结合在启动子上
α 亚基的 CTD 识别 UP 元件，而 σ 因子的亚区 2 和亚区 4 分别识别启动子的－10 区和－35 区

90% 的基因的转录起始位点是嘌呤，A 比 G 更常见。起始位点两侧的碱基通常是 C 和 T（如 CAT 或 CGT）。起始位点附近的序列也可影响转录的起始。

6.1.3 原核生物的转录

转录也可分为起始、延伸和终止三个阶段。

6.1.3.1 转录的起始

RNA 聚合酶的核心酶 $\alpha_2\beta\beta'\omega$ 对 DNA 有一种非特异的亲和力。当 σ 因子与核心酶结合形成全酶之后，RNA 聚合酶对非特异 DNA 的亲和力显著降低，但与启动子的结合能力增强了 100 倍。总的效果是 σ 因子显著提高了 RNA 聚合酶与启动子结合的特异性。在转录的起始阶段全酶识别并与启动子结合是非常迅速的。一般认为聚合酶沿着 DNA 滑动直达启动子序列。聚合酶与处于双螺旋状态的启动子 DNA 所形成的最初复合物被称为闭合复合物（closed complex）。

1988 年，Helmann 和 Chamberlin 对参与转录起始、专门负责启动子识别的 σ 因子的结构与功能作了详细的研究，发现 σ 因子具有 4 个保守的结构域，每个结构域又可分为更小的区域（图 6-5）。

图 6-5　σ 因子的分区

结构域 1 只存在于 σ^{70} 因子，可分为两个亚区（1.1 和 1.2），1.1 阻止 σ 因子单独与 DNA 结合（除非它与核心酶结合形成全酶）；结构域 2 存在于所有的 σ 因子中，是 σ 因子最为保守的区域，又分为 4 个亚区（2.1～2.4），其中 2.1 和 2.2 最为保守，参与和核心酶的相互作用，2.3 在结构上类似于单链 DNA 结合蛋白，参与双链 DNA 的解旋；2.4 形成 α-螺旋，负责识别启动子的－10 区；结构域 3 参与和核心酶及 DNA 的结合；结构域 4 可分为两个亚区（4.1 和 4.2），其中 4.2 含有螺旋-转角-螺旋基序，负责与启动子的－35 区结合。σ 因子单独不能与启动子或者其他 DNA 序列结合。但是当它与核心酶结合后，其构象会发生变化，暴露出 DNA 结合位点。这时，σ 因子才能与启动子结合。

当 RNA 聚合酶与启动子区紧密结合后，围绕转录起始位点解开一小段 DNA 双螺旋（大小为 12～17bp），形成开放复合物（open complex）。从闭合式复合体转变为开放式复合体的异构化作用并不需要 ATP 水解提供能量，而是 DNA-酶复合体的构象自发地转变成一种能量上更加有利的形式。开放复合物一旦形成，聚合酶即开始合成 RNA，转录进入无效起始阶段（abortive initiation）。在这一时期，聚合酶会合成并很快释放一些长度小于 10 个核苷酸的 RNA 分子。一旦聚合酶成功地合成一条超过 10 个核苷酸的 RNA，一个稳定的三元复合体就形成了，这是一个包括聚合酶、DNA 模板和生长中的 RNA 链的复合体。这时，σ 因子与 RNA 聚合酶脱离，转录延伸因子 NusA 与核心酶结合，转录也由起始阶段进入了延伸阶段。释放出来的 σ 因子可以重新与核心酶结合，再次启动新一轮的转录。

6.1.3.2　转录的延伸

在延伸过程中，上游 DNA 从两个钳子之间进入 RNA 聚合酶，并且在活性中心裂隙内两条链被分开（图 6-2）。非模板链通过非模板链通道离开活性中心裂隙并从聚合酶的表面经过。模板链则穿过活性裂隙，并通过模板链通道离开。在聚合酶的后面两条单链又重新恢复双链状态。核苷三磷酸通过其固定的通道进入活性位点，并在模板 DNA 链的指导下添加到生长链上。新生的 RNA 链只在其 3′-末端通过一段短的核苷酸序列（8nt 或 9nt 长）与模板链形成 RNA-DNA 杂合体，其余部分则与模板链剥离，并从 RNA 出口通道离开 RNA 聚合酶。图 6-6 表示在延伸过程的各个阶段，以及 RNA 聚合酶中 RNA 链和模板链的位置关系。

如果有错误的核苷酸添加到新生 RNA 链的 3′-OH 末端，RNA 聚合酶可以通过两种校对功能切除错误的核苷酸。第一种称为焦磷酸化编辑（pyrophosphorolytic editing），该反应是形成磷酸二酯键的逆向反应，RNA 聚合酶通过催化 PPi 的重新加入，使错误掺入的核糖核苷酸以核糖核苷三磷酸的形式被去除。然后，RNA 聚合酶再催化一个正确的核苷酸添加到新生链的 3′-末端。需要注意的是，RNA 聚合酶通过这种方式，既可以除去 3′-末端与模板不配对的核苷酸，也能除去与模板正确配对的核苷酸。然而，由于不配对的核苷酸会使 RNA 聚合酶停顿更长的时间，所以焦磷酸化编辑常常切除新生链 3′-末端错误的核苷酸。

　　在第二种称为水解编辑（hydrolytic editing）的校对机制中，聚合酶倒退一个或更多个核苷酸，并切断 RNA 产物，去除含有错误碱基的核苷酸序列。水解编辑是由 Gre 因子激发的。Gre 因子不但能够增强 RNA 聚合酶的水解编辑功能，还能够作为延伸因子（elongation factor）使 RNA 聚合酶进行高效的延伸反应。

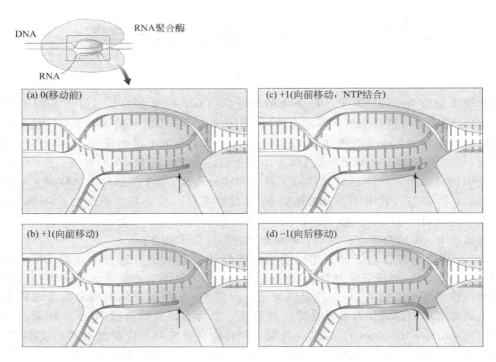

图 6-6　模板链和 RNA 链在 RNA 聚合酶转录延伸复合体中的位置关系
（a）新生 RNA 链的 3′-末端通过 9 个碱基与模板链互补配对；（b）RNA 聚合酶向前移动一个碱基的距离；（c）进入酶活性中心的 NTP 与模板链配对；（d）如果新掺入的核苷酸不正确，RNA 聚合酶向后移动一个碱基的距离，同时利用水解编辑的机制切去错误的核苷酸

6.1.3.3　转录的终止

　　在细菌中存在两种不同的转录终止机制。一种终止方式不需要 Rho 因子的参与，称为 Rho 非依赖型终止（图 6-7）；另一种需要 Rho 因子的参与，称为 Rho 依赖型终止（图 6-8）。

　　介导 Rho 非依赖型终止的 DNA 序列称为 Rho 非依赖型终止子。该类型终止子含有一段短的倒转重复序列，其后紧接一串 T（图 6-7）。这些终止子元件只有被转录之后才会引发转录的终止反应，也就是说，它们是以 RNA 而不是 DNA 的形式起作用。当 RNA 聚合酶在转录终止子序列时，被转录出的反向重复序列会形成一种发卡结构，改变了 RNA 聚合酶与 RNA 之间的相互作用，使 RNA 聚合酶的移动出现停顿。发卡的茎部通常有较高的 GC 含量，使其有较高的稳定性，发卡之后通常是 4 个或更多的 U 碱基，导致 RNA 和模板链的弱结合，这利于 RNA 链的解离，从而终止转录。这两个元件的重要性得到突变实验的证明：凡是影响到发卡结构稳定性的突变就会影响到终止子的效率；凡是改变 dA∶rU 杂合双链长度的突变也会影响到终止子的效率。

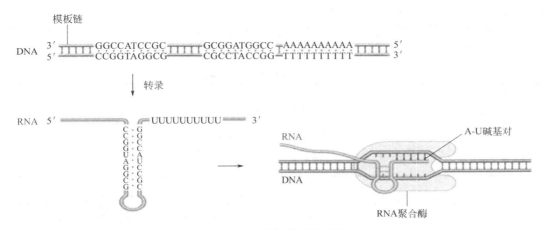

图 6-7   Rho 非依赖型转录终止

有些基因的终止序列需要一个辅助的蛋白质因子 Rho 才能有效地终止转录。Rho 是一个具有 6 个相同亚基的环状蛋白，在转录的延伸阶段，结合到单链 RNA 的特定位点上，然后利用水解 ATP 所产生的能量沿 RNA 链移动追赶前面的聚合酶。当终止子序列被转录时，RNA 形成的发卡结构使聚合酶停顿下来，导致 Rho 因子追上 RNA 聚合酶。这时，它作为一种解旋酶，打开模板和转录产物之间的氢键，造成转录终止（图 6-8）。

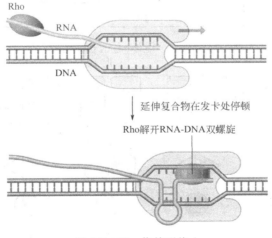

图 6-8   Rho 依赖型终止

6.2   真核生物的转录机制

6.2.1   真核生物 RNA 聚合酶

在真核细胞的细胞核中，有三种 RNA 聚合酶，分别是 RNA 聚合酶Ⅰ、RNA 聚合酶Ⅱ和 RNA 聚合酶Ⅲ。这三种 RNA 聚合酶最早是依据它们从 DEAE-纤维素柱上洗脱的先后顺序而命名的。后来发现不同生物的三种 RNA 聚合酶的洗脱顺序不尽相同，因而改用对 α-鹅膏蕈碱（α-amanitin）的敏感性的不同而加以区分。不同的 RNA 聚合酶负责合成不同性质的 RNA，而这些 RNA 的模板有时被称为 Pol Ⅰ、Pol Ⅱ和 Pol Ⅲ基因。

RNA 聚合酶Ⅰ合成 5.8S rRNA、18S rRNA 和 28S rRNA，存在于核仁中，对 α-鹅膏

蕈碱不敏感。RNA 聚合酶Ⅱ合成所有的 mRNA 以及部分 snRNA，存在于核质中，对 α-鹅膏蕈碱非常敏感。RNA 聚合酶Ⅲ合成 tRNA、5S rRNA 和某些 snRNA，也存在于核质中，对 α-鹅膏蕈碱中度敏感。细胞核三种 RNA 聚合酶的主要差别参见表 6-2。

表 6-2　真核生物三种 RNA 聚合酶

类型	细胞中的定位	对 α-鹅膏蕈碱的敏感性	功　能
RNA 聚合酶Ⅰ	核仁	不敏感	5.8S、18S 和 28S rRNA 的合成
RNA 聚合酶Ⅱ	核质	高度敏感	mRNA、snoRNA、miRNA，大多数 snRNA 的合成
RNA 聚合酶Ⅲ	核质	中度敏感	5S rRNA、tRNA，没有帽子结构的 snRNA、7SL RNA、端粒酶 RNA 等的合成

　　每种真核细胞 RNA 聚合酶都含有两个大亚基和 12～15 个小亚基，其中一些亚基为两种或三种 RNA 聚合酶所共有。酵母的 RNA 聚合酶是研究得最为清楚的真核生物 RNA 聚合酶，编码酵母 RNA 聚合酶各亚基的基因已被克隆和测序，RNA 聚合酶各亚基也通过 SDS-聚丙烯酰胺凝胶电泳得到了分离。酵母的 RNA Pol Ⅰ、Pol Ⅱ 和 Pol Ⅲ 分别具有 14 个、12 个和 17 个亚基（图 6-9）。

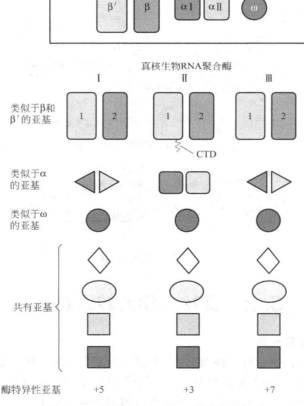

图 6-9　三种真核生物 RNA 聚合酶的组成

　　三种 RNA 聚合酶的核心亚基和大肠杆菌的核心聚合酶的 β、β′、α₂ 和 ω 亚基在序列上有同源性。三种 RNA 聚合酶中最大的亚基与 E.coli RNA 聚合酶的 β′亚基相似，第二大亚

基与 *E.coli* RNA 聚合酶的 β 亚基相似。RNA 聚合酶 I 和 RNA 聚合酶 III 的两个亚基（AC40 和 AC19）中的某些区段与大肠杆菌 RNA 聚合酶 α 亚基的某些区段有同源性。RNA 聚合酶 II 含有两个 B44 亚基，该亚基与大肠杆菌的 α 亚基也有序列上的相似性。各种来源的 RNA 聚合酶的核心亚基在氨基酸序列上的广泛同源性，说明这种酶在进化的早期就出现了，并且相当保守。三种 RNA 聚合酶还有 4 个共同的亚基，以及 3～7 个不同的酶特异性小亚基。

与原核生物的 RNA 聚合酶不同，真核生物 RNA 聚合酶本身不能直接识别启动子，必须借助于转录因子才能结合到启动子上。

所有 RNA Pol II 的最大亚基的 C 端都含有一段由七肽单位（Tyr-Ser-Pro-Thr-Ser-Pro-Ser）串联重复形成的一个尾巴，称为羧基末端结构域（carboxyl-terminal domain，CTD）。酵母的 Pol II 的 CTD 中有 27 个 7 肽重复，小鼠有 52 个重复，人类有 53 个重复。CTD 通过一个连接区与酶的主体相连接，Pol I 和 Pol III 均无此重复序列。

6.2.2　RNA Pol I 基因的转录

6.2.2.1　核糖体 RNA 基因

rRNA 是细胞内占优势的转录产物，占细胞 RNA 总量的 80%～90%。真核细胞中有 4 种 rRNA，即 5S、5.8S、18S 和 28S rRNA（酵母细胞为 25S rRNA）。在真核细胞基因组中，18S、5.8S 和 28S rRNA 基因构成一个转录单位，由 RNA 聚合酶 I 负责转录。5S rRNA 则单独由 RNA 聚合酶 III 转录。

rRNA 基因属于中度重复序列，集中成簇。人类细胞含约有 400 个拷贝的 rRNA 基因，聚集成 5 个 rRNA 基因簇，分布在不同的染色体上。每一基因簇含有许多转录单位，转录单位之间是非转录间隔区。rRNA 转录单位和非转录间隔区构成一个重复单位。真核生物 rDNA 的编码区在各物种间显示很强的保守性，但是基因间的非转录间隔区和转录间隔区在长度和顺序上变异很大。非转录间隔区含有启动子序列，控制 rRNA 基因的转录，并且存在与转录终止有关的信号。

每一 rRNA 基因簇被称为一个核仁组织者区（nucleolar organizer region）。经过有丝分裂后形成的子细胞要重新开始 rRNA 的合成，并在 rRNA 基因所在的染色体部位出现小核仁（tiny nucleoli）。在 rRNA 合成活跃的细胞中，一个转录单位由许多 RNA 聚合酶在进行转录。延伸中的 rRNA 转录产物从 rDNA 上伸出，在转录单位的起始处可以观察到短的转录产物，随着转录的进行，转录物逐渐伸长直至转录单位的末端，形成"圣诞树"样结构（Christmas tree structures）（图 6-10）。

6.2.2.2　RNA Pol I 启动子及转录的起始

人类的 rRNA 基因的启动子由核心启动子元件（core promoter element）和上游控制元件（upstream control element，UCE）两部分构成（图 6-11）。核心启动子元件包括转录起始位点，跨越从 -45 到 +20 之间的区域，可以单独起始转录。位于 -180～-107 的上游控制元件可以显著提高转录效率。两种元件密切相关，二者有 85% 的序列一致性，并且富含 GC。一般来说转录起始位点附近的序列富含 AT，使 DNA 分子在此区段容易解螺旋。

rRNA 基因启动子具有高度的种属专一性。不同种属的 rRNA 基因缺少普遍适用的保守启动子顺序。来自某一种属的 rRNA 基因一般不能在其他种属的细胞中转录。例如，人类的 rRNA 基因不能被小鼠的 Pol I 转录装置转录，反之亦然。

RNA 聚合酶 I 起始转录需要两种辅助因子，即上游结合因子和选择因子 1。上游结合因子（upstream binding factor，UBF）是一种 DNA 序列特异性结合蛋白，以二聚体的形式

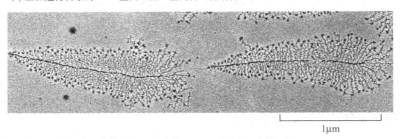

(a) 正在进行转录的rRNA基因，呈"圣诞树"样结构

1μm

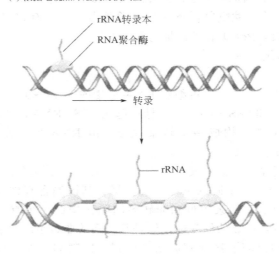

(b) 根据电镜照片绘制的模式图

rRNA转录本

RNA聚合酶

转录

rRNA

图 6-10 rDNA 的转录

与 UCE 和核心启动子结合，启动转录起始复合体的装配，因此也被称为装配因子（assembly factor）。在 UBF 与启动子结合后，选择因子 1（selectivity factor 1，SL1）与 UBF-DNA 复合物结合。SL1 的主要作用是引导 RNA 聚合酶 I 在 rRNA 基因启动子上的正确定位，从而使转录在正确的位置起始，因此 SL1 又称定位因子（positional factor）。SL1 至少由 4 个亚基组成，其中一个亚基是 TBP（TATA binding protein），其他三个亚基叫做 TBP相关因子（TBP-associated factor，TAF）。Pol I 通过其伴随因子 Rrn3 与 SL1 相互作用形成前起始复合物（preinitiation complex，PIC）。此时，启动子即转换到"开启"状态，转录起始。随后，Rrn3 脱离 PIC 并失去活性，导致 Pol I 从启动子释放，转录进入延伸阶段。此时，尽管 Pol I 离开了启动子，但 UBF 和 SL1 仍然保留在启动子区域，可募集下一个Pol I 于同一地点再一次启动转录。

6.2.2.3 RNA Pol I 转录的终止

哺乳动物 rRNA 基因的终止子位于前体 rRNA 转录区的下游，被称作 Sal 盒（图 6-12）。小鼠的 Sal 盒为一在非转录间隔区重复 10 次的 18bp 基序，而人类的 Sal 盒较短，为 11bp 基序。Sal 盒是转录终止因子（transcription termination factor-1，TTF-1）的识别位点。TTF-1 与 Sal 盒结合导致 Pol I 的停顿，但不会造成三元复合体的解体。新生 RNA 链和Pol I 与模板脱离还需要转录释放因子 PTRF（Pol I transcription release factor，PTRF）和转录释放元件（transcription release element）。转录释放元件为一富含 T 的序列，位于Sal 盒的上游，是转录终止的地方。很可能 PTRF 与新生 RNA 链 3′-末端的一串 U 结合，促进了新生 RNA 链的释放。所以，Pol Ⅰ 的转录终止包含两个步骤，第一步是 TTF-1 与 Sal 结合导致转录的停顿，第二步是 PTRF 介导新生的 RNA 链和 Pol Ⅰ 与模板脱离。

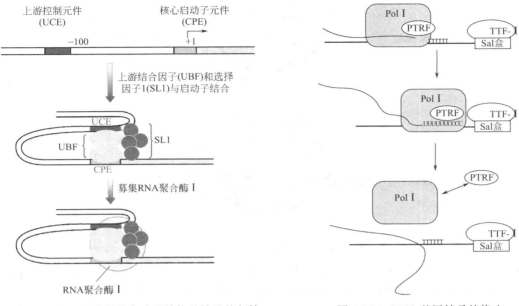

图 6-11　rRNA 基因的启动子结构及转录的起始　　　　图 6-12　rRNA 基因转录的终止

6.2.3　RNA Pol Ⅲ 基因的转录

RNA 聚合酶Ⅲ是三种 RNA 聚合酶中最大的一种，至少由 16 种不同的亚基组成，负责多种细胞核和细胞质小 RNA 的转录，包括 5S rRNA、tRNA、U6 snRNA 和 7SL RNA 等。

6.2.3.1　tRNA 基因的转录

tRNA 基因的启动子位于转录起始位点之后，属于内部启动子，由两个非常保守的序列构成，分别被称为 A 框（5′-TGGCNNAGTGG-3′）和 B 框（5′-GGTTCGANNCC-3′）（图 6-13）。同时这两个序列还编码 tRNA 的 D 环和 TψC 环，这意味着 tRNA 基因内的两个高度保守序列同时也是启动子序列。

转录因子 TFⅢC 负责与 tRNA 基因启动子的 A 框和 B 框结合，TFⅢC 是一个很大的蛋白质复合体，由 6 个亚基构成，其大小相当于 RNA 聚合酶Ⅲ。TFⅢB 在 TFⅢC 的作用下结合到 A 框上游约 50bp 的位置，促使 RNA 聚合酶Ⅲ与转录起始位点结合并起始转录。TFⅢB 没有序列特异性，它的结合位点由 TFⅢC 在 DNA 上的结合位置决定。体外研究表明，酵母 TFⅢB 与模板结合后，即使在转录系统中除去 TFⅢC，TFⅢB 也能够单独募集 RNA 聚合酶重新起始 tRNA 基因的转录，因此，TFⅢC 是一个指导 TFⅢB 在 DNA 分子上定位的装配因子，TFⅢB 则是指导 RNA 聚合酶Ⅲ与 DNA 结合的定位因子。TFⅢB 由三个亚基组成，其中一个是为三种 RNA 聚合酶的通用转录因子所共有的 TBP。

6.2.3.2　5S rRNA 基因的转录

与 RNA 聚合酶Ⅰ转录的 rRNA 基因一样，5S rRNA 基因也是串联排列形成基因簇。在人类基因组中有一个大约由 2000 个 5S rRNA 基因组成的基因簇。5S rRNA 基因的启动子位于转录起始位点下游、转录区的内部，也是内部启动子。启动子被分成 A 框和 C 框两个部分，A 框位于 +50～+65，C 框位于 +81～+99。

TFⅢC 不能直接与 5S rRNA 基因启动子结合。在装配转录起始复合体时，首先是

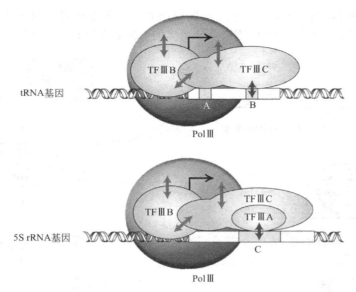

图 6-13　tRNA 和 5S rRNA 基因的启动子及转录因子

TF ⅢA 与启动子的 C 框结合（图 6-13）。TF ⅢA 由一条多肽链组成，含有锌指结构。TF Ⅲ A 与启动子结合后招募 TF ⅢC 与启动子结合，随后 TF ⅢB 被招募到转录起始位点附近。最后，RNA 聚合酶通过与 TF ⅢB 相互作用而被招募到转录起始复合体中，起始转录。

6.2.3.3　人类 U6 snRNA 基因的转录

　　U6 snRNA、7SK RNA、7SL RNA 基因的启动子位于转录起始位点的上游，属于外部启动子。这类启动子含有三种元件，分别是紧靠在起始位点上游的 TATA 框，以及 TATA 上游的近端序列元件（proximal sequence element，PSE）和远端序列元件（distal sequence element，DSE）（图 6-14）。DSE 的作用是募集转录激活因子 Oct-1。与 DSE 结合的 Oct-1 又促进 snRNA 激活蛋白复合体（snRNA activating protein complex，SNAPc）与 PSE 结合。然后，TF ⅢB 在 SNAPc 的介导下，通过其 TBP 亚基与启动子的 TATA 框结合。实际上 TBP 就是识别 TATA 框的亚基，TF ⅢB 中的其他亚基称为 TBP 关联因子（TBP associated factor，TBF）。TBP 及其相关蛋白的作用是保证 RNA 聚合酶Ⅲ的准确定位。

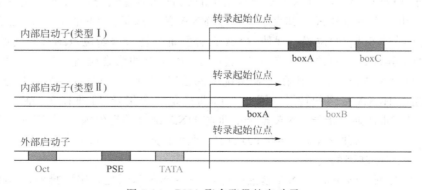

图 6-14　RNA 聚合酶Ⅲ的启动子

6.2.3.4　RNA Pol Ⅲ 转录的终止

　　RNA 聚合酶Ⅲ负责三类 RNA 的合成。尽管这三类基因的启动子结构各不相同，但是它们的终止子序列是一致的，为一串长度不同的胸腺嘧啶核苷酸。RNA 聚合酶Ⅲ能够精确、有效地识别这段富含 T 的一致序列，并终止转录。终止反应主要由 Pol Ⅲ 两个特有的亚基 C37 和 C53 介导。C37-C53 异二聚体能够降低 Pol Ⅲ 的转录速度，延长其在终止子序列处的停顿时间，这有利于新生 RNA 链的释放。缺少 C37-C53 异二聚体的 Pol Ⅲ 不能有效终止 RNA 的合成，造成终止子的通读。

Pol Ⅲ 基因的转录效率非常高，原因是 Pol Ⅲ 基因的转录的终止与重新起始是相关联的。Pol Ⅲ 在终止第一轮转录后，并不与模板脱离，而是以更快的速度起始同一转录单位的再次转录。

6.2.4　RNA Pol Ⅱ 基因的转录

6.2.4.1　RNA Pol Ⅱ 的启动子

结构基因的表达受各种顺式元件的控制，这些元件可以组装成启动子、增强子和沉默子等。启动子又分为核心启动子和上游启动子元件。

（1）核心启动子　核心启动子是体外 RNA 聚合酶Ⅱ精确起始转录所需的最少的一组序列元件，因此又称基本启动子（图 6-15）。已在 Pol Ⅱ 的核心启动子中发现了四种元件，它们是 TATA 框、TFⅡB 识别元件（TFⅡB recognition element，BRE）、起始框（initiator box，Inr）和下游启动子元件（downstream promoter element，Dpe）。一个启动子通常只含有其中的 2～3 个元件。

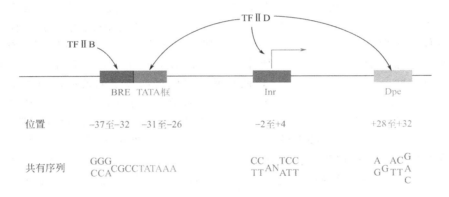

图 6-15　RNA 聚合酶Ⅱ的核心启动子

转录起始位点上游大约 25bp 处的 TATA 框是最先确定的核心启动子元件，其一致序列是 TATA(A/T)A(A/T)。TFⅡD 的 TBP 亚基与 TATA 框结合起始转录起始复合体的组装，从而决定着 RNA 聚合酶Ⅱ的结合位置以及转录的正确起始。起始框是转录起始位点附近的序列，许多基因起始框的 +1 位置是 A，一致序列是 PyPyAN(T/A)PyPy（Py 代表嘧啶），但一致性不强。起始框也是 TFⅡD 的结合位点，可以单独作为转录起始复合体的组装位点，或者与 TATA 框一起决定着转录的起始。下游启动子元件位于 Inr 下游，总是在 +28 至 +32 区域，一致序列是 PuG(A/T)CGTG（Pu 代表嘌呤）。有些真核生物基因含有一个起始框，但没有 TATA 框。另一些启动子既没有 TATA 框，也不带有起始框，这些基因的转录频率通常很低，起始位点也不固定。下游启动子元件存在于不含 TATA 框的启动子中，也是 TFⅡD 的结合位点，删除下游启动子元件会极大地降低启动子的转录效率。BRE 是 TFⅡB 的识别元件，紧靠在 TATA 盒的上游，一致序列是 (G/C)(G/C)PuCGCCC。

（2）上游启动子元件　RNA 聚合酶Ⅱ在体内进行有效转录还需要上游元件。上游元件的长度通常是 5～10bp，位于转录起始位点上游 50～200bp 处，又称上游近端元件（upstream proximal elements，UPE），它们或者极大地提高基因的转录效率或者决定基因表达的组织特异性。一个启动子可以具有多个上游元件，同一个上游元件在不同启动子中的位置也不尽相同（图 6-16）。转录激活因子（transcriptional activators）与上游启动子元件结合对转录过程进行调节。

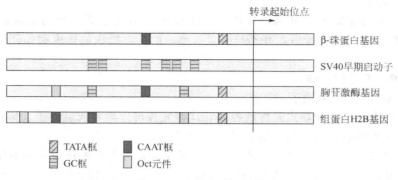

图 6-16　上游启动子元件

常见的上游元件包括 GC 框、CAAT 框、Oct 元件等。GC 框是真核生物 II 型启动子中的一个常见元件，其共有序列是 GGGCGG。在转录起始位点上游 40～100bp 处可以有几个拷贝的 GC 框。看家基因的启动子常常带有几个拷贝的 GC 框，而那些在一种或几种细胞中选择性表达的基因往往缺乏这样的 GC 丰富序列。很多结构基因的启动子含有一个称为 CAAT 框的保守序列，位于 −70～−90bp 处，其一致序列是 GGNCAATCT。该序列发生突变会极大地降低珠蛋白基因转录的效率。尽管启动子的作用是单向的，但是 GC 框和 CAAT 框能够在两个方向上发挥作用。这两种元件可以提高转录的效率，但并不决定转录的特异性。Oct 元件（ATTTGCAT，或者 ATGCAAAT）也存在于很多基因的启动子和增强子中。在哺乳动物中，Oct 元件似乎是决定免疫球蛋白轻链基因和重链基因在 B 细胞中特异性表达的主要因素。一些上游元件可以被几种特异性的转录因子识别。在这种情况下，不同的转录因子存在于不同的组织中。例如，转录因子 Oct-1 和 Oct-2 均识别 Oct 元件。Oct-1 存在于所有的组织中，但 Oct-2 仅存在于免疫细胞中，激活编码免疫球蛋白的基因。

（3）增强子　除核心启动子和上游调控元件以外，真核生物基因的表达还受远端调控区的调控，比较常见的有增强子和沉默子等。

在 SV40 早期启动子的上游，有一段 200bp 的 DNA 片段可以明显增强启动子的活性（图 6-17）。该片段含有两个 72bp 长的重复序列，它们不是启动子的一部分，但能增强或促进转录的起始。若除去这两段序列，基因的表达水平会大大地降低。这种通过启动子来增强转录的序列称为增强子（enhancer）。大多数受调控的基因的表达都需要增强子，而持家基因的表达不需要增强子。

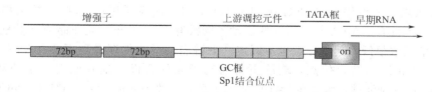

图 6-17　SV40 启动子和增强子

有人曾把 β-珠蛋白基因置于带有上述 72bp 序列的 DNA 分子上，发现它在体内的转录水平提高了 200 倍。而且，无论这段 72bp 序列放在转录起始位点的上游 1400bp 或下游

3300bp 处，它都有增强转录的作用。这说明增强子无启动子特异性，可以从基因的上游或下游远距离发挥作用。增强子序列的跨度一般为 100～200bp，具有多种特异性转录因子的结合元件，其中一些元件，例如 Oct 和 AP1，也是启动子的上游元件。

6.2.4.2　转录起始

所有的真核生物 RNA 聚合酶自身均不能识别启动子，它们需要转录因子的辅助才能与启动子结合起始体外转录。RNA 聚合酶Ⅱ进行体外基本转录（basal transcription）所必需的转录因子称为通用转录因子（表 6-3），基本转录的起始依赖于转录因子、启动子和 RNA 聚合酶Ⅱ之间的相互作用。正是通过这种复杂相互作用，转录因子和 RNA 聚合酶Ⅱ按照特定的时空顺序组建前转录起始复合体（preinitiation complex，PIC）。功能上，前转录起始复合体相当于大肠杆菌的 RNA 聚合酶全酶。TFⅡD 的 TATA 结合蛋白（TATA binding protein，TBP）与 TATA 框的结合则是前起始复合体组装过程的第一步（图 6-18）。复合物中的转录因子不仅募集 RNA 聚合酶Ⅱ并介导它与 DNA 的结合，而且提供解旋酶、ATPase 和蛋白激酶等在内的启动转录起始所必需的各种活性。

表 6-3　RNA 聚合酶Ⅱ的通用转录因子

转录因子	亚基数目	功　　能
TFⅡD	1TBP	与 TATA 框结合，形成一个 TFⅡB 的结合平台
	12TAFs	与核心启动子结合；调节 TBP 与 TATA 框的结合
TFⅡA	3	稳定 TBP 和 TAF 的结合
TFⅡB	1	募集 RNA 聚合酶Ⅱ；确定转录起始位点
TFⅡF	2	参与 RNA 聚合酶Ⅱ的募集；与非模板链结合
TFⅡE	2	协助募集 TFⅡH；调节 TFⅡH 的活性
TFⅡH	9	具有 ATPase、解旋酶、CTD 激酶活性；促进启动子解链和清空

TFⅡD 的 TBP 亚基为一种序列特异性 DNA 结合蛋白，呈马鞍形（saddle shaped）结构，作用于 DNA 的小沟。马鞍形结构的内部与 TATA 框结合，使 DNA 发生弯曲变形，为其他转录因子和聚合酶的组装提供了一个平台。因此，TBP 的功能是识别启动子的核心元件，并在转录起始复合体的装配中起核心作用，复合体中的其他亚基称为 TAF。

TFⅡA 与 TFⅡD 结合，稳定 TFⅡD-DNA 复合体。在体外转录中，TFⅡD 被纯化后，就不再需要 TFⅡA 了。在细胞中，TFⅡA 的作用似乎是通过与 TFⅡD 的结合阻止转录抑制因子与 TFⅡD 的结合，从而消除它们对转录的抑制作用，让转录起始复合体的组装过程得以继续。

一旦 TFⅡD 与 DNA 结合，另一个转录因子 TFⅡB 就会与 TFⅡD 结合，而 TFⅡB 又可以与 RNA 聚合酶结合。这似乎是转录起始过程中的重要一步，因为通过与 TFⅡD 和 RNA 聚合酶的相互作用，TFⅡB 引导 RNA 聚合酶Ⅱ和另一转录因子 TFⅡF 一起加入到起始复合体中，并正确定位。TFⅡF 为一异二聚体，它在通用转录因子中比较特殊，只有它能够与 Pol Ⅱ形成稳定的复合体，其作用是帮助 RNA 聚合酶与启动子结合，稳定 DNA-TBP-TFⅡB 复合体，并且在转录的延伸阶段起作用。体外研究表明，TBP 和 TFⅡB 介导 RNA 聚合酶Ⅱ准确定位。

在 TFⅡF 的协助下，TFⅡE 和 TFⅡH 按顺序迅速结合到复合体上。这些蛋白质因子是体外转录所必需的。TFⅡH 是一个大的由多个亚基构成的蛋白质复合体。与其他的通用转录因子不同，TFⅡH 具有多种催化活性，包括 DNA 依赖性 ATPase、DNA 解旋酶和丝氨酸/苏氨酸激酶活性。TFⅡH 的激酶活性使 RNA 聚合酶Ⅱ的羧基末端结构域磷酸化。TFⅡE 的作用是引导 TFⅡH 与起始复合体结合，并对 TFⅡH 的解旋酶活性和激酶活性进行

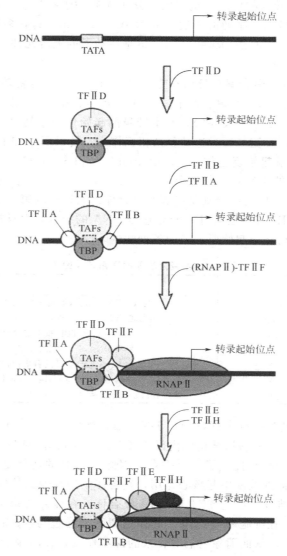

图 6-18　转录前起始复合体在 TATA 框处的组装

调节。

　　由通用转录因子ⅡD、ⅡB、ⅡE、ⅡF 和ⅡH 以及 Pol Ⅱ等组成的前起始复合体在启动子处装配完成后，DNA 双螺旋在转录起始位点打开，形成开放型转录复合体。一旦开放复合体建立起来，两个起始核苷三磷酸与模板链互补配对，并在 Pol Ⅱ的催化下形成第一个磷酸二酯键。与细菌中的过程相似，在聚合酶离开启动子进入延伸阶段之前，有一个无效起始时期。在无效起始过程中，聚合酶合成并释放一系列短的转录产物。对于酵母的 Pol Ⅱ来说，当新生的 RNA 的长度到了 23nt 就能形成稳定的转录延伸复合体（transcription elongation complex，TEC）。

　　转录起始的最后阶段是启动子清空（promoter clearance）。Pol Ⅱ以低磷酸化的形式被募集到启动子，而在转录的过程中 CTD 是高度磷酸化的。在转录的起始阶段，CTD 的 Ser 5被 TFⅡH 的激酶活性磷酸化，诱导启动子逃离（图 6-19）。根据一个简单的模型，CTD 的磷酸化改变了转录起始复合体内各组分之间的相互作用，促使 RNA 聚合酶脱离起始复合体，进入转录区。RNA 聚合酶Ⅱ一旦离开启动子，除 TFⅡD 仍留在核心启动子上，其他转录因子均与 DNA 脱离，留下的 TFⅡD 可启动第二轮转录起始，因此与首轮起始相比，转录重新起始的速度要快得多。

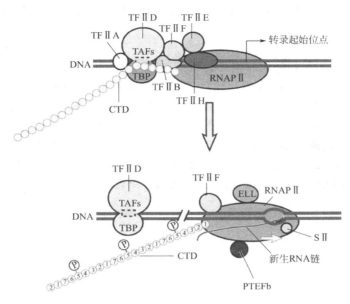

图 6-19　CTD 的磷酸化与启动子清空

对于只含起始元件不含 TATA 框的启动子来说，TBP 的功能与它在 PolⅠ、PolⅢ启动子中的作用类似，似乎是通过与结合在起始元件上的蛋白质发生相互作用来确定转录起点的位置的。其他的转录因子和 RNA 聚合酶在启动子上依次装配，形成转录起始复合物。

6.2.4.3　转录的延伸

在转录的延伸阶段，PolⅡ并非沿着 DNA 模板匀速移动，它会因遇到一些阻遏而出现暂停（pausing）、阻滞（arrest），甚至终止转录。PolⅡ必须有效地克服这些障碍才能最终完成转录过程。Pol 沿模板移动出现暂停时，转录延伸复合体（transcription elongation complex，TEC）能够自发地或者在转录延伸因子的作用下继续转录。已经发现有多种转录因子可以对转录的停顿产生影响。例如，TFⅡF 不但在转录的起始阶段发挥重要作用，而且能够促进延伸、减少 PolⅡ暂停的时间。研究表明，TFⅡF 并不随 TEC 一起沿模板移动。只是当 TEC 遇到阻遏出现停顿时，TFⅡF 才重新结合到 TEC 上，诱发 TEC 中的聚合酶发生继续转录所必需的构象改变。当转录恢复正常以后，TFⅡF 又会与 TEC 脱离。能消除转录暂停的延伸因子还有 P-TEFb（positive transcription elongation factor b）、Elongins 和 ELL 等。

TEC 也可以利用转录暂停来对前体 RNA 进行修饰。在转录延伸的初始阶段，转录延伸因子 DSIF（DRB-sensitivity inducing factor）和 NELF（negative elongation factor）会介导 TEC 暂停转录，为加帽酶的募集和新生 RNA 5′-端加帽留出足够的时间。DSIF 在转录起始后不久即与 PolⅡ结合。NELF 识别 RNAP-DSIF 复合体阻止转录的延伸，这时 CTD 和 DSIF 的 Spt5 亚基募集加帽酶，催化加帽反应。加帽反应完成后，转录延伸因子 P-TEFb 磷酸化 CTD 的 Ser2 和 DSIF 的 Spt5 亚基导致 NELF 的解离，并将 DSIF 逆转为促进转录延伸的因子，刺激 PolⅡ的转录延伸活性，重新启动转录延伸。

阻滞被认为是 PolⅡ沿着 DNA 模板向后滑动造成的。由于聚合酶的移位使 RNA 链的

$3'$-末端偏离酶的活性中心。与停顿不同，处于停滞状态的 RNAP 不能自发地重新启动转录，必须在转录延伸因子的协助下，利用自身的 $3' \rightarrow 5'$ 外切酶活性，切除一段新生的 RNA 链后才能重新开始转录。TFⅡS 就是这样一种能够促进 Pol Ⅱ 通读 DNA 分子上停滞位点的延伸因子。TFⅡS 的功能是介导 RNAP Ⅱ 从新生 RNA 链的 $3'$-末端切去一段核苷酸序列，协助 Pol Ⅱ 通读停滞位点。

6.2.4.4　转录的终止

　　mRNA 分子上的加尾信号同时指导转录的终止反应。当加尾信号被传送到延伸复合体时，TEC 的构象会发生相应的变化，导致具有抗转录终止作用的延伸因子（Paf1C，PC4）脱离 TEC。同时，与转录终止反应有关的蛋白质因子（例如 Xrn2）与 TEC 结合。mRNA 的 $3'$-末端一旦发生切割反应，Xrn2 就结合到下游 RNA 分子的 $5'$-末端。Xrn2 是一种 $5' \rightarrow 3'$ 外切核酸酶，它一边降解 RNA，一边追赶 Pol Ⅱ，这一过程可能需要 RNA/DNA 解旋酶 SETX 的协助。当 Xrn2 赶上 Pol Ⅱ，会介导 Pol Ⅱ 与模板脱离终止转录过程。与 Pol Ⅰ 和 Pol Ⅲ 一样，在转录终止之前 Pol Ⅱ 也会在加尾信号出现之后停顿。

第 7 章 转录后加工

在细胞内由 RNA 聚合酶合成的初级转录产物 (primary transcript) 往往需要经过一系列的加工，才能转变为成熟的 RNA 分子。RNA 加工包括 5'-端和 3'-端的切割以及特殊结构的形成、修饰、剪接和编辑等过程。

原核生物的 mRNA 一经转录通常立即进行翻译，一般不进行转录后加工。但是稳定 RNA (tRNA 和 rRNA) 都要经过一系列的加工才能成为有活性的分子。真核生物由于存在细胞核结构，转录与翻译在时间上和空间上被分隔开来，其 RNA 前体的加工过程极为复杂。并且真核生物的大多数基因为断裂基因，其编码区是不连续的，被非编码区打断，转录后需要通过剪接使编码区成为连续的序列。另外，真核生物同一种前体 mRNA 通过外显子的不同连接方式可以形成两种或两种以上的 mRNA。因此，对真核生物来讲，RNA 的加工尤为重要。

7.1　真核生物前体 mRNA 的加工

真核生物结构基因的初级转录产物称为前体 mRNA，经过 5'-端加帽、3'-端剪切及加多聚 A 尾、剪接和甲基化产生出成熟的 mRNA 分子 (图 7-1)。

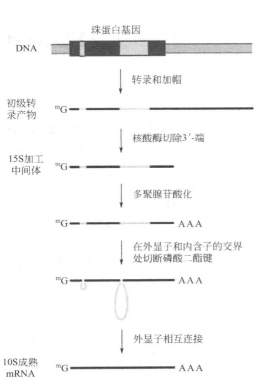

图 7-1　真核生物 mRNA 前体的一般加工过程

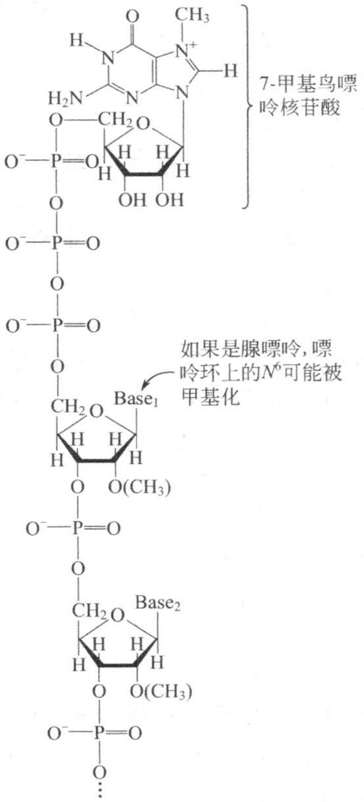

图 7-2　真核生物 mRNA 5'-端帽子

7.1.1 5′-端加帽

7.1.1.1 加帽过程及帽子的类型

绝大多数真核生物的 mRNA 和某些 snRNA 都有帽子结构。如图 7-2 所示，mRNA 的帽子本质上是一个通过 5′-5′三磷酸酯键与 mRNA 第一个核苷酸相连接的 7-甲基鸟嘌呤核苷酸。帽子有三种形式，7-甲基鸟嘌呤结构是酵母中一种最常见的形式，称为 0 型帽子。在高等真核生物中，5′-端还会发生更多的修饰，转录产物的第一个核苷酸核糖的 2′-OH 被甲基化，形成 Ⅰ 型帽子。脊椎动物转录产物的第二个核苷酸核糖的 2′-OH 也被甲基化，形成 Ⅱ 型帽子。

加帽是一个多步骤加工过程（图 7-3）。当前体 mRNA 从聚合酶中伸出其 5′-端时即开始加帽反应。加帽反应的第一步是 RNA 5′-端的 γ-磷酸基团由 RNA 三磷酸酯酶 （triphosphatase） 去除。然后在鸟苷酰转移酶的作用下，RNA 5′-末端核苷酸的 β-磷酸基团亲核进攻 GTP 的 α-磷酸基团，产生 5′-5′对接的三磷酸酯键，同时释放出焦磷酸。最后一步反应是鸟嘌呤甲基转移酶将一个甲基基团加到鸟嘌呤环的第 7 位 N 原子上，使鸟嘌呤转变成 7-甲基鸟嘌呤，该反应的甲基供体为 S-腺苷甲硫氨酸。如果 mRNA 的第一个碱基是腺嘌呤，嘌呤环第 6 位 C 原子上的氨基也可能被甲基化。以上三步反应产生的是 0 型帽子，Ⅰ 型和 Ⅱ 型帽子的形成由 2′-O-甲基转移酶催化，甲基供体仍为 S-腺苷甲硫氨酸。

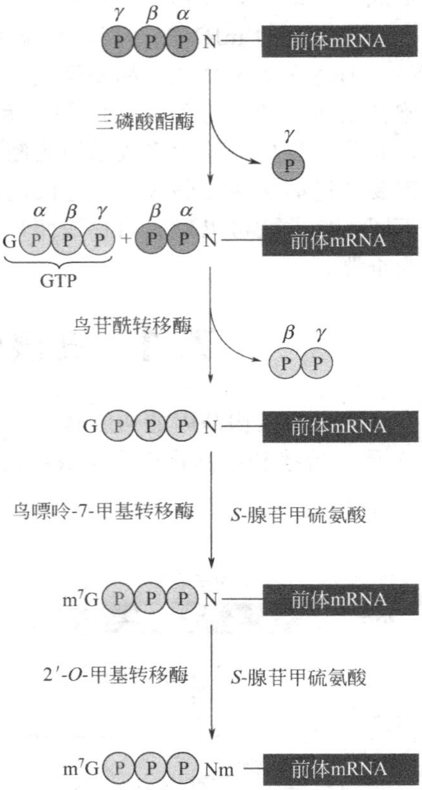

7.1.1.2 帽子的功能

帽子的功能主要表现在以下 4 个方面。

① 阻止 mRNA 的降解：细胞内存在许多 RNA 酶，它们可从 5′-端攻击游离的 RNA 分子。当 mRNA 的 5′-端加上帽子后，可阻止 RNase 的切割，延长 mRNA 的半衰期。

② 提高翻译效率：真核生物 mRNA 必须通过 5′帽结合蛋白才能接触核糖体，起始翻译。缺少加帽的

图 7-3 真核生物 mRNA 的加帽反应

mRNA 由于不能被 5′帽结合蛋白识别，其翻译效率比加帽的 mRNA 低。

③ 作为转运出细胞核的识别标记：凡由 RNA 聚合酶Ⅱ转录的 RNA 均在 5′-端加帽，其中包括 snRNA，这是 RNA 分子转运出细胞核的识别标记。U6 snRNA 由 RNA 聚合酶Ⅲ转录，其 5′-端保留 3 个磷酸基团，无帽子结构，因而不能输出细胞核。

④ 提高 mRNA 的剪接效率：5′帽结合蛋白涉及第一个内含子剪接复合物的形成，直接影响 mRNA 的剪接效率。

7.1.2 3′-端加尾

7.1.2.1 加尾信号与加尾反应

真核细胞中几乎所有成熟 mRNA 的 3′-末端都有一个多聚腺苷酸尾巴。这些腺苷酸并非由 DNA 编码，而是在 mRNA 3′-端成熟的过程中由 Poly（A） 聚合酶添加到 mRNA 分子上的。前体 mRNA 3′-端的加工需要信号序列的指导。如图 7-4(a) 所示，靠近 mRNA 3′-端有一加尾信号 5′-AAUAAA-3′。加尾信号下游有一段富含 GU 或 U 的序列。

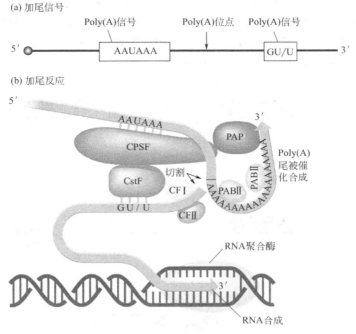

(a) 加尾信号

Poly(A)信号　　　Poly(A)位点　Poly(A)信号

5′ ──── AAUAAA ──────→────── GU/U ──── 3′

(b) 加尾反应

图 7-4　3′-端加尾

mRNA 3′-端加尾实际上涉及切割和加尾两种性质不同的反应，并且有多种蛋白质的参与［图 7-4(b)］。切割与多聚腺苷酸化特异性因子（cleavage and polyadenylation specificity factor，CPSF）与加尾信号 5′-AAUAAA-3′ 结合。切割激发因子（cleavage stimulation factor，CstF）特异性地附着于 Poly(A) 添加位点下游的 GU/U 序列。CPSF 和 CstF 发生相互作用使它们之间的 RNA 分子环化。切割因子Ⅰ（cleavage factor Ⅰ，CFⅠ）和切割因子Ⅱ（cleavage factor Ⅱ，CFⅡ）与 RNA 结合，并对其进行切割，切割位点位于两个加尾信号之间。Poly(A) 聚合酶在新生的 3′-OH 上连续添加腺苷酸，形成 Poly(A) 尾巴。Poly(A) 聚合酶是一种特殊的 RNA 聚合酶，它不需要 DNA 模板，对 ATP 有亲和性。Poly(A) 结合蛋白（Poly A binding protein，PABP）与新生的多聚 A 尾结合，一方面能提高 Poly(A) 聚合酶的进行性，刺激多聚 A 尾的延伸，另一方面对尾巴具有保护作用。

7.1.2.2　Poly(A) 尾的功能

Poly(A) 尾可以提高翻译效率。缺少 Poly(A) 尾的 mRNA 能够被转运出细胞核，但是它们的翻译效率比带有 Poly(A) 尾的 mRNA 要低。事实上，多聚腺苷酸化反应在胚胎发育的早期发挥着重要的调控作用。在一些生物的未受精卵中储存有很多不被翻译的 mRNA，它们携带一个较短的 Poly(A) 尾（通常由 30～50 个腺苷酸组成）。受精作用导致这些以储存形式存在的 mRNA 的 Poly(A) 尾被加长，于是 mRNA 被激活，能够作为模板指导合成胚胎发育早期所需的蛋白质。Poly(A) 尾还可以提高 mRNA 的稳定性，这是因为 Poly(A) 结合蛋白与 Poly(A) 尾结合后可以保护 mRNA 不受 3′-核酸外切酶的降解。mRNA 的半衰期可能部分是由 Poly(A) 尾的降解速度决定的。

7.1.3　剪接

真核生物的基因常常是不连续的，即编码区被非编码区打断，具有这种结构的基因称为断裂基因（split gene）。其中，编码区称为外显子（exon），非编码区称为内含子（intron）。高等真核生物比低等真核生物含有更多的内含子，并且前者的内含子也要比后者的内含子更长一些。如，低等真核生物酵母的 6000 多个基因中，总共只有 239 个内含子，而哺乳动物细胞的许多基因都包含 50 个以上的内含子。外显子和内含子都被转录，形成一个 mRNA 前体分子。在细胞核中，内含子要被切除，外显子按照正确的顺序被连接在一起，才能形成一个有功能的成熟的 mRNA 分子，此过程称为剪接（splicing）（图 7-5）。

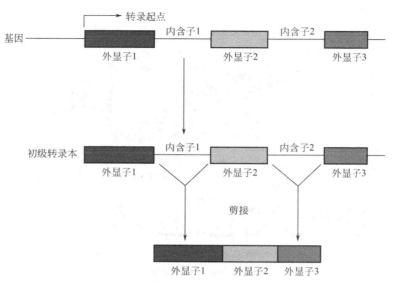

图 7-5　真核生物前体 mRNA 的剪接

7.1.3.1　内含子的发现

RNA 剪接是在研究腺病毒的 mRNA 时被发现的（图 7-6）。研究者通过凝胶电泳从细胞质 Poly(A) RNA 中分离出了病毒衣壳蛋白六邻体的 mRNA。为了找到编码六邻体 mRNA 的病毒基因组区段，他们把分离出的 mRNA 与病毒 DNA 杂交，然后通过电镜观察 RNA-DNA 杂交体，结果发现了 3 个单链 DNA 环（A、B、C），它们相当于六邻体基因的三个内

(a) 腺病毒DNA *Eco*R I A片段

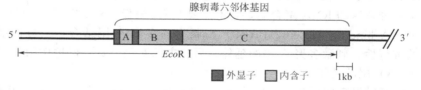

(b) 成熟的mRNA与A片段杂交电镜图及杂交示意图

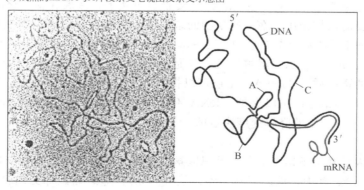

图 7-6　腺病毒六邻体 mRNA 与其 DNA 杂交

含子。基因组中的内含子序列在成熟的六邻体 mRNA 中不存在，所以杂交后内含子环凸出来。

从受到侵染的细胞的细胞核中分离出的 RNA 与病毒基因组 DNA 杂交时，发现了三种六邻体 mRNA，分别是与病毒 DNA 共线的 Poly(A) RNA（初级转录产物）、具有一个内含子的 RNA 及具有两个内含子的 RNA（加工中间体）。于是，人们认识到，初级转录产物在被加工成成熟的 mRNA 过程中，内含子要被去除，外显子被连接在一起。对于短的转录单位，剪接发生在 mRNA 加尾之后，但是对于含有多个内含子的初级转录产物，剪接在转录结束之前就开始了。

7.1.3.2　剪接信号

在比较大量真核生物的内含子序列后，人们发现了控制剪接反应的几种顺式元件。如图 7-7 所示，内含子与外显子的两个边界序列非常保守，分别称为 5′-剪接位点（5′-splice site，5′-SS）和 3′-剪接位点（3′-splice site，3′-SS）。由于内含子 5′-端起始的两个核苷酸总是 GU，3′-端最后的两个核苷酸总是 AG，这类内含子也因此被称为"GU-AG"内含子，它们都以相同的机制进行剪接。高等真核生物内含子的 3′-SS 上游不远处有一个富含嘧啶的区域，在嘧啶丰富区上游还有一段被称为分支位点的保守序列，其一致序列是 CUA/GAC/U。这些信号序列对剪接反应的发生至关重要，如果发生突变，内含子将不再被切除。

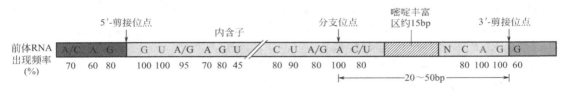

图 7-7　指导真核生物前体 mRNA 剪接反应的信号序列

7.1.3.3　内含子剪接的两次转酯反应

在剪接反应中，内含子是以一种套索结构（lariat structure）的形式被切除的，即内含子 5′-端的鸟苷酸依靠 2′,5′-磷酸二酯键与分支位点腺苷酸连接在一起。套索结构的发现使人们认识到，内含子的剪接是通过两次转酯反应完成的（图 7-8）。在第一次转酯反应中，分支位点 A 的 2′-OH 进攻 5′-剪接位点，使其断裂，释放出上游外显子，同时这个 A 与内含子的第一个核苷酸（G）形成 2′,5′-磷酸二酯键，内含子自身成环，形成套索结构。3′-剪接位点的断裂依赖于第二次转酯反应。上游外显子的 3′-OH 末端攻击 3′-剪接位点的磷酸二酯键，促使其断裂，使上游外显子的 3′-OH 和下游外显子的 5′-磷酸基团连接起来，并释放出内含子，完成剪接过程。被切除的内含子随后变成线性分子，随即被降解。

7.1.3.4　参与剪接反应的反式因子

哺乳动物的细胞核中存在一类富含尿嘧啶的小 RNA 分子（100～300nt），被称为 snRNA（small nuclear RNA），它们与蛋白质结合形成核内小核糖核蛋白（small nuclear ribonuleoprotein，snRNA）。有 5 种 snRNP（U1、U2、U4、U5 和 U6 snRNA 形成的 snRNP）与其他蛋白质因子一起按严格的程序组装成剪接体（spliceosome），催化完成发生在 3 个位点之间的两步转酯反应。

剪接体的组装是一个非常复杂的过程，涉及 RNA-RNA、RNA-蛋白质及蛋白质-蛋白质之间的相互作用，以下主要介绍在剪接过程中形成的 RNA-RNA 杂合体。U1 snRNA 5′-端含有与 5′-SS 互补的序列 [图 7-9(a)]。在剪接体组装的早期，U1 snRNA 与前体 mRNA 的 5′-SS 通过互补序列间的配对发生相互作用。在酿酒酵母中，几乎所有内含子分支位点序列都是 UACUAAC（最后一个 A 为分支位点），除了分支位点 A 之外，该序列与 U2 snRNA 的内部序列互补。两个序列之间的碱基配对，致使不参与碱基配对的分支位点腺嘌呤向外凸出，有利于它的 2′-OH 参与第一次转酯反应 [图 7-9(b)]。

U2 snRNA 与 U6 snRNA 之间也存在互补序列，可以形成两段双螺旋 [图 7-9(b)]。U2 snRNP 和 U6 snRNP 间的 RNA-RNA 相互作用能够把 5′-剪接位点和分支位点拉到一起，因为 U6 snRNA 也含有一段与 5′-剪接位点互补的序列，并且在剪接体组装的后期 U6 snRNA 取代 U1 snRNA 与 5′-剪接位点结合。U6 snRNA 和 U4 snRNA 也有很长的互补片段，U2 snRNP 和 U6 snRNP 间的 RNA-RNA 相互作用导致两者形成紧密的复合体。U5 snRNP 并没有任何与剪接信号互补的序列，但它能够与上游外显子和下游外显子结合，防止第一次转酯反应释放出的 5′-外显子脱离剪接体，并有助于将两个相邻的外显子并置在一起（表 7-1）。

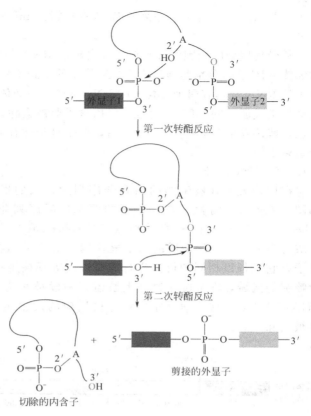

图 7-8 mRNA 前体剪接的两次转酯反应

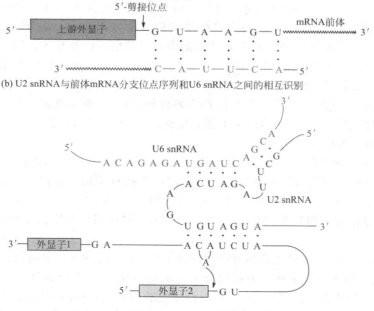

图 7-9 剪接体各组分之间的相互作用

表 7-1 参与拼接反应的 5 种 snRNA

snRNA	互 补 性	功 能
U1	5′-SS	识别和结合 5′-SS
U2	分支位点，U6 snRNA	识别分支位点；在剪接体组装中，也与 U6 snRNA 配对
U4	U6 snRNA	与 U6 结合并抑制其活性
U5	上游外显子和下游外显子	通过介导依赖于 ATP 的重排，将相邻的外显子并置在一起，为第二次转酯反应创造条件
U6	U4,U2 和 5′-SS	介导重排，将 5′-SS 与分支位点拉在一起

7.1.3.5 剪接体的组装

在剪接体装配的起始阶段，U1 snRNP 通过 RNA-RNA 碱基配对结合至 5′-剪接位点，U2 辅助因子（U2 auxiliary factor，U2AF）的一个亚基与多聚嘧啶区结合，另一个亚基与 3′-剪接位点结合。在 U2AF 的协助下，分支结合蛋白（branch binding protein，BBP）结合到分支位点。在 U1 snRNP 和 U2AF 的协助下，U2 snRNP 取代 BBP 结合到分支位点。U2 snRNA 与分支位点处的碱基序列配对结合形成一段双股螺旋，由于分支位点腺苷酸不参与配对，所以被挤出来成为单个碱基凸出。然后，U4 snRNP、U6 snRNP 和 U5 snRNP 三聚体结合到复合体上，形成剪接体（spliceosome）。在三聚体中 U4 snRNP 和 U6 snRNP 通过其 RNA 互补配对结合在一起，而 U5 snRNP 通过蛋白质相互作用松散结合。

接下来，U1 snRNP 和 U4 snRNP 离开剪接体，U6 snRNP 取代 U1 与 5′-剪接位点结合（图 7-10）。U4 snRNP 的释放解除了其对 U6 的封闭作用，于是 U6 和 U2 通过 RNA-RNA 配对发生相互作用，将前体 mRNA 的 5′-剪接位点与分支位点拉到一起，并形成催化中心，完成第一次转酯反应。发生在 5′-剪接位点和 3′-剪接位点的第二次转酯反应需要 U5 snRNP 的参与。最后的步骤是剪接体的解体和 mRNA 产物的释放。起初 snRNP 仍然与内含子形成的套索结构结合在一起，随着套索的快速降解，snRNP 又进入下一轮循环。

7.1.3.6 外显子剪接增强子

在内含子的剪接过程中，剪接装置必须识别正确的剪接位点，以保证外显子在剪接过程中不被丢失，同时隐蔽的剪接位点（cryptic splice site）要被忽略。隐蔽剪接位点是指前体 mRNA 上与真正的剪接位点相似的序列。存在于外显子中的所谓外显子剪接增强子（exonic splicing enhancer，ESE）在剪接位点的选择中发挥重要作用，它可以提高剪接效率，保证剪接的精确性。ESE 是 SR 蛋白的结合位点，这类蛋白因其 C 端结构域中有一个富含 Ser（S）和 Arg(R) 的区域而得名。与 ESE 位点结合的 SR 蛋白将 U2AF 蛋白引导至 3′-剪接位点，并将 U1 snRNP 引导至 5′-剪接位点，从而起始剪接体的组装（图 7-11）。

7.1.3.7 选择性剪接

有些基因的初级转录产物经剪接只产生一种成熟的 mRNA。还有一些基因的初级转录产物经过不同的剪接途径，产生多种成熟的 mRNA，继而产生功能不同的蛋白质。一般把一个前体 mRNA 经过不同的剪接途径所产生的相关、但不相同的成熟 mRNA 的过程称为选择性剪接（alternative splicing），或称为可变剪接。选择性剪接是在转录后加工水平上对基因表达进行调控的重要方式，直接决定着蛋白质结构和功能的多样性。

如图 7-12 所示，SV40 病毒的 T 抗原基因的初级转录产物通过选择性剪接，产生两种不同的 mRNA，一种编码 T 抗原，一种编码 t 抗原。T 抗原基因有两个外显子，其内含子具有两个不同的 5′-SS。如果选择前面的 5′-SS，外显子 1 和外显子 2 直接连接，二者之间的内含子被除去，形成编码 T 抗原的 mRNA。如果选择后面的 5′-SS，则一部分内含子序列被保留，形成的则是编码 t 抗原的 mRNA。因为在保留下来的内含子序列中具有一个与外显子 1 同框的终止密码子，所以 t 抗原要比 T 抗原小。

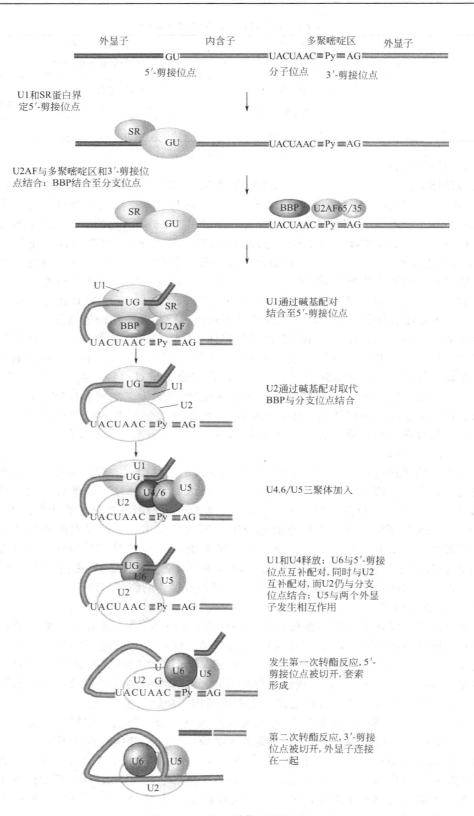

图 7-10　mRNA 前体的剪接过程

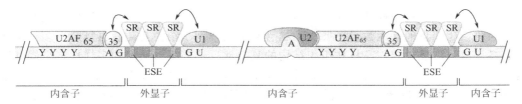

图 7-11　SR 蛋白将剪接体成分引导至 5′-和 3′-剪接位点

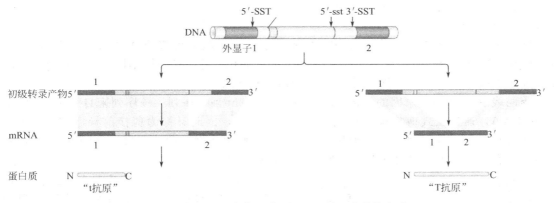

图 7-12　SV40 病毒 T 抗原 RNA 的两种剪接方式

　　已发现了多种形式的选择性剪接，较常见的有以下几种（图 7-13）：内含子可以被选择保留或切除［图 7-13（a）］；选择不同的 5′-SS 或 3′-SS 进行选择性剪接［图 7-13（b）和（c）］；选择不同的转录起始位点，在这种情况下基因具有两个启动子，而启动子的选择取决于细胞专一性的转录因子［图 7-13（d）］；选择不同的转录终止位点，这时基因有两个加尾信号，加尾信号的选择取决于细胞的类型［图 7-13（e）］；内部外显子被选择保留或切除［图7-13（f）］；多个外显子可以进行不同组合的选择性剪接［图 7-13（g）］。

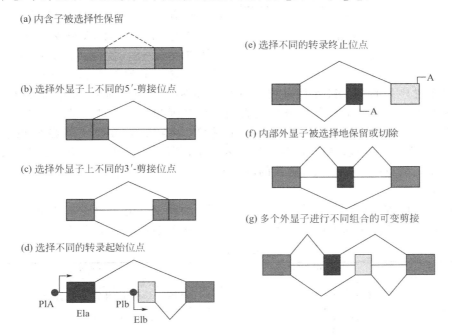

图 7-13　选择性剪接的类型

在真核生物中，选择性剪接非常普遍。当果蝇的基因组序列草图完成以后，人们发现果蝇的基因数目比线虫的基因数目还要少，尽管果蝇的解剖学结构要比线虫复杂得多。生物的表型最终是由蛋白质决定，有机体组织结构的复杂性反映着蛋白质组的多样性。果蝇基因组的基因数目与它的蛋白质组的蛋白质数目之间不一致的现象可用 mRNA 的选择性剪接来解释。mRNA 选择性剪接极大地丰富了蛋白质组的多样性。根据人类蛋白质组的大小，预期人类的基因数目是 80 000～100 000 个，然而人类基因组草图顺序只给出了大约 35 000 个基因。现在知道至少有 35％的人类基因进行选择性剪接。

7.1.3.8　反式剪接

同一 RNA 分子的内含子被除去，外显子连接在一起的剪接方式称为顺式剪接（cis-splicing）。然而，剪接也可以发生在不同的 RNA 分子之间，我们把不同 RNA 分子上的两个外显子剪接在一起的过程称为反式剪接（tran-splicing）。

秀丽线虫约 70％的基因的 mRNA 具有相同的 22nt 前导序列。该序列来自于一个 100nt 的 SL RNA，通过反式剪接被添加到 mRNA 的 5′-端，因此又称为剪接前导序列（spliced leader，SL）。除线虫以外，反式剪接还出现在某些原生动物（例如锥虫）、扁形动物、水螅和原始的脊索动物中。SL RNA 为一种小分子 RNA，长约 45～140nt，含有一 5′-剪接位点，但没有 3′-剪接位点。剪接供体位点将 SL RNA 分成两段，即 5′-端的剪接前导序列和 3′-端的内含子样组分。编码 SL RNA 的基因没有内含子，为串联重复基因，由 RNA 聚合酶Ⅱ负责转录。

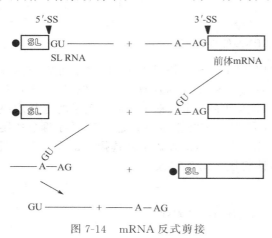

图 7-14　mRNA 反式剪接

反式剪接也是由剪接体催化完成的，但参与反式剪接的剪接体由 U2 snRNP、U4 snRNP、U5 snRNP 和 U6 snRNP 组成，不包括 U1。如图 7-14 所示，与除去内含子的顺式剪接一样，反式剪接也涉及两步转酯反应。首先，前体 mRNA 分支位点 A 的 2′-OH 亲核进攻 5′-SS，使剪接前导序列游离出来，同时形成一个类似于套索结构的分支分子。

然后，剪接前导序列的 3′-OH 亲核进攻 3′-SS，于是前导序列和前体 mRNA 的外显子连接在一起，并释放出分支分子。大约 15％的秀丽线虫基因和所有的锥虫基因被组织成多顺反子结构，转录后形成多顺反子 RNA。通过反式剪接，多顺反子 mRNA 能够被切割成单顺反子 mRNA 作为翻译的模板。锥虫的基因没有内含子，所以在锥虫中只有反式剪接；线虫的基因有内含子，线虫中也存在顺式剪接的基因。

7.1.4　RNA 编辑

RNA 编辑（RNA editing）是 RNA 加工的另一种形式，它通过碱基替换、插入或删除使原始转录产物核苷酸序列被更改。表 7-2 总结了 RNA 编辑的主要类型。

表 7-2　RNA 编辑

有机体	编辑类型	发生的部位
锥虫（原生动物）	尿嘧啶的插入及删除	多种线粒体 mRNA
陆生植物	C→U 的转换	多种线粒体和叶绿体 mRNA，tRNA，rRNA
黏菌	胞嘧啶的插入	多种线粒体 mRNA
哺乳动物	C→U 的转换	载脂蛋白 B mRNA、NF1 mRNA（编码一种肿瘤抑制蛋白）
	A→I 的转换	多种 tRNA，谷氨酸受体 mRNA
果蝇	A→I 的转换	钙离子和钠离子通道的 mRNA

7.1.4.1　碱基替换

位点特异性脱氨作用会导致 mRNA 中一个特定的胞嘧啶转变为尿嘧啶。人体载脂蛋白基因编码一条由 4563 个氨基酸组成的多肽链，叫做载脂蛋白 B100（apolipoprotein B100, ApoB100），由肝细胞合成后分泌到血液。ApoB100 参与极低密度脂蛋白（very low density lipoprotein, VLDL）和低密度脂蛋白（low density lipoprotein, LDL）颗粒的组装，负责将脂类（包括胆固醇）运送到身体的各个部位。在小肠细胞中，该 mRNA 的第 2153 位密码子 CAA 中的胞嘧啶在脱氨酶的作用下转化为尿嘧啶，使这个编码谷氨酰胺的密码子转变成一个终止密码子，引起翻译终止，形成截短的蛋白质（图 7-15）。ApoB48 参与食物中脂肪的吸收。由于缺少 ApoB100 上与 LDL 受体结合的区段，ApoB48 运输的脂肪主要被肝细胞吸收，而由 ApoB100 组装而成的 VLDL 和 LDL 颗粒则把胆固醇运送到身体的各个部位，通过 LDL 受体被细胞吸收。

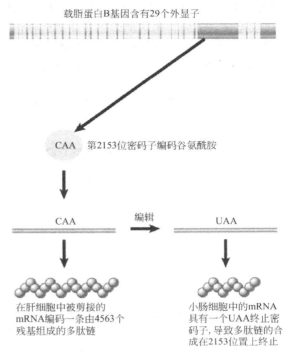

图 7-15　人类载脂蛋白前体 RNA 以组织特异性的方式进行的 RNA 编辑

通过 RNA 编辑，一个载脂蛋白 B 基因能够编码两种功能上有所区别的载脂蛋白。但是，编辑本身需要几种额外的蛋白质去识别修饰位点，并将 C 变为 U。如果细胞使用两种不同的载脂蛋白 B 基因，则会更加经济一些。目前仍不清楚为什么细胞会选择使用更为复杂的方式来合成这两种载脂蛋白。

在哺乳动物细胞中，还存在 A 至 I 的编辑形式。mRNA 特定位置上的腺嘌呤在 dsRNA 腺嘌呤脱氨酶的作用下发生脱氨作用形成次黄嘌呤（图 7-16）。编辑的专一性是由修饰位点与邻近的内含子形成的双链区决定的。在这种情况下，内含子序列实际上影响着成熟 mRNA 最终的编码序列，并且编辑一定是发生在内含子被删除之前。在翻译过程中，mRNA 上的 I 被解读成 G，因此这种编辑方式如果发生在编码区将会改变蛋白质的氨基酸序列。

图 7-16　腺嘌呤脱氨转变成次黄嘌呤

多数主要植物类群的线粒体和叶绿体 mRNA 要经过 C 至 U 和 U 至 C 的编辑过程才能成为成熟的 RNA。大多数情况下，编辑将导致编码蛋白氨基酸序列的改变，而这种改变对于产生有完全活性的蛋白质是必需的。然而，也会偶尔观察到沉默编辑。例如，烟草叶绿体的 atpA 基因初级转录产物中的密码子 CUC 被编辑成 CUU，它们都编码丝氨酸。

7.1.4.2　gRNA 指导的尿嘧啶的插入或删除

锥虫常常通过插入或移除碱基的方式来编辑它的 mRNA。在锥虫的线粒体内，很多基因的前体 RNA 在加工的过程中，需要在特定的位点插入或删除尿嘧啶核苷酸。这些基因的阅读框原本并不正确，它们的转录产物只有经过编辑才能形成正确的阅读框。如果锥虫不对其 mRNA 进行编辑，形成的将是有缺陷的蛋白质。图 7-17 表示锥虫 *cox* Ⅱ（细胞色素 c 氧化酶亚基Ⅱ）基因的初级转录产物在其 5′-端还插入了 4 个非编码尿嘧啶。正是这些插入抑制了原来的基因移码，形成了完整的读码框，产生有活性的 cox Ⅱ。

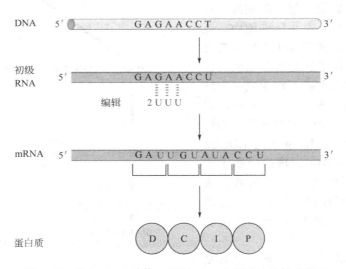

图 7-17　锥虫 *cox* Ⅱ 前体 mRNA 上 4 个尿嘧啶的插入位置

如图 7-18 所示，尿嘧啶是在引导 RNA（guide RNA，gRNA）的指导下插入到前体 RNA 中去的。gRNA 长 40～80nt，由线粒体基因组独立编码。每种 gRNA 都可以分为三个区：第一区位于 5′-端，称为"锚定区"，负责引导 gRNA 到达 mRNA 的目标区域；第二区为位编辑区，用来精确定位 mRNA 上尿嘧啶的插入位置；第三区位于 3′-端，是一段多聚尿嘧啶的序列，其作用尚不清楚。编辑时，在锚定区的指导下，编辑区与 mRNA 分子的靶序列配对，形成 RNA-RNA 双链体，但是在 gRNA 编辑区上一些不参与配对的嘌呤核苷酸形成突出的单链环，它们是编辑的模板。一种核酸内切酶识别并切开 mRNA 链上与单链环相对的一个磷酸二酯键（图 7-18），在 mRNA 链上产生一个缺口。3′-末端尿苷酰转移酶（3′-terminal uridylyl transferase，TUTase）将尿苷酰添加到缺口的 3′-OH 末端。缺口被填补后，由 RNA 连接酶再把 RNA 连接起来。很多 gRNA 与编辑后的序列杂交，因此锥虫线粒体 mRNA 的编辑从 3′→5′方向逐步进行，每一步需要一种不同的 gRNA 与编辑过的区域结合。

7.1.5　RNA 运出细胞核

真核生物的细胞核被两层膜包裹。核膜上有很多核孔，它们是分子进出细胞核的通道。每一个核孔被一圈蛋白质颗粒环绕，控制着大分子的进出。结合在 mRNA 上的剪接体会阻止其在剪接完成之前被输送到细胞质。一旦 mRNA 的 5′-端加上帽、3′-端加上尾，内含子被剪接，便可以自由地离开细胞核（图 7-19）。把像 RNA 和蛋白质这样的大分子运出细胞核需要由 GTP 水解提供能量。输出蛋白（exportin）和输入蛋白（importin）专一性地负责某一类分子经过核膜孔的运输，例如，Exportin-t 专一性地向细胞核外运输 tRNA。

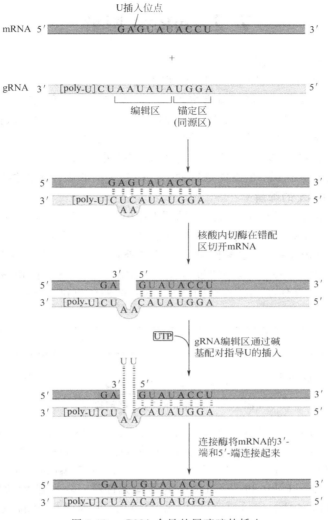

图 7-18 gRNA 介导的尿嘧啶的插入

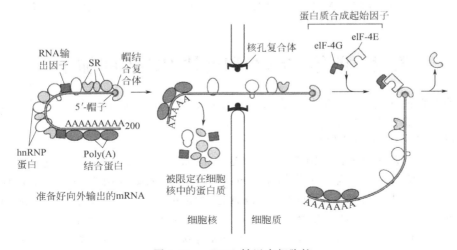

图 7-19 mRNA 转运出细胞核

7.2　mRNA 降解

7.2.1　原核生物 mRNA 的降解

　　mRNA 存在的时间相对较短，在细菌细胞中其半衰期通常只有几分钟，不与核糖体结合的 mRNA 尤其容易被降解。细菌具有多种核酸酶参与 tRNA 和 rRNA 的加工，以及 mRNA 的降解。这些核酸酶在功能上可以相互替代，所以仅丢失一种核酸酶的突变体仍能生存。细菌 mRNA 的降解过程可分为两个阶段：首先，一种内切核酸酶，通常是核酸酶 E 切断 mRNA 5′-端没有被核糖体保护的区域；然后，核酸外切酶沿 3′→5′方向降解被切下来的片段。总体上 mRNA 是沿 5′→3′方向降解的，原因是核酸酶跟在核糖体后发挥作用。

7.2.2　真核生物 mRNA 的降解

　　在酿酒酵母中，mRNA 降解的主要方式是先降解 mRNA 的 Poly(A) 尾巴，一旦 Poly(A) 被截短至 12～20nt，mRNA 的 5′-端帽子即被切除，然后外切核酸酶沿 5′→3′方向降解 mRNA（图 7-20）。另外，当 mRNA 的尾巴被降解后，核酸外切酶也可以沿 3′→5′方向降解 mRNA，哺乳动物细胞的大多数 mRNA 可能是通过这种途径被降解的。核酸内切酶也可以从内部切断 mRNA 启动降解过程，断裂的 mRNA 分别由 3′→5′核酸外切酶和 5′→3′外切酶负责降解。

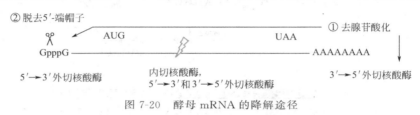

图 7-20　酵母 mRNA 的降解途径

　　真核细胞 mRNA 的半衰期差异很大，从几分钟到十几小时甚至几十小时不等，即使是同一种 mRNA 也常常没有一个固定的半衰期。有很多因素影响着 mRNA 在细胞质中的稳定性。其中一类是 mRNA 分子上的顺式元件，包括 mRNA 5′-端的帽子结构、3′-端的 Poly(A) 尾巴以及 mRNA 3′-UTR 和 5′-UTR 中的结构元件等。这些结构的细小变化都会极大地影响着 mRNA 的稳定性。存在于不稳定 mRNA 3′-非翻译区中的 ARE（AU-rich element）就是一种常见的不稳定元件，ARE 结合蛋白识别 ARE 并通过促进 mRNA 的去腺苷酸化而加快 mRNA 的降解。ARE 的一致序列是 AUUUA，在 ARE 中存在着若干个这样的五核苷酸序列。

7.3　前体 rRNA 和前体 tRNA 的加工

　　无论是在真核细胞还是在原核细胞内，rRNA 和 tRNA 基因的初级转录产物必须经过一系列的加工才能成为成熟的 RNA 分子。

7.3.1　原核生物 rRNA 前体的加工

　　E. coli 共有三种 rRNA，分别是 5S rRNA、16S rRNA 和 23S rRNA。这 3 种 rRNA 基因和 1～4 个 tRNA 基因组成一个操纵子（*rrn* operon），大肠杆菌中共有 7 个这样的操纵子。在每个操纵子中，rRNA 基因的相对位置是固定的：16S rRNA 基因、间隔 tRNA 基因、23S rRNA 基因和 5S rRNA 基因（图 7-21）。有 4 个 *rrn* 操纵子在 16S rRNA 和 23S rRNA 基因之间有一个 tRNA 基因，另外 3 个 *rrn* 操纵子在这一位置含有两个 tRNA 基因。有时在 5S rRNA 序列和 3′-末端之间还存在另外的 tRNA 基因。

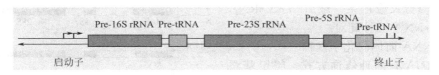

图 7-21　大肠杆菌 rRNA 基因的组织结构

rRNA 操纵子的初级转录产物的沉降系数为 30S，长度约为 6 000nt，但通常存在的时间很短。三种 rRNA 通过剪切从共转录产物中释放出来，然后进行修剪，以除去两端多余的核苷酸序列。此外，三种 rRNA 还需要进行某些特定的修饰反应。所以，原核生物的 rRNA 前体的加工反应主要包括剪切、修剪和核苷酸的修饰。

7.3.1.1　剪切和修剪

在初级转录产物形成之后，甚至在转录过程中，转录产物通过链内互补序列间的碱基配对折叠形成一些茎环结构（图 7-22）。一些蛋白质与茎环结构结合形成核糖核蛋白复合体。许多这样的蛋白质会保持与 RNA 的结合状态并最终成为核糖体的一部分。在 rRNA 前体中，23S rRNA 和 16S rRNA 的两侧都是反向重复序列，可以形成双螺旋结构，从而使 23S rRNA 和 16S rRNA 环出。RNase Ⅲ 识别双螺旋上的特定位点并对其进行交错切割，释放出的 RNA 分子再经过核酸外切酶 M16、M23、M5 的修整而形成成熟的 rRNA（图 7-22）。

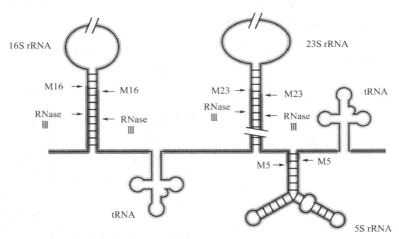

图 7-22　大肠杆菌 rRNA 通过切割和修整反应从前体中释放出来

7.3.1.2　核苷酸的修饰

rRNA 的主要修饰形式是核糖 2′-OH 的甲基化，一般发生在剪切和修剪反应之前。甲基供体是 S-腺苷甲硫氨酸。修饰的功能可能在于保护 rRNA，使其抵抗某些核酸酶的消化。

7.3.2　真核生物 rRNA 前体的加工

7.3.2.1　剪切和修剪

真核细胞的 5S rRNA 由 Pol Ⅲ 转录，几乎不需要加工，其余 3 种（18S rRNA、5.8S rRNA 和 28S rRNA）由 Pol Ⅰ 从 rDNA 上转录为一条前体分子。各种真核细胞的 rRNA 初级转录产物的大小是一定的，酵母的为 7000nt，哺乳动物的为 13500nt。前体中含有 18S rRNA、5.8S rRNA 和 28S rRNA 序列各一个拷贝。

图 7-23 显示了酵母细胞成熟的 rRNA 分子是如何通过剪切和修剪反应从前体中释放出来的。尽管作用次序可能不同，但在所有的真核细胞中反应基本类似，rRNA 分子的 5′-端大多由核酸内切酶催化的剪切反应直接产生，3′-端大多需要在切割之后由核酸外切酶催化

的 3′→5′ 的修剪反应产生。最后 5.8S rRNA 还要和 28S rRNA 互补配对。

7.3.2.2　rRNA 前体的化学修饰

前体 rRNA 有两种修饰方式：将甲基添加到核糖的 2′-OH 上，以及将尿嘧啶转变为假尿嘧啶。一种 rRNA 的所有拷贝的修饰方式都是相同的，并且被修饰的核苷酸的位置在不同的种属中具有某种程度的相似性，甚至修饰的方式在原核细胞和真核细胞中也很相似。

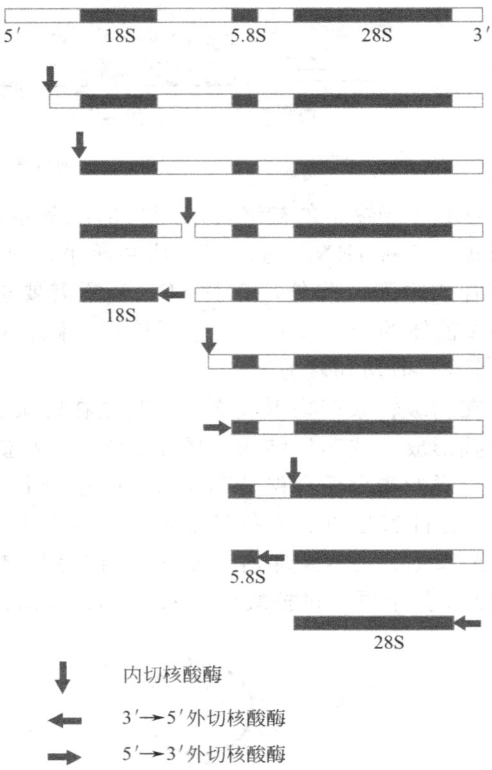

人前体 rRNA 要进行 106 次甲基化和 95 次假尿嘧啶化，每一种修饰都发生在特定的位置上。修饰部位的核苷酸序列很少有相关性，因此也就没有一致序列供修饰酶识别。那么，rRNA 修饰的专一性是如何保证的？细胞中的一种叫核仁小 RNA（small nucleolar RNA，snoRNA）的短 RNA 分子指导着 rRNA 分子特定位点的修饰作用。这些 snoRNA 分子长 70～100nt，位于核仁中。有两组 snoRNA 与 rRNA 的修饰有关，每一类 snoRNA 都含有短的保守序列。

其中一组 snoRNA 分子具有两个分别称为 C 框和 D 框的保守序列，称为 C/D 型 snoRNA。

图 7-23　真核生物 rRNA 前体的切割与修剪

在 D 框的上游，邻近 D 框处有一短的序列称为反义序列，它与 rRNA 上一段特异性序列互补配对，决定着 rRNA 的甲基化位置。通常 rRNA 分子上与 snoRNA D 框上游第 5 个核苷酸配对的那个核苷酸会被甲基化（图 7-24）。C 框和 D 框本身可能是甲基化酶的识别信号，使甲基化酶作用于正确的核苷酸。

另一组 snoRNA 指导 rRNA 分子中特定的尿嘧啶向假尿嘧啶的转换。这类称为 H/ACA 型的 snoRNA，具有两小段保守序列和两个茎环结构。一个保守序列是 ACA 核苷酸三联体，位于 RNA 的 3′-末端，另一个

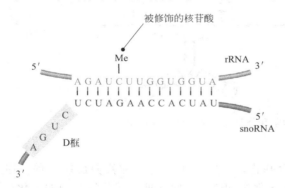

图 7-24　C/D 型 snoRNA 指导的 2′-OH 甲基化反应

保守序列在两个茎环结构之间，为 H 盒。两个茎环结构的双链区有着与 rRNA 互补的序列，图 7-25 显示了它们与 rRNA 配对之后产生的结构，每个配对区都有两个不配对的碱基，其中一个尿苷转换为假尿苷。

仅有一部分 snoRNA 是由独立的基因转录而来，其基因侧翼含有启动子、终止子等顺式调控元件，基因为单拷贝，随机分布于染色体中，一般由 RNA 聚合酶Ⅱ转录。而大多数 snoRNA 是由其他基因的内含子序列编码的，剪接后通过切割内含子将 snoRNA 释放出来。

7.3.2.3　Ⅰ型内含子的自我剪接

人们在四膜虫中发现了一段位于 26S rRNA 基因内部的间隔顺序［图 7-26(a)］，该序列

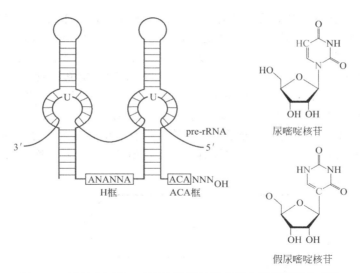

图 7-25　H/ACA 型 snoRNA 指导的尿嘧啶向假尿嘧啶的转换

(a) 四膜虫rRNA基因

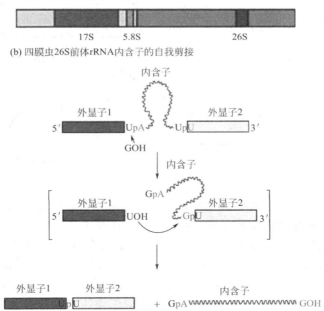

图 7-26　四膜虫 rRNA 基因的结构及内含子的自我剪接

在转录后必须被切除。体外实验证明，前体 rRNA 无需任何蛋白质的帮助即可自行准确切除其内含子，这也是首次发现的具有催化活性的 RNA。

　　该内含子的切除包括 2 次转酯反应，第一次转酯反应由一个游离的鸟苷或鸟苷磷酸作为辅助因子引发。辅助因子的 3′-OH 攻击 5′-剪接位点的磷酸酯键，将其断裂。同时，鸟嘌呤核苷或核苷酸与内含子的 5′-端形成新的磷酸二酯键。紧接着，刚刚暴露出来的上游外显子的 3′-OH 攻击 3′-剪接位点的磷酸酯键使其断裂，内含子随之被切除，两个外显子连接在一起 [图 7-26(b)]。两次转酯反应紧密偶联，观察不到游离外显子的存在。在转酯反应中一个磷酸二酯键直接转化成另一个磷酸二酯键，因此反应不需要水解 ATP 或 GTP 提供能量。

催化活性是 RNA 本身的性质，在体内也会有蛋白质的参与，其作用是稳定 RNA 的结构。

图 7-27 显示切除下来的内含子 3′-端的 G414 攻击 A16 或 U20 5′-端的磷酸二酯键，形成两种环形分子（C-15 或者 C-19），同时释放一个 15nt 或 19nt 的线性片段。两种环形分子可通过水解一个特定的磷酸二酯键（G414-A16 或 G414-U20）重新线性化，生成两种线性分子（L-15 RNA 和 L-19 RNA）。L-15 RNA 仍具有活性，其 3′-末端可再次攻击 U20 5′-端的磷酸二酯键，形成 C-19 环形分子。自我剪切反应的最终产物 L-19 RNA 具有酶活性，可以通过催化水解反应和连接反应将 2 分子的五聚胞嘧啶核苷酸转化为一分子的四聚胞嘧啶核苷酸和一分子的六聚胞嘧啶核苷酸。像这样具有酶学性质的 RNA 分子称为核酶（ribozyme）。

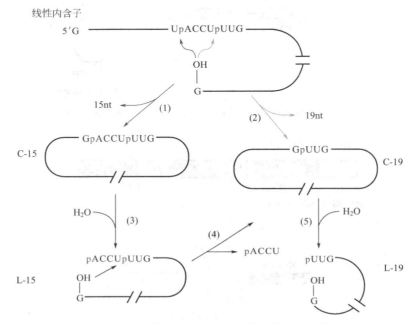

图 7-27 四膜虫 rRNA 内含子的环化与逆环化

生物大分子化合物共有三种，即 DNA、RNA 和蛋白质。DNA 可以携带遗传信息，但它不是功能分子，它的复制需要蛋白质的催化。蛋白质是重要的功能分子，它催化了生物体内的大多数反应，但它不携带遗传信息。蛋白质的生物合成需要利用 DNA 携带的遗传信息。核酶的发现使人们认识到 RNA 具有双重功能，既可像 DNA 那样携带遗传信息，又可像蛋白质那样催化化学反应，不需要借助其他生物大分子，RNA 就可以完成自我复制。因此，生命起源过程中，最早出现的、可以自我复制的生命体可能是由 RNA 组成的，这就是所谓"RNA 世界"的假说。随着生命的不断进化，原始 RNA 的两种功能分别交给 DNA 和蛋白质，因为 DNA 作为遗传物质更加稳定，而蛋白质作为酶更加灵活多样，那些至今仍然保留催化活性的 RNA 似乎是这种进化历程的"活化石"。

7.3.3 原核生物 tRNA 前体的加工

原核生物的 tRNA 基因的转录单元大多数是多顺反子的。不但同一种 tRNA 基因的几个拷贝可以组成一个转录单位，不同的 tRNA 基因也可以构成一个转录单位，还有一些 tRNA 基因可以和 rRNA 基因组成转录单位。从转录单位产生的前体 tRNA 经过一系列加工释放出成熟的 tRNA 分子。

图 7-28 显示大肠杆菌 tRNA^Tyr 的加工过程。一旦转录物前体经过折叠形成特征性茎环结构，内切核酸酶 RNase E/F 作用于 3′-端，切下一个侧翼序列，并在前体 3′-端留下一个

额外的 9 核苷酸序列。然后，外切酶 RNase D 依次切去 3′-端的 7 个核苷酸。接着，RNase P 切去 5′-端侧翼序列，产生出成熟的 5′-端，RNase D 再除去 3′-端剩余的两个核苷酸，产生出成熟的 3′-端。最后，tRNA 的成熟还要经过一系列的碱基修饰。这些修饰的碱基对 tRNA 的功能至关重要，其作用包括氨基酸装载、密码子摆动、与酶和 RNA 的相互作用及构象的维持等，无修饰的 tRNA 是没有功能的。

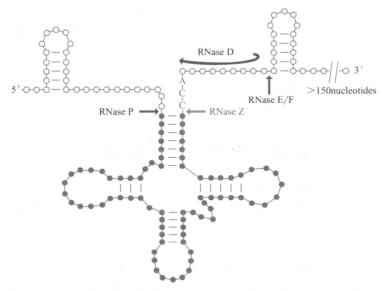

图 7-28　大肠杆菌 tRNA^{Tyr} 的加工过程

在原核生物中，RNase P 是一种由一个 RNA 分子和一个蛋白质分子组成的内切核酸酶，为一种很简单的 RNP。该酶在细胞中的作用是切除前体 tRNA 的 5′-侧翼区产生成熟的 5′-端。大肠杆菌的 RNase P 由一个 377nt 的 RNA（称为 M1 RNA）和一个 13.7kD 的小分子碱性蛋白构成。M1 RNA 的二级结构在进化中高度保守。在体外，单独的 RNA 组分就具有内切核酸酶的活性，所以它也是一种核酶。在真核细胞的细胞核中也发现了 RNase P。例如，酵母和人的 RNase P 由 1 分子 RNA 和 9 个蛋白质组成，但其 RNA 本身无催化活性。

7.3.4　真核生物 tRNA 前体的加工

真核生物初级转录产物中只含有一个 tRNA 序列，其 5′-端具有一前导序列，3′-端具有一拖尾序列。初生转录产物折叠成一个特征性的二级结构，内切酶正是识别这种结构并切去前导序列和拖尾序列的（图 7-29）。

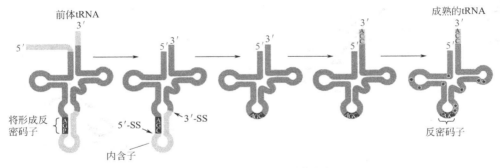

图 7-29　真核生物 tRNA 前体的加工

有一些 tRNA 还含有非常短的内含子。在 400 个左右的酵母 tRNA 基因中，有 40 个为断裂基因，内含子的长度从 14～46bp 不等，通常位于反密码子的 3′-端，并与反密码子碱基配对。在 tRNA 前体中，反密码子环不再存在，代之以内含子构成的环。内含子序列多种多样，没有发现共有基序。tRNA 前体的剪接大多依赖于对 tRNA 中的一个共同的二级结构的识别，而不是对内含子共有序列的识别。tRNA 前体的剪接不涉及转酯反应，首先由一个特殊的内切核酸酶切断内含子两侧的磷酸二酯键，除去内含子。由于 tRNA 前体已经形成三叶草形的二级结构，所以失去内含子的 2 个半分子 tRNA 仍然结合在一起。然后由连接酶把两个半分子 tRNA 连接为一个完整的 tRNA 分子。

原核生物 tRNA 3′-端的 CCA 是基因编码的，但是真核生物 tRNA 3′-端的 CCA 是由 tRNA 核苷酸转移酶添加到 tRNA 处理后的 3′-末端的。另外，真核生物 tRNA 前体的部分碱基也需要被修饰。

7.4 四种内含子的比较

7.4.1 细胞核前体 mRNA 的 GU-AG 型内含子

根据内含子的结构和剪接机制可以将内含子分为四种类型。真核细胞绝大多数细胞核前体 mRNA 中的内含子为 GU-AG 型内含子，这类内含子的剪接反应由剪接体催化。

7.4.2 Ⅰ型内含子

Ⅰ型内含子主要存在于线粒体和叶绿体的基因组中。低等真核生物（例如单细胞原生动物四膜虫）的 rRNA 基因也含有Ⅰ型内含子。另外，这类内含子也会偶尔出现在原核生物和噬菌体基因组中。Ⅰ型内含子剪接机制的显著特征是自我剪接，RNA 本身具有酶的活性，不需要蛋白质催化剪接反应。自我剪接的内含子必须折叠成精确的立体结构才能完成剪接反应（图 7-30）。该保守结构包括一个容纳鸟苷或鸟苷酸的结合口袋。除此之外，Ⅰ型自我剪接内含子还含有一段"内在指导序列"，与 5′-剪接位点序列配对，因而确定了鸟苷亲核攻击的精确位置。在体内，一些非催化活性蛋白质因子与内含子结合，协助其保持正确的立体结构。Ⅰ型内含子剪接反应的第一步是鸟苷或者鸟苷酸的 3′-OH 进攻 5′-SS。然后，游离出来的 5′-外显子的 3′-OH 进攻 3′-SS，导致外显子的连接和内含子的释放（图 7-30）。

有些Ⅰ型内含子为寻靶内含子（homing intron），编码一种极其特殊的内切核酸酶，它

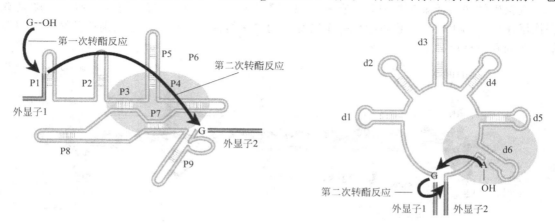

图 7-30　Ⅰ型内含子和Ⅱ型内含子的自我剪接反应

只能识别不含其编码内含子的靶基因上的特定序列，并在识别位点产生交错切口。这种情况只发生在一个细胞含有两个拷贝的靶基因，其中一个拷贝具有一个寻靶内含子，而另一个拷贝则没有相应的内含子。切割后，带有 3′-突出末端的双链断裂会诱发同源重组，使被切开的靶基因得以修复并整合进内含子。寻靶内含子编码的内切核酸酶的识别序列长度达 18～20bp，这是目前已知核酸酶识别的最长、特异性最强的序列，这就保证了内含子只能插入到基因组的一个位点。

7.4.3　Ⅱ型内含子

　　Ⅱ型内含子主要出现在真菌和植物的细胞器基因组中，少数出现在原核生物的基因组中，还没有在高等动物的核基因组中发现。Ⅱ型内含子的边界序列与核基因内含子的边界序列相同，符合 GT-AG 规律。在内含子的近 3′-端也具有分支位点序列。Ⅱ型内含子的剪接机制与细胞核前体 mRNA 内含子类似，也是由内部腺苷酸的 2′-OH 进行第一次转酯反应，内含子被转换成一种套索结构。剪接机制的相似性说明这两类内含子可能有共同的进化起源。

　　然而，Ⅱ型内含子的剪接属于自我剪接。这类内含子折叠成由六个结构域（结构域Ⅰ～Ⅵ）组成的保守的二级结构，分支位点 A 处于Ⅵ区（图 7-30）。在体外，有 Mg^{2+} 存在时，分支位点 A 的 2′-OH 对 5′-端外显子和内含子交界处的磷酸二酯键进行亲核攻击，产生第一次转酯反应，释放出 5′-外显子，并且形成套索状的内含子。接着，5′-外显子游离的 3′-OH 对内含子和 3′-外显子交界处的磷酸二酯键进行亲核攻击，发生第二次转酯反应，于是 5′-外显子和 3′-外显子连接起来，完成剪接反应，而内含子以套索的形式释放出来。

　　有些Ⅱ型内含子也具有编码能力，其编码产物有内切核酸酶和反转录酶的活性。内切核酸酶在识别序列的中间产生一个双链断裂。反转录酶以内切核酸酶切割产生的自由的 3′-OH 作为引物，以含有寻靶内含子的靶基因的初级转录产物作为模板，起始 DNA 的合成，产生内含子的 DNA 拷贝，连接后使内含子归巢。

7.4.4　真核生物前体 tRNA 内含子

　　真核生物前体 tRNA 内含子的剪接机制明显不同于上述三类内含子。酵母细胞的 tRNA 剪接过程由 4 步反应组成（图 7-31）。

　　① 内含子由特定的核酸内切酶切除，产生的 2 个 tRNA 半分子则通过碱基配对维系在一起，其中 5′-tRNA 半分子的 3′-端为 2′,3′-环磷酸基，3′-tRNA 半分子的 5′-端为羟基。

　　② 由于第一步反应产生的两个 tRNA 半分子不是连接酶的正常底物，因此需要对它们进行加工。在有激酶和 ATP 存在时，5′-羟基被转换成 5′-磷酸基。2′,3′-环磷酸基在环磷酸二酯酶催化下被打开，产生 2′-磷酸基和 3′-羟基。

　　③ 由 RNA 连接酶将两个 tRNA 半分子连接在一起。连接反应首先由 ATP 活化连接酶，形成腺苷酸化蛋白质。AMP 的磷酸基团以共价键连接在酶蛋白的氨基酸上。然后，AMP 被转移到 tRNA 半分子的 5′-磷酸基上，形成 5′-5′磷酸连接。在另一 tRNA 半分子的 3′-羟基的攻击下，AMP 被取代，产生 5′,3′-磷酸二酯键。

　　④ 多余的 2′-磷酸基团被一种依赖于 NAD^+ 的磷酸转移酶去除，产生正常的 tRNA 分子。

　　由于 tRNA 内含子的位置固定，tRNA 特定的空间结构决定了其内含子的去除，因而无需更多的因子参与。内切核酸酶在催化切割反应时，不识别特定的一级结构，也不依赖于核酶活性，由蛋白质的酶活性准确识别 tRNA 二级结构中内含子的两端，完成切割。

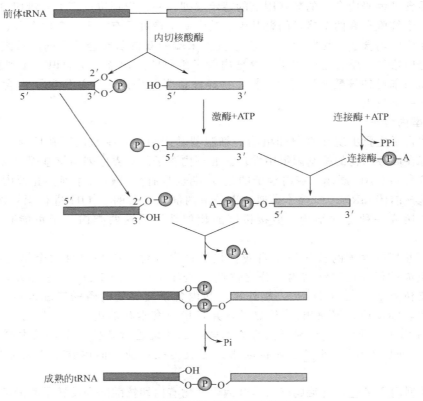

图 7-31　真核生物 tRNA 前体的剪接

第8章 蛋白质的生物合成

蛋白质的生物合成即翻译（translation），是 mRNA 指导蛋白质合成的过程，分为氨基酸的激活、多肽链合成的起始、延伸、终止以及多肽链的折叠和翻译后修饰等 5 个阶段。参与蛋白质合成的主要成分包括 mRNA、核糖体、tRNA、氨酰-tRNA 合成酶，以及参与翻译起始、延伸和终止过程的各种辅助因子，通过协同作用，它们将核酸分子中由 4 个字母（4 种核苷酸）编码的语言转换成蛋白质分子中由 20 个字母（20 种标准氨基酸）编码的语言。本章将介绍 mRNA 的碱基序列决定蛋白质氨基酸序列的机理，以及翻译的化学过程。

8.1 遗传密码

8.1.1 遗传密码是三联体

遗传密码是指核酸分子的碱基序列与多肽链的氨基酸序列之间的对应关系。RNA 只有 4 种核苷酸，而蛋白质中有 20 种氨基酸。如果以一对一的方式，即 1 个核苷酸决定 1 个氨基酸，RNA 只能决定 4 种氨基酸；若是 2 个核苷酸为 1 个氨基酸编码，则遗传密码只能代表 16 种氨基酸；如果以 3 个核苷酸编码 1 个氨基酸，则能形成 64 种密码子，完全可以满足编码 20 种氨基酸的需要。

Charles Yanofsky 发现了基因与多肽之间的共线关系。他首先从大肠杆菌中分离出大量影响色氨酸合成酶基因 *trpA* 功能的突变，并通过遗传重组对它们进行了定位，还确定了野生型蛋白和每一突变型蛋白的氨基酸顺序。该项研究表明，基因和它编码的多肽链序列是共线的（图 8-1），即基因的突变位点与多肽链中发生改变的氨基酸残基之间存在对应关系。并且，遗传密码是不重叠的，因为一个突变只改变一种氨基酸。在 *trpA* 基因中还发现了 2 个不同的突变影响同一种氨基酸，这是一个以上的核苷酸规定一种氨基酸的第一个证据。

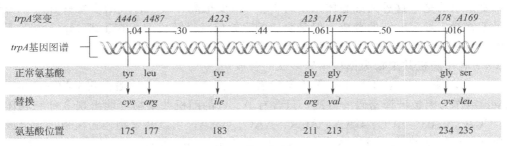

图 8-1 大肠杆菌 *trpA* 基因和它编码的多肽链之间的共线性

Crick 等人又利用 T4 噬菌体 *r*Ⅱ 突变型从遗传学的角度证实三联体密码的构想是正确的。他们所利用的 T4 噬菌体 *r*Ⅱ 突变型是由原黄素诱导产生的。原黄素等吖啶类试剂在 DNA 分子上造成碱基的插入或缺失，引起移码突变。由碱基插入形成的突变体用"＋"表示，由碱基缺失形成的突变体用"－"表示。开始用原黄素诱导产生的突变称为 FCO，它们只能在大肠杆菌 B 菌株上生长形成噬菌斑，而不能在 K12(λ) 菌株上生长。然后，他们再用原黄素诱导产生回复突变，回复突变体可以在 K12(λ) 菌株上生长形成噬菌斑。通过遗传分析发现，回复突变并非是突变位点又回复到原来的状态，而是在另一位点又发生了一次突变引起的，这次突变抵消或抑制了第一次突变的效应，因此被称为抑制突变（suppressor mutation）。通过遗传重组可以把抑制突变和正向突变分开。

如果假设基因从一端开始一个密码子接一个密码子地阅读，我们就可以解释这些实验结果。原黄素诱导的插入或缺失使阅读框发生改变，导致突变位点以后的密码子均被误读，从而指导生成一个完全不同的、没有功能的蛋白质。原黄素诱导产生的在另一位置上的插入或缺失会使突变基因恢复到正确的读码框，从而产生回复突变体。如果第一次突变是一个插入，那么第二次突变就是一个缺失，只有这样才能恢复正确的读码框，反之亦然。实验表明，一个插入不能抑制另一个插入的突变效应，同样一个缺失也不能抑制另一个缺失的突变效应。然而，3个插入突变和3个缺失突变常常导致拟回复突变的产生，因此遗传密码最有可能是三联体。

8.1.2 遗传密码的破译

一旦接受遗传密码是三联体，密码子不相互重叠，基因与其规定的蛋白质之间呈现共线性，研究者的注意力就转向了对密码子的阐明，破解 20 种氨基酸与 64 个密码子之间的对应关系。到了 20 世纪 60 年代中期，全部 64 种密码子的含义即已确定下来。

8.1.2.1 大肠杆菌无细胞蛋白合成系统

1961 年，马里兰州美国国立卫生研究院的 Marshall Nirenberg 和 Heinrich Matthaei 率先利用大肠杆菌无细胞蛋白合成系统（cell-free protein synthesizing system）开展遗传密码的破译工作。这种蛋白合成系统实际上是用大肠杆菌细胞制备的提取物。在用 DNase 除去 DNA 模板后，提取物不再转录出新的 mRNA，原来的 mRNA 因其半衰期短，很快被降解，所以其中含有除 mRNA 之外进行翻译所需的所有成分。

8.1.2.2 以同聚物为模板指导多肽的合成

这个系统首先用仅由一种核苷酸串联而成的 RNA，如同聚物 Poly(U)，作模板指导蛋白质的合成。当把 Poly(U) 作为模板加入到无细胞体系时，发现新合成的多肽链是多聚苯丙氨酸，从而认定 UUU 代表苯丙氨酸。用同样的方法证明 AAA 编码赖氨酸，CCC 编码脯氨酸。以 Poly(G) 为模板时，未得到蛋白质产物，原因是 Poly(G) 易于形成多股螺旋，不宜作为蛋白质合成的模板。

需要指出的是，这种无细胞体系中的 Mg^{2+} 浓度很高，人工合成的多聚核苷酸不需要起始密码子就能指导多肽链的合成，但是合成的起始位点是随机的。在生理 Mg^{2+} 浓度下，没有起始密码子的多核苷酸链不能作为翻译的模板。

8.1.2.3 利用随机共聚物为模板指导多肽的合成

1963 年，Nirenberg 及 Ochoa 等人又发展了用两个碱基构成的随机共聚物（random copolymers）作为模板破译密码的方法。只含有 A、C 的随机共聚物可能出现 8 种三联体，即 CCC、CCA、CAC、ACC、CAA、ACA、AAC、AAA，由该共聚物作为模板指导合成的多肽链含有 6 种氨基酸，分别是 Asn、His、Pro、Gln、Thr 和 Lys。酶促合成共聚物时，可以依据一定的比例加入两种核苷酸，根据所加入的比例可以计算出各种三联体出现的相对频率，例如当 A 和 C 的比例等于 5：1 时，AAA：AAC 是 125：25，依次类推。依据标记氨基酸掺入的相对量应与其密码子出现的频率相一致的原则，可以确定 20 种氨基酸密码子的碱基组成，但不知道它们的排列顺序（图 8-2）。

8.1.2.4 利用核糖体结合技术破译遗传密码

1964 年 Nirenberg 和 Leder 建立了利用核糖体结合技术破译密码的新方法。他们发现，在体外翻译系统中与核糖体结合的核苷酸三联体能使与其对应的氨酰-tRNA 结合在核糖体上。将此反应混合物通过硝酸纤维素滤膜时，游离的氨酰-tRNA 由于相对分子质量较小，

可能的碱基组成	可能的三联体	任一种三联体出现的频率	总频率
3A	AAA	$(1/6)^3=1/216=0.4\%$	0.4
1C:2A	AAC ACA CAA	$(5/6)(1/6)^2=5/216=2.3\%$	$3\times2.3=6.9$
2C:1A	ACC CAC CCA	$(5/6)^2(1/6)=25/216=11.6\%$	$3\times11.6=34.8$
3C	CCC	$(5/6)^3=125/216=57.9\%$	57.9
			100.0

信使的化学合成 ↓

————————————————————————————————— RNA
C C C C C C C C A C C C C C C A A C C A C A C C C C C A C C C C C A C C C A A

信使翻译 ↓

Lys	<1	AAA
Gln	2	1C:2A
Asn	2	1C:2A
Thr	12	2C:1A
His	14	2C:1A，1C:2A
Pro	69	CCC，2C:1A

图 8-2　利用随机共聚物破译遗传密码

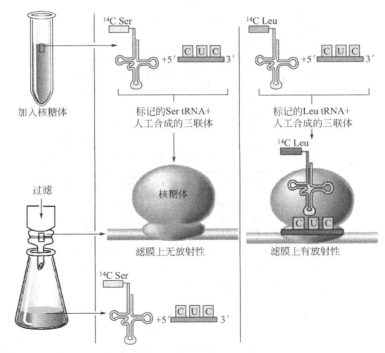

图 8-3　利用核糖体结合技术破译密码子的原理

能自由通过滤膜（图 8-3）。与三联体对应的氨酰-tRNA 因与核糖体结合，体积超过了膜上的微孔而留在膜上，这样就能把与三联体对应的氨酰-tRNA 与其他的氨酰-tRNA 分开。

实验时，他们制备了 20 份细菌抽提物，每一份含有 20 种氨酰-tRNA，其中一种用^{14}C 标记，其他 19 种未被标记。然后，用每一种三联体分别进行实验，检验它们究竟介导哪一种氨酰-tRNA 与核糖体结合。如果所加入的三联体使被标记的氨酰-tRNA 结合在核糖体上，在滤膜上就会检测到放射性信号，否则标记将会通过滤膜。虽然所有 64 个三联体都可按设想的序列合成，但并不是全部密码子均能以这种方法决定，因为有一些三核苷酸序列与核糖体结合并不像 UUU 或 GUU 等那样有效，以致不能确定它们是否能为特异的氨基酸编码。

8.1.2.5　利用重复共聚物破译遗传密码子

1965 年 Khorana 利用重复共聚物（repeating copolymers）进行密码子破译工作。所谓重复共聚物就是含有重复序列的多聚核苷酸，例如…ACACACACACAC…。该序列无论如何阅读只含有 ACA 和 CAC 两种密码子，指导合成的多肽也是由 Thr 和 His 交替组成。还需要进一步的实验来确定两种氨基酸的相应密码子。以 AAC 为单位构成的重复序列…AACAACAACAAC…指导合成三种不同的多肽，它们分别是多聚天冬酰胺、多聚苏氨酸和多聚谷氨酰胺。

显然，翻译机制可以从任何一个核苷酸开始来阅读 mRNA。该 mRNA 是以 AAC-AAC-…，还是以 ACA-ACA-…或者以 CAA-CAA-…的方式阅读取决于从哪一个核苷酸开始。上述讨论的两个人工合成的 mRNA 彼此共有的密码子是 ACA，由它们指导合成的多肽链中共有的氨基酸是苏氨酸，显然 ACA 为编码苏氨酸的密码子。Khorana 使用二核苷酸、三核苷酸和四核苷酸共聚物作为模板，破译了所有的遗传密码。阐明的核苷酸与氨基酸之间的对应关系见表 8-1。

表 8-1　遗传密码表

第二个碱基

第一个碱基	U	C	A	G	第三个碱基
U	UUU Phe (F) / UUC / UUA Leu (L) / UUG	UCU / UCC Ser (S) / UCA / UCG	UAU Tyr (Y) / UAC / UAA Stop / UAG Stop	UGU Cys (C) / UGC / UGA Stop / UGG Trp (W)	U / C / A / G
C	CUU / CUC Leu (L) / CUA / CUG	CCU / CCC Pro (P) / CCA / CCG	CAU His (H) / CAC / CAA Gln (Q) / CAG	CGU / CGC Arg (R) / CGA / CGG	U / C / A / G
A	AUU / AUC Ile (I) / AUA / AUG Met (M)	ACU / ACC Thr (T) / ACA / ACG	AAU Asn (N) / AAC / AAA Lys (K) / AAG	AGU Ser (S) / AGC / AGA Arg (R) / AGG	U / C / A / G
G	GUU / GUC Val (V) / GUA / GUG	GCU / GCC Ala (A) / GCA / GCG	GAU Asp (D) / GAC / GAA Glu (E) / GAG	GGU / GGC Gly (G) / GGA / GGG	U / C / A / G

与真正的 mRNA 相比，人工合成的 mRNA 指导体外蛋白质合成的效率要低得多，并且产生的多肽链的长度也不固定。虽然在破译遗传密码时，利用人工合成的 mRNA 得到了稳定的实验结果，但是真正的蛋白质是由细胞合成的 mRNA 编码的。人们把噬菌体 F2 的 mRNA 加入到无细胞蛋白合成系统中，首次成功地合成了一种特定的蛋白质——噬菌体的衣壳蛋白。随着真正的 mRNA 的应用，很快发现，编码多肽链的第一个密码子是编码甲硫氨酸的密码子 AUG，而 UAA、UAG 和 UGA 不编码任何氨基酸，为终止密码子。

8.1.3　密码子的特性

8.1.3.1　三联体密码与阅读框

基因通过其结构中的密码子序列决定所表达蛋白质的氨基酸序列。密码子为 3 个核苷酸构成的三联体，4 种核苷酸可组成 64 种密码子，其中的 61 种密码子对应于 20 种氨基酸，另外 3 个，即 UAA、UAG 和 UGA，不编码任何氨基酸，为终止密码子。在 61 种有义密码子中，AUG 除编码甲硫氨酸外兼做起始密码子。要正确阅读遗传密码，必须从起始密码子开始，按 5′→3′ 方向一个三联体接着一个三联体地读下去，直至遇到终止密码子为止，从而形成一个阅读框。

在一个阅读框内，所有的密码子都是连续阅读的，两个相邻的密码子不共用一个或两个核苷酸，同时密码子与密码子之间也没有任何不参与编码的核苷酸，因此密码子是不重叠和无标点的。在少数病毒中，两个基因可以共用一段核苷酸序列，形成所谓的重叠基因（overlapping genes）。每一重叠基因都有自己的阅读框，各自的阅读框仍按三联体方式连续读码。

8.1.3.2　密码子的简并性与密码子偏倚

遗传密码具有简并性（degeneracy），除 Met（AUG）和 Trp（UGG）以外，每个氨基酸都有一个以上的密码子。从表 8-1 可以看出，有 9 种氨基酸有 2 个密码子，1 种氨基酸有 3 个密码子，5 种氨基酸有 4 个密码子，3 种氨基酸有 6 个密码子。这种一种以上的密码子编码一个氨基酸的现象称为简并。对应于同一个氨基酸的不同密码子称同义密码子（synonymous codon）。在密码子表中同义密码子不是随机分布的，它们的第一位、第二位核苷酸往往是相同的，区别只表现在第三位核苷酸。

当前两位核苷酸确定以后，第三位无论是 C 还是 U，密码子编码同一个氨基酸，比如 Phe 的密码子是 UUU 和 UUC，His 的密码子是 CAU 和 CAC 等。在大多数情况下，第三位是嘌呤时，密码子也是同义的，如 Leu 的密码子是 UUA、UUG，Lys 的密码子是 AAA、AAG 等。还有一种情况是一个氨基酸的头两个核苷酸确定之后，第三个可以是 U、C、A 或 G，如 Ala 的密码子是 GCU、GCC、GCA 和 GCG。密码子最后一位碱基专一性降低的现象也称为第三位碱基简并（third-base degeneracy）。

密码子的这种编排方式可以最大限度地降低突变对生物体的影响。转换（transition）指一个嘌呤被另一个嘌呤取代，或一个嘧啶被另一个嘧啶取代，是一种最常见的突变。颠换（transversion）指一个嘌呤被一个嘧啶取代，或者一个嘧啶被一个嘌呤取代。在第三位置上，转换除了导致 Met（AUG）和 Ile（AUA）以及 Trp（UGG）和终止密码子（UGA）之间的相互替代外，不会改变密码子的性质。第三位置上一半以上的颠换也不会导致编码氨基酸的变化，剩余的颠换通常导致一个氨基酸被另一个性质相似的氨基酸取代，比如 Asp 和 Glu 之间的代换。

密码子虽有简并性，但在所有的物种中，基因对密码子的使用不是随机的，而是优先使用其中的一些密码子，这种现象称为密码子偏倚（codon bias），而使用频率比较低的密码子称为稀有密码子。如亮氨酸可由 6 个密码子（UUA、UUG、CUU、CUC、CUA 和 CUG）编码。但是在人类基因中，大多被 CUG 编码，而且几乎不被 UUA 或 CUA 编码。

一种密码子的使用频率与其对应的同工受体 tRNA 在细胞内的丰度存在正相关。使用频率较高的密码子其对应的 tRNA 含量也较高，这些密码子被称为最优密码子，它们通过减少与对应的 tRNA 匹配时间而提高翻译的速度。一般而言，表达水平高的基因倾向于利用使用频率高的密码子，所以通过分析某一基因使用密码子的样式，可以预测其表达水平的高低。对于表达情况未知的基因，如果它倾向于使用最优密码子，则该基因有可能是高水平表达的基因。

8.1.3.3 密码子的通用性与例外

表 8-1 给出的遗传密码适用于绝大多数生物的绝大多数基因，所以密码子具有普遍性。高等生物和低等生物在很大程度上共用一套密码子，说明代表核酸中的核苷酸序列与蛋白质中的氨基酸序列之间对应关系的遗传密码在进化的早期就已确定了下来。但是，也存在一些例外的情况。在支原体（*Mycoplasma capricolum*）中，终止密码子 UGA 被用来编码 Trp，而 UGG 仍是 Trp 的密码子，但用得很少。有两种 Trp-tRNA 存在，其反密码子是 3'-ACU-5'（阅读 UGA 和 UGG）和 3'-ACC-5'（仅阅读 UGG）。

在一些纤毛虫（单细胞原生动物）中，终止密码子 UAA、UAG 被用来编码谷氨酰胺。所有这些变化都是零星的，也就是说在进化的过程中，它们独立地发生在不同的物种中。这些变化集中在终止密码子，因为这样不会引起氨基酸的替换。如果一些终止密码子很少使用，它们可能会被重新招募，回复成编码氨基酸的密码子。终止密码子获得编码功能要求 tRNA 必须突变以识别终止密码子。

一些物种的线粒体中，也存在着通用遗传密码的例外（表 8-2），说明在进化的过程中，通用密码子在一些位点发生了变化。最早的变化是用 UGA 编码色氨酸，这种变化存在于除植物外的所有生物的线粒体中。一些变化使密码子在密码子表中的分布变得更加规则，比如 UGA 和 UGG 都编码色氨酸，而不是一个为终止密码子、一个编码色氨酸。AUG 和 AUA 都编码甲硫氨酸而不是一个编码甲硫氨酸、一个编码异亮氨酸。在哺乳动物线粒体中，AGA 和 AGG 并不是 Arg 的密码子，而是终止密码子。因此，哺乳动物线粒体的遗传密码中有 4 个终止密码子（UAA、UAG、AGA 和 AGG）。

表 8-2 人类线粒体遗传密码的例外

密码子	标准密码子	线粒体密码子
UGA	Stop	Trp
AUA	Ile	Met
AGA	Arg	Stop
AGG	Arg	Stop

8.2 tRNA

转运 RNA（tRNA）在翻译中具有重要作用。所有的 tRNA 都具有两种功能，一方面它与一种特定的氨基酸共价连接，另一方面又识别 mRNA 上的密码子。正是由于 tRNA 具有这两方面的作用才保证了多肽链的氨基酸顺序通过遗传密码与 mRNA 的核苷酸序列相对应。

8.2.1 tRNA 分子的二级结构

tRNA 分子的长度为 74~95 个核苷酸，但是大多数的 tRNA 由 76 个核苷酸构成。第一个被测序的 tRNA 分子是酵母的丙氨酸 tRNA。随着越来越多的 tRNA 被测序，人们逐渐清楚所有的 tRNA 都通过链内碱基的互补配对而形成一种特定的三叶草（cloverleaf）结构（图 8-4），包括 4 个主要的臂和 1 个可变臂：

（1）受体臂（acceptor arm） 包括 tRNA 分子的 5'端序列和 3'端序列互补配对形成的 7bp 长的双螺旋结构，以及 3'末端由 4 个碱基构成的单链区，其中最后 3 个碱基序列永远是 CCA。

（2）D 臂（D arm） 由一个 3~4bp 的茎和一个环构成，环中含有二氢尿嘧啶，因此又称 D 环（D 代表二氢尿嘧啶）。

（3）反密码子臂（anticodon arm）　由一个 5bp 的茎和 7nt 的环构成，环的中央为反密码子三联体，它借助碱基配对识别 mRNA 上的密码子三联体。

（4）可变臂（variable arm）　其长度在不同的 tRNA 分子之间变化最大。根据可变臂的大小，可把 tRNA 分为两大类，第一类 tRNA 可变臂由 3～5 个核苷酸组成，占所有 tRNA 的 75％；第二类 tRNA 的可变臂较长，包括茎区和环区两个部分。

（5）TψC 臂　常常由一个 5bp 的茎和 7nt 的环组成，环中包括 TψC 序列（ψ 代表假尿嘧啶）。

tRNA 含有很多修饰的碱基，碱基的修饰方式也是多种多样，从最简单的甲基化到整个嘌呤环的重排都可以在 tRNA 分子上找到。一些修饰是所有 tRNA 所共有的，例如，D 环上的 D 残基，TψC 环序列中的 ψ 残基，另外，反密码子的 3′端总有一个修饰的嘌呤。还有一些修饰方式是特异性的，只发生在特定的 tRNA 分子上。在目前研究过的几百种 tRNA 分子中，共发现了 70 余种不同类型的修饰碱基，所有这些碱基都是转录后加工形成的。通过比较 tRNA 分子的序列，发现 tRNA 分子上一些位置上的碱基是保守的，即在不同的 tRNA 分子中，这些位置上的碱基都一样。还有一些位置上的碱基是半保守的，它们或者是嘌呤或者是嘧啶。

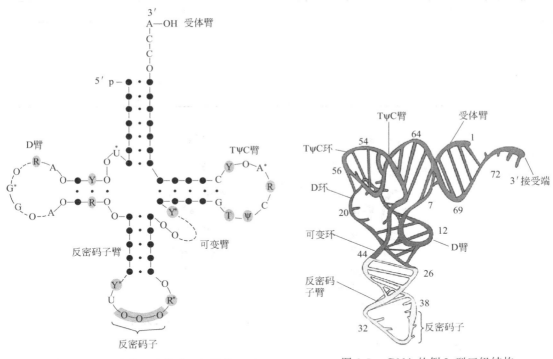

图 8-4　tRNA 的三叶草型二级结构
R 代表嘌呤核苷酸；Y 代表嘧啶核苷酸

图 8-5　tRNA 的倒 L 型三级结构

8.2.2　tRNA 分子的三级结构

通过 X 射线衍射来研究几种酵母的 tRNA 晶体，发现各种 tRNA 存在共同的三维结构。每一 tRNA 的三叶草型二级结构都要折叠成致密的倒 L 型三级结构（图 8-5）。在三级结构中，二级结构中的双螺旋区仍然保持着，但是它们要形成 2 个连续、彼此垂直的双螺旋；受体臂的茎和 TψC 臂的茎形成一个连续的双螺旋；D 臂的茎和反密码子臂的茎形成另一个连续的双螺旋。D 环和 TψC 环形成了两个臂之间的转角。L 型结构两条臂的长度约 7nm，氨基酸结合位点和反密码子分别位于两个臂的末端。许多保守或半保守的碱基参与了三级结构氢键的形成，这也解释了它们保守的原因。

8.2.3　密码子和反密码子的相互作用

tRNA 上的反密码子通过碱基配对识别 mRNA 上的密码子。mRNA 按 5′→3′方向读取，由于碱基配对发生在两个反向平行的多核苷酸链之间，故密码子的第 1 位、第 2 位和第 3 位核苷酸分别和反密码子的第 3 位、第 2 位和第 1 位核苷酸配对。

反密码子在 tRNA 的一个环上，所以这个三联体会有轻度的弯曲，结果造成密码子的第 3 个核苷酸和反密码子的第 1 个核苷酸之间允许形成非标准碱基对，这种现象称为摆动（wobble）。1966 年，Crick 根据立体化学原理首先提出了摆动假说，后来证明该假说是正确的。由于摆动，某些 tRNA 可以识别一个以上的密码子。一个 tRNA 究竟能够识别多少个密码子是由反密码子 5′端的碱基决定的（表 8-3）。当反密码子 5′端的碱基是 A 或 C 时，只能识别一种密码子；为 G 或 U 时可以识别两种密码子。例如，反密码子 3′-GAG-5′可解码 5′-CUC-3′和 5′-CUU-3′，二者都编码亮氨酸（图 8-6）；为 I 时可以识别三种密码子，例如，3′-UAI-5′可以解码异亮氨酸的所有三个密码子 5′-AUA-3′、5′-AUC-3′和 5′-AUU-3′。

表 8-3　摆动规则

反密码子第一位碱基	密码子第三位碱基
C	G
A	U
U	A 或 G
G	U 或 C
I	U,C,或 A

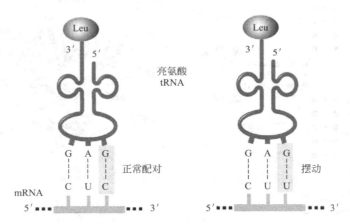

图 8-6　具有反密码子 GAG 的 tRNA 可以解读亮氨酸的两个密码子
5′-CUC-3′和 5′-CUU-3′

上述的摆动规则，细胞并非一定要严格遵守，因为如果严格遵守，一个细胞只需要 31 种 tRNA 就可以识别所有 61 个密码子。然而，事实上一个细胞内的 tRNA 往往超过 31 种。作为典型的高等生物，人类基因组有 48 种 tRNA。预计其中 16 种利用摆动分别识别两种密码子，其余 32 种特异性地对应单个三联体。此外，线粒体的翻译系统使用一种更为宽松的摆动规则。人类的线粒体使用 22 种 tRNA，其中有些 tRNA 在其摆动位置的碱基可以与密码子的任一种碱基配对，使前两个碱基相同、第三位碱基不同的同义密码子可由同一种 tRNA 识别，这种现象称为超摆动。

8.3　氨酰-tRNA 合成酶

8.3.1　氨酰-tRNA 合成酶催化的化学反应

氨酰-tRNA 合成酶（aminoacyl-tRNA synthetase，aaRS）负责催化将氨基酸连接到相应的 tRNA 分子上形成氨酰-tRNA，这是一个由 ATP 驱动的两步反应（图 8-7）。

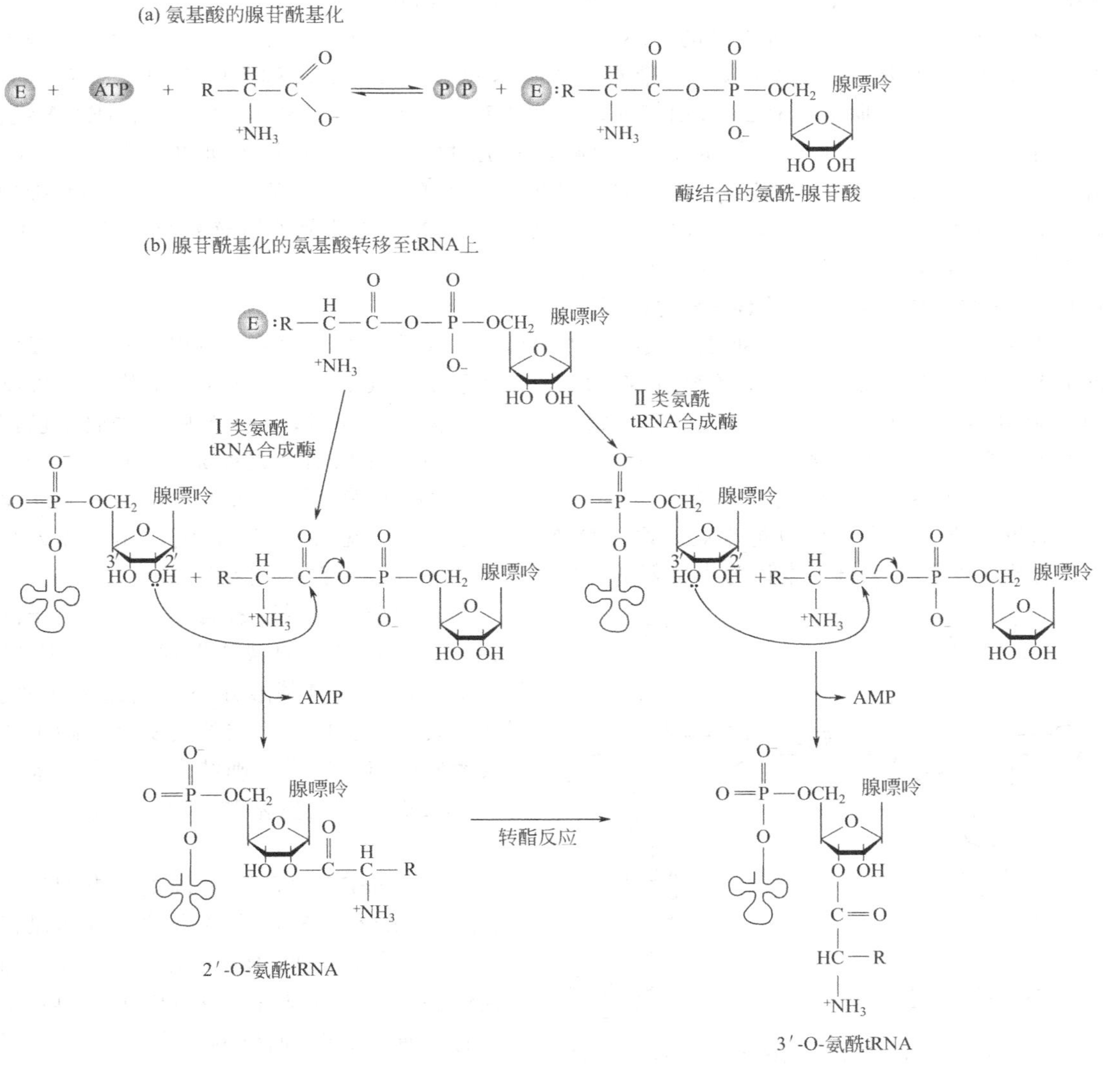

图 8-7　氨酰-tRNA 合成酶的催化机理

第一步是氨基酸的腺苷酰基化。氨酰-tRNA 合成酶催化氨基酸的羧基与另一底物 ATP 上的 α-磷酸基团形成高能酯键，同时释放出 1 分子焦磷酸。释放的焦磷酸被迅速水解，导致氨基酸的活化在热力学上极为有利。

$$氨基酸 + ATP \longrightarrow 氨酰\text{-}AMP + PPi$$

第二步是 tRNA 负载。氨酰-tRNA 合成酶把氨酰基转移到 tRNA 末端腺苷酸的 2′-羟基（Ⅰ类酶）或 3′-羟基（Ⅱ类酶）上，形成的氨酰-tRNA 保留了 ATP 的能量，这时可以认为氨基酸被活化。高能磷酸酯键在翻译的延伸阶段被用来驱动肽键的形成。

8.3.2 氨酰-tRNA 合成酶的分类

氨酰-tRNA 合成酶分为两类。Ⅰ类酶通常是单体，总是首先将氨基酸转移到 tRNA 3′-端腺苷酸的 2′-OH 上，然后再切换至 3′-OH，因为只有 3′-氨酰 tRNA 才能作为翻译的底物。此类酶催化 Arg、Cys、Gln、Glu、Ile、Leu、Met、Trp、Tyr、Val 的活化反应。Ⅱ类酶将氨基酸连接到 tRNA 的 3′-羟基，并且通常是二聚体或四聚体。此类酶催化 Ala、Asn、Asp、Gly、His、Lys、Phe、Pro、Ser 和 Thr 的活化反应。

细菌细胞具有 30~45 种不同的 tRNA，真核生物有 50 余种，这就意味着一个氨基酸可能有几个不同的 tRNA 与之对应。携带同一个氨基酸的一组 tRNA 称为同工 tRNA（isoaccepting tRNA），多肽链中有 20 种氨基酸，因此所有的 tRNA 可以分为 20 个同工 tRNA 组。每一种生物大概含有 20 种氨酰-tRNA 合成酶，分别对应于 20 种氨基酸和 20 个同工 tRNA 组。E.coli 有 21 种 aaRS，仅 Lys 有 2 种，其他氨基酸都只有一种对应的 aaRS。某些细菌缺乏 Gln-tRNA^{Gln}合成酶，作为替代，一种氨酰基-tRNA 合成酶将 Glu 连接到 tRNA^{Gln}上，生成的 Glu-tRNA^{Gln}再转化为 Gln-tRNA^{Gln}。

8.3.3 氨酰-tRNA 合成酶对 tRNA 的识别

tRNA 上的反密码子负责把氨基酸插入到多肽链的正确位置，这一点可以通过改变反密码子上的一个碱基来证明。甘氨酸 tRNA 的反密码子是 5′-UCC-3′，通过化学修饰可以把 UCC 转化为 UCU，而 UCU 与赖氨酸的密码子 AGA 配对。此时，tRNA 的反密码子已经发生了改变，但其携带氨基酸的性质并未发生变化。在体外蛋白质合成系统中，这种反密码子发生变化的 tRNA 可以把甘氨酸插入到新合成的多肽链的赖氨酸位置上。在另一个实验中，通过还原脱硫作用可以把半胱氨酰-tRNA^{Cys}转变为丙氨酰-tRNA^{Cys}，然后用于体外蛋白质合成。结果多肽链上本该为半胱氨酸占据的位置变成了丙氨酸（图 8-8）。

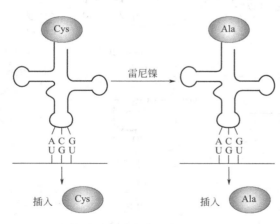

图 8-8 在体外蛋白质合成系统中，携带丙氨酸的 tRNA^{Cys}仍识别半胱氨酸的密码子

上述两个实验说明密码子与反密码子的结合只与二者之间的碱基识别有关，tRNA 分子上所携带的氨基酸并不影响这种识别。因此，要保证蛋白质合成的真实性，除了要求反密码子与密码子准确结合外，还要求氨酰-tRNA 合成酶把氨基酸连接到正确的 tRNA 上。

每一种 aaRS 对两种不同的底物即 tRNA 和氨基酸都具有高度特异性，以确保正确的氨基酸与正确的 tRNA 相连，形成正确的氨酰-tRNA。细胞内一般对应于一种氨基酸只有一种 aaRS，而针对一种氨基酸可能存在几种不同的同工 tRNA。那么，一种氨酰-tRNA 合成酶是如何识别一组同工 tRNA 的？可以设想，一种最直接的方法是通过鉴别 tRNA 的反密码子来识别 tRNA。一些 tRNA 确实是通过这种方式被识别的。人们通过交换 tRNA^{Met}和 tRNA^{Val}的反密码子发现反密码子是决定这两种 tRNA 负载何种氨基酸的主要因素。

然而，对于多数 tRNA 来说，情况并非如此。人们早已知道，来源于少数 tRNA（minor tRNA）的抑制子 tRNA，尽管它们的反密码子已经改变（识别无义密码子），但它们携带氨基酸的性质并没有发生改变。1988 年，候雅明和 Schimmel 首先在确定 tRNA 身份元件

(identity element) 方面获得了突破。他们选用一种大肠杆菌的色氨酸营养缺陷型来研究。该突变体的 *trpA* 基因发生了无义突变，它的 234 位的色氨酸密码子 UGG 突变成了无义密码子 UAG，因此必须在加有色氨酸的培养基中才能生长。丙氨酸抑制 tRNA 可以校正色氨酸的琥珀突变（产生终止密码子 UAG 的点突变）。这种 tRNA 携带 Ala，但它的反密码子突变成 CUA，因此可以和终止密码子 UAG 配对，在琥珀突变的对应位点加入 Ala。转化 *E.coli* 后只要校正率达到 3% ，该 *trp* 菌株就可在普通培养基上生长。

他们先用点突变的方法来改变校正 tRNA^Ala 上的各个位点上的碱基，然后观察这些突变对 tRNA 校对活性的影响，以此来确定 tRNA^Ala 上 AlaRS 的识别位点。他们获得了 28 个突变体（14 种在接受臂上）。结果发现，许多突变体都不改变 tRNA 负载丙氨酸的性质，而只有改变 G3：U70 这一碱基对的突变体才表现出明显的突变效应（不能抑制 *trpA* 基因中第 234 个琥珀突变）。这就说明，G3：U70 是丙氨酰-tRNA 分子决定其性质（携带丙氨酸）的主要因素。

进一步的证据是如果把这对碱基插入到少数 tRNA^Phe 的受体臂上，则这种突变的 tRNA 就会携带 Ala。已发现带有三种不同反密码子（CUA、GGC、UGC）的 tRNA^Ala 都具有 G3：U70 碱基对。来自遗传学、生物化学和 X 射线衍射的证据表明，tRNA 分子上 aaRS 的识别位点主要分布在受体臂和反密码子环上。tRNA 分子的识别特征决定着其所携带的氨基酸的种类，有时也被称为"第二遗传密码"。如上所述，这套遗传密码远比"第一遗传密码"复杂。如果没有这套密码，合成酶不能将不同的 tRNA 分子区分开来，基因的核苷酸序列和多肽链的氨基酸序列之间固定的对应关系将不再存在。

8.3.4　氨酰-tRNA 合成酶的校正功能

前文已经讨论过，氨基酸和 tRNA 的正确连接对于保证蛋白质合成的正确性至关重要。氨酰-tRNA 合成酶可以通过多级校对功能防止氨基酸和 tRNA 之间的错误连接。相关 tRNA 对合成酶上的结合位点有很高的亲和性，因此结合较快，解离较慢。随着 tRNA 的结合，合成酶要对其进行识别。若结合的是正确的 tRNA，那么酶的构象就会改变，使结合变得更为稳定，接着迅速发生氨酰基化反应；若是错误的 tRNA，构象不会发生改变，氨酰基化反应过程变得很慢，这样就增加了 tRNA 在负载前从酶中解离出来的机会。这种进入-识别-排除／接受控制类型称为动力学校对（kinetic proofreading）（图 8-9）。

与 tRNA 相比，氨基酸是一种小分子，可供合成酶识别的结构特征很有限，例如 Ile 和 Val 之间，仅有一个亚甲基基团的差异（图 8-10）。那么，aaRS 又是如何选择正确的氨基酸的呢？缬氨酰-tRNA 合成酶可通过其催化口袋的空间位阻作用排斥 Ile，因为 Ile 的体积大于 Val。虽然 Val 能够进入异亮氨酰-tRNA 合成酶的催化口袋中，然而 Ile 和 Val 对异亮氨酰-tRNA 合成酶的亲和力不一样，Ile 优先与异亮氨酰-tRNA 合成酶的催化口袋结合，进行腺苷酰基化反应（图 8-10）。异亮氨酰-tRNA 合成酶在催化口袋附近还有一个编辑口袋，对腺苷酰基化产物进行校对。Val-AMP 能够进入编辑口袋，在那里被水解成 Val 和 AMP 而释放出来。相反，Ile-AMP 因太大而无法进入编辑口袋，因而不会被水解。因此，异亮氨酰-tRNA 合成酶能够对 Val 进行两次筛选：第一次发生在氨基酸结合与腺苷酸化过程中（筛选因子约为 100），第二次筛选发生在氨酰-AMP 的编辑过程中（同样筛选因子约为 100）。两次筛选的结果使 Val 与异亮氨酰-tRNA 结合在一起的概率约为 0.01% 。

但是，并非所有的 aaRS 都需要校对活性中心。如果一种氨基酸（如 Met、Gly 和 Pro）的侧链基团很容易和所有其他氨基酸的侧链基团区分开来，那么针对这种氨基酸的 aaRS 的校对机制就显得多余了。

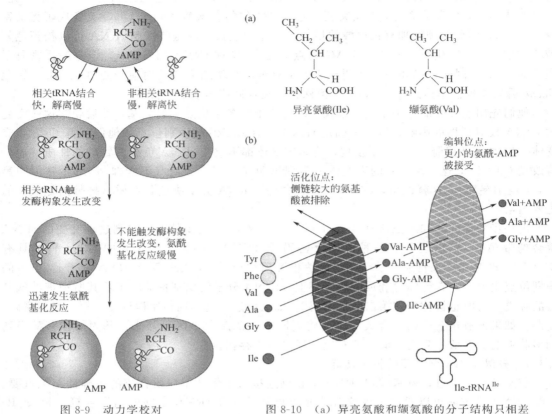

图 8-9　动力学校对

图 8-10　(a) 异亮氨酸和缬氨酸的分子结构只相差一个亚甲基；(b) Ile-tRNA 合成酶的双筛模型

8.4　核　糖　体

生物细胞内，核糖体（ribosome）像一个能沿 mRNA 移动的工厂，执行着蛋白质合成的功能。它通过把 mRNA、氨酰-tRNA 和相关的蛋白质因子定位于核糖体上适当的位置来协调蛋白质的合成，并且翻译过程中的一些重要的生物化学反应也是由核糖体中的成分催化完成的。

8.4.1　核糖体的结构

核糖体是由 RNA 和蛋白质构成的一种致密的核糖核蛋白颗粒。真核细胞核糖体的沉降系数是 80S，细菌细胞中的核糖体是 70S。在所有的细胞中，每一个核糖体都包括大、小两个亚基。真核细胞中，核糖体的两个亚基分别是 60S 和 40S（表 8-4）；细菌细胞中的核糖体为 50S 和 30S。真核细胞大亚基含三种 rRNA（28S rRNA、5.8S rRNA 和 5S rRNA），而细菌细胞的大亚基只含有两种 rRNA（23S rRNA 和 5S rRNA）。真核细胞 5.8S rRNA 的对应物包含在 23S rRNA 中。两种生物的核糖体小亚基均只包含一种 rRNA，在真核生物中为 18S rRNA，在原核生物中为 16S rRNA。

真核生物核糖体的大亚基含有 49 个蛋白质，小亚基大约有 33 个蛋白质。细菌核糖体的大亚基约有 31 个蛋白质，小亚基含有 21 个蛋白质。大亚基的蛋白质命名为 L1、L2 等，与之对应，小亚基的蛋白质命名为 S1、S2 等。核糖体中的 rRNA 和蛋白质大约各占一半。在

核糖体的亚基中 rRNA 广泛存在，可能绝大多数蛋白质或者全部的核糖体蛋白质都附着于
rRNA 上。因此，主要的 rRNA 有时被看成是核糖体的骨架，它决定了核糖体的结构及核糖
体蛋白质所在的位置。

表 8-4　细菌和真核生物核糖体的各组成成分

细胞类型	核糖体类型	亚基	rRNA 组分	蛋白组分
细菌	70S	大亚基(50S)	23S(2900nt),5S(120nt)	31
		小亚基(30S)	16S(1500nt)	21
真核生物	80S	大亚基(60S)	28S(4700nt),5.8S(160nt),5S(120nt)	49
		小亚基(40S)	18S(1900nt)	33

图 8-11 显示出核糖体上有 3 个 tRNA 结合位点，分别称为 A 位点、P 位点和 E 位点。
A 位点是氨酰-tRNA 的结合位点，P 位点
是肽酰-tRNA 的结合位点，E 位点是肽酰-
tRNA 携带的多肽链转移到氨酰-tRNA 后，
空载的 tRNA 在释放之前结合的位点。结
合在 A 位和 P 位上的 tRNA 互相平行，反
密码子环在 30S 亚基的一个凹陷处和 mR-
NA 结合，tRNA 的其余部分与 50S 亚基
结合。

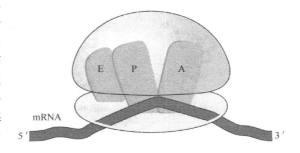

图 8-11　核糖体上的 3 个 tRNA 结合位点

8.4.2　核糖体循环

核糖体的大小亚基在蛋白质合成中分
别执行各自的功能。在翻译的起始阶段，小亚基首先与 mRNA 结合。在起始的最后阶段，
大亚基才与小亚基结合形成完整的、能进行蛋白质合成的核糖体。蛋白质合成完成以后，
大、小亚基分离，又进入游离核糖体库中。尽管一个核糖体一次只能合成一条多肽链，但每
个 mRNA 分子能同时被多个核糖体按顺序结合，同时进行翻译，形成所谓的多聚核糖体
（polyribosome）。通过电子显微镜可以观察到多聚核糖体的存在（图 8-12）。多聚核糖体的
形成使一个 mRNA 分子能利用大量核糖体指导多个多肽链同时合成，提高翻译效率。

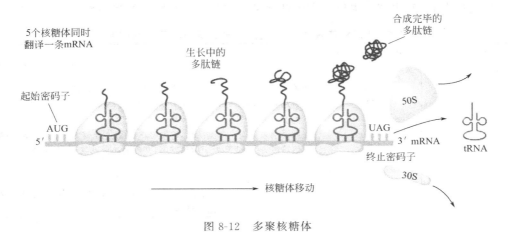

图 8-12　多聚核糖体

8.4.3　肽酰转移酶反应

肽键的形成是核糖体催化的唯一一化学反应。这一反应发生在延伸中的多肽链羧基端的氨
基酸残基和下一个将要加入的氨基酸之间。无论是生长中的多肽链还是将要加入的氨基酸都

是通过酯键与 tRNA 的 3′-端结合的，分别称为肽酰-tRNA 和氨酰-tRNA。在核糖体上，肽酰-tRNA 的 3′-端和氨酰-tRNA 的 3′-端彼此靠近，使氨酰-tRNA 的氨基能够亲核进攻肽酰基形成一个新的肽键，并且导致多肽链从肽酰-tRNA 转移到氨酰-tRNA 上（图 8-13），因此多肽链的生物合成是由 N 端向 C 端延伸的。肽键的形成又称为转肽作用，而催化肽键形成的酶被称为肽酰转移酶（peptidyl transferase），其活性中心由 RNA 组成，所以肽酰转移酶是一种核酶。

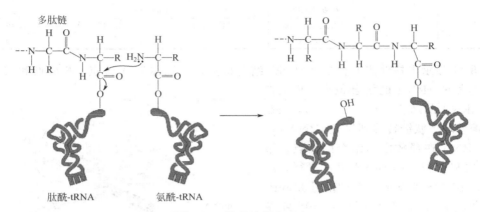

图 8-13　肽酰转移酶反应

8.5　多肽链的合成

8.5.1　原核生物多肽链的合成

　　蛋白质的生物合成分为起始、延伸和终止三个阶段。在起始阶段，核糖体小亚基结合到 mRNA 上，构建一个由多种组分构成的起始复合体。延伸包括从第一个肽键形成开始到最后一个肽键形成结束的全部反应过程。终止包括释放翻译完成的肽链，核糖体解离成两个亚基，并从 mRNA 上释放出来。蛋白质合成的每一步都有一些辅助因子的参与，不同合成阶段所需的能量由 GTP 水解来提供。大肠杆菌翻译的几个阶段所需的蛋白质因子见表 8-5。

表 8-5　大肠杆菌参与翻译的起始因子、延伸因子和终止因子

因子	氨基酸残基的数目[①]	功　　能
起始因子		
IF1	71	在翻译的起始阶段，防止 tRNA 结合到小亚基的 A 位点
IF2	890	具有起始型 tRNA 和 GTP 结合活性，催化 fMet-tRNA$_f^{Met}$ 与核糖体小亚基的 P 位点结合
IF3	180	在翻译结束时与小亚基结合，协助 70S 核糖体分解为大、小亚基；在翻译起始阶段，使小亚基处于游离状态，并促进小亚基与 mRNA 结合
延伸因子		
EF-Tu	393	具有氨酰-tRNA 和 GTP 结合活性，促进氨酰-tRNA 的进位
EF-Ts	282	与 EF-Tu·GDP 结合，催化 EF-Tu 释放出 GDP 和 EF-Tu·GTP 的再生
EF-G	703	具有 GTP 酶活性，促进核糖体移位
释放因子		
RF1	360	识别终止密码子 UAA 和 UAG
RF2	365	识别终止密码子 UAA 和 UGA
RF3	528	翻译终止后刺激 RF1 和 RF2 从核糖体解离
核糖体循环因子（RRF）	185	促进核糖体大、小亚基的分离

　　① 所有大肠杆菌的翻译因子都是单体。

8.5.1.1 翻译的起始

（1）起始型 tRNA 读码框的起始密码子通常是 AUG，但有时也用 GUG。这两个密码子都被同一个起始型的 tRNA（$tRNA_f^{Met}$）所识别，但读码框内部的 AUG 和 GUG 分别被 $tRNA^{Met}$ 和 $tRNA^{Val}$ 所识别。在甲硫氨酰-tRNA 合成酶的催化下，甲硫氨酸与 $tRNA_f^{Met}$ 结合，生成甲硫氨酰-$tRNA_f^{Met}$。接着，在甲酰转移酶的作用下，甲酰基团由 N^{10}-甲酰四氢叶酸转移到甲硫氨酰-$tRNA_f^{Met}$ 的氨基上形成 N-甲酰甲硫氨酰-$tRNA_f^{Met}$（N-fMet-$tRNA_f^{Met}$）（图 8-14）。这种甲酰转移酶具有很高的选择性，它只能甲酰化 $tRNA_f^{Met}$ 上的 Met 残基，而不能甲酰化 $tRNA^{Met}$ 上的 Met 残基。N-甲酰化作用使得 fMet-$tRNA_f^{Met}$ 只能参与多肽链合成的起始，而不能将 Met 插入到多肽链的中间。

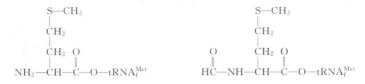

图 8-14　Met-$tRNA_f^{Met}$ 与 N-fMet-$tRNA_f^{Met}$

虽然起始 tRNA 携带的是甲酰甲硫氨酸，但是原核生物蛋白质的第一个氨基酸并非甲酰甲硫氨酸，因为去甲酰化酶（deformylase）在多肽链合成过程中或之后会把这个甲酰基从氨基端去掉。许多原核生物的蛋白质甚至不是以 Met 开始的，这是因为氨肽酶（aminopeptidase）通常会在氨基端切除 Met 以及另外一两个氨基酸。

（2）翻译起始复合体的装配 在细菌中，翻译过程开始于一个核糖体小亚基与翻译起始因子 IF3 一同结合到 mRNA 上富含嘌呤的 Shine-Dalgarno 序列上，因此该序列又称为核糖体结合位点（ribosome binding site，RBS）。其 6 碱基共有序列为 5′-AGGAGG-3′，位于起始密码子上游大约 3～10 核苷酸处。核糖体结合位点与小亚基 16S rRNA 3′-末端富含嘧啶的一段区域互补，在翻译的起始阶段二者之间的碱基配对参与小亚基与 mRNA 的结合（图 8-15）。

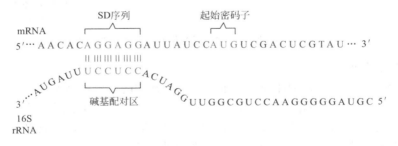

图 8-15　原核生物 mRNA 的 SD 序列与 16S rRNA 3′-末端的一段序列互补配对

事实上，IF3 在上一轮蛋白质合成即将结束时开始与小亚基结合，并协助 70S 核糖体解离成大、小亚基。由此可看出，IF3 具有双重功能：一方面它与 30S 亚基结合后，阻止 30S 亚基与 50S 亚基重新结合成 70S 核糖体，使 30S 亚基处于游离状态；另一方面它还能辅助 30S 亚基与 mRNA 结合，30S 亚基必须有 IF3 的参与才可能与 mRNA 形成复合体。30S 亚基在 mRNA 上的结合位置，正好使起始密码子置于 30S 亚基 P 位上。而在 30S 亚基的 A 位上结合有 IF1，其作用是防止 tRNA 在翻译的起始阶段结合到 A 位上（图 8-16）。

IF2 与 GTP 结合形成的复合物与 fMet-$tRNA_f^{Met}$ 及小亚基发生相互作用，催化 fMet-tRNA$_i^{Met}$进入小亚基的 P 位。这时，起始 tRNA 上的反密码子与 mRNA 上的密码子配对。IF2 是一种 GTP 酶，能够结合并水解 GTP，IF2 只与 fMet-tRNA$_i^{Met}$ 结合保证了只有起始 tRNA，而不是其他普通的氨酰-tRNA 参与翻译的起始反应。

当 fMet-tRNA^{Met} 的反密码子与起始密码子发生碱基配对后，小亚基的构象发生变化导致 IF3 的释放。在 IF3 离开的情况下，大亚基可以自由地与小亚基及其负载的 IF1、IF2、mRNA 和 fMet-tRNA^{Met} 结合。大亚基的结合激活了 IF2·GTP 的 GTP 酶活性，引起 GTP 水解。然后，IF2·GDP 和 IF1 从核糖体上释放出来。起始过程的最后产物是在读码框的起始位点组装了一个完整的 70S 核糖体。这时核糖体上的 P 位和 A 位都已处于正确的姿态，P 位已被携带有 N-甲酰甲硫氨酸的起始 tRNA$_i^{Met}$ 所占据，而 A 位是空的，并覆盖读码框的第二个密码子，准备接受一个能与第二密码子配对的 tRNA。

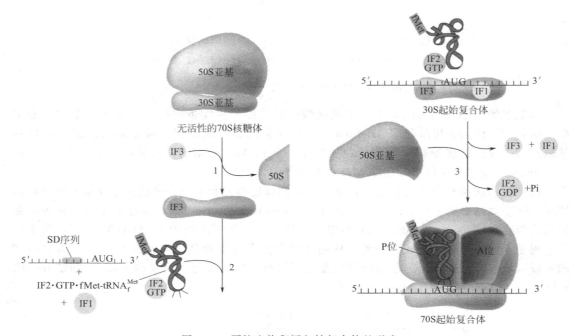

图 8-16　原核生物翻译起始复合体的形成

8.5.1.2　肽链的延伸

当起始复合体形成以后，翻译即进入延伸阶段。延伸阶段由许多循环组成，每一循环包括进位（entry）、转肽（transpeptidation）和移位（translocation）三个步骤。

（1）进位　进位是指正确的氨酰-tRNA 进入核糖体的 A 位。在大肠杆菌中，氨酰-tRNA 是由延伸因子（elongation factor）EF-Tu 携带进入 A 位的（图 8-17）。EF-Tu 是一种 G 蛋白，它首先与 GTP 结合，然后与氨酰-tRNA 结合形成三元复合物。这样的三元复合物在 A 位点上的密码子的指导下进入核糖体的 A 位。单独的 EF-Tu 或者与 GDP 结合的 EF-Tu 均不与氨酰-tRNA 结合。

当氨酰-tRNA 进入 A 位点，并且它的反密码子与密码子正确配对时，EF-Tu 的 GTP 酶活性被核糖体激活，EF-Tu 水解与其结合的 GTP，并从核糖体上释放出来。EF-Ts 与释放出来的 EF-Tu·GDP 结合，诱导 EF-Tu 释放出 GDP 并与 GTP 结合。EF-Tu 与 GTP 结合后发生构象改变，引起 EF-Ts 与其解离（图 8-17）。

已经发现有三种机制保证密码子-反密码子的正确配对。第一种机制是只有当密码子-反

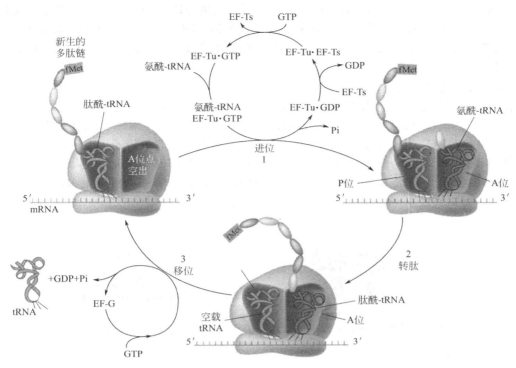

图 8-17　细菌多肽链延伸过程中的进位与 EF-Tu-GTP 的再生

密码子正确配对时，16S rRNA 有两个相邻的腺嘌呤与密码子-反密码子正确配对形成的小沟形成紧密的相互作用，使正确配对的 tRNA 不易从核糖体上脱落。第二种机制涉及到 EF-Tu 的 GTP 酶活性的激活，只有当密码子和反密码子正确配对后，EF-Tu 的 GTP 酶活性才被核糖体激活，导致 GTP 的水解和 EF-Tu 的释放。第三种是 EF-Tu 释放后的一个校正机制。当负载 tRNA 与 EF-Tu·GTP 复合体进入 A 位点时，它的 3′-端远离肽酰转移酶中心。为了成功地进行转肽反应，氨酰-tRNA 必须旋转进入正确的位置，这一过程称为 tRNA 入位。非正确配对的 tRNA 在入位的过程中经常从核糖体上脱离下来。

（2）肽键的形成　氨酰-tRNA 进入 A 位后，肽酰转移酶（peptidyl transferase）把 P 位上起始 tRNA$_f^{Met}$ 所携带的甲酰甲硫氨酸转移到 A 位的氨酰-tRNA 的氨基上，形成肽键（图 8-17）。在大肠杆菌中，肽酰转移酶活性位于大亚基的 23S rRNA 中。23S rRNA 与处于 A 位和 P 位上的 tRNA 的 CCA 末端之间的碱基配对，协助氨酰-tRNA 的 α-NH$_2$ 攻击肽酰-tRNA 上酯键的羧基，结果使一个酯键转化成了一个肽键。

（3）移位　现在对应于读码框的头两个密码子的二肽已经连接到了 A 位点的 tRNA 上，下一步是移位。移位是指在 EF-G 和 GTP 的作用下，核糖体沿 mRNA 链（5′→3′）移动一个密码子的距离，使得下一个密码子能准确定位于 A 位点（图 8-17）。与此同时，原来处于 A 位点上的二肽酰-tRNA 转移到 P 位点上，于是 A 位点被空出。P 位点上去酰基化的 tRNA 移到第三个位点，即 E 位点。延伸循环重复进行，直到抵达读码框的末端。上述过程是由延伸因子 G 引起的。EF-G 要先与 GTP 形成 EF-G·GTP 复合体后才能进入核糖体。与核糖体结合以后，EF-G 与核糖体相互作用促进 GTP 水解，为移位提供能量。EF-G 与 EF-Tu 在核糖体上的结合部位彼此重叠，这就排除了两种因子同时与核糖体结合的可能性，从而保证了延伸作用按顺序进行。

EF-G·GDP 与核糖体解离后，同样需要重新转变成 EF-G·GTP 以后，才能进入下一轮反应。对于 EF-G 而言，这是一个简单的反应，因为 GDP 与 EF-G 的亲和力远比 GTP 与 EF-G 的亲和力低，所以一旦 GTP 水解，GDP 便迅速释放。游离的 EF-G 可迅速地结合另一个 GTP 分子。

8.5.1.3　翻译的终止

在肽链的延伸过程中，当终止密码子进入核糖体的 A 位时，由释放因子（release factor，RF）识别，肽链的延伸即告终止。细菌中有三种释放因子：RF1、RF2 和 RF3。RF1 识别 UAA 和 UAG，RF2 识别 UAA 和 UGA。进入 A 位点的释放因子可能还使核蛋白体上的肽酰转移酶发生变构，酶的活性从转肽作用改变为水解作用，从而使多肽链与 tRNA 之间的酯键被切断，多肽链从核糖体及 tRNA 上释放出来（图 8-18）。所以说 RF1 和 RF2 有两种功能，即识别终止密码子和介导多肽链的释放。

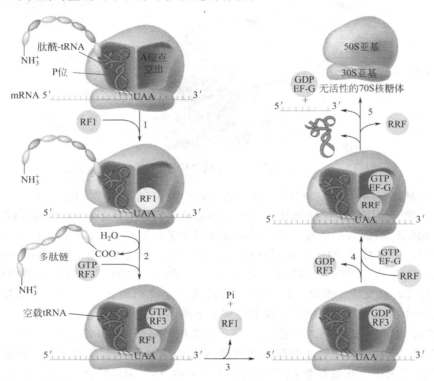

图 8-18　原核生物多肽链合成的终止与释放

RF3 的作用则是促进 RF1 和 RF2 在多肽链释放以后，离开核糖体。这一步反应需要 GTP 水解提供能量。RF3 也是一种 GTP 结合蛋白，但是它与 GDP 的亲和力大于与 GTP 的亲和力。因此，游离的 RF3 主要以与 GDP 结合的形式存在。在 RF1 和 RF2 刺激多肽链释放后，核糖体构象发生改变，诱导 RF3 释放出 GDP，而与 GTP 结合。RF3·GTP 与核糖体有很高的亲和力，并取代 RF1 或者 RF2 与核糖体结合（图 8-18）。而核糖体的大亚基刺激 GTP 的水解，形成 RF3·GDP。由于 RF3·GDP 与核糖体的亲和力较弱，很快从核糖体上释放出来。

虽然释放因子可以终止翻译过程，但是核糖体亚基的解离却需要另外一个蛋白质因子——核糖体循环因子（ribosome recycling factor，RRF）的参与，至少在细菌中是如此。RRF 进入核糖体的 A 位或 P 位，打开核糖体（图 8-18）。核糖体两个亚基的解离需要 EF-G 水解 GTP 提供能量，同时还需要起始因子 IF3 的参与以防止两个亚基重新结合。解离后的核糖体进入胞浆池内，直到下一轮翻译再被启用。

8.5.2 真核生物多肽链的合成

8.5.2.1 翻译的起始

仅有一小部分真核 mRNA 有内部核糖体结合位点，大多数情况下，核糖体的小亚基首先结合在 mRNA 的 5′-端，然后沿着序列进行扫描，直到找到起始密码子。这就是 Kozak 提出的真核生物蛋白质合成起始的"扫描模式"。

具体步骤如图 8-19 所示，第一步是前起始复合体的组装。前起始复合体包括核糖体的 40S 亚基、eIF-2 以及与其结合的起始 Met-tRNA$_i^{Met}$ 和一分子的 GTP，另外还包括 eIF-1、eIF-1A、eIF-3 和 eIF-5。eIF-1、eIF-1A、eIF-3 和核糖体的小亚基结合，阻止核糖体大亚基过早地与小亚基结合。Met-tRNA$_i^{Met}$ 是被 eIF2-GTP 安排到小亚基的 P 位点上形成 43S 前起始复合体。和细菌细胞一样，起始 tRNA 不同于识别内部 AUG 密码子的 tRNA^{Met}。但是，与细菌不同的是，它携带的是正常的甲硫氨酸，而不是其甲酰化形式。

组装后，前起始复合体结合于 mRNA 的 5′-末端。这一步需要帽结合复合体（cap binding complex）的介导。该复合体包括起始因子 eIF-4A、eIF-4E 和 eIF-4G，其中 eIF-4E 为帽结合蛋白，专门与 mRNA 5′-端的帽子结合，eIF-4G 是一种接头分子，既能与 eIF-4E 和 eIF-4A 结合，又能与 Poly(A) 结合蛋白相互作用，还能与 eIF-3 结合。帽结合复合体与 mRNA 的 5′-端结合，形成蛋白质-mRNA 复合物，并利用该复合物对 eIF-3 的亲和力与前起始复合体结合。另外，eIF-4G 与 PABP 结合，使 mRNA 的 5′-端和 3′-端在空间上相互靠近成环。mRNA 的环化很好地解释了 Poly(A) 尾巴为什么能够提高翻译的效率：一旦核糖体完成了翻译，mRNA 环化使新释放的核糖体被置于同一 mRNA 的翻译起点位置上（图 8-20）。

起始复合体连接到 mRNA 5′-末端之后，需要沿着 mRNA 分子扫描并找到起始密码子。真核 mRNA 的引导区的长度可以为数十到数百个核苷酸，并且常常含有可以形成发卡的区域。这种结构可能被 eIF-4A 和 eIF-4B 联合除去。eIF-4A（可能还包括 eIF-4B）具有解旋酶活性，故能够打开 mRNA 分子内的氢键，以利于起始复合体顺利通过。起始密码子在真核细胞中通常是 AUG，并且被包含在一段短的共有序列 5′-ACCAUGG-3′ 中，该共有序列称为 Kozak 序列，所以起始密码子能够被识别。

一旦起始复合体被定位在起始密码子上，Met-tRNA$_i^{Met}$ 的反密码子与起始密码子互补配对，eIF-5 触发 eIF-2 水解与之结合的 GTP。GTP 的水解促使起始因子被释放出来，然后 60S 亚基与 40S 亚基结合形成完整的翻译起始复合体。

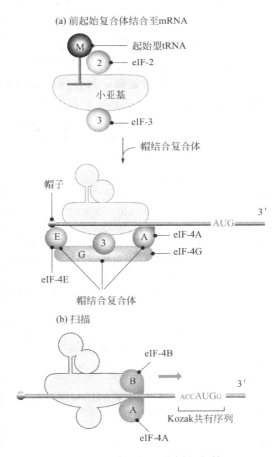

图 8-19 真核细胞翻译的起始

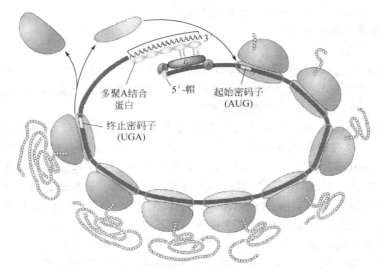

图 8-20　真核生物 mRNA 环化模型

8.5.2.2　肽链的延伸

真核生物肽链的延伸也是不断地经历进位、转肽和移位循环，只是由 eEF-1 代替了原核系统中的 EF-Tu 和 EF-Ts，eEF-2 代替了 EF-G。真菌还需要第三种延伸因子 eEF-3，其作用是维持翻译的忠实性。

8.5.2.3　多肽链的释放和翻译的终止

真核生物仅有两种释放因子参与翻译的终止反应：eRF-1 识别三种终止密码子；eRF-3 为一种小分子 GTP 结合蛋白，其作用可能与 RF3 相同，刺激识别终止密码子的释放因子从核糖体上释放出来。表 8-6 总结了真核生物翻译因子的种类和功能。

表 8-6　真核生物的翻译因子

因子	功　　能
起始因子	
eIF-1	前起始复合体组分
eIF-1A	前起始复合体组分
eIF-2	具有 GTP 和 Met-tRNA$_i^{Met}$ 结合活性；与 GTP 结合后，催化 Met-tRNA$_i^{Met}$ 与 40S 亚基结合；eIF-2 磷酸化导致翻译的整体抑制
eIF-3	前起始复合体组分；与 eIF-4G 直接接触从而使前起始复合体结合至 mRNA 的 5′-端
eIF-4A	帽结合复合体组分；具有解旋酶的活性；通过打开 mRNA 的链内氢键，帮助扫描
eIF-4B	帽结合复合体组分；通过促进 eIF-4A 的解旋酶活性，帮助扫描
eIF-4E	帽结合复合体组分；直接与 mRNA 5′-端结合
eIF-4F	帽结合复合体，包括 eIF-4A、eIF-4E 和 eIF-4G
eIF-4G	帽结合复合体组分，为一接头分子；通过和前起始复合体中的 eIF-3 相互作用，介导前起始复合体与 mRNA 的 5′-端结合；eIF-4G 与 PABP 结合，使 mRNA 的 5′-端和 3′-端在空间上相互靠近成环
eIF-5	促进 eIF-2 的 GTP 酶活性
eIF-6	与核糖体大亚基结合，防止大亚基与细胞质中的小亚基结合
延伸因子	
eEF-1	由 4 个亚基组成的复合体，指导氨酰-tRNA 结合到核糖体的正确位点
eEF-2	介导核糖体移位
释放因子	
eRF-1	识别终止密码子
eRF-3	翻译终止后，刺激 eRF-1 从核糖体解离，可能还能够介导核糖体亚基的解离

8.6　反 式 翻 译

在正常的翻译过程中，当终止密码子出现在核糖体的 A 位点时，便会启动翻译的终止过程，并最终导致多肽链的释放及核糖体大、小亚基的分离。但是，mRNA 的断裂、基因突变或转录错误等都可以导致 mRNA 丧失终止密码子。这一类型的 mRNA 的翻译可以正常启动和延伸，直至达到 mRNA 的 3′-末端。这时，由于缺少终止密码子启动终止反应，核糖体仍然会滞留在 mRNA 上。原核细胞专门有一种嵌合的 RNA 分子用来解救这些受困的核糖体，使它们能够脱离无终止密码子、有缺陷的 mRNA，重新进入核糖体循环，这种 RNA 分子兼有 tRNA 和 mRNA 的功能，称为转运-信使 RNA（transfer-messenger RNA，tmRNA）。

8.6.1　tmRNA 的结构与功能

tmRNA 是细菌细胞内一种稳定的 RNA，兼有转运 RNA 和信使 RNA 的特点，功能是标记由缺损 mRNA 翻译出来的多肽。大肠杆菌的 tmRNA 由 *ssrA* 基因编码，所以也称SsrA RNA。tmRNA 在结构上可分成两个部分（图 8-21）。第一部分由 5′-端（约 50 个核苷酸）和 3′-端（约 70 个核苷酸）的核苷酸序列组成，形成类似于 tRNA 的结构。例如，tmRNA 的第一个双螺旋区由 7 个碱基对构成，相当于 tRNA 的氨基酸受体臂。双螺旋区上的第 3 个碱基对是 G-U，这正是原核生物 tRNA[Ala] 的主要识别特征。在体外，

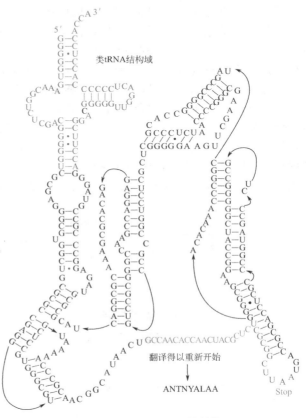

图 8-21　SsrA RNA 的结构

tmRNA 可以被来源于 *E. coli* 或枯草杆菌的丙氨酰-tRNA 合成酶催化，形成丙氨酰-tRNA。与 tRNA 一样，tmRNA 3′-端的最后 3 个碱基也是 CCA。在各种 tmRNA 分子中，第二部分的结构差异很大，但都有一个潜在的可编码 25 个氨基酸残基的 ORF。

8.6.2　反式翻译的分子模型

tmRNA 是通过介导反式翻译发挥作用的。反式翻译不同于一般的顺式翻译，它将两个 mRNA 分子翻译成一条融合的多肽链，其中一个是无终止密码子的 mRNA 分子，另一个是 tmRNA。失去终止密码子的 mRNA 仍有起始密码子和 SD 序列，所以核糖体照样能够结合上去，起动翻译。但由于无终止密码子，翻译会一直持续到 mRNA 3′-端最后一个密码子。当核糖体停止于 mRNA 的 3′-端时，负载有 Ala 的 tmRNA 在 EF-Tu·GTP 和 SsrB 蛋白的帮助下进入 A 位。在转肽酶的催化下，肽酰-tRNA 与丙氨酰-tmRNA 之间发生转肽反应。通过移位作用，核糖体从 mRNA 进入 tmRNA 的读码框继续翻译，又延伸 10 个密码子后遇到终止密码子，于是翻译得以正常终止。所以，tmRNA 有两方面的功能：一方面它为以缺

损 mRNA 为模板的翻译提供终止密码子，使翻译能够正常终止；另一方面作为模板向不完整的多肽链的 C 端添加一个由 10 个氨基酸残基构成的标记肽，该肽段通过 Ala 连接到多肽链的 C 端形成融合蛋白。标记肽实际上是一种降解标签，被胞内的一些特殊的蛋白酶识别后发生水解。这样，断裂 mRNA 的多肽产物很快被清除，防止了它们对细胞可能带来的伤害。

8.7　程序性核糖体移码

通常，核糖体是严格按照 mRNA 的阅读框合成蛋白质的。然而有少数的 mRNA 携带有特异性的序列信息和结构元件，使核糖体抵达 mRNA 上特定的位置时向上游（−1 位）或者下游（＋1 位）滑动一个碱基的距离，然后继续蛋白质的合成，从而改变了 mRNA 的阅读框，这种现象称为程序性核糖体移码（programmed ribosomal frameshifting，PRF）。

通过程序性核糖体移码，核糖体能够通读 mRNA 前一个基因的终止密码子，紧接着翻译第二个基因，产生一个融合蛋白。例如，在反转录病毒 HIV 的基因组中，gag 基因的最后一个密码子是亮氨酸的密码子 UUU，后接一个终止密码子 UAG。在 95% 的情况下，翻译在终止密码子处结束。然而，有 5% 的概率核糖体向−1 位滑移一个碱基，UU-UUU-UAG 被读成 U-UUU-UUA-G，使终止密码子 UAG 不再被阅读，核糖体继续翻译 Pol 的编码区，产生 Gag-Pol 融合蛋白（图 8-22），并且 Gag 蛋白在数量上超过 Gag-Pol 蛋白约 20 倍。对

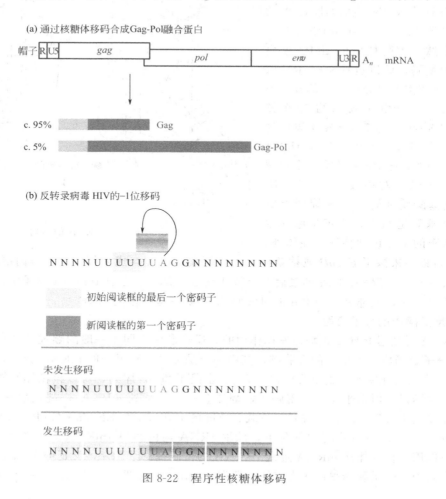

图 8-22　程序性核糖体移码

于反转录病毒来说，程序性核糖体移码能够扩大病毒基因组的编码潜力，可以从一条 mR-NA 分子上合成衣壳蛋白和 Pol 蛋白。另外，移码发生的频率还决定着合成的结构蛋白和酶蛋白比例。

大肠杆菌 RF2 的合成也需要核糖体移码。RF2 识别终止密码子 UAA 和 UGA。RF2 的编码框的内部含有一个同框的终止密码子 UGA，该终止密码子必须被绕过才能合成一个完整的 RF2。当细胞有足够的 RF2 时，终止反应能够有效发生，RF2 的合成被下调。细胞缺少 RF2 时，出现在核糖体 A 位上的 UGA 不能被有效识别，核糖体的移动出现停顿，诱导核糖体和 tRNA^{leu} 向 +1 位滑动一个碱基，CUU-UGA-C 被读成 C-UUU-GAC。从而避开了 UGA 引发的终止作用。

大肠杆菌 DNA 聚合酶Ⅲ的 τ 亚基和 γ 亚基都是由 dnaX 基因编码的。τ 亚基由完整的基因编码，而 γ 亚基则是由于核糖体向 -1 位滑动一个碱基，导致蛋白质合成的提前终止，产生的一个截短了的多肽链（图 8-23）。滑移位点序列为 5′-A-AAA-AAG-3′。

图 8-23　发生在 dnaX mRNA 上的程序性移码

8.8　硒代半胱氨酸

无论是原核生物还是真核生物，包括人类，都有一些蛋白质含有硒代半胱氨酸。硒代半胱氨酸是半胱氨酸的类似物，在硒代半胱氨酸中硒取代了硫。硒比硫更容易氧化，所以硒蛋白必须避免与氧气接触。例如，在很多细菌中参与无氧代谢的甲酸脱氢酶在它们的活性部位含有硒代半胱氨酸。

硒代半胱氨酸是在 mRNA 的翻译过程中掺入到多肽链的。通过比较硒蛋白的氨基酸序列及其基因的碱基序列，发现硒代半胱氨酸由基因编码区内部的 UGA 翻译而成。UGA 通常是一个终止密码子，翻译时，UGA 被读成终止密码子还是硒代半胱氨酸的密码子取决于 mRNA 是否含有硒代半胱氨酸插入元件（selenocysteine insertion sequence，SECIS）。与构成蛋白质的其他氨基酸一样，硒代半胱氨酸有自己的 tRNA。硒代半胱氨酸 tRNA（tR-NA^{Sec}）的一级结构和二级结构与其他氨基酸的 tRNA 有显著区别，例如它的受体臂由 8 个碱基对（细菌）或 9 个碱基对（真核生物）构成，几个保守位置上的碱基发生了替换。硒代半胱氨酸 tRNA 最初装载的是丝氨酸（图 8-24）。丝氨酰-tRNA^{Sec} 不能直接参与蛋白质的合成，因为它不能被延伸因子 EF-Tu（原核生物）或者 EF-1α（真核生物）识别。tRNA^{Sec} 携带的丝氨酸要被修饰成硒代半胱氨酸。

硒代半胱氨酸掺入到正在延伸的多肽链中，需要特异性的延伸因子和 mRNA 上的 SE-CIS 元件。在细菌中，SECIS 紧邻 UGA 的下游，形成一个茎环结构。Sec-tRNA^{Sec} 被特殊的延伸因子 SelB 识别。SelB 一方面与 Sec-tRNA^{Sec} 结合，另一方面与 SECIS 形成的茎环结构结合，从而将 Sec-tRNA^{Sec} 输送到正确的位置。在真核细胞中，SECIS 形成的茎环结构位于 3′-非翻译区，而不是紧接在 UGA 的下游，能够使读码框内部的多个 UGA 编码硒代半胱氨酸。

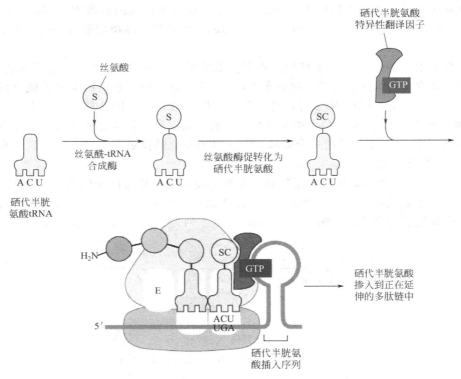

图 8-24 携带硒代半胱氨酸的 tRNA 识别阅读框内部的 UGA

8.9 吡咯赖氨酸

吡咯赖氨酸是赖氨酸的衍生物，具有一个吡咯环，由 UAG 编码。人们首先在产甲烷古细菌的甲胺甲基转移酶的活性部位发现了吡咯赖氨酸。这类古细菌的基因组含有 *pylT* 和 *pylS* 基因，其中 *pylT* 编码一种特殊的吡咯赖氨酸-tRNA，它的反密码子是 CUA，识别吡咯赖氨酸的密码子 UAG。而 *pylS* 编码一种Ⅱ类氨酰-tRNA 合成酶，其作用是将吡咯赖氨酸添加到它的 tRNA 上。基因组序列分析发现 *pylT* 和 *pylS* 的同源序列也存在于几种真细菌中，但是它们的功能尚未确定。

8.10 依赖翻译的 mRNA 质量监控

8.10.1 无义密码子介导的 mRNA 降解

真核细胞具有一种专门的 RNA 监控机制清除含有提前终止密码子（prematrue terminatin codon，PTC）的 mRNA。无义突变、移码突变、基因表达异常（例如，转录时错误碱基的插入、拼接错误等）是导致 PTC 产生的主要原因。清除这类异常 mRNA 的机制被称作无义介导的 mRNA 降解（nonsense-mediated decay，NMD）。

NMD 对保证真核细胞的正常功能具有重要意义。携带无义突变的 mRNA 由于翻译过程的过早终止会产生截短的、无功能的蛋白质。有时，细胞合成这样的蛋白质只是资源的一种浪费。但是，很多蛋白质是在一个多亚基复合体中起作用的。异常的多肽链会参与复合体的形成，干扰正常蛋白质的功能，影响细胞正常的生理活动。降解带有无义突变的 mRNA，阻止异常蛋白质的合成，可以保护细胞免受基因无义突变产生的伤害。

真核生物的基因大多为断裂基因，断裂基因的初始转录产物在加工的过程中需要进行拼接，除去外显子之间的内含子，并把外显子连接在一起。如果在距最后一个外显子-外显子连接位点（exon-exon junction，EEJ）的上游 50～55nt 或更远的地方出现了一个终止密码子，都会触发 NMD。这就要求成熟的 mRNA 上的 EEJ 要被标注出来。在动物细胞 mRNA 的拼接过程中每一 EEJ 上游 20～24nt 处都结合有一个蛋白质复合体，被称为外显子连接复合体（exon junction complex，EJC）。EJC 参与 mRNA 的转运、定位和降解。在第一轮翻译过程中，当核糖体沿着 mRNA 移动时，mRNA 上的 EJC 被置换下来（图 8-25）。

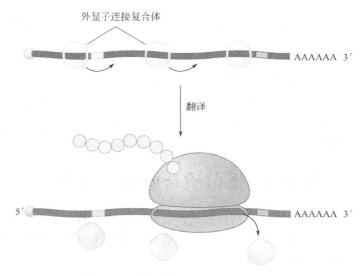

图 8-25　外显子连接复合体

有三种 Upf 蛋白质与 EJC 结合，参与无义介导的 RNA 降解过程（图 8-26）。Upf3 首先在细胞核中与 EJC 结合。当 mRNA 被运出细胞核后，Upf2 再结合上去。如果 mRNA 上含有一个 PTC，在所有的 EJC 脱离 mRNA 之前，核糖体即完成翻译过程。在这种情况下，包括释放因子和 Upf1 在内的终止复合体与滞留在 mRNA 上的 EJC 发生相互作用，激活脱帽酶，除去 5'-端的帽子结构，然后，从裸露的 5'-端降解 mRNA。在正常降解途径中，Poly（A）的降解先于帽子结构的切除。

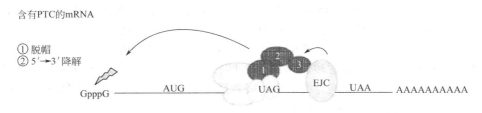

图 8-26　无义介导的 mRNA 降解

在酵母中，只有不到 5% 的基因具有内含子。因此，大多数基因的初级转录产物不需要拼接，mRNA 中也就不能利用 EEJ 作为识别 PTC 的标记。然而，大多数酵母 mRNA 含有下游序列元件（downstream sequence element，DSE）作为 PTC 的下游识别标记。DSE 的序列特征并不明显，但富含 AU。DSE 功能具有空间相关性特点，酵母 NMD 机制要求 PTC 与下游 DSE 之间的最大距离为 150～200nt。

8.10.2　无终止密码子介导的 mRNA 降解

真核生物的 mRNA 以 Poly(A) 尾结束。当 mRNA 缺少终止密码子时，核糖体就会翻译 Poly (A)，产生多聚赖氨酸。一旦 mRNA 3′-末端（0、1 或 2 个腺嘌呤核苷酸）进入核糖体的 A 位，核糖体就会进入暂停状态。Ski7p 的 C 端 GTPase 结构域与核糖体的 A 位结合，刺激核糖体的解离，并利用其 N 端结构域募集 3′→5′ 外切酶 （exosome） 降解 "无终止" mRNA （图 8-27）。另外，C 端含有多聚赖氨酸的蛋白质是不稳定的，能被蛋白酶快速降解。

图 8-27　无终止密码子介导的 mRNA 降解

无义密码子介导和无终止密码子介导 mRNA 降解都需要 mRNA 的翻译。在没有翻译的情况下，受损的 mRNA 具有正常的稳定性，并不会很快被降解。因此，真核细胞要依赖翻译机制来校正它们的 mRNA。

8.11　蛋白质合成的抑制剂

人们熟知的很多抗生素都是蛋白质合成的抑制剂，它们中的大多数专一性地作用于原核生物的核糖体。在很高的浓度下，这些抗生素也能抑制线粒体和叶绿体中的核糖体，因为这两种细胞器均起源于原核细胞。

氨基糖苷类抗生素 （aminoglycosides） 作用于核糖体的 30S 亚基。链霉素 （streptomycin） 与 30S 亚基的 16S rRNA 结合，可以改变核糖体 A 位点的形状，导致负载的 tRNA 不能进入 A 位，尤其是 fMet-tRNA$_f^{Met}$ 的进位被抑制，使得蛋白质的合成不能起始。某些链霉素抗性突变体的 16S rRNA 第 523 位上的碱基发生了改变，或者是促进抗生素结合的 S12 蛋白质发生了突变。卡那霉素结合于小亚基的多个位点，阻止翻译的移位，链霉素和其他氨基糖苷类抗生素也会造成 mRNA 的错读。

氯霉素 （chloramphenicol） 和放线菌酮 （cycloheximide） 分别与原核生物和真核生物的大亚基结合，抑制核糖体的肽基转移酶活性。红霉素 （erythromycin） 与细菌核糖体的 23S rRNA 结合阻止核糖体的移位。图 8-28 是几种常见的蛋白质合成抑制剂的化学结构式。

少数抑制剂既能抑制原核生物又能抑制真核生物的蛋白质合成。四环素 （tetracycline） 既抑制原核生物的核糖体也抑制真核生物的核糖体活性，它与核糖体小亚基的 16S （或 18S） rRNA 结合，阻止氨酰-tRNA 与核糖体结合。尽管能够抑制两种类型的核糖体，但是四环素优先抑制细菌的生长，这是因为细菌主动吸收四环素，而真核细胞会将四环素主动排出。梭链孢酸 （fusidic acid） 为一种类固醇衍生物，它能够和原核生物的延伸因子 EF-G 结合，使 EF-G·GDP 不能与核糖体脱离。梭链孢酸也抑制真核生物相应的转录因子 eEF-2。然而，动物细胞的蛋白质合成不会受梭链孢酸的影响，因为动物细胞不会吸收这种抗生素。嘌呤霉素的分子结构与氨酰-tRNA 的氨酰基末端非常相似，能够进入核糖体的 A 位参与肽键的形成 （图 8-29）。然而，形成的肽酰嘌呤霉素不能进行移位反应，而是与核糖体脱离，造成多肽链合成的提前终止。再如潮霉素 B 能够阻止 tRNA 从 A 位点移位到 P 位点，抑制蛋白质的合成。

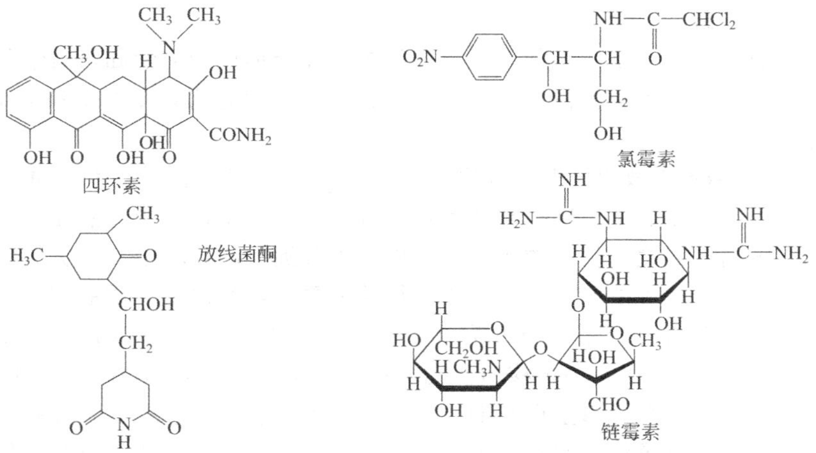

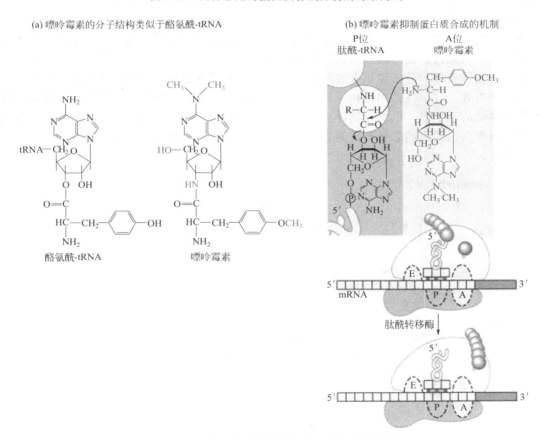

图 8-28　几种常见的蛋白质合成抑制剂的结构式

图 8-29　嘌呤霉素抑制蛋白质合成的分子机制

8.12　蛋白质翻译后加工

　　多肽链的合成并不意味着生成了有生物学功能的蛋白质，新生的多肽链需要折叠成正确的三维结构，有时还需要经过加工修饰后才能转变为有活性的蛋白质。

8.12.1　蛋白质的折叠

　　由核糖体合成的所有多肽链必须经过正确的折叠才能形成动力学和热力学稳定的三维构象，发挥其生物学功能。如果蛋白质折叠错误，其生物学功能就会丧失或者受到影响。

8.12.1.1　分子伴侣

　　1953 年，Anfinsen 所做的核糖核酸酶体外变性和复性实验表明，蛋白质的一级结构决定其高级结构，即一条多肽链正确折叠的信息包含在其一级结构之中。然而，细胞内新生多肽链的折叠是在较高的温度、较高的蛋白浓度而又十分拥挤的环境中，以极快的速度和极高的保真度在进行着。在这种情况下，蛋白质的折叠需要一类特殊蛋白质的帮助。这种能够在细胞内辅助多肽链正确折叠的蛋白质称为分子伴侣（molecular chaperone）。分子伴侣首先被 Ron Laskey 和他的同事用来描述核质蛋白（nucleoplasmin）在核小体装配中的作用。核质蛋白与组蛋白结合，并介导组蛋白和 DNA 装配成核小体，但是核质蛋白最终并不出现在核小体结构中。因此，分子伴侣类似于催化剂，只促进蛋白质复合体的装配，但最终并不成为复合体的一部分。随后的研究拓展了分子伴侣的概念，包括介导多种组装过程，特别是介导多肽链折叠的蛋白质。

　　分子伴侣并非是为多肽链折叠成正确的三维结构提供所需的额外信息，一条多肽链折叠成正确的三维构象仅仅是由其氨基酸序列决定的，分子伴侣的作用仅是为蛋白质的正确折叠提供环境，创造条件。分子伴侣大致可以区分为两个不同的家族，它们通过两种不同的方式帮助蛋白质折叠。Hsp70 是细胞内一种主要的分子伴侣家族，它们结合于未折叠或者部分折叠的多肽链的疏水区，以及核糖体上正在延伸的多肽链，防止它们发生错误折叠，或者避免不完全折叠蛋白质之间非特异性的聚合 [图 8-30(a)]。分子伴侣被认为与所有的生长中的多肽链结合。

(a) Hsp70的作用机制

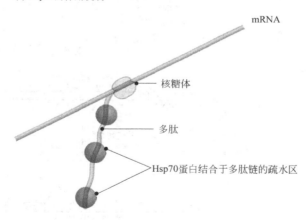

(b) GroEL/GroES的作用机制

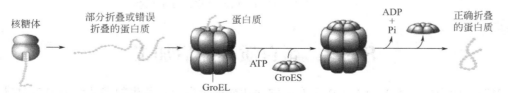

图 8-30　分子伴侣的两种作用方式

伴侣蛋白（chaperonin）为另外一类分子伴侣，在蛋白质合成完成以后发挥作用，重新折叠受到损伤或者错误折叠的蛋白质。GroEL/GroES 是 *E. coli* 的伴侣蛋白，GroEL 由 14 个相同的亚基（Hsp60）构成，它们排列成两个垛叠在一起的环，每个环由 7 个亚基组成。GroEL 看起来像一个圆柱状结构，具有一个中央空腔 ［图 8-30（b）］。部分折叠或错误折叠的蛋白质从圆柱状结构的一端被运送到中央空腔，然后由 7 个相同亚基构成的 GroES 将多肽链盖在腔中，并导致圆柱状结构发生构象的改变，为多肽链的折叠创造一个疏水的环境。在腔内，多肽链与腔的内壁不断发生相互作用，最终折叠成正确的构象。GroES 离开圆柱状的 GroEL 后，折叠后的多肽链被释放出来。

8.12.1.2 参与蛋白质折叠的酶

除了分子伴侣之外，细胞内至少含有两种酶通过催化共价键的断裂和重新连接参与蛋白质的折叠。一些分泌蛋白和膜蛋白含有二硫键，这是蛋白质合成后由两个半胱氨酸残基的侧链巯基氧化形成的一种肽链内或肽链间的共价交联。二硫键的形成对于稳定蛋白质的空间结构起着十分重要的作用。蛋白质二硫键异构酶（protein disulfide isomerase，PDI）的功能是催化二硫键的形成 ［图 8-31（a）］，或者是催化二硫键断裂和重新连接使二硫键快速地发生重组，直至形成正确的二硫键 ［图 8-31（b）］。在图 8-31（b）中，PDI 的一个巯基与多肽链的一个半胱氨酸残基形成一个二硫键，随后发生二硫键的重排，最终使两对错误的二硫键转化为正确的二硫键。在真核细胞中，二硫键的氧化形成主要在内质网腔中进行，其氧化性环境有利于二硫键的形成，更重要的是内质网腔中有蛋白质二硫键异构酶家族。

第二种在蛋白质折叠过程中发挥重要作用的酶是肽基脯氨酰异构酶（peptidyl prolyl

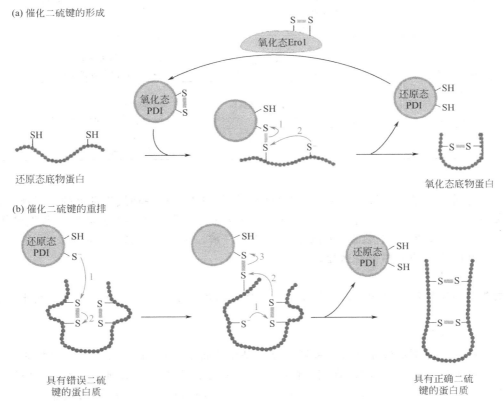

图 8-31 PDI 的作用机制

isomerase，PPI），其作用是催化多肽链中 X-Pro 之间形成的肽键进行顺式与反式的转变（图 8-32）。一个蛋白质分子中绝大多数肽键为反式，因为反式肽键更为稳定，但是脯氨酸的氨基形成的肽键既可以是反式的，也可以是顺式的，它们之间的平衡略微有利于反式肽键的形成。顺式与反式之间的转换是许多蛋白质折叠的限速步骤，PPI 通过催化肽键顺式与反式的转换，推动肽链的快速折叠。

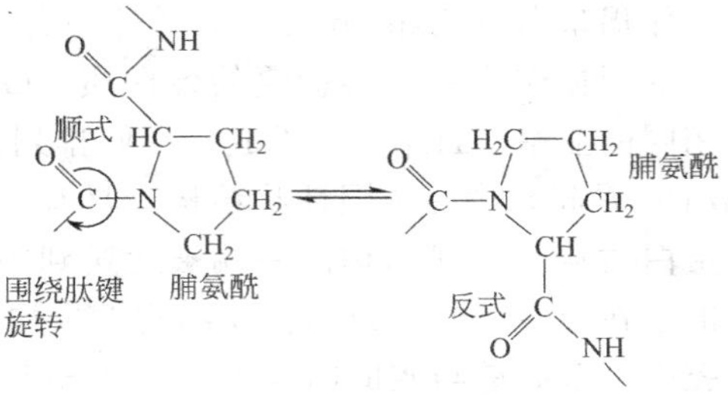

图 8-32　PPI 的作用机制

8.12.2　蛋白质的化学修饰

化学修饰涉及将化学基团添加到多肽链的末端氨基或羧基基团上，或者内部的氨基酸残基侧链上具有反应活性的基团上。已报道蛋白质有 150 多种不同的修饰方式，每种修饰都是高度特异的，表现为同一种蛋白质的每个拷贝的同一氨基酸都是以同一种方式修饰的。蛋白质的化学修饰具有许多重要的生理功能，在某些情况下，多肽链的化学修饰是可逆的。表 8-7 列举了蛋白质翻译后修饰的几种方式。

表 8-7　翻译后化学修饰举例

修饰	被修饰的氨基酸	蛋白质举例
添加小化学基团		
乙酰化	赖氨酸、N 端氨基酸	组蛋白
甲基化	赖氨酸	组蛋白
磷酸化	丝氨酸、苏氨酸、酪氨酸	参与信号转导的一些蛋白质
羟基化	脯氨酸、赖氨酸	胶原
N-甲酰化	N 端甘氨酸	蜂毒肽
添加糖侧链		
O-连接糖基化	丝氨酸、苏氨酸	多种膜蛋白和分泌蛋白
N-连接糖基化	天冬氨酸	多种膜蛋白和分泌蛋白
添加脂类侧链		
脂酰化	丝氨酸、苏氨酸、半胱氨酸	多种膜蛋白
N-肉豆蔻酰化	N 端甘氨酸	参与信号转导的一些蛋白质
添加生物素		
生物素化	赖氨酸	多种羧化酶

8.12.2.1　乙酰化

乙酰化是指乙酰基团添加到多肽链游离的末端氨基上，是一种最为常见的化学修饰。据估计大约有 80％的蛋白质发生乙酰化作用。乙酰化在控制蛋白质寿命方面发挥着重要作用，因为不被乙酰化的蛋白质被细胞内的蛋白酶快速降解。另外，组蛋白 Lys 的乙酰化是真核生物调控基因表达的一种重要途径。

8.12.2.2　甲基化

某些蛋白质通过甲基化修饰来改变活性。例如组蛋白 H4 的 Lys20 可被单甲基化或双甲基化修饰。

8.12.2.3　磷酸化

多肽链的内部氨基酸能够被一系列的化学基团修饰。Ser、Thr 和 Tyr 的磷酸化是一种最常见的修饰方式（图 8-33）。真核生物借助于磷酸化和脱磷酸化来调节一系列蛋白质或酶的活性。对于微生物而言，磷酸化发生在 His 上。细菌通过 His 的磷酸化感应环境中的信号，并对信号刺激做出反应。

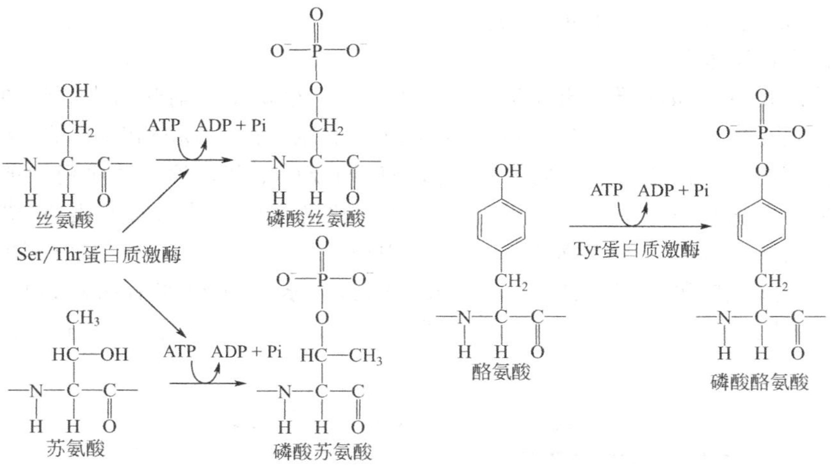

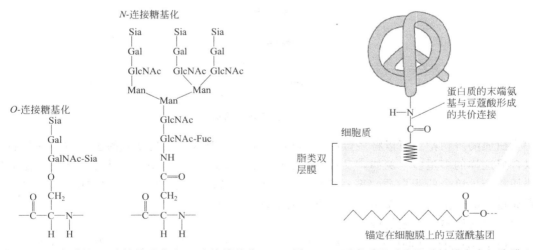

图 8-33　蛋白质的磷酸化

8.12.2.4　羟基化

胶原蛋白分子中的脯氨酸变成羟脯氨酸是羟基化修饰的典型例子。脯氨酸的羟基化有助于胶原蛋白螺旋的稳定。

8.12.2.5　糖基化

Asn、Ser 和 Thr 的侧链是糖基化的位点。糖蛋白通常是分泌蛋白，或者分布于细胞的表面。糖侧链对于糖蛋白在内质网中的折叠以及蛋白质在亚细胞结构中的定位发挥着重要作用，同时也是细胞间互作的识别位点。有两类糖基化形式，*O*-连接的糖基化是将糖侧链通过丝氨酸或苏氨酸的羟基连接到蛋白质上，而 *N*-连接的糖基化则是将糖侧链连接到天冬酰胺的侧链氨基上（图 8-34）。

图 8-34　蛋白质的 *N*-连接糖基化和 *O*-连接糖基化　　　图 8-35　蛋白质通过脂肪酸链锚定在细胞膜上

8.12.2.6　脂酰基化

一些膜蛋白含有共价修饰的脂酰基，这些蛋白质借助于疏水的脂肪酸链被锚定在膜上。在某些情况下，脂肪酸被共价连接到核糖体上正在延伸的多肽链的 N 末端上。例如在 *N*-豆蔻酰化的过程中，豆蔻酸（14 碳脂肪酸）被连接到 N 末端的甘氨酸残基上（图 8-35）。甘氨酸通常是第二个掺入到新生多肽链的氨基酸，而起始氨基酸在脂肪酸添加之前已被酶解掉。

N-豆蔻酰化的蛋白质通常与质膜的内表面结合。

8.12.3 蛋白质的酶解切割

蛋白质酶解切割是激活蛋白质和酶的常用手段，一个例子是前胰岛素原的加工。在胰岛的 β 细胞中，胰岛素首先被合成为无活性的前胰岛素原（preproinsulin）。前胰岛素原具有将多肽链定位到内质网的信号肽序列。在穿过内质网膜后不久，信号肽序列就被存在于内质网膜内侧的信号肽酶切下，形成第二种前体，称为胰岛素原。胰岛素原由 N 端的 A 链、C 端的 C 链和中部的连接肽（即 B 肽）组成。在内质网中，几种特异性的肽酶切去胰岛素原的连接肽，形成成熟的胰岛素（图 8-36）。成熟的胰岛素的 A 链和 B 链通过两个二硫键相连，C 链内部也形成一个二硫键。以类似的翻译后加工方式激活的蛋白质还包括蛋白酶以及凝血系统中的蛋白质等。

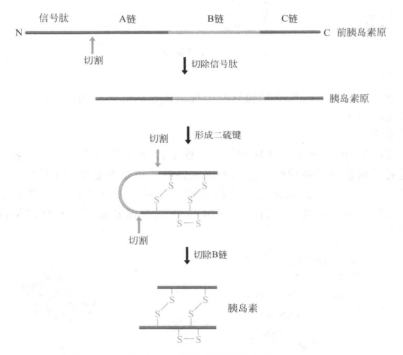

图 8-36　前胰岛素原的加工

蛋白质酶解切割还可以将多蛋白（polyprotein）切割成一系列独立的蛋白质。一些病毒可以合成这样的多蛋白。例如，反转录病毒的 *gag*、*gag-pol* 和 *env* 基因的多蛋白产物被蛋白酶切割产生单个的蛋白质（图8-37），这些蛋白质都能在成熟的病毒颗粒中找到。显然，病毒通过合成多蛋白能够减小其基因组的大小。

8.12.4 内含肽与蛋白质拼接

不但 RNA 中存在间隔序列（内含子），蛋白质中也会有间隔序列。蛋白质中的间隔序列称为内含肽（intein），除去内含肽后保留下来的肽段称为外显肽（extein）。在蛋白质剪接过程中，内含肽要被切除，两侧的外显肽连接在一起（图 8-38）。在酵母、藻类、细菌和古细菌中都有内含肽的存在。

内含肽的剪接不需要酶的参与，它催化自身作为一条独立的肽链被释放出来。内含肽与外显肽的交界处存在特异性的氨基酸残基。内含肽的 N 末端是一个半胱氨酸残基或者是一个丝氨酸残基，而它的 C 末端是一个碱性氨基酸残基。C 端外显肽的第一个氨基酸残基是丝

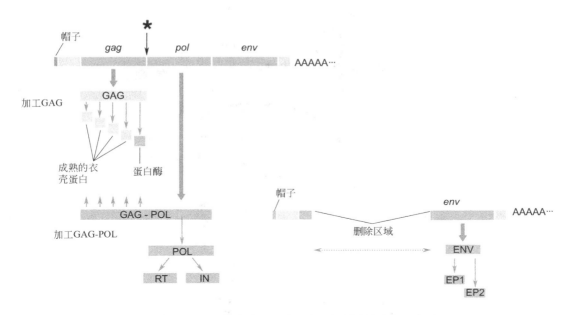

图 8-37　反转录病毒编码的多蛋白被切割成单个的蛋白质

氨酸或者半胱氨酸。剪接时，N 端外显肽被切下，并且与 C 端外显肽的第一个氨基酸残基的侧链共价连接，形成一个暂时的带分支的中间体。下一步，内含肽被切掉，两个外显肽被连接在一起（图 8-39）。

通常一个蛋白质只有一个内含肽，但也有例外，即在一个宿主蛋白中插入了两个内含肽。*Synechocystis* 的 *dnaZ* 基因的结构更加与众不同，它被分隔成两个独立的部分，每一部分均被独立转录和翻译，形成两个蛋白质，每一个蛋白质都由一个外显肽和一个内含肽组成。剪接时，两个外显肽被连接在一起，两个内含肽被删除。这一过程类似于内含子的反式剪接。

被剪接下来的内含肽并非只是一种没有功能的产物，它是一种位点专一性的 DNase，其作用是维持内含肽的生存。如果编码内含肽的 DNA 片段从基因中删除，先前形成的内含肽将在删除位点切断宿主 DNA。因此，任何具有单拷贝基因组的细胞在删除无用的内含肽编码序列后将被内含肽杀死，只有那些保存了内含肽 DNA 的细胞才能存活下来。与大多数内含肽不同，有一些短的内含肽不具有 DNase 活性。很可能它们是一些带有缺陷的内含肽，丢失了编码核酸酶的序列。内含肽对细胞的生命活动似乎是无意义的，内含肽的编码序列被认为是自私 DNA 的一种形式。

在真核细胞中，每一个基因有两个拷贝。如果其中的一个拷贝丢失了内含肽的 DNA 序列，它将被内含肽切割成两段。酵母和其他真核细胞能够通过重组过程修复这种断裂的DNA。在重组修复过程中，完整拷贝的序列和断裂拷贝的序列依靠碱基配对结合在一起，然后以完整拷贝为模板合成内含肽 DNA，填补断裂拷贝上的缺口。最后，两个 DNA 分子彼此分离，两个等位基因均有内含肽 DNA 的插入（图 8-40）。一些内含子也使用同样的生存技巧。如果宿主基因丢失了内含子，内含子编码的 DNase 将把该基因切断。

图 8-38　内含肽的剪接

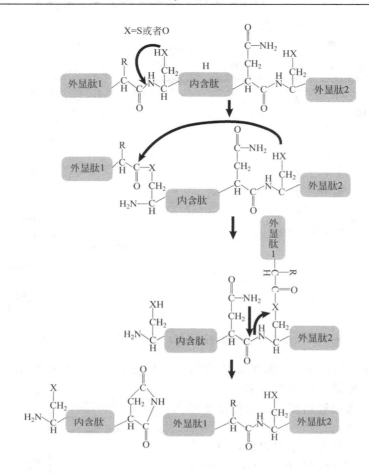

图 8-39　内含肽的剪接步骤

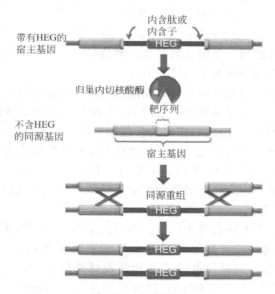

图 8-40　归巢过程

归巢内切核酸酶（内含肽）在不含内含肽的同源基因的靶位点上产生双链断裂，引发同源
重组将空载的同源基因转变成带有 HEG 的拷贝。HEG 表示归巢内切核酸酶基因

8.13　蛋白质的定向与分拣

　　细胞质是蛋白质合成的主要场所，新合成的蛋白质必须被转移到特定的场所行使其功能。例如，组蛋白进入细胞核，细胞色素 c 进入线粒体，抗体被分泌到血液中。蛋白质合成以后所经历的这种转移和定位的过程被称为蛋白质的定向与分拣。任何蛋白质的定向与分拣必须是精确无误的，否则会影响到细胞的正常功能，严重的可导致细胞死亡。

8.13.1　翻译-转运途径

　　真核细胞和原核细胞采用相似的蛋白质分泌机制。合成后，将要被分泌到细胞外的蛋白质在其 N 末端含有一段特殊的起信号向导作用的氨基酸序列，即信号序列（signal sequence）。该序列在引导新生的多肽链穿过细胞膜（原核细胞）或内质网（真核细胞）后被切除，所以不存在于成熟的蛋白质中。信号序列具有 3 个特点，靠近 N 末端为一段由 2~8 个氨基酸组成、带正电的序列，后接一段疏水性氨基酸（富含甘氨酸、亮氨酸和缬氨酸），蛋白酶切割位点前面的那个氨基酸侧链往往很短。

　　在细菌中，大多数分泌蛋白是通过 Sec 途径（secretion pathway）进行跨膜转运的。Sec 转运酶是一个多组分的蛋白质复合体，膜蛋白三聚体 SecYEG 及水解 ATP 的动力蛋白 SecA 构成了 Sec 转运酶的核心。SecYEG 三聚体再二聚化形成转运通道，这是一种由 6 个疏水性亚基围绕被转运的多肽形成的环形通道，能使前体蛋白在跨膜转运的过程中维持一个稳定的状态。SecA 是细菌特有的一种蛋白质，具有 ATP 酶活性，是 Sec 蛋白质转运途径中的"动力泵"，通过催化 ATP 水解驱使多肽穿过通道。在图 8-41 中，分子伴侣 SecB 一方面通过其疏水的表面和新合成的多肽链结合，控制其折叠；另一方面与细胞膜上的 SecA 特异性结合。前体蛋白由 SecB 传递至 SecA 后，在 SecA 的驱动下穿越通道，开始由细胞内向细胞外的转移。信号序列穿过转运酶围成的通道不久，就被结合于细胞膜外表面的信号肽酶（leader peptidase）切下，而新生的多肽链继续延伸，并穿过转运酶向细胞外转运。

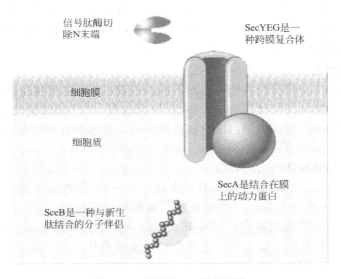

图 8-41　细菌的 Sec 转运系统

  真核细胞的分泌蛋白是在内质网膜上合成的，并首先被转运至内质网腔。如图 8-42 所示，蛋白质先在细胞质基质游离核糖体上完成第一阶段的合成，当多肽链延伸至 80 个氨基酸左右时 N 端的信号肽暴露出核糖体，细胞质中游离的信号识别颗粒（signal recognition particle，SRP）识别并与之结合，导致肽链延伸暂时停止，直至信号识别颗粒与内质网膜上的 SRP 受体结合。SRP 是一种特殊的核糖核蛋白颗粒，由 6 种不同的多肽链和一分子长度为 300 个核苷酸的 7SL RNA 组成。在内质网膜上存在信号识别颗粒的受体，又称停泊蛋白（docking protein，DP）。GTP 可以强化 SRP 与 SRP 受体的相互作用。

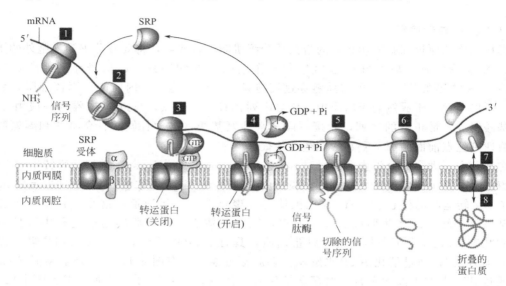

图 8-42 分泌蛋白的合成与跨内质网膜的共翻译转运

  核糖体/新生肽与内质网膜上的多肽转运复合体结合后，GTP 水解，信号识别颗粒脱离核糖体和 SRP 受体，返回细胞质基质进入新一轮循环，而肽链又开始延伸。信号肽穿过多肽转运复合体中的孔道，引导多肽链不断向内质网腔延伸，这是一个耗能的过程。与此同时，腔面上的信号肽酶切除信号肽。肽链继续延伸，直至完成整个多肽链的合成，释放出核糖体。在内质网腔内，多肽链折叠成正确的构象。像这种多肽链边合成边跨膜转运的定向与分拣途径称为共翻译转运途径（cotranslational export）。

8.13.2 翻译后转运途径

  细胞器基因组的大小依有机体的不同而不同。一般来说，生物体越高等，它的细胞器基因组就越小。哺乳动物的线粒体仅合成大约 10 种蛋白质，高等植物的叶绿体大约合成 50 种蛋白质。很多线粒体与叶绿体的蛋白质由核基因编码，在细胞质中合成后被运输到相应的细胞器中。

8.13.2.1 线粒体和叶绿体蛋白的转运

  进入到线粒体的蛋白质的 N 末端具有一个约含 20～80 个氨基酸残基的导肽序列。导肽序列每 3～4 个残基中有一个带正电的氨基酸（赖氨酸或精氨酸），不含带负电的氨基酸残基，并具有形成两亲 α-螺旋的能力，即 α-螺旋既有一个带正电荷、亲水的面，还有一个疏水的面。蛋白质进入线粒体需要连续通过两个转运酶复合体，一个是 TOM（translocase of the outer membrane），另一个是 TIM（translocase of the inner membrane），它们分别位于线粒体的外膜和内膜。图 8-43 表示细胞核编码的线粒体基质蛋白的转运过程，胞质 Hsc70

与多肽链结合使其保持伸展状态，导肽序列将多肽链引导至线粒体。多肽链穿过 TOM 和
TIM 进入线粒体基质，基质中的一种蛋白酶切除导肽，线粒体基质 Hsc70 与多肽链结合，
驱动多肽链向线粒体进一步转移。Hsp60 促使被转运至线粒体基质中的多肽链折叠成正确
的构象。

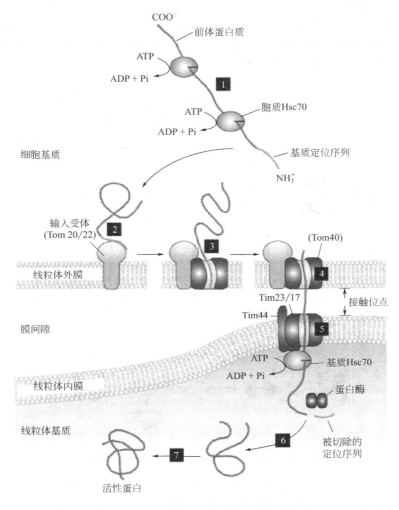

图 8-43　多肽链向线粒体基质的运输

蛋白质向叶绿体运送的机制与向线粒体运送的机制类似。进入叶绿体的蛋白质的导肽与
进入线粒体的蛋白质的导肽相似，事实上只有植物细胞才能把它们区分开来。如果把编码叶
绿体蛋白质的基因导入到真菌细胞，基因的编码产物将被运送到线粒体中。目前，仍不清楚
植物细胞是如何区分叶绿体和线粒体的导肽序列的。叶绿体也含有两个与 TIM 和 TOM 类
似的转运酶，分别称为 TIC 和 TOC（C 代表叶绿体）。

蛋白质向细胞器的运输也需要分子伴侣的参与。向内运输的蛋白质必须以去折叠的形式
穿过转运酶内部狭窄的管道。在细胞质中，伴侣蛋白与新合成的多肽链结合避免其过早折
叠。当向线粒体和叶绿体内部转运的多肽链穿越转运酶出现在基质中时，暴露在基质中
的肽段被基质中的伴侣蛋白结合。尤其是 Hsp70 型的伴侣蛋白，它们负责将多肽链拉向
基质。

8.13.2.2 核定位蛋白的转运

指导蛋白质进入细胞核的信号序列被称为细胞核定位序列（nuclear localization sequence，NLS）。NLS 可以位于核蛋白的任何部位，一般不被切除。核蛋白是以完全折叠的形式通过核膜复合体（nuclear pore complex，NPC）转运的。NLS 通常暴露在核蛋白的表面，以方便与入核载体结合。如图 8-44 所示，在细胞质基质中，核蛋白与入核载体结合。入核载体为一异二聚体，包括 α 和 β 两个亚基，α 亚基与 NLS 结合，β 亚基与核孔结合。核蛋白-载体复合物通过核膜复合体被运送到细胞核。在那里，Ran-GTP 与载体的 β 亚基结合，随后，核蛋白-载体复合物解体，核蛋白被释放出来。

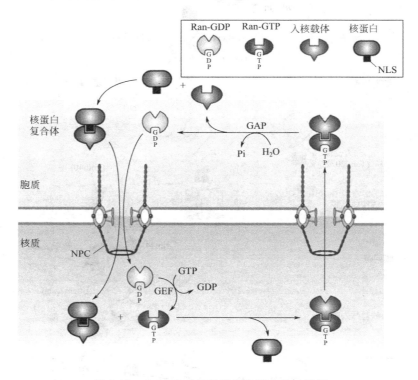

图 8-44   由 NLS 介导的核定位蛋白转运机制

为了继续执行转运功能，位于细胞核中的入核载体必须返回细胞质。与 Ran-GTP 结合的 β 亚基经过核膜复合孔进入细胞质。Ran 是一种典型的单体 G 蛋白。Ran-GTP 在 GTP 酶激活蛋白（GAP）的作用下，其潜在的 GTP 酶活性被激活，将与之结合的 GTP 水解成 GDP 后，Ran-GDP 返回细胞核。在细胞核内，Ran-GDP 在核苷酸交换因子（GEF）的作用下，重新转换成 Ran-GTP（图 8-44）。在核输出载体的协助下，入核载体的 α 亚基返回细胞质，并与 β 亚基重新组装成入核载体，开始新一轮蛋白质转运。

8.13.2.3 过氧化物酶体蛋白的转运

过氧化物酶体（peroxisome）是单层膜包被的小细胞器，大约含有 50 种左右的酶参与多种代谢反应。过氧化物酶体没有自己的基因组，其中的蛋白质完全由核基因编码，在游离的核糖体上合成，折叠成有功能的形式后被转运进来的。大多数过氧化物酶体蛋白的定向序列（peroxisome targeting sequences，PTS）位于多肽链的 C 端，被称为 PTS1，其一致序列为 SKL（Ser-Lys-Leu）或 SKF。少数过氧化物酶体蛋白的定向序列（PTS2）位于 N 末端，是一个九肽序列，有很大的多样性。PTS1 和 PTS2 分别被 Pex5 和 Pex7 受体识别。图 8-45

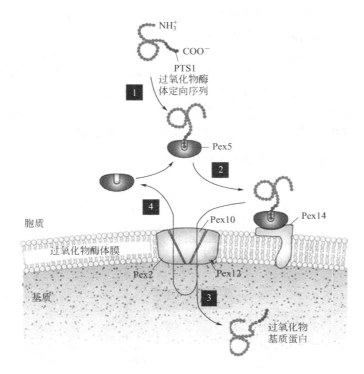

图 8-45　过氧化物酶体蛋白的定向转移

表示 Pex5 介导的过氧化物酶体蛋白的转运过程。Pex5 识别并结合蛋白质 C 端的 PTS1。随后，Pex5 与过氧化物酶体膜上的整合蛋白结合，将蛋白停泊到过氧化物酶体的表面，其他几种整合蛋白则参与输入蛋白质的进腔过程，但具体转运过程还不清楚。

8.14　蛋白质的降解

　　细胞内负责降解蛋白质的酶称为蛋白酶（protease），所以在细胞内蛋白酶的作用受到精确的调控，以避免对细胞造成伤害。例如，蛋白酶常常被限制在发挥作用的位置，或者选择性地降解带有特殊标记的蛋白质。

　　动物细胞向消化道中分泌的蛋白酶常常是以无活性的前体形式合成的，只有被输送到细胞外以后才被激活。例如，胰蛋白酶的前体是胰蛋白酶原，胃蛋白酶的前体是胃蛋白酶原。植物细胞和真菌的蛋白酶也是以前体的形式被分泌到细胞外的。细胞内蛋白质的降解主要通过两条途径：溶酶体降解和泛素介导的降解。

8.14.1　溶酶体降解途径

　　溶酶体是真核细胞中由膜围成的细胞器，内含多种消化酶，包括蛋白酶，执行自我防御的功能。免疫细胞吞噬侵入动物体内的细菌和病毒，形成吞噬泡。然后，吞噬泡与溶酶体融合将细菌和病毒消化掉。当然，有些病原菌能够逃脱溶酶体中蛋白酶的破坏，导致疾病的产生。

8.14.2　泛素-蛋白酶体途径

　　细胞质中的蛋白酶被用来降解受到损伤或者错误折叠的蛋白质，它们的活性要受到严格的控制，否则细胞会受到伤害。细菌中的蛋白酶倾向于形成环状结构，而酶的活性中心就位于环的内部，需要降解的蛋白质在辅助蛋白的作用下进入环的中央。

蛋白酶体是真核细胞内的一种大的、多亚基蛋白酶复合体，其主要功能是降解细胞内不再需要的或者错误折叠的蛋白质。蛋白酶体的沉降系数为 26S，由一个 20S 的核心颗粒和两个具有调节功能的 19S 的"帽子"组成（图 8-46）。核心颗粒为一由 4 个垛叠在一起的环组成的中空的圆柱体。核心颗粒内部的两个环分别由 7 个 β 亚基组成，具有蛋白酶活性，活性部位在环的内部。外侧的两个环分别由 7 个 α 亚基组成，形成了进入核心颗粒的入口。19S 复合体结合在圆柱状核心颗粒的两端，识别并结合需要降解的蛋白质。

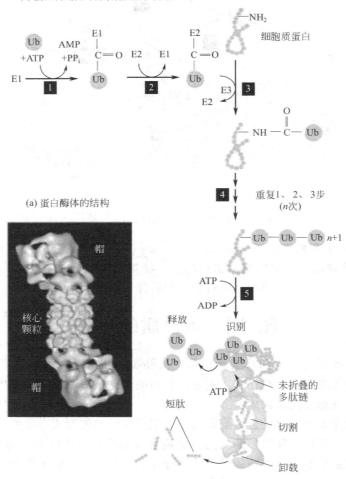

图 8-46　泛素-蛋白酶体途径
E1—泛素激活酶；E2—泛素结合酶；E3—泛素连接酶；Ub—泛素

由蛋白酶体负责降解的蛋白质首先要被标记上泛素（ubiquitin）分子。这是一类存在于所有的真核生物，由 76 个氨基酸构成的小分子蛋白质。泛素在进化过程中高度保守，酵母和人类的泛素分子仅相差 3 个氨基酸残基。通过 C 末端的甘氨酸残基，泛素分子与将要被降解的蛋白质分子的赖氨酸残基的 ε-氨基共价连接。发现有三种酶参与蛋白质底物的泛素化反应。首先，泛素激活酶（ubiquitin activating enzyme，E1）催化泛素 C 末端的甘氨酸（Gly）形成泛素蛋白-腺苷酸中间产物，然后泛素蛋白被转移至 E1 酶的一个 Cys 残基的巯基上，形成高能硫酯键。通过转酰基作用，泛素蛋白由 E1 转移至泛素结合酶（ubiquitin-conjugating enzyme，E2）的一个特定的半胱氨酸残基上，形成 E2-泛素蛋白。在泛素连接酶（ubiquitin ligating enzyme，E3）的协助下，泛素被转移至底物蛋白 Lys 残基的 ε-氨基上（图 8-46）。上述过程可以重复发生，形成多聚泛素链。在链内，每一泛素分子的 C 端与相邻的泛素分子 Lys29 或 Lys48 的 ε-氨基共价相连。被泛素标记的蛋白质伸展开来，进入桶状的蛋白酶体，裂解成长度为 4～10 个氨基酸的短肽。这些短肽段离开蛋白酶体后，再降解成单个的氨基酸。在蛋白质降解过程中，泛素分子被释放出来重复利用。

第9章 原核生物基因表达的调控

所有的基因都必须通过表达来发挥作用。基因表达的产物是具有一定功能的蛋白质，基因表达调控就是对基因表达进行控制的机制。基因表达是一个复杂的过程，主要包含以下步骤：

- 基因被转录成前体 mRNA
- 前体 mRNA 被加工成成熟的 mRNA
- mRNA 的降解
- mRNA 的翻译
- 多肽链的折叠和加工
- 蛋白质的降解

尽管表达的每一步骤均可作为调控的位点，但它们受到调控的频率是不一样的，调控主要发生在转录水平上。以上列举的基因表达的各个步骤还可以做进一步的分解，例如，转录过程又可分为转录装置对启动子的识别以及 RNA 合成的起始、延伸和终止等步骤。同样的，转录的每一环节都可以作为调控的位点，但是细胞对转录起始的调控是最重要的调控方式。因为从节省能量的角度来看，对基因表达关闭得越早越好，这样不至于将能量浪费在 mRNA 和蛋白质合成上。

9.1 转录水平的基因表达调控

转录调控的分子机制可以分为正调控和负调控两种主要类型。在正调控（positive regulation）系统中，激活蛋白（activator）与基因的调控区结合促进转录（图 9-1）。有时激活蛋白需要与一种信号分子结合才有活性，除去信号分子，激活蛋白便不能与调控区结合促进转录 ［图 9-1(a)］。在负调控（negative regulation）系统中，调节蛋白与基因的调控区结合抑制转录，这时，调控蛋白被称为阻遏蛋白（repressor protein）［图 9-1(b)］。在某些情况下，阻遏蛋白能单独抑制转录的发生，要解除它对转录的抑制作用需要一种诱导物（inducer）。在另一些情况下，阻遏蛋白自身不能抑制转录的发生，它需要与一种信号分子构成一种复合体，才能与调控区结合发挥抑制转录的作用。

在细菌中，同一代谢途径中顺序起作用的一组酶的合成常常受到协同调控（coordinate regulation），它们的编码基因要么同时表达，要么同时关闭。发生协同调控的原因是酶的编码基因被组织成一个转录单位，转录成一条多顺反子 mRNA（polycistronic mRNA），所以它们受到同样的调控，一开俱开，一关全关（图 9-2）。在真核生物中不存在这种调控方式，因为真核生物的 mRNA 通常是单顺反子的。

9.1.1 转录起始调控

9.1.1.1 乳糖操纵子

1961 年 Jacob 和 Monod 提出了操纵子模型。操纵子是原核生物基因表达和调控的单元。一个典型的操纵子由一组结构基因和调节结构基因转录所需的顺式元件组成。操纵子的结构基因编码在某一特定代谢途径中起作用的酶，它们被转录成一条多顺反子 mRNA；调控元件由启动子（promoter）、操纵基因（operator）及其他与转录调控有关的序列组成。一个操纵子的所有结构基因均由同一启动子起始转录并受到相同调控元件的调节，所以从结构上

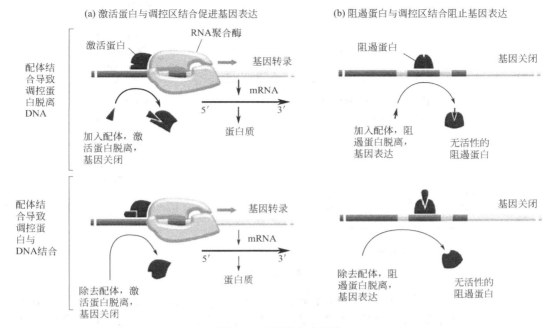

图 9-1　正调控与负调控

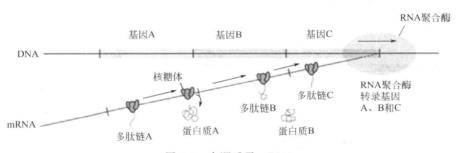

图 9-2　多顺反子 mRNA

可以把它们看作一个整体。

（1）乳糖操纵子的结构　　乳糖操纵子具有三个与乳糖代谢有关的基因：*lacZ* 编码 β-半乳糖苷酶（β-galactosidase），它可将乳糖水解为半乳糖和葡萄糖，除此之外，还能催化很少一部分乳糖异构化为异乳糖（图 9-3）；*lacY* 编码乳糖透过酶（permease），该蛋白插入到细胞膜中，将乳糖转运到细胞内；*lacA* 编码硫代半乳糖苷乙酰转移酶（transacetylase），该酶的作用是消除同时被乳糖透过酶转运到细胞内的硫代半乳糖苷对细胞造成的毒性。这三个结构基因构成一个转录单元。乳糖操纵子的调控元件包括转录激活蛋白 CRP 的结合位点、启动子 P_{lac} 和一个操纵基因 *lacO*。

（2）乳糖操纵子的阻遏与诱导　　在没有乳糖的环境，调节基因 *lacI* 编码的阻遏蛋白以四聚体的形式与操纵基因结合，阻遏了 RNA Pol 与启动子 P_{lac} 的结合，从而关闭了结构基因的转录，*lac* 操纵子处于阻遏状态（图 9-4）。*lacI* 基因有自己的启动子和终止子，在其启动子 P_I 的控制下，低水平、组成型表达，每个细胞中仅维持 20 个阻遏蛋白。

由于阻遏蛋白偶尔会脱离操纵子基因，所以在阻遏状态下，操纵子的转录也并非完全关闭，仍会有本底水平的表达，细胞会合成几个分子的 β-半乳糖苷酶和透过酶。当培养基中加

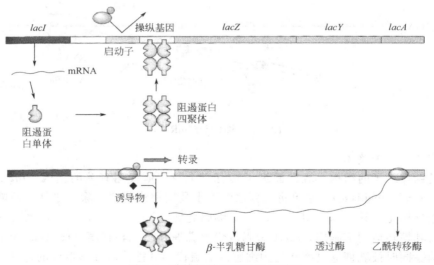

图 9-3 β-半乳糖苷酶的作用

入乳糖后，细胞膜上少量的透性酶使细胞能够吸收乳糖，β-半乳糖苷酶则催化一些乳糖转化为异乳糖。异乳糖可作为诱导物结合到阻遏蛋白上，引起阻遏蛋白构象的变化，降低了阻遏蛋白与操纵基因的亲和力，导致阻遏蛋白从操纵序列上脱离下来。RNA 聚合酶迅速开始 *lacZYA* 基因的转录（图 9-4）。

图 9-4 乳糖操纵子的阻遏与诱导

乳糖操纵子属于可诱导型操纵子，这类操纵子通常是关闭的，当受到效应物（比如乳糖）作用时被诱导开放。所以，可诱导型操纵子使细菌能很好地适应环境的变化，有效地利用环境提供的底物。当培养基中加有乳糖时，操纵子被诱导开放，合成分解乳糖所需要的酶。当乳糖被消耗完后，细胞不再需要分解乳糖的酶，操纵子重新关闭。然而，在研究工作中很少使用乳糖作为诱导剂，因为培养基中的乳糖会被诱导合成的 β-半乳糖苷酶催化降解，其浓度不断发生变化。实验室常使用一种人工合成的诱导物——异丙基-β-D-硫代半乳糖苷（IPTG）（图 9-5），由于 IPTG 不是 β-半乳糖苷酶的底物，不被降解，所以又称作安慰诱导物。

（3）阻遏蛋白与操纵基因的相互作用　细致的遗传学分析和晶体学研究发现，Lac 阻遏蛋白与操纵基因的结合比原来认识的要复杂得多，乳糖操纵子实际上含有三个阻遏蛋白结合位点——O_1、O_2 和 O_3（图 9-6）。O_1 与启动子部分重叠，以 +11 为序列中心；O_2 位于 lacZ 的内部，以 +412 为序列中心；O_3 位于 lacI 基因内部，以 −82 为序列中心。这三个位点都具有双重对称的结构，其中 O_1 要比 O_2 和 O_3 的对称性更好，因此阻遏蛋白与之结合得最为牢固，称为主操纵基因。

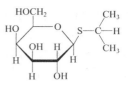

图 9-5　异丙基-β-D-硫代半乳糖苷的结构

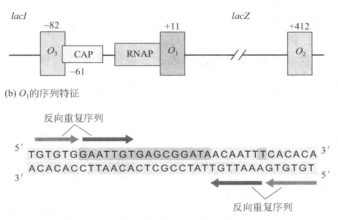

(a) 乳糖操纵子的三个阻遏蛋白结合位点

(b) O_1 的序列特征

反向重复序列

5′ TGTGTGGAATTGTGAGCGGATAACAATTTCACACA 3′
3′ ACACACCTTAACACTCGCCTATTGTTAAAGTGTGT 5′

反向重复序列

图 9-6　乳糖操纵子的阻遏蛋白结合位点

Lac 阻遏蛋白是以四聚体的形式与操纵基因结合的，每个阻遏蛋白单体形态上又分成 N 端的 DNA 结合域、蛋白质的核心结构域和 C 端螺旋三个部分，DNA 结合域和核心结构域之间为铰链区（图 9-7）。Lac 阻遏蛋白的 DNA 结合域形成一种特定的三维结构，包含一个保守的螺旋-转角-螺旋结构域（helix-turn-helix），其中的一个螺旋为识别螺旋（recognition helix），可以伸入到 DNA 的大沟之中，通过其表面的氨基酸残基与碱基对边缘的化学基团相互作用，参与对 DNA 序列的识别，第二个螺旋横跨 DNA 大沟与 DNA 主链相联系。核心结构域又分为两个相似的亚结构域，在两个亚结构域之间是诱导物的结合位点。C 端螺旋负责四聚体的形成，当 4 个单体的 C 端 α-螺旋以相反的方向靠拢时就形成了四聚体。

阻遏蛋白以二聚体的形式结合到一个由反向重复序列构成的结合位点上，每一单体与一

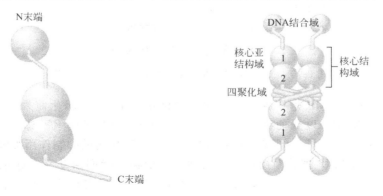

图 9-7　Lac 阻遏蛋白单体和四聚体

个重复单位（半结合位点）结合。每一个阻遏蛋白二聚体结合一个操纵基因，所以四聚体阻遏蛋白结合两个操纵基因。阻遏蛋白四聚体可以同时与 O_1 和 O_3 结合，也可以同时与 O_1 和 O_2 结合，无论是哪一种情况，两个结合位点之间的 DNA 都弯曲成环（图 9-8）。如果缺乏 O_2 或 O_3，便不会达到最大的阻遏效应。

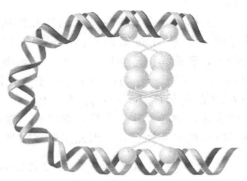

图 9-8　阻遏蛋白四聚体与 DNA 上的两个位点结合可以造成 DNA 的弯曲

（4）葡萄糖对乳糖操纵子表达的影响　葡萄糖是细菌优先利用的糖类。当葡萄糖和其他糖类（比如乳糖）同时存在时，细菌只利用葡萄糖而不代谢别的糖类，这种现象称为分解代谢物阻遏（catabolite repression）。因此，乳糖操纵子只有在乳糖存在，同时葡萄糖缺乏时才会高水平表达。原因是乳糖操纵子除了受阻遏蛋白的调节，还要受到分解代谢物激活蛋白（catabolite activator protein，CAP）的调节。CAP 能够与 cAMP 结合形成一个二聚体，所以 CAP 又称为 cAMP 受体蛋白（cAMP receptor protein，CRP）。cAMP-CRP 二聚体能够结合到启动子的上游识别位点上，通过募集 RNA 聚合酶激活乳糖操纵子的转录（图 9-9）。P_{lac} 不是强启动子，它没有典型的 -35 序列。为了实现高水平的转录，lac 操纵子需要 cAMP-CRP 复合物的激活作用。激活蛋白通常结合在启动子的上游协助 RNA 聚合酶与启动子结合。与之相反，阻遏蛋白结合在启动子的下游，阻止 RNA 聚合酶与启动子结合，或者阻止 RNA 聚合酶向前移动转录基因。CRP 的 DNA 识别机制与 Lac 阻遏蛋白十分相似，它的 DNA 结合结构域也是螺旋-转角-螺旋，也是以二聚体的形式结合到一个反向重复序列位点上（图 9-9）。

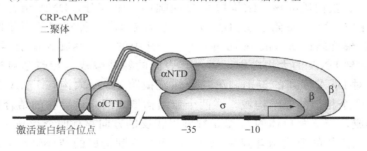

(a) CRP与α亚基的CTD相互作用，将RNA聚合酶募集到lac启动子上

(b) CRP结合位点

5′ GTGAGTTAGCTCAC 3′
3′ CACTCAATCGAGTG 5′

图 9-9　CAP-cAMP 二聚体对乳糖操纵子的激活作用

在细菌细胞内，cAMP 是在腺苷酸环化酶的催化下由 ATP 转化而来的（图 9-10）。在大肠杆菌中，cAMP 的浓度受葡萄糖代谢的调节。细胞中葡萄糖的水平高，腺苷酸环化酶受到抑制，cAMP 的浓度就低；细胞中葡萄糖的水平低，环化酶的抑制作用被解除，cAMP 的浓度就高。正是由 cAMP 把乳糖操纵子的活性和葡萄糖的代谢活动联系起来的。当缺乏葡萄糖时，细胞内的 cAMP 水平升高，cAMP 与 CRP 结合，形成有活性的激活蛋白。cAMP-CRP 复合物二聚体结合于启动子的上游，促进 RNA 聚合酶与启动子的结合。乳糖操纵子的

表达需要 cAMP-CRP 复合物的激活作用，使大肠杆菌在葡萄糖和乳糖同时存在时优先利用葡萄糖，此时细胞不需要像乳糖这样的替代碳源。只有当葡萄糖被耗尽时，细胞才表达乳糖操纵子。

图 9-11 总结了乳糖操纵子的三种调控状态。当培养基中有葡萄糖，而没有乳糖时，阻遏蛋白与操纵基因结合，CRP 不能与启动子上游的结合位点结合，操纵子只有渗漏表达。当培养基中既有乳糖，又有葡萄糖时，阻遏蛋白与操纵基因脱离，但 CRP 不能与启动子上游的结合位点结合，操纵子低水平转录。当培养基中有乳糖，没有葡萄糖时，cAMP-CRP 复合物与启动子旁边的结合位点结合，阻遏蛋白离开操纵基因，乳糖操纵子高水平转录。

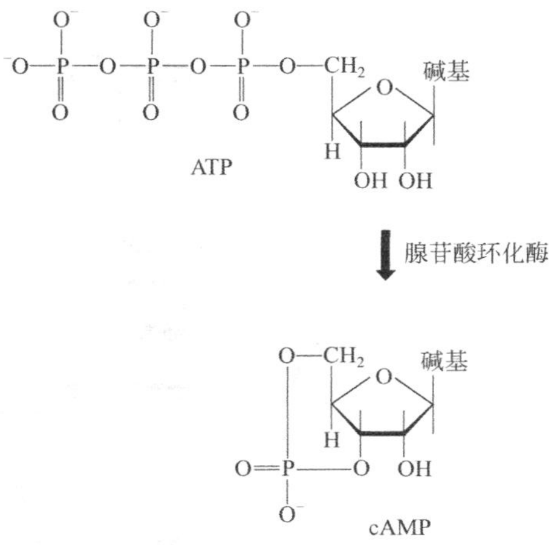

图 9-10　ATP 在腺苷酸环化酶的作用下转化为 cAMP

9.1.1.2　阿拉伯糖操纵子

大肠杆菌的阿拉伯糖操纵子编码的酶与阿拉伯糖的利用有关。与乳糖操纵子一样，阿拉伯糖操纵子也属于可诱导型操纵子，通常情况下是关闭的，只有当环境中存在阿拉伯糖时，操纵子才开放，合成相应的酶参与阿拉伯糖分解代谢。阿拉伯糖操纵子含有三个结构基因：$araB$、$araA$ 和 $araD$，其中 $araA$ 编码阿拉伯糖异构酶，将阿拉伯糖转化为核酮糖；$araB$ 编码核酮糖激酶，催化核酮糖的磷酸化；$araD$ 编码核酮糖-5-磷酸异构酶，将核酮糖-5-磷酸转化为木糖-5-磷酸。这 3 个基因构成一个转录单元，由共同的启动子 P_{BAD} 起始转录，形成一条多顺反子 mRNA。$araC$ 是操纵子的调节基因（其启动子为 P_C），其编码产物既可以是阻遏蛋白，发挥负调控作用，但又可以是激活蛋白，起正调控作用。另外，阿拉伯糖操纵子还受到 cAMP-CRP 的正调节。

图 9-12 显示了阿拉伯糖操纵子的结构与表达调控。当没有阿拉伯糖存在时，不需要 $araBAD$ 表达，AraC 作为负调控蛋白，以二聚体的形式同时与 $araO_2$ 和 $araI_1$ 结合，导致 DNA 环化，阻止 $araBAD$ 的表达。当有阿拉伯糖存在时，阿拉伯糖与 AraC 结合，导致其构象发生变化，二聚体优先与 $araI_1$ 和 $araI_2$ 结合，这个时候如果没有葡萄糖存在，AraC 和 cAMP-CRP 共同促进 RNA 聚合酶与 P_{BAD} 结合，起始转录。由于 AraC 对转录有激活作用，所以删除 $araC$ 后，阿拉伯糖操纵子一直处于关闭状态，即便有阿拉伯糖的存在，也是如此。AraC 也可以进行自我调控，当细胞内 AraC 的水平升高时，AraC 与 $araO_1$ 结合，抑制自 $araP_c$ 开始的转录。

9.1.1.3　半乳糖操纵子

大肠杆菌的半乳糖操纵子也是一个可诱导的系统，受 cAMP-CRP 和阻遏蛋白的调节（图 9-13）。gal 操纵子有三个结构基因——$galE$、$galT$ 和 $galK$，分别编码半乳糖表异构酶、半乳糖转移酶和半乳糖激酶，这三种酶催化的反应如下：

$$半乳糖 + ATP \xrightarrow{\text{半乳糖激酶}} 半乳糖\text{-}1\text{-}磷酸 + ADP + H^+$$

$$半乳糖\text{-}1\text{-}磷酸 + UDPGlu \xrightarrow{\text{半乳糖转移酶}} UDPGal + 葡萄糖\text{-}1\text{-}磷酸$$

$$UDPGal \xrightarrow{\text{半乳糖表异构酶}} UDPGlu$$

以上三个反应式的总反应是：

$$半乳糖 + ATP \longrightarrow 葡萄糖\text{-}1\text{-}磷酸 + ADP + H^+$$

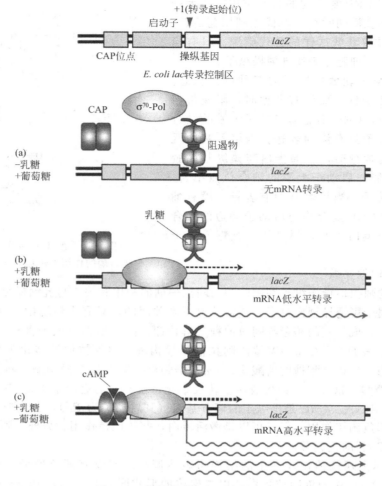

图 9-11　乳糖操纵子的三种调控状态

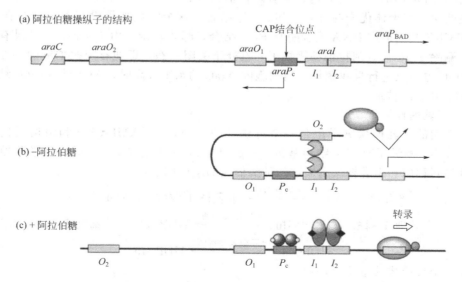

图 9-12　阿拉伯糖操纵子的结构与表达调控

半乳糖操纵子含有两个启动子 P_1 和 P_2，二者相距 5bp（图 9-13）。cAMP-CRP 与操纵子的调控区结合，激活从 P_1 开始的转录，但是抑制从 P_2 起始的转录。当细胞内的 cAMP 水平升高时，操纵子的转录从 P_1 开始；cAMP 的水平降低时，转录从 P_2 启动子开始。这种双重调控机制保证了无论培养基中是否含有葡萄糖，大肠杆菌都会合成代谢半乳糖的酶。为什么 gal 操纵子需要两个启动子？这是因为 gal 操纵子不仅负责半乳糖的利用，而且参与多糖的合成。UDPGal 是大肠杆菌细胞壁合成的前体，在没有半乳糖存在的情况下，通过半乳糖差向异构酶的作用由 UDPGlu 合成，该酶是 galE 的产物。在有半乳糖，没有葡萄糖存在的情况下，操纵子由 P_1 起始高水平转录，合成代谢半乳糖的酶，为细胞的生长提供碳源和能源。当存在葡萄糖时，操纵子由 P_2 进行本底转录，合成所需之酶。因此，有了双启动子，既能满足经常的低水平需要，又能满足特殊情况下的大量需求。

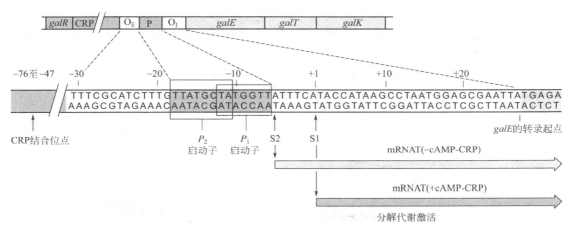

图 9-13　半乳糖操纵子的结构

Gal 阻遏蛋白是 galR 的编码产物。与 lacI 不同，galR 与它所调控的操纵子相距很远。Gal 阻遏蛋白抑制从两个启动子开始的转录。O_E 和 O_I 是 gal 操纵子两个阻遏蛋白的结合位点，它们位于启动子的两侧。当环境中有半乳糖时，半乳糖作为诱导物与阻遏蛋白结合，使阻遏蛋白不再与 O_E 和 O_I 结合，从而解除对操纵子的抑制作用。galR 或者两个操纵基因的突变都会导致操纵子的组成型表达。Gal 阻遏蛋白的作用方式不同于乳糖操纵子的阻遏蛋白。乳糖操纵子的阻遏蛋白与操纵基因结合后，从空间位置上阻止 RNA 聚合酶与启动子结合。如图 9-14 所示，两个阻遏蛋白分子分别结合于 O_E 和 O_I，它们之间的相互作用导致 DNA 弯曲成环，启动子就位于该 DNA 环上。DNA 的环化阻止了 RNA 聚合酶起始转录。如果阻遏蛋白只与 O_E 结合，则会促进由 P_2 起始的转录。

9.1.1.4　色氨酸操纵子

在一些操纵子中，阻遏蛋白自身并不能与操纵基因结合，它们需要首先与称作辅阻遏物（corepressor）的小分子物质结合后才能结合操纵基因，关闭结构基因的转录。这种类型的操纵子为可阻遏型的，它们平时处于开启状态，由于合成产物的积累而被关闭。在大肠杆菌中，很多参与氨基酸和维生素合成的酶的表达就是以这种方式受到调控的。

trp 操纵子包括 5 个结构基因，分别是 trpE、trpD、trpC、trpB 和 trpA。这 5 个基因由共同的启动子起始转录，形成一条多顺反子 mRNA，编码的 5 种酶能够将分支酸转化为色氨酸。像许多氨基酸生物合成操纵子一样，当细胞缺乏生物合成途径的终产物色氨酸时，这些基因协同表达。

trp 操纵子负调控系统中的调控蛋白是由 trpR 基因编码的阻遏蛋白。阻遏蛋白必须与

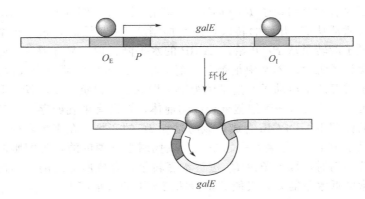

图 9-14　Gal 阻遏蛋白调控机制

色氨酸相结合才能与操纵基因结合关闭 *trp* mRNA 的转录（图 9-15）。因此，在这个系统中，起辅阻遏物作用的是 *trp* 操纵子所编码酶的终产物。当培养基中色氨酸含量较高时，它与色氨酸阻遏蛋白结合，并使之与操纵区 DNA 紧密结合；当培养基中色氨酸供应不足时，阻遏蛋白失去色氨酸并从操纵区上解离，*trp* 操纵子去阻遏。

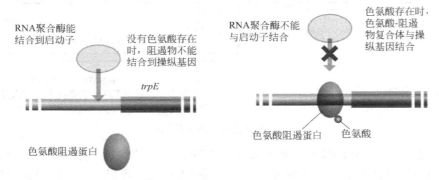

图 9-15　色氨酸操纵子的负调控

9.1.1.5　全局调节

CRP 是一种全局性的调节子，可以激活乳糖操纵子、半乳糖操纵子和阿拉伯糖操纵子的表达。CRP 与 cAMP 结合形成的 cAMP-CRP 结合至启动子的上游识别位点，协作 RNA 聚合酶与启动子结合。cAMP 是一种全局性的调节信号，当培养基中的葡萄糖被耗尽时，细胞内 cAMP 的水平升高，与 CRP 结合，激活代谢乳糖、半乳糖和阿拉伯糖的操纵子。因此，激活代谢某种糖分（比如乳糖）的基因既需要特异性的信号（乳糖的存在），也需要全局性的信号（cAMP）。受一种调节蛋白调控的一组基因或操纵子称为调节子（regulon），这些基因或操纵子可以位于一条染色体的不同位置上。

　　也有一些阻遏蛋白可以抑制几个不同操纵子的转录。Trp 阻遏蛋白就是一个很好的例子。Trp 阻遏蛋白除了可以抑制色氨酸操纵子外，还可以抑制一个单基因操纵子 *aroH* 的转录（图 9-16）。*aroH* 编码的蛋白质参与所有芳香族氨基酸的生物合成。不但如此，Trp 阻遏蛋白还能抑制自体合成。尽管上面的三个操纵子均受到 Trp 阻遏蛋白的抑制，但是它们受到抑制的程度区别很大，*aroH* 操纵子的表达大约被抑制 2 倍，*trp* 操纵子大约被抑制 70 倍。这种抑制程度上的差异是由 Trp 阻遏蛋白对每一操纵子的操纵基因的亲和力不同，操纵基因和每一启动子保守序列之间的相对位置不同，以及三个启动子的强度不同造成的。因此，在一个调节子中，启动子和操纵基因序列的特异性使同一个阻遏蛋白能够区别调节每一

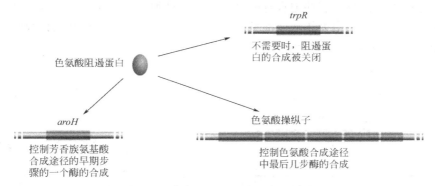

图 9-16　色氨酸阻遏蛋白的全局调节

个操纵子。

9.1.1.6　不同 σ 因子对转录的调控

在转录起始过程中，σ 因子的作用是负责识别启动子的共有序列，并参与围绕启动子的－10 区打开 DNA 双链的过程。包括大肠杆菌在内的许多细菌能产生一系列识别不同类型启动子的 σ 因子。当环境条件需要基因表达模式发生较大改变时，细菌会利用一种特定的 σ 因子来指导转录一组特定的基因，以适应变化了的环境。

（1）热休克蛋白的表达　大肠杆菌的最适生长温度是 37℃，当环境温度升至 43℃ 左右时，细菌仍能正常生长。但是，当温度上升至 46℃ 时，大肠杆菌的生长几乎停止。在 46℃ 下，细胞合成的蛋白质大约 30% 为一组保守的热休克蛋白（heat shock protein，HSP）。很多热休克蛋白是分子伴侣和蛋白酶，前者介导蛋白质的正确折叠，后者降解受到热损伤而又不能修复的蛋白质。热休克蛋白的表达调控主要发生在转录水平上。HSP 基因的启动子由 σ^{32} 或者称 RpoH 识别，而不是由标准的 σ^{70} 识别，同样地 σ^{32} 也不能识别 σ^{70} 启动子（图 9-17）。高温使细胞内的 σ^{32} 水平瞬间升高，启动 HSP 基因的表达。据估计，E. coli 约有 30 个以上的热休克基因的表达受 σ^{32} 的控制。

温度升高可以通过多种途径提高细胞内 σ^{32} 的水平。途径之一是高温导致 σ^{32} 的合成增加。在正常条件下 rpoH mRNA 的 SD 序列和起始密码子参与了二级结构的形成，从而妨碍了核糖体与 mRNA 的结合。在热休克条件下，mRNA 的二级结构被破坏，提高了翻译起始的效率。途径之二是，在热休克条件下，σ^{32} 的稳定性也增加了。当细胞内错误折叠的蛋白质的水平比较低时，分子伴侣 DnaK 和蛋白酶 HflB 是游离的，它们与 σ^{32} 结合并使之降解（图 9-18）。温度升高时，细胞内错误折叠的蛋白质水平升高，使游离状态的 DnaK 和 HflB 被中和，于是 σ^{32} 的稳定性增加，与 RNA 聚合酶结合后，启动 HSP 的合成。随着 HSP 的积累，DnaK/HflB 的水平升高，促进 σ^{32} 降解，并抑制其合成。

rpoH 基因的表达还受到转录水平的调控。该基因有两个启动子，从主要启动子起始的转录由 σ^{70} 介导。当温度上升到 50℃ 以上时，σ^{70} 失活。这时，rpoH 基因可借助另一个由 σ^{24} 识别的启动子进行转录（图 9-19），使 σ^{24} 合成可以持续到 57℃，直到 RNA 聚合酶的核心酶失活。

（2）枯草杆菌孢子形成过程中的级联调控　营养生长的枯草杆菌细胞遇到对生长不利的环境条件时会形成芽孢（spore）。芽孢对高温、辐射和化学物质有很强的抗性，能够度过不利的环境条件。在实验室中，芽孢通常是由营养物质缺乏诱导形成的。在芽孢形成（sporulation）过程中，细菌细胞非对称地分成两个部分，较小的部分称为前芽孢（prespore），较大的称为母细胞（mother cell）。随着芽孢的发育，前芽孢被母细胞完全吞入。这时，前芽孢被两层膜包裹着，内膜是前芽孢自身的膜，外膜为母细胞膜。在这一阶段，母细胞不断向前芽孢提供营养，而前芽孢为休眠做准备。一旦芽孢完全成熟，母细胞就会裂解，芽孢被释放到环境中（图 9-20）。

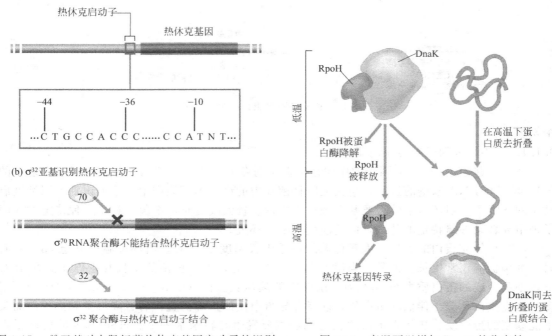

图 9-17　σ³²亚基对大肠杆菌热休克基因启动子的识别　　　图 9-18　高温可以增加 RpoH 的稳定性

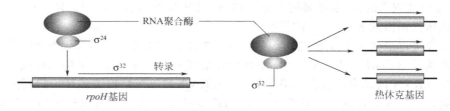

图 9-19　在高温条件下 *rpoH* 基因的转录由 σ²⁴介导

　　在芽孢形成过程中，基因组的表达模式会发生较大改变，一些与营养生长有关的基因被关闭，而与芽孢形成相关的基因被诱导级联表达。这种变化主要通过合成特异性 σ 因子进行控制。细胞利用一个具有不同 DNA 结合特异性的 σ 因子代替另一个，可使一套不同的基因得以转录。前面已经讨论过大肠杆菌如何使用这一简单的控制系统对热应激产生应答。在芽孢形成过程中，这一调控机制同样是改变基因组活性的关键。

　　处于营养生长的枯草芽孢杆菌合成的 σ 因子是 σᴬ 和 σᴴ，它们指导 RNA 聚合酶转录那些维持细胞正常生长和分裂所必需的基因。而芽孢的形成则需要另外 4 种 σ 因子，它们是在母细胞中起作用的 σᴱ 和 σᴷ 和在前芽孢中起作用的 σꟳ 和 σᴳ。在细胞从营养生长转向芽孢形成的过程中，SpoOA 蛋白发挥关键作用，该蛋白在营养性细胞中以非活性的形式存在。在应答胞外环境应激信号（例如营养物质缺乏）时，细胞通过蛋白激酶级联激活 SpoOA。作为一种转录因子，SpoOA 在被激活后调节一系列基因的表达，其中包括 σꟳ 和 σᴱ。

　　起初，σꟳ 和 σᴱ 在母细胞和前孢子中都存在。但是在母细胞中抗 σ 因子（SpoⅡAB）与

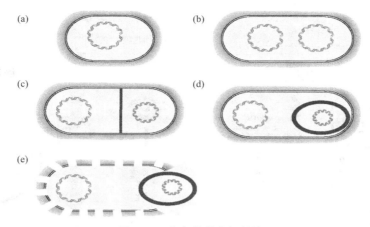

图 9-20 芽孢的形成与释放

σ^F 结合，使其处于失活状态，而 σ^E 以无活性的前体形式被合成。在前芽孢中，外部信号使磷酸化状态的 SpoⅡAA 失去磷酸基团后，与抗 σ 因子结合，促使其释放出 σ^F（图 9-21），所以 SpoⅡAA 又称为抗抗 σ 因子。游离出的 σ^F 使一组早期芽孢形成基因得以转录，其中包括 σ^G 的编码基因和 SpoⅡR 的编码基因。SpoⅡR 激活位于母细胞和前芽孢之间隔片上的蛋白酶 SpoⅡGA，在隔片的母细胞侧被激活的 SpoⅡGA 裂解前体 σ^E 生成有活性的 σ^E［图 9-22(a)］。σ^E 在母细胞中，介导一组特定基因的转录，这其中就包括编码 σ^K 前体的基因。在芽孢中，σ^G 使得晚期芽孢生成基因得以转录，其中一个编码 SpoⅣB。SpoⅣB 激活隔片上的蛋白酶 SpoⅣF，然后 SpoⅣF 切割 σ^K 前体［图 9-22(b)］，使其活化，指导母细胞后期

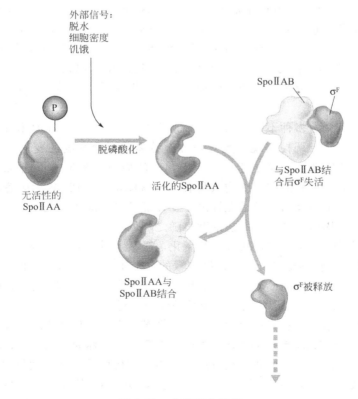

图 9-21 σ^F 的活化途径

分化基因的转录。

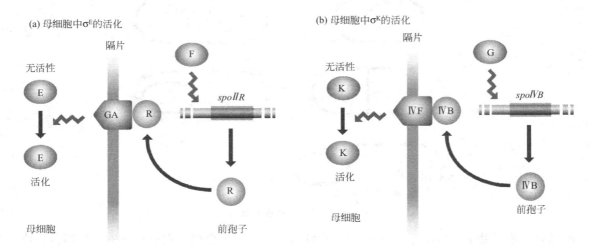

图 9-22　芽孢形成过程中 σ^E 和 σ^K 的活化

因此，σ因子级联保证了芽孢形成过程中各个步骤按正确的顺序发生。在σ因子级联中，每一σ因子控制着芽孢形成过程中某一阶段的基因表达，并且控制着在下一阶段发挥作用的σ因子合成。并且，在母细胞和芽孢之间存在着信息交换，使前芽孢和母细胞中的基因表达相互协调。

9.1.1.7　双组分调节系统

双组分调节系统（two-component regulatory system）是由两个组分构成的基因表达调控系统：第一种组分是应答调节子（response regulator），这是一种 DNA 结合蛋白，磷酸化后与 DNA 结合，激活或者抑制转录；第二种组分是跨膜的感应蛋白激酶（sensor kinase），当感受到一个特定信号（通常是环境刺激，有时也可以是内部信号）时，感应蛋白激酶的构象发生变化，导致蛋白质的自体磷酸化，并把磷酸基团传递给 DNA 结合蛋白（图9-23）。

在大肠杆菌细胞中有多种不同的双组分调节系统。例如，由 PhoR 和 PhoB 构成的双组分调节系统可以通过转录调控实现细胞对环境中游离磷酸盐浓度的变化产生应答反应（图9-24）。PhoR 为一跨膜蛋白，定位于细胞膜上，它的周质结构域（periplasmic domain）对磷酸盐有中度的亲和力，它的胞质结构域具有蛋白激酶活性；PhoB 为应答调节子，位于胞质中。大肠杆菌外膜上的蛋白质通道允许离子在外部环境和周质腔之间自由扩散。当环境中磷酸盐浓度降低时，周质腔中的磷酸盐浓度也随之降低，导致磷酸根与 PhoR 的周质结构域分离。这就造成了 PhoR 胞质结构域构象的变化，激活了其蛋白激酶活性。被激活的 PhoR 把 ATP 的 γ-磷酸基团转移至自身的激酶结构域的一个组氨酸残基上。然后，该磷酸基团又被转移至 PhoB 的一个特定的天冬氨酸侧链上，把无活性的 PhoB 转化为有活性的转录激活蛋白。磷酸化的 PhoB 诱导几个基因的转录帮助细胞应对低磷条件。

很多双组分调节系统的感应蛋白激酶和应答调节子与 PhoR 和 PhoB 有同源性。感应蛋白激酶具有一个与 PhoR 的蛋白激酶结构域同源的保守区，称为传递子（tansmitter），其中的一个组氨酸残基是激酶的自体磷酸化位点。传递子结构域的活性受到蛋白质上另一结构域的调节，该结构域相当于 PhoR 的周质结构域，能够感应环境的变化。应答调节子也含有一个保守的结构域，称为接受子（receiver），该结构域和 PhoB 的 N 端结构域具有同源性，含

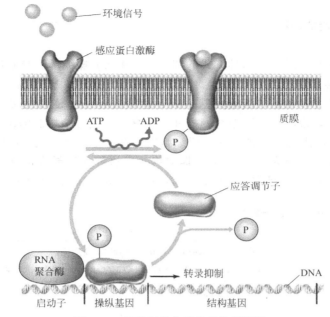

图 9-23　细菌双组分系统的作用图解

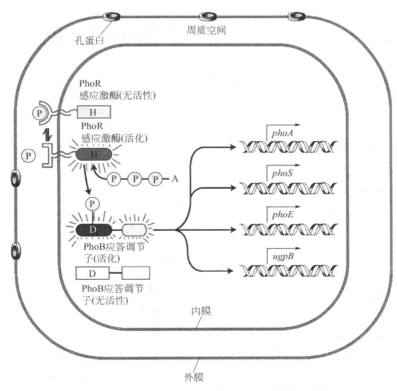

图 9-24　由 PhoR 和 PhoB 构成的双组分调节系统

有一个磷酸化位点。磷酸化的接受子结构域激活应答调节子的功能结构域，该结构域决定着应答调节子对哪些基因进行调控。尽管所有的传递子结构域都是同源的，一种特定应答蛋白只能磷酸化一种特异的应答调节子的接受子结构域，介导细胞对不同的环境变化产生特异性反应。

9.1.2 转录终止阶段的调控

9.1.2.1 弱化子

研究表明，色氨酸操纵子受两种方式的调控。如果 *trp* 操纵子只受阻遏蛋白的调控，那么 *trpR* 突变将使 *trp* 操纵子组成型表达。也就是说，无论环境中有、无色氨酸，*trp* 操纵子的表达水平都是一样的。可是，当培养基中缺乏色氨酸时，*trpR* 缺失突变体的色氨酸操纵子有更高的表达水平，说明除受阻遏物调控外，操纵子还受另一机制的调控。研究表明，当阻遏物对 *trp* 操纵子的阻遏作用被解除，但细胞内仍有一定浓度的色氨酸时，第二种调控机制使 *trp* 操纵子的转录在抵达 *trpE* 之前被提前终止。这种使转录提前终止的调控方式被称为弱化作用（attenuation），导致 mRNA 合成提前终止的一段核苷酸序列称为弱化子（at-

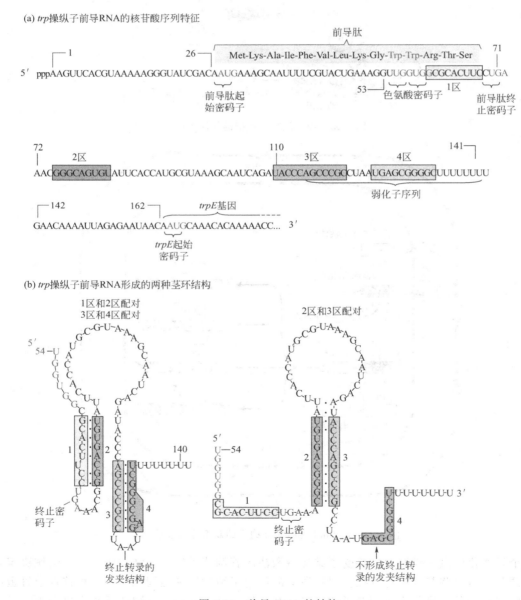

图 9-25　前导 RNA 的结构

tenuator)。弱化作用产生的关键在于 *trp* mRNA 的前导区。

（1）前导 RNA 的结构　　在 *trp* mRNA5′-端 *trpE* 基因的起始密码子前有一个长约 160bp 的序列被称作前导 RNA（leader RNA），该序列具有下列明显特征：

① 含有一个小的阅读框，编码一个由 14 个氨基酸残基构成的前导肽（leader peptide）。阅读框第 10 位和第 11 位上有两个相邻的色氨酸密码子（图 9-25）。

② 前导区有 4 个分别以 1、2、3 和 4 表示的序列，它们之间能够以两种不同的方式进行碱基配对。在没有其他因素介入的情况下，1 区和 2 区配对、3 区和 4 区配对形成两个茎环结构。第二种配对方式是 2 区和 3 区配对形成一个茎环结构（图 9-25）。

（2）弱化作用　　弱化作用与前导肽的翻译有关。细菌细胞由于没有核膜的阻隔，翻译和转录是紧密偶联的。可能 RNA 聚合酶刚转录出前导肽的部分密码子，核糖体就开始翻译了。在前导肽基因中有两个相邻的色氨酸密码子，所以前导肽的翻译必定对负载有色氨酸的 tRNA^trp 的浓度极度敏感。

当细胞中的色氨酸浓度较高时，核糖体会顺利通过两个相邻的色氨酸密码子，抵达到 2 区，1 区和 2 区被部分覆盖。于是 3 区和 4 区形成茎环结构，后面紧接着 7 个连续的 U，从而形成一个典型的终止子结构，导致转录提前终止（图 9-26）。所以，弱化作用形成的原因是当细胞内的色氨酸水平较高时，*trp* mRNA 的前导区会形成一个终止子结构，导致转录在弱化子区结束，释放出一个约由 140 个核苷酸构成的先导序列。

当色氨酸缺乏时，翻译将在两个色氨酸密码子处停顿，等待 Trp-tRNA^trp 进入核糖体的 A 位，这时 1 区被核糖体占据，无法与 2 区配对，于是 2 区和 3 区配对，形成 2-3 茎环结构。转录的终止子结构不能形成，转录可继续进行，直到将 *trp* 操纵子的结构基因被全部转录（图 9-26）。

弱化作用是对 *trp* 操纵子的精细调节。当环境中的色氨酸浓度逐渐下降时，最初的反应是解除阻遏蛋白对操纵子的抑制作用，但是 *trp* 操纵子仍受到弱化作用的调节。当色氨酸的浓度进一步降低时，弱化作用被解除。阻遏蛋白与操纵基因结合使色氨酸操纵子的转录水平降低约 70 倍，弱化作用又使其下降了 8～10 倍，两种机制的联合作用使操纵子的转录水平下降了 560～700 倍。

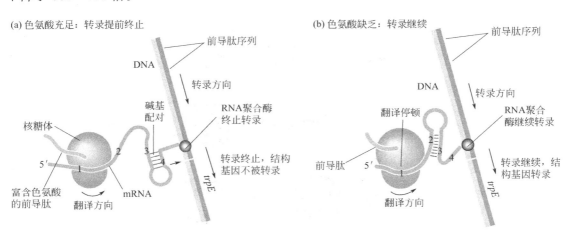

图 9-26　弱化作用机制

（3）*trp* 操纵子弱化机制的实验依据　　转录弱化理论得到了大量实验证据的支持：①影响 mRNA 3 区和 4 区二级结构稳定性的突变以及改变 4 区后面一串 U 的突变都会降低弱化

子的终止作用，增加 *trp* 操纵子的表达，这与终止子的突变效应是一样的；②影响 2 区和 3 区配对的突变，则增加弱化子的弱化作用；③如果前导肽的起始密码子发生错义突变，前导肽的翻译就不能起始，有利于前导 RNA 形成 1-2、3-4 二级结构，则转录必定在弱化子处终止。

很多氨基酸合成操纵子的表达都可以通过弱化作用调控。在这些操纵子的前导区，都存在着编码前导肽的读码框，也具有不依赖 Rho 因子的终止子序列。弱化作用是 *his* 操纵子唯一的调控机制。在 *his* 操纵子中，编码前导肽的序列含有 7 个连续的组氨酸密码子，这大大地提高了弱化作用的效率。在 *phe* 操纵子的前导序列中含有 7 个苯丙氨酸密码子，并被分成了 3 组（图 9-27）。

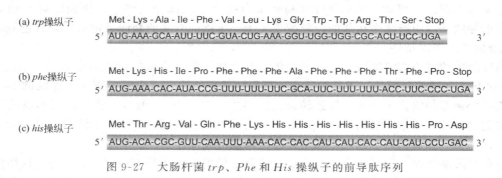

(a) *trp*操纵子

Met - Lys - Ala - Ile - Phe - Val - Leu - Lys - Gly - Trp - Trp - Arg - Thr - Ser - Stop
5′ AUG-AAA-GCA-AUU-UUC-GUA-CUG-AAA-GGU-UGG-UGG-CGC-ACU-UCC-UGA 3′

(b) *phe*操纵子

Met - Lys - His - Ile - Pro - Phe - Phe - Phe - Ala - Phe - Phe - Phe - Thr - Phe - Pro - Stop
5′ AUG-AAA-CAC-AUA-CCG-UUU-UUU-UUC-GCA-UUC-UUU-UUU-ACC-UUC-CCC-UGA 3′

(c) *his*操纵子

Met - Thr - Arg - Val - Gln - Phe - Lys - His - His - His - His - His - His - His - Pro - Asp
5′ AUG-ACA-CGC-GUU-CAA-UUU-AAA-CAC-CAC-CAU-CAU-CAC-CAU-CAU-CCU-GAC 3′

图 9-27　大肠杆菌 *trp*、*Phe* 和 *His* 操纵子的前导肽序列

9.1.2.2　抗终止作用

抗终止作用的原理是抗终止蛋白阻止转录的终止作用，因此 RNA 聚合酶能够越过终止子继续转录 DNA（图 9-28）。这种调控方式在噬菌体中比较常见，但是在细菌中，也有几个

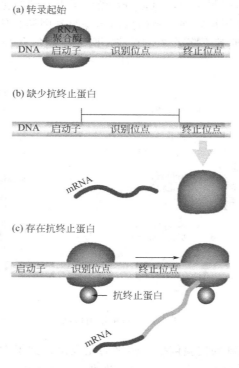

图 9-28　转录的抗终止作用

基因的表达受到抗终止作用的调控。在受控基因的转录起始位点和终止子之间存在抗终止蛋白的识别序列，当 RNA 聚合酶抵达该识别序列时，抗终止蛋白与 RNA 聚合酶的相互作用改变了转录延伸复合体的性质，使其能够通读转录终止子。

9.2　翻译水平的调控

9.2.1　反义 RNA

反义 RNA 是与 mRNA 互补的 RNA 分子，可被用于基因表达调控。反义 RNA 通常由独立的基因编码，合成后与 mRNA 的互补区退火，阻止 mRNA 与核糖体结合，因而阻断了 mRNA 的翻译（图 9-29）。

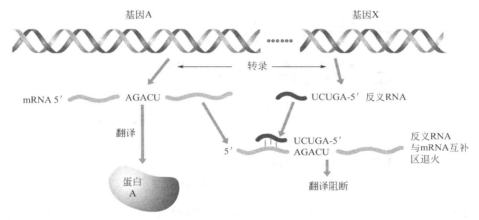

图 9-29　反义 RNA 调控基因表达的机制

细菌铁蛋白被细菌用来储存细胞中多余的铁元素，所以只有当细胞内的铁离子浓度升高时，细菌才需要合成铁蛋白。细菌铁蛋白由 *bfr* 基因编码，其表达受 *anti-bfr* 基因编码的反义 RNA 的调控。*bfr* 基因的转录不受细胞内铁浓度的影响，但是 *anti-bfr* 基因的转录受到调节蛋白 Fur（ferric uptake regulator）的控制。Fur 能够感应细胞内铁的水平。当细胞内有充足的铁时，Fur 作为抑制蛋白关闭一组使细胞能够适应缺铁环境的操纵子。另外，Fur 也关闭反义 *bfr* 基因，解除反义 *bfr* 对 *bfr* mRNA 的封阻，细胞产生细菌铁蛋白。在低铁条件下，反义 *bfr* 基因被转录，产生反义 RNA，阻止细菌铁蛋白的合成。

9.2.2　核糖体蛋白的自体控制

细菌 mRNA 起始密码子上游 3～10 个碱基处有一段保守的 6 核苷酸序列，被称为 Shine-Dalgarno 序列。核糖体小亚基中 16S rRNA 的 3'-末端存在与 SD 序列互补的核苷酸序列。在翻译的起始阶段，正是二者之间的互补配对使起始密码子 AUG 正确定位于核糖体上。因此，mRNA 的 SD 序列与 16S rRNA 之间的相互作用常常作为翻译调控的作用位点。或通过 RNA 结合蛋白，或通过反义 RNA，细胞可以阻止 SD 序列与 16S rRNA 的相互作用，抑制翻译的起始。很多细菌 mRNA 都有专一性的翻译抑制蛋白，它们能够与翻译起始区（包括 SD 序列和起始密码子）结合，特异性地抑制 mRNA 的翻译。

翻译抑制机制被用来调控核糖体蛋白的合成。细胞因生长速度不同，对核糖体的需求变化很大。快速生长的细胞需要大量的核糖体进行高水平的蛋白质合成以满足生长的需要。缓慢生长的细胞需要的核糖体的数量就少得多。例如，快速生长的大肠杆菌细胞含有的核糖体数目多达 70000 个，而生长速度慢的细胞只有不到 20000 个核糖体。

核糖体由蛋白质和 RNA 构成。大肠杆菌有 54 个编码核糖体蛋白的基因，这些基因被组织成若干个操纵子。每个操纵子除了含有多个核糖体蛋白基因外，有时还夹杂着其他参与大分子合成的基因。例如，β 操纵子所含的 4 个结构基因中，有两个编码核糖体大亚基蛋白，另外两个分别编码 RNA 聚合酶 β 亚基和 β′ 亚基；α 操纵子除了含有 4 个编码核糖体蛋白的基因外，还具有编码 RNA 聚合酶 α 亚基的基因（图 9-30）。

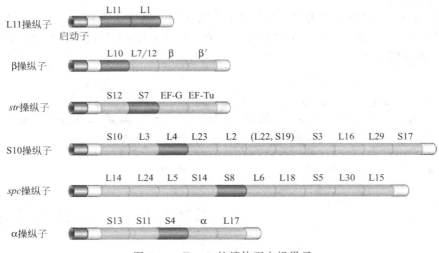

图 9-30 *E. coli* 核糖体蛋白操纵子

核糖体蛋白和 rRNA 的合成是独立进行的，合成以后，再组装成成熟的核糖体。在细胞中，核糖体蛋白的合成与 rRNA 的合成相互协同，细胞中不存在多余的核糖体蛋白，或者多余的 rRNA。为了达到二者之间的平衡，细胞要么对核糖体蛋白的合成速度进行调节使之适应 rRNA 的合成速度；或者，反过来，对 rRNA 的合成速度进行调节使之适应核糖体蛋白的合成速度。事实是，细胞是根据 rRNA 的合成速度对核糖体蛋白质的合成速度进行调节的。

核糖体蛋白合成速率的调控是一种自体调控（autoregulation）。基因表达的自体调控是指一个基因的表达产物反过来抑制自身基因的表达，这实际上也是一种反馈机制。自体调控可以在基因表达的不同水平进行，但是对核糖体蛋白合成的调控主要是发生在翻译水平上的自体调控。操纵子的一个核糖体蛋白基因的编码产物与 mRNA 的翻译起始区结合以后就会抑制其自身以及操纵子上其他核糖体蛋白质的翻译。然而，参与自体调控的核糖体蛋白对 rRNA 上结合位点的亲和力比其对 mRNA 上结合位点的亲和力更高。当存在游离 rRNA 时，最新合成的核糖体蛋白优先与 rRNA 结合从而开始核糖体的装配，此时没有游离的 r-蛋白与 mRNA 结合，mRNA 继续翻译。一旦 rRNA 合成减慢或停止，游离 r-蛋白开始富集，就能与其 mRNA 结合阻止其继续翻译（图 9-31）。这种调控方式保证了每个 r-蛋白操纵子应答同样水平的 rRNA，只要相对于 rRNA 有多余的核糖体蛋白，核糖体蛋白的合成就会被阻止。

以下以 L11 操纵子为例来说明核糖体蛋白质的合成与 rRNA 的合成之间是如何协调的。L11 操纵子由编码 L1 和 L11 的基因组成。L1 是调节 L11 和 L1 合成的阻遏子。L1 蛋白既能结合在游离的 23S rRNA 上，又能结合到 L11 mRNA 的翻译起始区上。由于这两个基因在翻译上是耦联的，所以 L1 蛋白与 L11 mRNA 翻译起始区的结合，会同时抑制 L1 和 L11

基因的翻译。但是，如果细胞中有游离的 rRNA，L1 蛋白会优先同 rRNA 结合，使 L11 和 L1 的翻译得以进行。只有当细胞中的 rRNA 均参与了核糖体的形成，游离的 L1 蛋白开始积累，L1 蛋白才能结合到 L11 的翻译起始区，并抑制 L11 以及其自身的翻译。

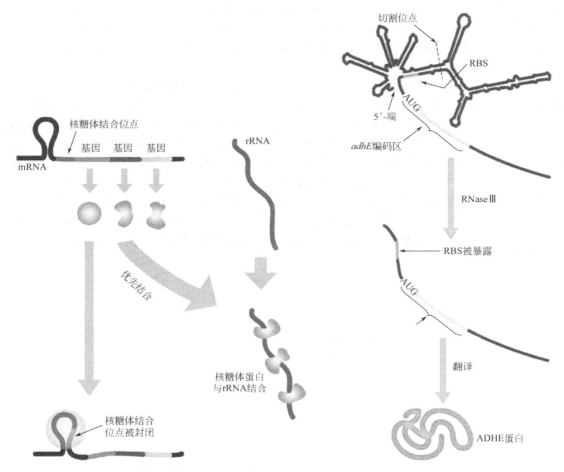

图 9-31　*E. coli* 核糖体蛋白合成的自我调控　　　　　图 9-32　RNase Ⅲ 对 *adhE* mRNA 的切割

9.2.3　一些 mRNA 分子必须经过切割才能被翻译

通常，原核生物的转录产物无需加工即可以成为翻译的模板。但是，在少数情况下原核生物的 mRNA 需要经过加工才能成为成熟的 mRNA。在大肠杆菌中，鸟氨酸脱羧酶基因 *speF* 的转录产物在被 RNase Ⅲ 切割后，翻译效率要提高 4 倍左右。而 *adhE* 基因（编码乙醇脱氢酶）的转录产物必须经过加工才能被翻译。*adhE* 基因初始转录产物的前导序列折叠成复杂的二级结构，核糖体结合位点和起始密码子都被隐蔽起来，不能被核糖体识别（图 9-32）。RNase Ⅲ 把核糖体结合位点上游的序列切割下来，使核糖体结合位点暴露出来。在缺失 RNase Ⅲ 的 *rnc* 突变体中，*adhE* mRNA 不能被翻译，细胞不能依靠乙醇脱氢酶进行厌氧生长。成熟的 *adhE* mRNA 由 RNase G 专一性地降解。RNase G 的主要作用是加工 rRNA 前体。在缺乏 RNase G 的 *rng* 突变体中，*adhE* 的半衰期从 4min 提高到 10min，于是 mRNA 的水平升高，AdhE 蛋白过量生成。

9.2.4　严紧反应

大肠杆菌缺乏某种氨基酸，不但会使蛋白质的合成终止，也会导致 rRNA 和 tRNA 的合成受到抑制，而一些与氨基酸合成和运输有关的基因被诱导表达。这种由氨基酸饥饿引起的基因表达模式的变化称为严紧反应（stringent response）。严紧反应是由两种特殊的核苷酸（ppGpp 和 pppGpp）引发的，最初因它们的电泳迁移率和一般的核苷酸不同，被称为"魔斑 I"和"魔斑 II"，现在通称为（p）ppGpp。（p）ppGpp 与 RNA 聚合酶的 β 亚基结合，改变了 RNA 聚合酶对一系列启动子的亲和力，导致细胞基因组的表达发生较大的改变，使细胞适应新的环境。这些变化包括 rRNA 和 tRNA 的合成被抑制，一系列参与氨基酸合成与运转的基因被激活。

核糖体 A 位上出现的空载 tRNA 是导致（p）ppGpp 合成的原因。在正常情况下，空载 tRNA 不能由 EF-Tu 引导进入核糖体的 A 位。但是，由于氨基酸饥饿，没有相应的氨酰-tRNA 进入 A 位时，空载的 tRNA 便能获准进入，激活结合于核糖体上的 RelA 蛋白。RelA 蛋白仅定位在 50S 核糖体亚基上，但 200 个核糖体中仅有一个核糖体结合有 RelA 蛋白。在 RelA 的催化下，ATP 的焦磷酸基团被转移至 GDP 或 GTP 的 3'-OH 生成（p）ppGpp（图 9-33）。（p）ppGpp 的合成引起空载的 tRNA 从 A 位点释放。核糖体是恢复多肽的合成，还是进行另一轮的空转反应合成一个新的（p）ppGpp 分子取决于细胞中是否有相应的氨酰-tRNA。细胞内（p）ppGpp 浓度还受 SpoT 蛋白的调节。SpoT 蛋白通常情况下是降解（p）ppGpp 的，但是缺乏氨基酸时，SpoT 水解（p）ppGpp 的功能被抑制，使（p）ppGpp 得到进一步的积累。

(a) ppGpp的分子结构

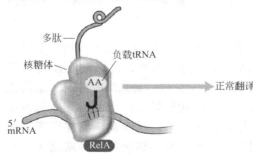

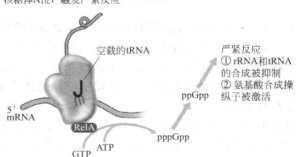

图 9-33　严紧反应的分子机制

人们在研究大肠杆菌 *relA* 突变体时认识到是（p）ppGpp 的积累引发了严紧反应。*relA* 突变体即使在氨基酸饥饿时也不能积累（p）ppGpp，也不关闭 rRNA 和 tRNA 的合成。由于 *relA* 突变体的 rRNA 和 tRNA 的合成不与蛋白质的合成严紧耦联，带有 *relA* 突变的株系就称为松弛型突变型（relaxed mutant），该基因也因此而得名。

9.3　核　开　关

核开关是一类通过结合小分子代谢物调控基因表达的 mRNA 元件。它位于 mRNA 5′-端，可以不依赖任何蛋白质因子而直接结合小分子代谢物，继而发生构象重排，调节 mRNA 的延伸和翻译。迄今为止，核开关都是在细菌中发现的，然而序列分析表明在某些真菌和植物中也含有与细菌核开关高度同源的序列，说明这些物种也可能具有调控基因表达的核开关。目前发现的核开关包括：B_{12} 核开关、TPP（硫胺素焦磷酸）核开关、FMN（黄素单核苷酸）核开关、SAM（S-腺苷甲硫氨酸）核开关、赖氨酸核开关和鸟嘌呤核开关和腺嘌呤核开关等。

核开关可以通过衰减作用、翻译抑制作用或者其核酶活性控制基因的表达。在衰减机制

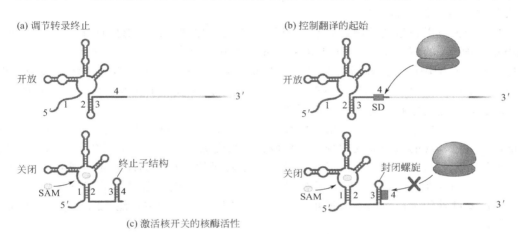

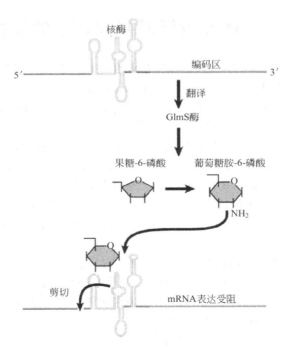

图 9-34　核开关的作用机制

中，作为信号分子的代谢物与核开关结合导致终止子结构的形成，RNA 聚合酶从 poly(U) 末端脱落，使 mRNA 的合成提前终止 [图 9-34(a)]，结果是与代谢物合成有关的基因不表达。当缺少信号分子时，转录开始后，先转录的抗终止子序列和部分终止子序列首先结合，使终止子的发夹结构无法形成，于是转录继续进行，形成完整的 mRNA。

在翻译抑制机制中，在起始密码子上游分别有 SD 序列、抗 SD (anti-SD) 序列和抗抗 SD (anti-anti-SD) 序列。若没有相应的小分子代谢物，抗 SD 序列和抗抗 SD 序列首先结合，抗 SD 序列无法与 SD 序列结合，核糖体能够正确附着在 SD-AUG 序列上，翻译正常进行。而目标配体的存在，能促使 SD 序列和抗 SD 序列结合，核糖体不能附着到 mRNA 上，翻译中止，即成熟 mRNA 的翻译由于配体的存在而被抑制。例如，细菌编码合成维生素 B_{12} 的酶的基因转录出的 mRNA 能折叠出特殊的形状，形成一个结合辅酶 B_{12} 的口袋。当辅酶 B_{12} 进入这个口袋时，mRNA 就会改变它的形状，掩盖附近的翻译起始区，核糖体不能与 mRNA 结合，翻译被抑制 [图 9-34(b)]。

有的核开关可以通过其核酶活性调节基因的表达，比如编码谷氨酰胺果糖-6-磷酸转氨酶 (glmS)mRNA 的核开关。GlmS 催化果糖-6-磷酸和谷氨酰胺生成葡萄糖胺-6-磷酸。当葡萄糖胺-6-磷酸在细胞内达到较高水平时，代谢物就与 GlmS 核开关结合，激活其核酶活性，造成 GlmS mRNA 发生自我切割。尽管 mRNA 被剪切的部位并不在编码区内，但仍能破坏基因的表达，使葡萄糖胺不再继续合成 [图 9-34(c)]。

核开关广泛存在于细菌中。在枯草杆菌中大约 2% 的基因的表达是由核开关控制的。至今为止，所有已发现的核开关的靶分子结合域都是高度保守的，同小分子代谢物选择性结合后，会导致 mRNA 5′-UTR 立体结构的改变，影响转录的终止、翻译的起始或者 mRNA 的加工。核开关的存在意味着 RNA 分子有相当的能力形成类似蛋白受体的复杂结构。并且，核开关不需要额外的蛋白质因子来感知代谢产物的浓度，执行调控功能，因此它是一种非常经济的调控开关。

9.4　DNA 重排对基因转录的调控

DNA 重排可以改变调控元件与受控基因之间的距离和方向，因而可以成为控制基因表达的一种手段。鼠伤寒沙门菌 (*Salmonella typhimurium*) 是一种与大肠杆菌密切相关的细菌，被人体或其他哺乳动物摄入后能够引起呕吐和腹泻。鞭毛蛋白是鼠伤寒沙门菌的一种主要抗原。鼠伤寒沙门菌能够表达两种类型的鞭毛蛋白 H1 和 H2。这两种鞭毛蛋白分别由染色体上相距甚远的两个基因编码，但是任何一个沙门菌细胞只会表达一种类型的鞭毛蛋白。当一群细胞生长、增殖时，其中的一些子代细胞会自发地改变其鞭毛蛋白的类型，即由 H1 型鞭毛转变成 H2 型鞭毛，或者由 H2 型鞭毛转变成 H1 型鞭毛，这一过程称为相变 (phase variation)。相变可以保护细菌抵抗脊椎动物宿主免疫系统的进攻。如果宿主产生了针对一种鞭毛蛋白的抗体，发生相变的细菌仍能生存和增殖，直到免疫系统对新型的鞭毛蛋白产生免疫应答。

图 9-35 描述了鼠伤寒沙门菌相变的分子基础。H2 操纵子有两个结构基因 *fljB* 和 *fljA*，前者编码 H2 鞭毛蛋白，后者编码的 rH1 专一性地抑制 H1 鞭毛蛋白的表达。因此，当 H2 操纵子表达时，H1 基因的转录被 rH1 阻遏蛋白抑制。H2 操纵子能否表达与其上游一段 995bp 序列的方向有关。这是一个可以翻转的 DNA 片段，含有一个完整的 *hin* 基因，以及 H2 操纵子的启动子，两端是 14bp 的倒转重复序列 *hixL* 和 *hixR*。当 H2 启动子以 5′→3′ 方向存在时，H2 操纵子表达，产生 H2 鞭毛蛋白和 rH1 阻遏蛋白。大约细菌细胞每分裂

1000 次，这一片段会发生一次翻转，*fljB* 和 *fljA* 基因都不能表达。由于细胞内不存在阻遏蛋白 rH1，*H1* 基因被转录，产生 H1 鞭毛蛋白。

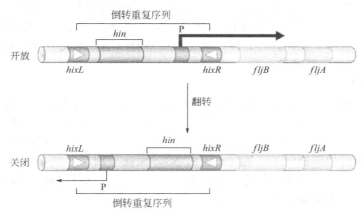

图 9-35　鼠伤寒沙门菌相变的分子机制

促使倒位序列翻转的酶是一种位点特异性重组酶（site-specific recombinase），由 *hin* 基因编码。Hin 蛋白二聚体识别并与两个反向重复序列结合，促使它们平行排列，而两个反向重复序列之间的序列呈环状凸起。Hin 蛋白催化的位点特异性重组，导致两个 Hin 蛋白识别位点之间的序列发生倒位（图 9-36）。Hin 的表达水平非常低，相变是一种低频率事件。

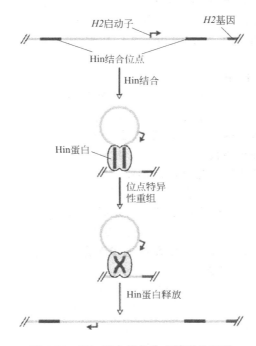

图 9-36　Hin 蛋白催化位点特异性重组

9.5　λ 噬菌体调控级联

λ 噬菌体侵入大肠杆菌细胞后，可以通过裂解和溶源两种方式进行繁殖。如果进入裂解途径（lytic pathway），则病毒所有的基因表达活动是导致子代病毒颗粒的形成和宿主细胞的裂解；如果是进入溶源途径（lysogenic pathway），则是病毒基因组通过位点特异性重组整合到宿主细胞的基因组，保持静止状态，并随之同步复制。当野生型λ噬菌体侵染 *E. coli* 时，大部分细菌被病毒裂解，可是也会有一小部分细菌因噬菌体 DNA 整合而成为溶源菌。溶源化的细胞不会被再度感染（超感染），因为前噬菌体表达的唯一——种蛋白质 CI 蛋白会抑制超感染噬菌体裂解生长。这样，围绕最初被裂解的细胞将形成一个模糊的噬菌斑。

9.5.1 裂解周期中的级联调控

9.5.1.1 λ基因组

λ噬菌体基因组长 48502bp，共有 61 个基因，这些基因按照表达的时间顺序可以分为早早期基因（immediate early genes）、晚早期基因（delay early genes）和晚期基因（late genes）（图 9-37）。λ噬菌体裂解生长的级联调控简单明了，早早期基因的一个编码产物是晚早期基因表达所需的调控因子（抗终止蛋白 N），而晚早期基因的一个编码产物又是晚期基因表达所需的一种调控因子（抗终止蛋白 Q），正是这种级联控制使λ噬菌体的基因按顺序表达，最终导致子代噬菌体颗粒的形成。

9.5.1.2 早早期基因表达

当λ噬菌体侵入大肠杆菌细胞后，宿主细胞的 RNA 聚合酶便开始从 P_L 向左转录 N 基因，从 P_R 向右转录 cro 基因，合成两种早早期 mRNA，它们的转录分别终止于 t_{L1} 和 t_{R1}（图 9-37）。从 P_R 至 t_{R1} 转录的 mRNA 编码的蛋白质 Cro 是一种主要的噬菌体侵染周期调节蛋白。从 P_L 至 t_{L1} 转录的 mRNA 编码的 N 蛋白是一种抗终止蛋白，它使 RNA 聚合酶能够通过 t_{L1} 和 t_{R1}，转录外侧的晚早期基因。nut（N-utilization）是抗终止蛋白的识别序列，位于启动子和终止子之间，包括两个序列元件 A 盒（box A）和 B 盒（box B）（图 9-38）。

9.5.1.3 N 蛋白的抗终止作用与晚早期基因表达

通过分析阻止 N 蛋白抗终止作用的大肠杆菌突变菌株，鉴定出了几种与抗终止作用有关的宿主蛋白质，以 Nus（N utilization substances）命名，分别是 NusA、NusB、NusE 和 NusG。在未被侵染的细胞中，这些蛋白质执行另外的功能。NusE 实际上是核糖体小亚基的一个蛋白质（S10）。NusA 是一种高度保守的转录因子，参与转录的暂停和终止作用。在转录起始不久，σ因子从 RNA 聚合酶上解离下来后，NusA 就结合到核心酶上。实际上，NusA 的功能是通过增加 RNA 聚合酶在终止子发夹结构处停顿的时间促进转录终止。NusA 和σ因子不能同时与聚合酶的核心酶结合。只要 RNA 聚合酶还结合在 DNA 上，NusA 就不会脱离聚合酶。然而，一旦 RNA 聚合酶脱离了 DNA 分子，σ因子就会取代 NusA 与核心酶结合。因此，RNA 聚合酶存在两种形式，一种是与σ因子结合、能够起始转录的形式，另一种是与 NusA 结合、能够终止转录的形式。

图 9-38 描绘的是 N 蛋白介导的抗终止作用。当 nut 被转录成 RNA 后，boxB 形成一个茎环结构，能够与 N 蛋白发生相互作用，而线形的 boxA 是 NusB 和 NusE 异

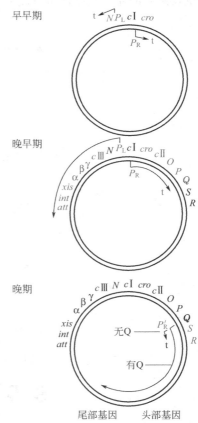

图 9-37 λ噬菌体早早期基因、
晚早期基因和晚期基因

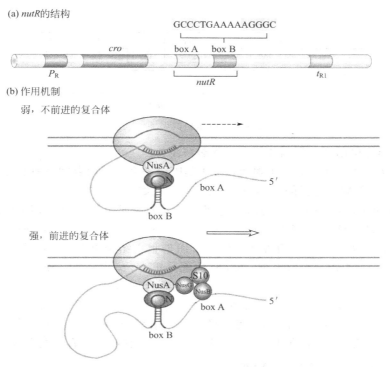

图 9-38　N 蛋白的抗终止作用

二聚体的结合位点。当 *nut* 出现在新生 RNA 链上时，N 蛋白与 *nut* 的 boxB 结合，并与 RNA 聚合酶上的 NusA 相互作用，紧接着 NusB、NusE 和 NusG 快速结合上去形成一个稳定的抗终止作用复合体。这种复合体能够沿 DNA 移动，抑制在 Rho 依赖型和 Rho 非依赖型终止位点处发生的终止作用，向左、向右转录晚早期基因。

9.5.1.4　Q 蛋白的抗终止作用与晚期基因表达

晚早期基因中包括 *cro*、*cⅡ*、*cⅢ* 和 Q 等调控基因（图 9-37），其中 Q 蛋白也是一个抗终止蛋白，它抑制 t_{R3} 终止子的作用，使 RNA 聚合酶继续合成晚期基因。晚期基因包括编码噬菌体头部蛋白和尾部蛋白的基因，以及两个裂解基因，这些基因组织成一个单独的转录单位。表达晚期基因的启动子（$P_{R'}$）位于 Q 和 S 之间，为一组成型启动子。但是当缺少 Q 蛋白时，转录终止于 t_{R3} 位点，产生一长度为 194nt 的转录产物，称为 6S RNA。当有 Q 蛋白存在时，t_{R3} 的终止子作用被抑制，结果晚期基因得以表达。与 N 蛋白的作用机制不同，Q 蛋白的识别序列 QBE 位于晚期启动子 $P_{R'}$ −10 和 −35 区之间（图 9-39）。在无 Q 蛋白时，聚合酶从 $P_{R'}$ 起始转录，但很快出现暂停，接着它会继续转录至 t_{R3}。如果存在 Q 蛋白，聚合酶一旦离开启动子，Q 蛋白就会结合 QBE，当从 $P_{R'}$ 起始的转录出现暂停时，Q 蛋白就会转移至 RNA 聚合酶。一旦结合有 Q 蛋白，RNA 聚合酶就能够通过 t_{R3} 继续转录。

9.5.2　溶源生长的自体调控

不能进行溶源生长的突变型噬菌体形成清亮的噬菌斑，这是因为所有被侵染的细胞都被裂解。这些突变可归属于 3 个互补群，它们是 *cⅠ*、*cⅡ* 和 *cⅢ*。CⅠ蛋白抑制裂解途径，是溶源途径的建立和维持所必需的，又称为 λ 阻遏蛋白。CⅡ和 CⅢ蛋白在溶源状态建立时激活 *cⅠ* 基因的表达。CⅠ蛋白既参与溶源状态的形成又参与溶源状态的维持可以由 CⅠ温度敏感突变得到证明。在许可温度条件下，突变型噬菌体能够进行溶源生长。但是，如果将宿

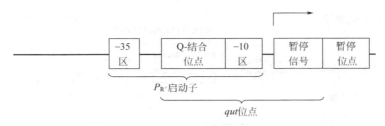

图 9-39　Q 蛋白的识别位点

主细胞转移至非许可温度，噬菌体就会进入裂解生长。

一旦溶源状态建立起来后，阻遏蛋白 CI 是唯一一个维持溶源状态所必需的蛋白质。那么，CI 是如何抑制裂解途径的？ *cI* 基因的表达又是如何维持的？

如图 9-40 所示，P_L 和 P_R 分别负责左侧和右侧早早期基因和晚早期基因的转录，操纵基因 O_L 和 O_R 与每个启动子相连。P_{RM}（promoter of repressor maintenance）是维持 *cI* 基因表达的启动子。O_L 和 O_R 各有 3 个连续的 λ 阻遏蛋白结合位点。CI 蛋白与 O_L 和 O_R 结合后抑制 P_L 和 P_R 的转录。由于 P_R 与 O_R 的部分重叠，CI 与 O_{R1} 和 O_{R2} 结合在空间上阻遏了 RNA 聚合酶与启动子 P_R 的结合，这样就抑制了 *cro* 基因的转录。CI 蛋白又是一种活化子，结合到 O_{R1} 和 O_{R2} 上的 CI 蛋白刺激从 P_{RM} 启动子开始的左向转录。这是一种正自我调控机制（positive autoregulation），可以维持 *cI* 基因的持续表达，保证前噬菌体能够随溶源菌的分裂而稳定存在。P_R 和 P_L 是强组成型启动子，它们能够有效结合 RNA 聚合酶，并

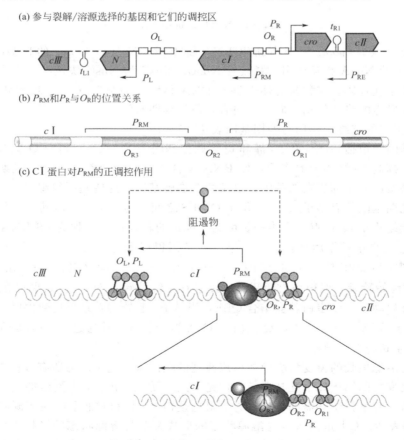

图 9-40　溶源生长的自体调控

不需要活化子的协助而指导转录。相反，P_{RM} 是一个弱启动子，只在上游结合活化子后才会有效指导转录。在这方面，P_{RM} 类似于 *lac* 启动子。P_R 和 P_L 关闭而 P_{RM} 开放时，噬菌体处于溶源生长周期。

C I 蛋白具有两个由一柔性衔接区连接的球状结构域，以二聚体的形式与 DNA 结合。它的 N 端结构域是螺旋-转角-螺旋式样的 DNA 结合域，与操纵基因结合；其 C 端结构域介导二聚体的形成。C I 二聚体对 3 个操纵基因的亲和力不同，顺序是 $O_{R1} > O_{R2} > O_{R3}$。C I 蛋白对 O_{R2} 的亲和力比对 O_{R1} 的亲和力低 10 倍。然而由于二聚体间的相互作用，C I 与 O_{R1} 的结合会促进另一个 C I 二聚体与低亲和力位点 O_{R2} 结合（图 9-41）。这种协同作用使得 C I 蛋白的浓度在只能够单独结合 O_{R1} 时，可以同时结合 O_{R1} 和 O_{R2} 两个位点。当 C I 与所有 3 个位点都结合后，既抑制由 P_R 起始的又抑制从 P_{RM} 起始的转录，防止 C I 蛋白过多合成，这是一种自我负调控机制（negative autoregulation）。

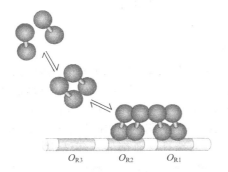

图 9-41　C I 蛋白协同与 O_{R1} 和 O_{R2}

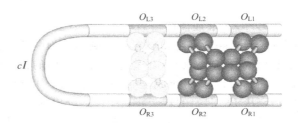

图 9-42　O_R 和 O_L 上阻遏蛋白的相互作用

O_{R1} 和 O_{R2} 上结合的阻遏蛋白二聚体与结合到 O_{L1} 和 O_{L2} 上的阻遏蛋白二聚体相互作用，形成一个八聚体，其中的每一个二聚体都独立地结合操纵基因。由于结合在 O_R 和 O_L 上的阻遏蛋白相互作用使左侧操纵基因和右侧操纵基因之间的 DNA，包括 *cI* 基因本身，形成一个环（图 9-42）。当环形成时，O_{R3} 和 O_{L3} 彼此靠近，允许另外两个阻遏蛋白二聚体协同结合到这两个位点。由于这一协同效应的存在，细胞中阻遏蛋白的浓度只需比结合 O_{R1} 和 O_{R2} 时所需的浓度高一点就能够结合到 O_{R3} 上。因此，阻遏蛋白的浓度是被严格控制的，很小的下降就会被其表达的升高所补偿，稍微升高，则会导致基因关闭。

9.5.3　溶源生长建立的分子机制

在讨论完溶源状态是如何维持的之后，我们考虑一下溶源生长建立的分子机制。当 λ 噬菌体侵入大肠杆菌细胞后，宿主细胞的 RNA 聚合酶开始从病毒基因组的 P_R 和 P_L 开始转录病毒的基因。起初，从 P_R 和 P_L 开始的转录终止于 t_L 和 t_R 位点。结果，产生了两种 RNA：一种编码 Cro 蛋白；另一种编码 N 蛋白。

合成的 Cro 蛋白结合至 O_{R3}，直接抑制了 *cI* 基因从 P_{RM} 开始的转录。随着 N 蛋白水平的升高，N 蛋白结合到 t_L 和 t_R 上游的 *nut* 位点。RNA 聚合酶与结合于 *nut* 位点上的 N 蛋白发生相互作用，使转录越过 t_L 和 t_R，导致 C II 和 C III 蛋白的生成，这两种蛋白是建立溶源状态的关键因素。C II 蛋白是 *cI* 基因的正调控因子，但是 C II 蛋白激活 *cI* 基因的转录不是从 P_{RM}，而是从另外一启动子 P_{RE}（promoter of repressor establishment）开始的（图 9-43）。P_{RE} 是一个弱启动子，因为它有一个不完整的 −35 序列。通过与 RNA 聚合酶的直接作用，C II 协助聚合酶结合到启动子上。C I 蛋白合成后，随即与 O_{R1} 和 O_{R2} 结合，抑制从 P_R 起始的 *cro* 基因的转录，并激活从 P_{RM} 开始的转录（图 9-40）。

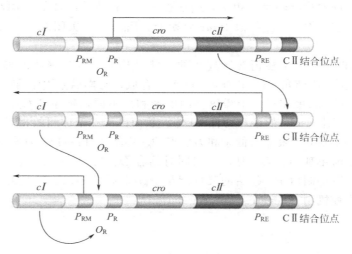

图 9-43　溶源性的建立

　　另外，CⅡ还能激活启动子 P_{int}（图 9-44），指导 int 基因的转录，int 基因编码的整合酶（integrase）催化 λDNA 整合到宿主细胞的染色体中。int 也可以从 P_L 转录，但是从 P_L 起始合成的 int mRNA 不稳定，会被细胞的核酸酶降解，而从 P_{int} 起始合成的 int mRNA 是稳定的，可以被翻译成整合酶。这是因为两种 mRNA 有着不同的 3'-末端结构［图 9-45(a)］。从 P_{int} 起始的转录终止于 t_1，合成的 mRNA 的 3'-末端具有典型的茎环结构，其后是 6 个 U。相反，当 RNA 的合成从 P_L 起始，并且 RNA 聚合酶被 N 蛋白修饰，转录将越过 int 基因的终止子 t_1，合成一条稍长的 mRNA，其 3'-末端形成的茎环结构是 RNase Ⅲ 的底物。RNase Ⅲ 首先切去 mRNA 3'-末端的茎环结构，然后核酸外切酶沿 3'→5' 方向降解 mRNA 至 int 的编码区［图 9-45(b)］。由于核酸酶切割的靶位点位于 int 基因的下游，同时降解沿着基因逆向进行，所以这一过程被称为逆向调控（retroregulation）。逆向调控具有重要的生物学功能。当 CⅡ活性低，有利于裂解生长时，是不需要整合酶的，因此其 mRNA 被破坏掉。当 CⅡ活性高，有利于溶源发育时，int 基因表达，合成整合酶。

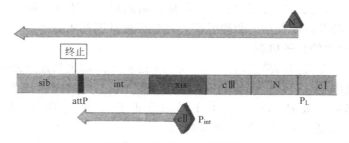

图 9-44　从 P_L 起始的转录

9.5.4　裂解生长和溶源生长的选择

　　λ噬菌体侵入细胞后启动的分子事件既可以使噬菌体进行溶源生长，也可以使之进行裂解生长，那么，决定噬菌体在一个宿主细胞内选择溶源生长或裂解生长途径的因素又是什么？现在人们对这一问题了解得还不是十分清楚。当环境条件有利于宿主细胞生长时，噬菌体倾向于选择裂解生长；当环境条件对宿主细胞的生长不利时，噬菌体更多地选择溶源生长，其中的原因或许是处于饥饿状态的细胞不能够为裂解生长提供代谢需求。

　　宿主细胞 hfl 基因编码的一种特异的蛋白酶（FtsH）降解 CⅡ蛋白。当营养丰富时，

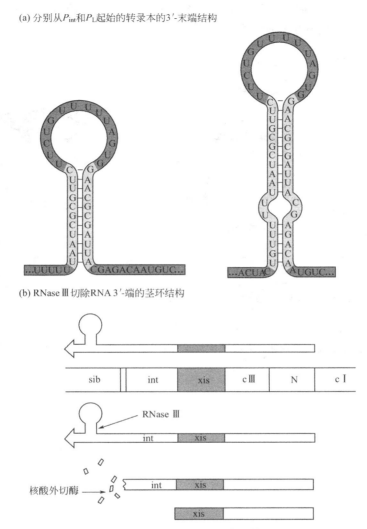

(a) 分别从 P_{int} 和 P_L 起始的转录本的3′-末端结构

(b) RNase Ⅲ 切除RNA 3′-端的茎环结构

图 9-45　*int* 基因的逆向调控

宿主细胞 FtsH 活性就高，CⅡ 被有效降解，CⅠ 蛋白不能合成，噬菌体倾向于裂解生长 [图 9-46(a)]。在不利的环境条件下，情况相反，FtsH 活性低，CⅡ 的降解速度慢，CⅡ 积累，CⅠ 占优，噬菌体倾向于溶源生长 [图 9-46(b)]。缺少 *hfl* 基因的细胞几乎总是在被 λ 感染时形成溶源细胞。CⅡ 的水平也受 CⅢ 的调节，CⅢ 能够保护 CⅡ 免受 FtsH 的降解，这又增加了调控的复杂性。这些观察结果表明，溶源生长和裂解生长的选择取决于转录调控蛋白 CⅡ 的稳定性，而 CⅡ 的稳定性又取决于宿主细胞的生理状态。

9.5.5　前噬菌体的诱导

DNA 损伤可以诱导前噬菌体的释放。例如，当溶源菌受到紫外线照射时，DNA 损伤会激活 RecA 蛋白。被激活的 RecA 蛋白刺激几种蛋白质发生自我切割，这其中就包括 CⅠ 蛋白。切割反应除去了阻遏蛋白 C 端结构域，阻遏蛋白就不能形成二聚体，并从 DNA 分子上脱落下来（图 9-47），从而解除了对 *cro* 基因的抑制作用。与 CⅠ 类似，Cro 蛋白以二聚体的形式结合于 λ 操纵位点。然而，Cro 二聚体对 3 个操纵位点的亲和力的顺序是 $O_{R3} > O_{R2} > O_{R1}$，刚好与 CⅠ 的结合顺序相反。Cro 与 O_{R3} 结合关闭了 *cI* 基因从 P_{RM} 开始的转录。随着

CI 浓度的降低，它对 P_L 的抑制作用也被解除，于是 N 基因开始转录。N 蛋白允许转录越过 t_L 和 t_R 位点，合成裂解生长所需的蛋白质。

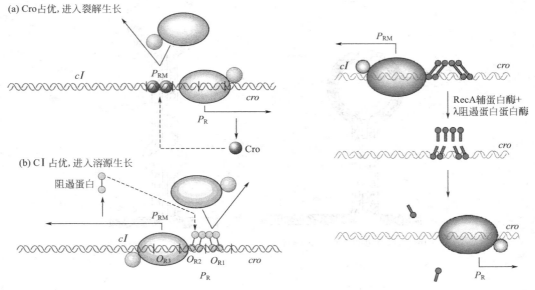

图 9-46　CI 和 Cro 竞争决定 λ 噬菌体进入溶源生长或裂解生长　　　图 9-47　原噬菌体的诱导

第 **10** 章　真核生物基因表达的调控

10.1　染色质的结构与基因表达

染色质是细胞核中基因组 DNA 与蛋白质构成的复合体。染色质的基本结构单位是核小体。11nm 粗的核小体纤维可以进一步盘绕成 30nm 粗的纤维。在分裂期，30nm 粗的纤维再折叠成具有一定形态结构的染色体。分裂期结束后，染色体又转化为染色质。按照功能不同，可将染色质划分为活性染色质和非活性染色质。前者是指那些具有转录活性的染色质，而后者则用于表示缺乏转录活性的染色质。在结构上，活性染色质和非活性染色质也有很大的差异。具有转录活性的染色质区域为一种开放、松散的结构。而非活性染色质呈现一种高度浓缩的形态，转录机器不能与其中的启动子结合，因而没有转录活性。异染色质就是一种典型的非活性染色质。

10.1.1　位置效应

位置效应（position effect）是指一个基因由于其在基因组中的位置发生改变，而发生的表达上的变化。位置效应在果蝇中得到了详尽的研究。野生型 *white* 基因使果蝇的复眼呈红色。有一个果蝇品系，由于染色体倒位使 *white* 基因座靠近着丝粒处的异染色质。在这一新的位置，基因是否表达因细胞而异，取决于复眼早期发育时异染色质对基因表达的抑制效应扩展到多远。异染色质扩展的范围会在不同的细胞中发生某种变化，随后被子细胞稳定遗传：不表达 *white* 基因的细胞分裂后产生的子代细胞仍不表达 *white* 基因，产生白眼细胞克隆；而表达 *white* 基因的细胞分裂后产生的子代细胞都表达 *white* 基因，产生红眼细胞克隆。所以，该品系的果蝇的复眼表现为红白相嵌，又称为位置效应花斑（position effect variegation）（图 10-1）。

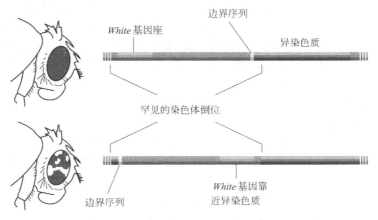

图 10-1　果蝇复眼的位置效应花斑

10.1.2　活性染色质的形态特征

与非表达区域中核小体结构紧密、间隔规则相比，活跃转录的染色质区域的核小体组装得较为松散、不规则。这样的一种结构有利于转录因子的结合，以及 RNA 聚合酶沿模板的滑动。在转录起始区以及某些特殊的区域，核小体的构象变化更为明显。DNase Ⅰ和微球菌核酸酶等非特异性内切酶可用于检测染色质结构的变化，它们可降解染色质 DNA 可接近的区域，但是被组装成核小体的染色质 DNA 则受到保护，对核酸酶的处理不敏感（图10-2）。

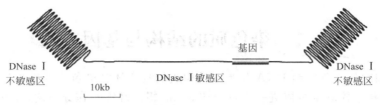

图 10-2　染色质中的 DNase Ⅰ敏感区

在染色质中还存在一些短的对 DNase Ⅰ的消化十分敏感的区段，长度一般介于 50～200bp 之间，可被极微量的 DNase Ⅰ降解，被称为 DNase Ⅰ超敏感位点（DNase Ⅰ hyper-sensitivity site）。DNase Ⅰ超敏感位点广泛存在，每个活跃表达的基因都有一个或几个超敏感位点，其中大部分位于基因的 5′-调控区，少数位于其他部位，如转录单位的下游。非活性基因的 5′-侧翼区的对应位点不会表现出对 DNase Ⅰ的敏感性。超敏感位点代表着开放的染色质区域，由于组蛋白八聚体的解离或缠绕方式的改变，这段区域中的 DNA 序列暴露出来，易受到核酸酶的攻击。

10.1.3　染色质结构的调节

在原核细胞中，RNA 聚合酶和调节蛋白可以自由地接近 DNA。在真核细胞中，由组蛋白和基因组 DNA 两部分组成的染色质结构限制了转录因子对 DNA 的接近与结合，实际上起着阻遏转录的作用。因此，基因转录需要染色质发生一系列重要的变化，如染色质去凝集化，变成一种开放式的疏松结构，使转录因子等更容易接近并结合核小体 DNA。组蛋白的N 端尾的修饰作用和核小体重塑可以显著改变染色质的结构，调控基因的表达。

10.1.3.1　组蛋白 N 端尾的修饰对染色质结构及基因转录活性的影响

（1）组蛋白 N 端尾的化学修饰

在第二章已经介绍，每种核心组蛋白包括一个大约 80 个氨基酸残基构成的保守区域称为组蛋白折叠域（histone fold domain）和一个突出于核小体核心之外、由大约 20 个氨基酸残基组成的 N 端尾。组蛋白折叠域由 3 个 α 螺旋组成，螺旋间由短的无规则的环隔开。N端尾的相互作用对核小体的聚集和染色质折叠非常重要，同时也是组蛋白的主要修饰部位。组蛋白 N 端尾的修饰作用包括位点特异的磷酸化、乙酰化和甲基化（图 10-3），其中乙酰化是最早发现与转录有关的一种组蛋白修饰方式，在这里主要介绍组蛋白的乙酰化对染色质的结构和基因表达的影响。

（2）组蛋白乙酰化　组蛋白的乙酰化主要发生在赖氨酸的 ε-氨基上，与染色质的结构和活性密切相关。异染色质中的组蛋白一般不被乙酰化，而具有转录活性的染色质常常是高度乙酰化的。

经过多年的努力，催化向组蛋白添加乙酰基的组蛋白乙酰转移酶（histone acetyl trans-ferase，HAT）终于在 1996 年被分离出来。许多组蛋白乙酰转移酶被证明是以往鉴定过的辅激活蛋白（coactivator），比如酵母的 Gcn5。通过遗传分析，人们很早就知道酵母的 Gcn5是一种辅激活蛋白，酵母 Gcn4 以及其他几种具有酸性激活域的激活蛋白在激活转录时都需要 Gcn5 的参与。四膜虫的 P[55] 蛋白质是最先发现的一种乙酰转移酶。Gcn5 与 P[55] 蛋白质具有同源性说明 Gcn5 本质上也是一种乙酰转移酶。随后的研究表明，Gcn5 存在于具有组蛋

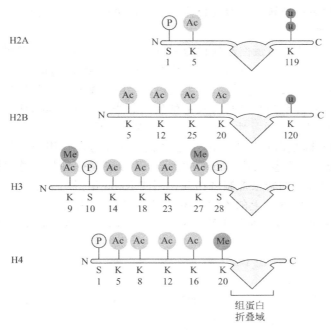

图 10-3　组蛋白 N 端尾的修饰作用

白乙酰转移酶活性的多蛋白复合体中，转录激活蛋白通过与复合体中的其他亚基相互作用募集 Gcn5 复合体，指导靶基因启动子区核小体的高度乙酰化，使染色质结构发生改变，刺激转录的发生（图 10-4）。

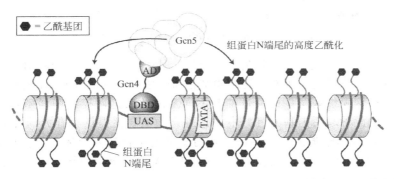

图 10-4　激活蛋白 Gcn4 的 DNA 结合域与靶基因上游的 UAS 结合，它的酸性激活
域募集辅激活蛋白 Gcn5 复合体指导启动子处组蛋白 N 端尾的乙酰化

越来越多的与 Gcn5 同源的蛋白质从多种不同的真核生物中被分离出来，说明在真核生物中 Gcn5 的功能是高度保守的。p300 和 CBP（CRE binding protein）是哺乳动物细胞十分重要的辅激活蛋白，参与细胞周期调控、细胞分化和细胞凋亡等多种生理过程。p300/CBP 具有组蛋白乙酰转移酶活性，能通过催化组蛋白的乙酰化调控基因转录。同时，它们还能在转录因子和基本转录复合物之间起到桥梁作用，并且为多种转录辅助因子的整合提供支架。

组蛋白的修饰除了对核小体的结构产生直接影响外，还会产生新的蛋白质结合位点。含有同源调节域（bromodomain）的蛋白质能够与乙酰化的组蛋白尾发生作用。许多具有同源调节域的蛋白质与组蛋白乙酰转移酶构成多蛋白复合体。这些复合体进一步使组蛋白乙酰化，有助于乙酰化染色质的维持。TFⅡD 是形成转录起始复合体的关键组分，也包含一个同源调节域。该结构域指导转录起始复合体在乙酰化位点的组装，使得与乙酰化核小体结合的 DNA 的转录活性增加。

（3）组蛋白去乙酰化　组蛋白乙酰化为一可逆过程，乙酰化和去乙酰化的动态平衡控制着染色质的结构和基因表达。组蛋白去乙酰化酶（histone deacetylase，HDAC）可去除组蛋白上的乙酰基，抑制基因表达。当第一个组蛋白去乙酰化酶从人类细胞中被分离出来后，组蛋白的去乙酰化与基因转录抑制之间的关系就建立起来了。编码该 HDAC 的 cDNA 序列与酵母 *RPD3* 基因具有很高的同源性，而 *RPD3* 基因的编码产物可以抑制多种酵母基因。进一步的工作表明，Rpd3 蛋白是作为 Sin3 复合体的一个组分起作用的，并且它对一系列启动子的抑制作用还需要另一种蛋白质 Ume6 的参与。Ume6 是一种与上游调控序列 URS1 结合的抑制子。Sin3 与 Ume6 的转录抑制域相互作用使 Rpd3 组蛋白去乙酰酶正确定位，除去组蛋白 N 末端上特定赖氨酸残基上的乙酰基团（图 10-5）。在酵母细胞中，与 Ume6 结合位点邻近的一个或两个核小体的乙酰化水平很低。这一 DNA 区域就包括了受 Ume6 抑制的启动子。

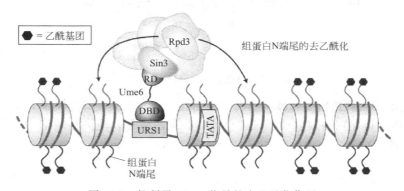

图 10-5　抑制子 Ume6 指导的去乙酰化作用

在哺乳动物中，Sin3 至少由 7 种蛋白质组成，其中包括 HDAC1 和 HDAC2。复合体中的 RbAp46 和 RbAp48 最初是因与成视网膜细胞瘤蛋白（retinoblastoma protein，Rb）的结合而被分离的。视网膜细胞瘤蛋白通过抑制不同基因的表达调控细胞增殖，Sin3 和这个癌症相关蛋白之间的此种联系为基因沉默中去乙酰化的重要性提供了有力的证据。在 Sin3 复合体中，RbAp46/48 为组蛋白结合蛋白，其功能可能是稳定复合体与组蛋白的结合。Sin3 缺乏与 DNA 结合的活性，需要通过序列专一性 DNA 结合蛋白引导才能结合至基因组中的特定位置。

10.1.3.2　染色质重塑

染色质重塑（chromatin remodeling）涉及染色质中核小体位置和结构的改变，是一个能量依赖的过程，由染色质重塑复合体催化完成。重塑复合体利用 ATP 水解释放的能量，主要催化两种反应（图 10-6）：①介导组蛋白八聚体沿 DNA 滑动，改变核小体的位置，使转录因子能够与原来无法靠近的启动子序列结合；②介导组蛋白重排，在不改变位置的情况下使核小体变成一种较为松散的结构，增加 DNA 的易接近性。

染色质重塑复合体可以分为两个家族。大型重塑复合体 SWI/SNF 由 12 条多肽链构成，可以介导上述两种反应。SWI/SNF 是 20 世纪 90 年代初首先在酿酒酵母中发现，它因 Swi（yeast mating type switch）和 Snf（sucrose nonfermenting）基因突变而得名。研究表明，有接近 6% 的基因的表达受其影响，其中包括 *HO* 和 *SUC2* 基因。较小的重塑复合体 ISWI 包括 2～6 条多肽链，只能介导核小体的滑动。

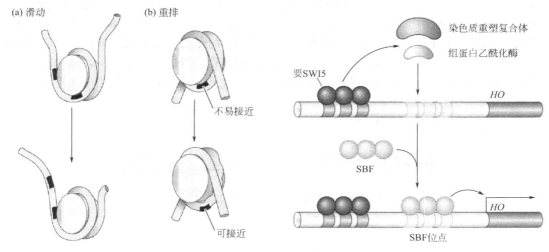

图 10-6　染色质重塑　　　　　　　　图 10-7　对 *HO* 基因的控制

转录因子、组蛋白乙酰转移酶和染色质重塑复合体的结合顺序因启动子的不同而不同，以下具体考察它们在激活 *HO* 基因转录中的作用。酵母 *HO* 基因编码一种内切核酸酶介导酵母的交配型转换。首先转录因子 SWI5 与 DNA 结合，募集 SWI/SNF 复合体，催化染色质重构。下一步是组蛋白乙酰转移酶 SAGA 与 SWI/SNF 结合催化启动子区域的组蛋白乙酰化，染色质变得松散，暴露出另一个活化子 SBF 的结合位点（图 10-7）。在 SBF 的介导下转录装置与启动子结合，激活基因表达。

SWI5 只在母细胞中具有活性，能够独立与 DNA 结合，然而 SWI5 的结合位点距启动子都比较远，最近的一个距启动子也有 1kb 以上，不能直接激活转录。SBF 只在细胞周期的特定阶段具有活性，它的几个结合位点距启动子都很近，与 DNA 结合后能够募集转录装置并激活基因表达，但是 SBF 不能独立地与 DNA 结合。由于 *HO* 基因的表达受这两种调控蛋白的控制，所以 *HO* 基因仅在母细胞和细胞周期特定的阶段表达。

10.1.4　染色质结构的区间性

10.1.4.1　绝缘子

绝缘子（insulator）序列首先在果蝇中被发现，以后又在多种真核生物的基因组中被鉴定出来。1985 年，Udvadry 等在果蝇的基因组中检测出了 scs 和 scs′（specialized chromatin structure）两个绝缘子序列（图 10-8）。这两个序列元件分别位于果蝇多线染色体 S7A7 条带热激蛋白基因座的两侧，长度分别是 350bp 和 200bp。当受到热激时，*hsp70* 基因高水平转录，在多线染色体上形成一个膨泡。scs 和 scs′ 就位于膨泡的两端，是膨泡的边界元件。在 scs 和 scs′ 的外侧是异染色质区域，绝缘子能够抵挡异染色质对热激蛋白基因座位的影响，使该座位在结构和功能上形成一个独立区域。

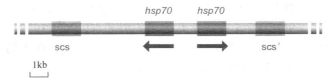

图 10-8　果蝇基因组中的两个绝缘子序列

因此，绝缘子是一组在真核生物基因组中建立独立转录活性区的调控元件，具有两种作用（图 10-9）：第一，绝缘子可以阻断染色质凝聚向其所限定的区域扩展，使其界定的基因的表达不受位置效应的影响；第二，绝缘子是一种与位置相关的阻断元件，当绝缘子位于增强子或者沉默子与启动子之间时可以阻断它们对启动子的作用，如果位于其他位置，则不起作用。在转基因时，目的基因整合到染色体上的不同位置，因位置效应作用，基因的表达水平差异很大。但是，如果在目的基因的两侧连接上绝缘子，目的基因的表达往往不受染色体位置效应的影响。

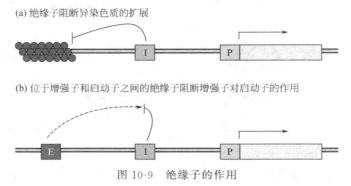

图 10-9　绝缘子的作用

在脊椎动物中，第一个被深入研究的绝缘子是鸡的 HS4 元件，它位于鸡 β-珠蛋白基因座的 5′-端。该基因座含有 β-珠蛋白基因家族的 4 个成员，它们分别在个体发育的不同阶段表达。基因座包含了一系列类红细胞特异性的 DNase 超敏感位点（HS），但是在座位的 5′-端有一个组成型的 HS 位点（5′HS4），存在于所有被检测的组织中。5′HS4 代表开放染色质（β-珠蛋白基因座）的 5′-边界（图 10-10）。在 5′HS4 位点的两侧，染色质的结构有着显著不同，β-珠蛋白基因座的染色质对核酸酶的敏感性普遍增高，组蛋白乙酰化程度高，而上游是凝缩的染色质区域对核酸酶有抗性，并且是去乙酰化的。

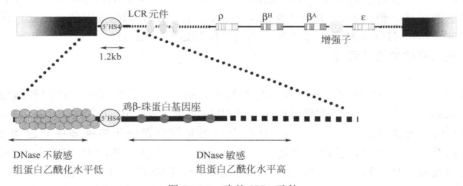

图 10-10　鸡的 HS4 元件

与启动子和增强子一样，绝缘子也需要与特异性的蛋白质因子发生相互作用才能实现其功能。通过遗传学和生物化学分析，已经鉴定出来一些绝缘子所必需的蛋白质因子。与 scs 和 scs′有关的蛋白质因子包括 Zw-5 和边界元件相关因子（boundary element-associated factor，BEAF）。与果蝇的 scs 绝缘子类似，鸡 HS4 元件可以阻止增强子的作用，也可以使转基因不受位置效应的影响。鸡 HS4 的这两种功能，分别由 CCCTC 结合因子（CCCTC-binding factor，CTCF）和 USF（upstream stimulatory factor）介导。

10.1.4.2　基质附着区

无论是在原核细胞还是在真核细胞中，基因组 DNA 均形成巨大的环状结构，环的基部附着在染色体支架上。在细菌中，环的长度大约是 40kb，而真核生物的 DNA 环要长一些，大约为 60kb。

在细胞间期，由丝状蛋白构成的网络状核基质附着于核膜的内表面。DNA 借助于基质附着区（matrix attachment region，MAR）与基质蛋白结合（图 10-11）。MAR 也被用于附着染色体支架，因此又称为支架附着区（scaffold attachment region，SAR）。这些 MAR/SAR 位点长度为 200～1000bp，富含 AT（占 70%），但是没有明显的一致序列。具有几个连续腺嘌呤的 DNA 序列

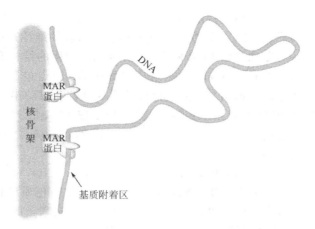

图 10-11　DNA 环通过 MAR 与核基质结合

有发生弯曲的趋势。与 MAR 位点结合的核蛋白识别弯曲的 DNA，而不是特定的序列。在靠近 MAR 位点的地方经常有拓扑异构酶Ⅱ的识别位点，意味着每一个巨大的环状 DNA 的超螺旋程度受到独立地调控。增强子以及其他调控元件也经常靠近 MAR 位点。在某些情况下，核小体重塑也是从 MAR 位点开始的，并且影响整个染色质环。

在进行动、植物的转基因研究时，将外源基因置于两个 MAR 位点之间有助于外源基因的高效表达。这一区域的染色质更容易变得松散起来，有利于转录的进行。

10.1.4.3　基因座控制区

人类的 β-珠蛋白基因簇长约 60kb，含有 5 个功能基因，排列顺序是 $5'$-ε-$γ^G$-$γ^A$-δ-β-$3'$。其中 ε 在胚胎早期表达，$γ^G$ 和 $γ^A$ 在胎儿时期表达，δ 和 β 在成体中表达。每个 β-珠蛋白基因都有自己的一套调控系统，但它们的表达还要受到 ε 基因上游 6～22kb 区段的控制，该区段称为基因座控制区（locus control region，LCR）。LCR 最初是在研究地中海贫血病的过程中被发现的，地中海贫血是一种由 α-珠蛋白或 β-珠蛋白缺陷导致的血液病。许多地中海贫血是由珠蛋白基因编码区突变造成的，但也有一些地中海贫血是因为 β-珠蛋白基因簇上游区段发生大范围缺失，导致了整个基因簇沉默。

人类 β-珠蛋白基因的 LCR 含有 5 个 DNase Ⅰ 超敏感位点（HS 位点）（图 10-12）。HS1～4 只出现在类红细胞系中，HS5 出现在多个细胞系中，但并不是组成型的。HS2、HS3 和 HS4 具有增强子活性，其中 HS2 为一个典型的增强子，在瞬时转染分析中，可以检测到 HS2 的活性。然而，HS3 和 HS4 只有在整合到染色质中时，才能检测到其增强转录的活性，说明这两个 HS 位点的增强子活性涉及到染色质结构的改变。HS5 是一种绝缘子，将其置于增强子和作用基因之间时，可以阻断增强子的作用。HS2、HS3 和 HS4 的增强子活性具有组织特异性，但 HS5 的绝缘子活性无组织特异性。HS1 的功能尚不明了。

图 10-12　人类的基因座控制位点

有一种 β-地中海贫血病，HS1 上游大约 35kb 的区段发生了缺失。尽管珠蛋白基因位点保持完整，然而珠蛋白基因并不表达，原因是缺失导致了整个基因座产生一种致密的染色质结构。转基因实验也证明只有完整的 LCR（包含 $5'$-端 HS1～5）才具有维持位置非依赖型

的开放染色质结构的功能。所以，β-珠蛋白基因 LCR 的另一种功能可能是介导松弛型染色质的形成。LCR 诱导基因座的染色质形成并维持开放的结构是它们不同于增强子的地方。

对非珠蛋白 LCR 的研究使我们对 LCR 的结构和功能有了进一步的认识。LCR 由一系列组织特异性的 HS 位点组成，每一 HS 位点包含一个 150～300bp 的核心序列，其中有很多转录因子的结合位点，能够建立和维持开放的染色质结构，促进基因的组织特异性表达。LCR 中的 HS 位点并非必须像 β-珠蛋白 LCR 的 HS 位点那样分布在一段连续的 DNA 片段上，它们可以位于基因簇的上游、下游或者基因之间。

10.1.4.4 沉默子

在酿酒酵母中，*HML*（hidden MAT left）和 *HMR*（hidden MAT right）位点，以及接近端粒的染色质区域，形成一种抑制性染色质结构，因此在转录上是沉默的。*HM* 位点上的沉默效应是由位点两侧、短的被称为沉默子的特异序列起始的。*HML* 的沉默子分别是 *HML-E* 和 *HML-I*（图 10-13）；*HMR* 的沉默子是 *HMR-E* 和 *HMR-I*。沉默子中含有 Abf1p、Rap1p 和复制起始位点识别复合体（origin recognition complex for DNA replication，ORC）的结合位点。

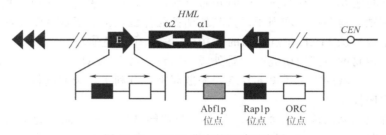

图 10-13　*HML* 位点的沉默子序列

沉默子结合蛋白通过募集 Sir 沉默复合体起始沉默过程。Sir 沉默复合体由 Sir2、Sir3 和 Sir4 构成。Sir2 是一种 NAD-依赖型组蛋白去乙酰化酶，Sir3 和 Sir4 为组蛋白结合蛋白。一旦被募集到沉默子，Sir 复合体使附近的核小体去乙酰化。由于 Sir 复合体自身的相互作用，以及 Sir 复合体优先与乙酰化程度低的组蛋白结合，新的 Sir 复合体就会被募集到刚刚脱去乙酰化的核小体上。于是，新一轮的核小体去乙酰化、Sir 复合体与去乙酰化的核小体结合的过程又开始了。按照这种方式，Sir 复合体介导核小体的去乙酰化作用逐渐地、沿染色质扩散，导致 *HM* 位点的异染色质化。

染色体的端粒重复序列含有一系列 Rap1p 的结合位点。Rap1p 募集 Sir 复合体，起始异染色质的生成和扩散，最终在染色体的近端粒区形成沉默的染色质结构（图 10-14）。

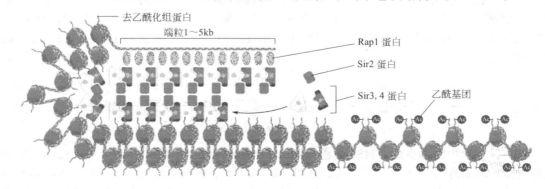

图 10-14　酵母端粒中的沉默效应（见彩图）

10.2　DNA甲基化与基因组活性调控

10.2.1　真核生物 DNA 的甲基化

　　DNA 甲基化是指在 DNA 甲基化酶的作用下，以 S-腺苷甲硫氨酸为甲基供体，将甲基转移到 DNA 分子的胞嘧啶碱基上形成 5-甲基胞嘧啶的过程。胞嘧啶的甲基化作用不是随机的。在脊椎动物基因组中胞嘧啶甲基化仅限于 5′-CG-3′ 二核苷酸，植物中仅限于 5′-CG-3′ 二核苷酸和 5′-CNG-3′ 三核苷酸。

　　DNA 的甲基化反应分为维持甲基化和从头合成甲基化两种类型（图 10-15）。当复制刚刚完成时，仅有亲本链上的 C 被甲基化，而子链的对应位点上的 C 未被甲基化。维持甲基化（maintenance methylation）使子链上的这个 C 也被甲基化，从而保证两个子代 DNA 分子保持与亲本分子相同的甲基化模式。从头合成甲基化（de novo methylation）可在基因组新的位置上添加甲基，从而改变了基因组局部区域的甲基化模式。目前，还不清楚细胞如何决定从头合成甲基化的靶位点，但是有证据表明 RNA 指导的 DNA 甲基化（RNA directed DNA methylation，RdDM）与很多从头合成甲基化位点的选择有关。

　　在脊椎动物的基因组中 CG 二核苷酸通常被甲基化，导致 CG 二核苷酸在整个基因组中的含量相对较低，这是由于 5-甲基胞嘧啶可以自发脱氨生成胸腺嘧啶，而这种错误又往往得不到修复，所以甲基化的 CG 突变成了 TG。脊椎动物基因组中仅有不到 1/4

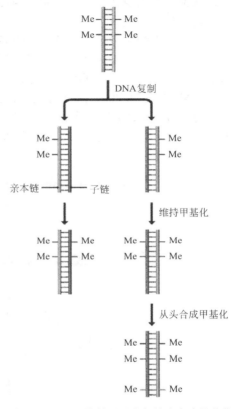

图 10-15　DNA 维持甲基化与从头合成甲基化

的 CG 位点得以保留。基因组的 CG 二核苷酸并非随机分布，基因组的某些区域的 CG 二核苷酸的水平比平均值高 10～20 倍，这些 CpG 富集区被定义为 CpG 岛（图 10-16）。脊椎动物基因组许多基因的上游都有 CpG 岛，尤其是在各种组织中都有表达的管家基因的启动子区域。

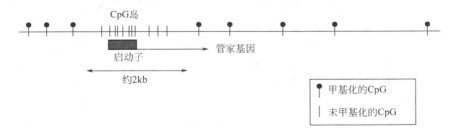

图 10-16　管家基因上游的 GC 岛

10.2.2　DNA 甲基化与基因沉默

　　基因沉默是指细胞以相对非特异性的方式关闭基因的表达，可以影响一个基因、一个基因簇、染色体的一个区段甚至整条染色体。DNA 甲基化可以引起基因沉默。把甲基化的或未甲基化的基因引入细胞，检测它们的表达水平，结果显示甲基化的 DNA 不表达。另外，在检测染色体 DNA 的甲基化模式时，发现 DNA 甲基化水平与相邻基因的表达水平呈负相关。例如，脊椎动物管家基因启动子中的 CpG 在各种组织都保持非甲基化状态，而组织特异性的基因仅在其表达的组织中才是去甲基化的。细胞在有丝分裂时可以通过维持甲基化酶使子代细胞的基因组保持与亲本基因组相同的甲基化模式。因此，规定哪些基因可以表达的信息也遗传到子细胞中。

甲基化的生物学效应是由各种 ᵐCpG 结合蛋白（methyl-CpG-binding proteins，MeCP）介导的（图 10-17）。MeCP 与启动子区甲基化的 CpG 岛结合，募集一些蛋白质，形成转录抑制复合物，阻止转录因子与启动子结合，从而抑制基因转录。除了直接作用于转录起始复合体外，MeCP 还可以作为组蛋白去乙酰化复合体的组分发挥作用。作为 Sin3 去乙酰化酶复合体的组分，MeCP2 识别并结合基因上游的甲基化 CpG 岛。复合体中的 HDAC 使组蛋白去掉乙酰基，于是松弛的 DNA 重新被包装成紧密的染色质结构，使相邻基因沉默。

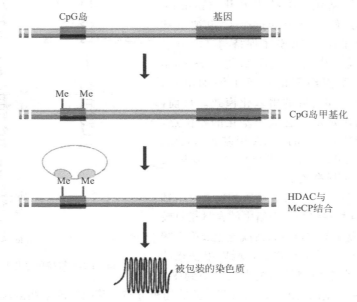

图 10-17　DNA 甲基化引起的基因沉默

10.2.3　DNA 甲基化与基因组印记

在一个二倍体细胞中，常染色体基因有两个拷贝，一个来自父本，一个来自母本。多数情况下，两个基因在功能上等价，它们在表达水平上具有可比性。但在少数情况下，二倍体细胞核中同源染色体上的一对等位基因只有一个可以表达，另一个因甲基化而沉默，这种现象就是基因印记，就如同基因被打上了亲代的印记。对一些印记基因来说，来源于父本的等位基因不表达，来源于母本的基因表达。对另一些印记基因来说，则情况刚好相反。

在人类和小鼠中已经发现了 100 个印记基因。研究得比较透彻的两个例子是人类的 *Igf2*（insulin-like growth factor-2）基因和 *H19* 基因（编码一种非翻译 RNA）。*Igf2* 编码胰岛素样生长因子 2，参与细胞间信号传递，它和 *H19* 位于人类第 11 号染色体上两个相邻的位置。在细胞内，父本来源的 *Igf2* 基因具有活性，母本来源的 *Igf2* 基因被关闭。*H19* 基因的情况刚好相反：来自母方的拷贝处于工作状态，来自父方的拷贝则处于关闭状态。

基因组印记与基因组甲基化模式有关。图 10-18 解释了只有父本染色体上的 *Igf2* 基因

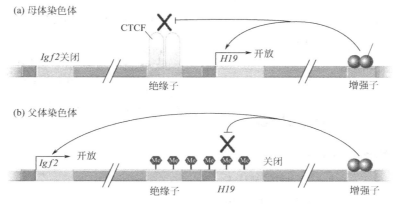

图 10-18　基因组甲基化与基因印记

和母本染色体上的 *H19* 基因被活化的原因。在 *H19* 基因下游有一增强子序列，位于 *Igf2* 基因和 *H19* 基因之间有一绝缘子序列。增强子序列不能激活母本染色体上的 *Igf2* 基因，原因是绝缘子序列被一种叫做 CTCF（CCCTC-binding factor）的蛋白质结合。CTCF 阻断转录激活蛋白在增强子序列处激活 *Igf2* 基因。在父本染色体上，绝缘子和 *H19* 启动子均被甲基化。在这种状态下，转录机器不能与 *H19* 结合，而 CTCF 也不能与绝缘子结合，所以增强子能够激活 *Igf2* 基因。在父本染色体上，Sin3 去乙酰化复合体通过 MeCP2 与甲基化的绝缘子结合，导致 *H19* 基因受到进一步抑制。绝大多数哺乳动物的印记基因参与调控胚胎的生长和发育，其中包括胚盘的发育。另外一些印记基因参与个体出生后的发育过程。

基因组印记是一个动态的过程。哺乳动物在配子形成的过程中，整个基因组要建立新的甲基化模式：首先，整个基因组去甲基化；然后，雌、雄配子再分别形成性别特异性的甲基化模式。因此，带有亲代基因组印记的子代个体，其自身产生的配子会消除原有的印记并产生新的印记。

10.2.4　X 染色体失活

雌性哺乳动物有两条 X 染色体，而雄性只有一条。如果雌性的两条 X 染色体都有活性，那么雌性个体中由 X-连锁基因编码的蛋白质的合成速率可能是雄性个体的 2 倍。为了避免这种不利事件的发生，雌性个体的一条 X 染色体处于失活状态。X 染色体失活发生在胚胎发育的早期，在雌性哺乳动物的间期细胞核中可见的被称为巴氏小体（Barr body）的结构就是失活的、完全由异染色质构成的 X 染色体。

哺乳动物 X 染色体的失活与否和 X 染色体上的 *Xist*（X-inactive-specific transcript）基因是否表达有关。起初，两条 X 染色体都转录 *Xist* RNA（图 10-19）。但是，在胚胎发育过程中，一条 X 染色体上的 *Xist* 基因因甲基化而失活，并且这种甲基化模式一旦被建立将在每次细胞分裂过程中被保持下来。另一条 X 染色体的 *Xist* 基因则持续表达，造成携带该基因的 X 染色体失活。*Xist* 基因的转录产物是一种大分子非编码 RNA，它与 X 染色体结合，引发被其包裹的 X 染色体异染色质化，形成巴氏小体。失活的 X 染色体除了 *Xist* 基因和几个异常的位点外，均被甲基化。在失活的 X 染色体上，*Xist* 基因是唯一保持活性的基因。

Xist RNA 诱导 X 染色体失活的机制仍未完全揭示，可能是 *Xist* RNA 结合到 X 染色体上后，募集介导基因沉默和异染色质形成的蛋白质。失活的 X 染色体还要发生以下的变化：首先，组蛋白 H3 的 Lys7 发生甲基化；其次，组蛋白 H4 丢失它的大部分乙酰基团；随后，一种 H2A 组蛋白的变异体 macroH2A 取代 H2A 参与核小体的形成，这种变异体比 H2A 多了一个额外的 C 末端结构域，并且仅出现在失活的 X 染色体上；最后，失活 X 染色体上的

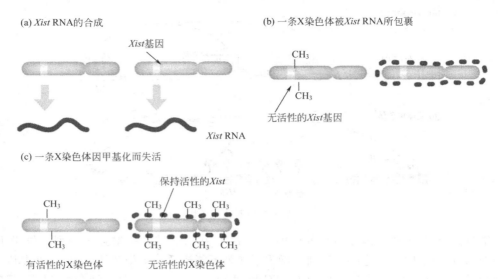

(a) *Xist* RNA的合成

*Xist*基因

Xist RNA

(b) 一条X染色体被*Xist* RNA所包裹

CH₃

CH₃

无活性的*Xist*基因

(c) 一条X染色体因甲基化而失活

保持活性的*Xist*

CH₃

CH₃　　CH₃　　CH₃

CH₃　　　　CH₃　　CH₃

有活性的X染色体　　　　无活性的X染色体

图 10-19　　X 染色体失活

CpG 岛发生甲基化。X 染色体沉默一旦被形成，就不再需要 *Xist* RNA 来维持。

　　在有袋动物中，总是来自父本的 X 染色体失活。在其他动物中，X 染色体的失活是随机的，并且同一个体不同细胞系有活性的 X 染色体可以来自母本，也可以来自父本。所以，如果雌性哺乳动物的两条 X 染色体携带一对不同的等位基因，这两个等位基因会在组织的不同区域表达。

10.3　真核生物的特异性转录因子

　　细胞内基因的表达不但需要通用转录因子，也需要特异性转录因子。特异性转录因子结合于启动子的上游元件，或者结合于远离启动子的增强子元件，对基因的表达进行调控。一个典型的特异性转录因子具有以下 3 个基本特征：

　　(1) 应答一种特异性信号，激活一个或者一组基因；

　　(2) 与大多数蛋白质不同，转录因子能够进入细胞核，识别并结合于 DNA 分子上的特异性序列；

　　(3) 直接或间接地与转录起始装置发生作用。

10.3.1　转录因子的分离与鉴定

　　对于像酵母、果蝇以及其他在遗传上容易操作的真核生物，可以利用经典的遗传分析方法鉴定编码转录因子的基因。然而，对于不适合进行遗传分析的脊椎动物来说，大多数转录因子是通过生物化学的方法纯化出来的。

10.3.1.1　利用生物化学的方法分离转录因子

　　转录因子的一个特征是能够与调控元件特异性结合，所以一旦分离出基因的调控元件，就可以利用这一性质把转录因子从细胞核中分离出来。利用调控元件分离与之结合的转录因子，需要人工合成一段 DNA 序列，该序列含有几个拷贝的转录因子结合位点。然后，将这种人工合成的 DNA 片段连接到固体支持物上，形成一个序列专一性亲和柱（sequence-specific affinity column）。部分纯化的含有待分离转录因子的细胞核抽提物以低盐缓冲液上样（100mmol/L KCl），不与 DNA 结合的蛋白质用低盐缓冲液从柱中洗出，与 DNA 结合不紧密的蛋白质用含有 300mmol/L KCl 的缓冲液洗出，高纯度的转录因子用含有 1mol/L KCl 的缓冲液洗脱。最后，还要利用体外转录技术检测所分离的蛋白质能否特异性地促进转录的起始。

接下来，通过蛋白质测序技术可以获得被纯化的转录因子的部分氨基酸序列，并根据所确定的氨基酸序列从基因文库中筛选出编码该转录因子的基因，或其 cDNA。有了编码转录因子的基因，就可以检测转录因子在细胞内刺激转录的能力了。如图 10-20 所示，一个质粒载体携带有编码转录因子 X 的基因，另一个质粒载体携带有报告基因和该转录因子的结合位点。两种质粒同时被引入到缺少转录因子 X 和报告基因的受体细胞。如果在编码转录因子 X 的质粒存在时，报告基因的转录水平升高，说明蛋白质是一种活化子；报告基因的转录水平下降，说明蛋白质是一种抑制子。

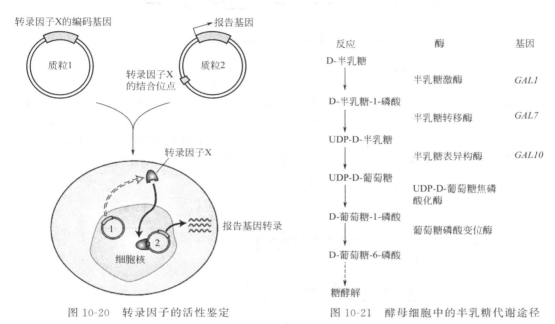

图 10-20　转录因子的活性鉴定　　　图 10-21　酵母细胞中的半乳糖代谢途径

10.3.1.2　利用遗传学的方法鉴定编码转录因子的基因

在酵母中，编码转录因子的基因是通过遗传分析的手段确定的。以下以 *GAL4* 基因的分离为例加以说明。当酵母菌在含有半乳糖的培养基上生长时，细胞内与半乳糖代谢有关的一组基因（*GAL1*、*GAL7* 和 *GAL10*）的表达水平升高 1000 倍以上。图 10-21 表示这三个基因编码的酶及它们催化的化学反应。

在酵母基因 TATA 盒上游大都有一个能够提高基因转录水平的 DNA 元件，称作上游激活序列（upstream activation sequence，UAS）。在与基因的位置关系上，UAS 与高等真核生物的增强子不同，它的位置是固定的，只存在于 TATA 盒的上游。半乳糖诱导基因的 UAS 均含有一个或几个拷贝的 17bp 反转对称序列，该序列用 UAS_{GAL} 表示。*GAL1* 的上游激活序列距 TATA 盒 275bp，含有 4 个拷贝的 17bp 序列（图 10-22）。

GAL4 是另一个半乳糖代谢所必需的基因。在 *gal4* 突变体中，三个半乳糖代谢基因的表达水平均不升高。如果将一个拷贝的 UAS_{GAL} 插入到 TATA 盒上游，并在 TATA 盒下游连接一个 *lacZ* 报告基因（图 10-23），在野生型细胞中报告基因的表达受半乳糖的诱导，但在 *gal4* 突变体中，则不受半乳糖的诱导。这说明 *gal4* 可能编码一种转录因子，而 UAS_{GAL} 是 Gal4 激活转录的调控元件。通过互补实验，*GAL4* 基因被分离出来，它编码的蛋白质以

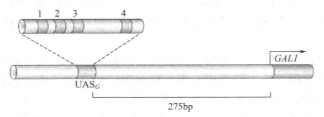

图 10-22　酵母 GAL1 基因的调控序列

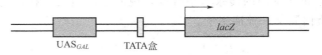

图 10-23　报告基因及其调控元件

二聚体的形式与 UAS$_{GAL}$ 序列结合。

10.3.2　转录因子的功能域

　　一系列研究表明，Gal4 蛋白有两种不同的功能域：DNA 结合域（DNA-binding domain）与特异性的 DNA 序列相互作用；激活域（activation domain）与其他的蛋白质相互作用，刺激从邻近启动子开始的转录。在这些实验中，研究人员检测了 gal4 的各种缺失突变对蛋白质功能产生的影响（图 10-24）。实验所用的受体细胞缺少 GAL4 基因，这样就可以排除内源的野生型 Gal4 蛋白对实验的干扰。

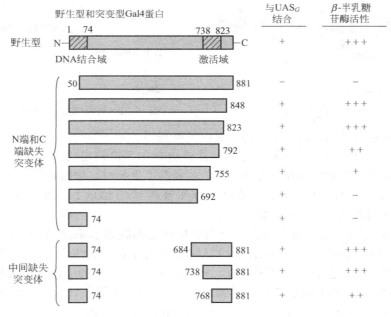

图 10-24　缺失实验证明 Gal4 具有 DNA 结合结构域与转录激活域

　　Gal4 蛋白 N 末端一段短的缺失便会破坏转录因子与 DNA 的结合能力。然而，一系列含有不同长度 C 末端缺失的 Gal4 蛋白质，只要缺失的范围不越过第 74 个氨基酸残基，仍然会保持与 UAS$_{GAL}$ 序列专一性结合的能力。因此，Gal4 蛋白 N 末端的 74 个氨基酸残基组成的结构域具有与 UAS$_{GAL}$ 序列的结合能力。

C 末端缺失大约 125 个或更多个氨基酸残基同样会彻底消除 Gal4 激活转录的能力，但是这些缺失并不影响它们的 DNA 结合能力。把 Gal4 的 N 末端 DNA 结合结构域与长度不同的 C 末端片段直接融合所形成的截短的蛋白质，尽管失去了大部分的中央区，却仍保持有激活报告基因转录的能力。因此，Gal4 蛋白 C 末端大约 100 氨基酸区段含有激活结构域，当把它与 N 末端的 DNA 结合结构域融合后，同样能够激活报告基因的转录。

有关 Gal4 含有转录激活区进一步的证据来自结构域交换实验（domain swapping），即把 Gal4 的激活域与大肠杆菌 LexA 阻遏蛋白的 DNA 结合域融合。LexA 的 N 末端 DNA 结合域专一性地与 lexA 操纵序列结合，抑制靶基因的表达。把一个带有 lexA 操纵区的报告基因引入酵母细胞，报告基因并不表达。接下来，把编码 LexA DNA 结合域的序列与编码 Gal4 激活域的序列连接在一起，构成一个融合基因，并把融合基因导入到酵母细胞。在细胞内，融合基因表达，产生的融合蛋白由来自于一个转录因子的 DNA 结合域和来自于另一转录因子的激活域构成。融合蛋白的 DNA 结合域结合到 LexA 操纵基因上，它的激活域激活报告基因的转录（图 10-25）。所以，转录激活因子中的 DNA 结合域和转录激活域在序列上是彼此隔开的，独立地折叠成不同的三维结构，单独地发挥作用。

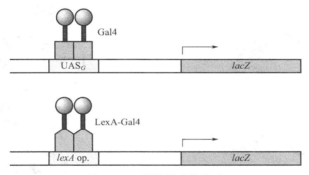

图 10-25　结构域交换实验

10.3.2.1　DNA 结合域

（1）螺旋-转角-螺旋　螺旋-转角-螺旋结构域（helix-turn-helix domain）是第一个被鉴定的 DNA 结合结构域。该结构域具有两个 α-螺旋，中间为一短的 β-转角。靠近 C 端的 α-螺旋为识别螺旋（recognition helix），其大小正好适合嵌入 DNA 的大沟，直接阅读 DNA 序列。螺旋-转角-螺旋的第二个螺旋横跨大沟与 DNA 主链相联系，增强蛋白质与 DNA 之间的结合能。这个特殊的螺旋-转角-螺旋结构首先在原核细胞中被发现，出现在 λ 噬菌体的 Cro 阻遏物、乳糖和色氨酸操纵子的阻遏蛋白以及 cAMP 受体蛋白中。与很多序列特异性 DNA 结合蛋白一样，螺旋-转角-螺旋蛋白也是以二聚体的形式与 DNA 结合的。二聚体的结合位点通常为反向重复序列，两个对称的单体分别结合到一个"半位点"上（图 10-26）。

果蝇的同源异型基因（homeotic genes）对果蝇的胚胎发育十分重要，如果发生突变，会使果蝇身体的一部分转变成另一部分。同源异型基因编码的蛋白质都有一段保守的由 60 个氨基酸残基构成的序列，可以形成螺旋-转角-螺旋，被称为同源异型域（homeodomain，HD）。具有 HD 的蛋白质是真核生物细胞中第一个被证实的螺旋-转角-螺旋蛋白，并且含 HD 结构的蛋白存在于从酵母到人类几乎所有的真核细胞中。

（2）锌指　锌指（zinc finger）为蛋白质中一段相对较短的氨基酸序列围绕着中央锌离子折叠，形成的一种相对独立的 DNA 结合结构域。锌指得名于最初为阐明该结构域的外形而绘制的示意图：环形肽段围绕锌离子形成一手指状的结构，而锌离子则是形成和维持这一

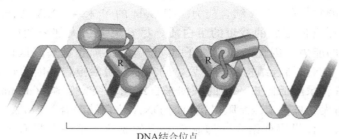

图 10-26　带有螺旋-转角-螺旋的 DNA 结合蛋白以二聚体的形式与 DNA 结合

结构的关键。现在知道锌指有着不同的结构形式，也会出现在并不与 DNA 结合的蛋白质中。

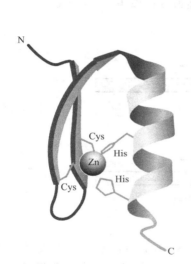

图 10-27　C_2H_2 型锌指

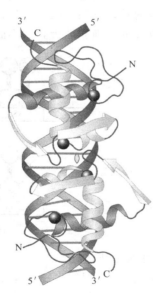

图 10-28　C_2C_2 型锌指

C_2H_2 型锌指是一种最常见的锌指类型，由一对反向的 β-折叠后接一个 α-螺旋组成，形成一个独立的包含锌离子的指状结构域，它通过两个保守的半胱氨酸残基和两个保守的组氨酸残基与锌离子形成配位键结合，维持着指状的空间结构（图 10-27）。α-螺旋上含有保守的碱性氨基酸，负责与 DNA 的大沟结合。C_2H_2 型锌指蛋白通常有串联排列的锌指，TFⅢA 含有 9 个锌指，转录因子 SP1 的 DNA 结合域由 3 个连续的锌指组成，每一锌指的 α-螺旋均嵌入 DNA 分子的大沟之中，以增强与 DNA 的亲和力。锌指的共有序列是：Cys-$X_{2\sim4}$-Cys-X_3-Phe-X_3-Leu-X_2-His-X_3-His，其中 X 代表任意氨基酸残基，下标为氨基酸残基的数目。

第二种锌指为 C_2C_2 型锌指。细胞内的类固醇激素受体（steroid receptor）首先被确定含有这种锌指，随后发现细胞内结构相似的非类固醇激素受体也含有这种锌指，这类转录因子又被通称为细胞核受体（nuclear receptor）。C_2C_2 型锌指的共有序列是 Cys-X_2-Cys-X_{13}-Cys-X_2-Cys-$X_{14\sim15}$-Cys-X_5-Cys-X_9-Cys-X_2-Cys，其中前 4 个半胱氨酸残基和后 4 个半胱氨酸残基分别与一个锌离子结合，形成两个连续的锌指。在两个锌离子的作用下，序列被装配成类似于螺旋-转角-螺旋的结构，其中一个锌离子稳定着 DNA 的识别螺旋，另一个锌离子稳定着环状结构（图 10-28）。与螺旋-转角-螺旋蛋白一样，C_2C_2 型锌指蛋白也是以同源或异源二聚体的形式与 DNA 结合的，二聚体的两个识别螺旋之间的距离相当于 DNA 双螺旋盘绕一圈的距离。

C_2H_2 型锌指和 C_2C_2 型锌指在结构上有很大的区别。C_2H_2 锌指蛋白通常具有 3 个或 3 个以上的锌指，并且以单体的形式与 DNA 结合，而 C_2C_2 锌指蛋白通常只有 2 个锌指，以同源或异源二聚体的方式与 DNA 结合。

酿酒酵母的转录激活因子 GAL4 含有一个称为锌簇（zinc cluster）的 DNA 结合域，其共有序列是 $CysX_2CysX_6CysX_{5\sim9}CysX_2CysX_{6\sim8}Cys$，其中的 6 个半胱氨酸残基与 2 个锌离子结合形成一个锌簇。

（3）碱性亮氨酸拉链　亮氨酸拉链最初是比较酵母转录激活因子 GCN4、哺乳动物转录因子 C/EBP（CAAT 框及 SV40 增强子核心序列结合蛋白）以及癌基因产物 Fos、Jun 和 Myc 的氨基酸序列时被发现的。这些调节蛋白的羧基端都存在一段富含亮氨酸的序列，易于形成 α-螺旋。在 α-螺旋中，每 7 个氨基酸残基就会有一个亮氨酸残基，结果 α-螺旋的某一侧面，每两圈就会出现一个亮氨酸，重复的亮氨酸数目一般为 4～5 个（图 10-29）。两个单体通过 α-螺旋侧面上的亮氨酸残基之间的疏水作用力相互齿合形成二聚体，所以说亮氨酸拉链是二聚化结构域。

(a) 几种形成碱性亮氨酸拉链的转录因子的部分氨基酸序列

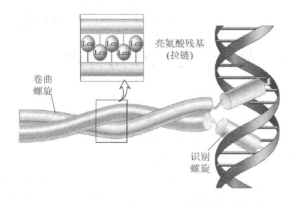

图 10-29　碱性亮氨酸拉链

迄今发现的亮氨酸拉链蛋白都以同源或异源二聚体的形式存在。二聚体呈叉状（或"Y"型）结构，叉杆为亮氨酸拉链，两个叉臂对称分开。叉臂上富含碱性氨基酸的区段称为碱性结构域，形成与 DNA 序列特异性结合的接触面，因此，亮氨酸拉链蛋白二聚体有时称为 bZIP 蛋白（basic-leucine zipper protein）。当二聚体与 DNA 结合时，它的两个碱性结构域分别嵌入 DNA 分子上两个邻近的大沟。这种结构域的一个显著特点是在与 DNA 相互

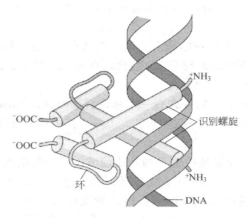

图 10-30　bHLH 与靶 DNA 结合

作用时，结构域会形成 α-螺旋，未结合时，结构域呈无序状态。

（4）碱性螺旋-环-螺旋　螺旋-环-螺旋结构域（helix-loop-helix，HLH）包含 40～50 个氨基酸残基，形成两个 α-螺旋，中间为长短不一的非螺旋区（环）。含有螺旋-环-螺旋结构域的蛋白质通过 α-螺旋一侧的疏水残基的相互作用形成同源二聚体或异源二聚体（图 10-30）。HLH 的长螺旋包含与 DNA 结合的碱性结构域，因此也称为 bHLH 蛋白。

10.3.2.2　转录激活域

转录因子的转录活化功能是由转录激活域决定的。已鉴定出 3 种不同的转录激活域。

（1）酸性结构域　人们首先从酵母转录因子 Gcn4 和 GAL4 中鉴定出了转录激活结构域，发现它们富含酸性氨基酸，因此称为酸性激活结构域（acidic domain）。

（2）富含谷氨酰胺结构域　富含谷氨酰胺结构域（glutamine-rich domain）是在转录因子 SP1 中首次发现的。SP1 有 4 个彼此分开的激活结构域，其中两个活性最高的结构域大约含 25% 的谷氨酰胺。

（3）富含脯氨酸结构域　脯氨酸结构域（proline-rich domain）包括一段连续的脯氨酸残基，能够激活转录，例如转录因子 c-jun 中有一个能够激活转录连续的脯氨酸残基。

10.4　转录因子的作用方式

10.4.1　活化子

在第 6 章中，已经描述了在体外 Pol Ⅱ 从一条裸露的 DNA 模板起始转录所需要的条件。但是细胞内高水平、受调控的转录还需要基因特异性的转录因子。转录因子按其对基因转录的影响，可以分为转录激活因子和转录抑制因子两种类型。转录激活因子又称为活化子（activator），是一种能够激活基因表达的 DNA 结合蛋白。真核生物的活化子可以通过两种途径激活转录：一种是促进转录机器在启动子上的装配；另一种是募集核小体的修饰成分来改变基因附近染色质的结构，以利于聚合酶的结合。

10.4.1.1　活化子促进转录机器在启动子上的装配

在细菌细胞中，通常是活化子的一个表面与 DNA 结合，另一个表面与 RNA 聚合酶相互作用，将聚合酶募集至启动子，从而激活转录。但是，在真核细胞中活化子很少直接与 RNA 聚合酶相互作用。相反，它们是通过共活化子（coactivator）把 RNA 聚合酶募集至启动子的。共活化子是指参与基因表达调控、直接与活化子相互作用的蛋白质因子，被认为在活化子和基本转录机器之间起着桥梁作用。共活化子是作为活化子激活转录所必需的成分被鉴定出来的。

TFⅡD 是第一个被鉴定出来具有共活化子性质的蛋白质复合体，由 TBP 和 TBP 相关因子（TAF）构成。TBP 与启动子的 TATA 序列结合，TAF 的主要作用是建立基本转录机器与活化子之间的联系。TFⅡD 中不同的 TAF 与不同的活化子相互作用可以协作 TFⅡD 与启动子 TATA 序列的结合。TAF 具有细胞特异性，与活化子一起决定组织特异性转录。

中介蛋白（mediator）是另一类共活化子，这是一种约由 20 种蛋白质组成的复合物，介导活化子与基本转录复合体之间的相互作用。中介蛋白通过一个表面与聚合酶大亚基的 CTD "尾巴"结合，而将其他表面用于与激活因子的相互作用（图 10-31）。有时中介蛋白首先与一部分通用转录因子和 RNA 聚合酶Ⅱ相结合构成 RNA 聚合酶Ⅱ全酶（RNA polymerase Ⅱ holoenzyme）。全酶通常不包括 TFⅡD 和 TFⅡA，这些转录因子被单独募集至启动子。中介蛋白也可以单独

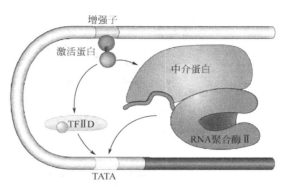

图 10-31　活化子通过募集中介蛋白和 TFⅡD 激活转录

存在。在转录激活过程中，游离的中介蛋白先被与 DNA 结合的活化子募集，然后它再招募 RNA 聚合酶。

10.4.1.2　活化子募集核小体的修饰成分

除了直接指导转录机器在 DNA 分子上的装配以外，活化子还能够通过改变调控序列处的染色质结构促进转录的起始。通用转录因子一般不能在被包装为核小体的启动子上组装转录起始复合体，事实上，启动子 DNA 的包装有利于避免基本转录的发生。对组蛋白进行共价修饰以及核小体重塑可以局部改变染色质结构。很多基因的活化子与调控序列结合后，募集组蛋白乙酰转移酶和 ATP 依赖性染色质重塑复合体作用于周围的染色质（图 10-32）。一般来说，局部染色质结构的变化增加了 DNA 的可接近性，有利于转录机器在启动子上的组装以及其他调控蛋白与基因调控区的结合，从而刺激转录的起始。

既然转录激活是一个多步骤的过程，有多种活化子的参与，那么就有必要考虑激活转录的各种事件发生的先后顺序。例如，染色质重塑必须发生在组蛋白乙酰化之前还是之后？全酶的募集是发生在组蛋白修饰之前还是修饰之后？对于不同的基因答案是不一样的，即使是同一个基因，在不同的条件下，也会有不同的答案。但是，无论如何，一个基因最终的转录速率是由结合在转录起始位点上游和下游的调控蛋白谱决定的。

10.4.2　抑制子

大多数真核生物的转录因子都是促进转录的活化子。然而，在真核细胞中也存在着对转录有抑制作用的转录因子，即抑制子。一些抑制子在 DNA 分子上的结合位点与活化子的结合位点存在重叠，也有一些抑制子的结合位点与转录的起始位点重叠。因此，当它们与 DNA 结合时就会阻止与转录起始有关的蛋白质与 DNA 的结合。

然而，在很多情况下真核生物的抑制子并非是通过直接干扰活化子或者转录因子与 DNA 的结合来发挥作用的。与活化子一样，抑制子可以通过招募核小体修饰酶或者与转录机器直接作用抑制转录。抑制子和活化子招募不同的核小体修饰酶。例如，抑制子招募的组蛋白去乙酰化酶通过去除组蛋白 N 端的乙酰基来抑制转录。以下通过一个具体的例子来说

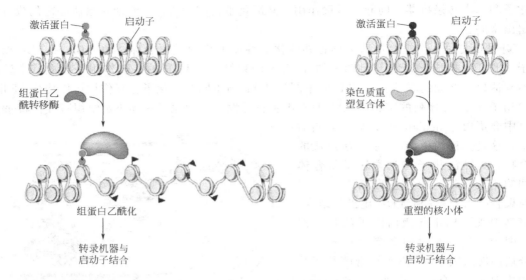

图 10-32　活化子通过募集组蛋白乙酰转移酶和染色质重塑复合体激活转录

明抑制子是如何发挥作用的。

　　同 *E.coli* 一样，酵母细胞只有在葡萄糖不存在时才能合成代谢半乳糖所需要的酶。那么，葡萄糖是如何影响 *GAL* 基因表达的呢？如图 10-33 所示，在 *GAL1* 和 UAS$_G$ 之间有一抑制子 Mig1 的结合位点。在葡萄糖存在时，Mig1 通过募集 Tup1 抑制复合体抑制 *GAL1* 基因的表达。Tup1 抑制复合体也能被多种抑制转录的酵母 DNA 结合蛋白所募集。在哺乳动物中也发现了 Tup1 抑制复合体的对应物。有两种假说来解释 Tup1 的抑制作用：其一，Tup1 募集组蛋白去乙酰化酶，使邻近的核小体脱乙酰化；其二，Tup1 在启动子部位与转录机器直接作用抑制转录。

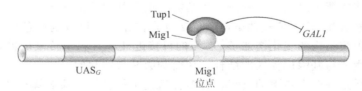

图 10-33　抑制子 Mig1 通过募集 Tup1 抑制复合体抑制 *GAL1* 基因的表达

10.5　转录因子活性的调节

　　真核生物基因的转录受转录因子的调控。在多细胞有机体中，一个基因的表达模式在很大程度上是由转录因子和基因调控序列相互作用决定的，因此，转录因子的活性必须受到控制。

10.5.1　转录因子的表达调控

　　很多转录因子的表达被限定在特殊类型的细胞中。甲状腺素运载蛋白（transthyretin，TTR）是一种与甲状腺素结合的血清蛋白，主要在成体的肝细胞和脉络丛细胞中表达。在 TTR 基因的调控区中鉴定出了 10 个调控蛋白的结合位点。其中一个是碱性亮氨酸拉链蛋白 AP1 的结合位点，大多数细胞都含有这种转录因子。其余 9 个位点结合 4 种转录因子，它们分别是 D/EBP、HNF1（hepatocyte nuclear factor 1）、HNF4 和 HNF3。D/EBP 是第一个被克隆和测序的亮氨酸拉链蛋白，作用于几个肝细胞特异性基因。HNF1 含有一个同源异型域。HNF4 是一种 C_2H_2 锌指蛋白。HNF3 的 DNA 结合域是侧翼螺旋-转角-螺旋（winged-helix protein）的原型。除了在肝细胞中表达以外，这几种转录因子还会在其他几种类型的细胞中表达。D/EBP 在脂肪细胞、小肠细胞和某些种类脑细胞中表达，但是不在肾细胞中表达。而 HNF4 在小肠细胞和肾细胞中表达，但是不在脑细胞中表达。HNF1 主要在成体的肝细胞中表达。转录因子在不同类型细胞中的差异分布是由于编码这些因子的基因在细胞中的差异表达造成的。

10.5.2　信号分子对转录因子活性的调节

10.5.2.1　脂溶性激素对转录因子活性的调节

某些转录因子的活性受到激素的调节。激素由特定的细胞分泌，通过血液循环作用于有机体不同部位的靶细胞。有一类激素为脂溶性小分子，它们可以穿过细胞膜和核膜，与细胞内的受体结合，这类激素包括各种类固醇激素（steroid hormones）、类视黄醇（retinoid）、维生素 D 和甲状腺素（thyroid hormones）等。这些分子在分子结构上差别很大，但它们的作用机制相似。在细胞内这些信号分子与它们的受体结合后，激活受体。然后被激活的受体作为转录因子与 DNA 结合调节靶基因的转录。

糖皮质激素受体（glucocorticoid receptor，GR）是第一个被纯化，并被证明具有 DNA 结合能力的类固醇激素受体。糖皮质激素受体的纯化使人们能够克隆编码激素受体的 cDNA 和基因组 DNA。紧接着，又有多种脂溶性激素的受体基因被克隆，其中包括雌激素、孕酮、甲状腺素和维生素 D 的受体基因。比较各种受体的氨基酸序列后，发现它们有着相同的结构模式（图 10-34）：受体的 N 末端区为可变区，含有转录激活域，这一区域的氨基酸序列在不同的受体中没有相似性；中央为保守性很高的 DNA 结合域，具有 C_2H_2 锌指；激素结合域位于受体的 C 末端，中度保守。脂溶性激素的受体属于一个很大的核受体超家族（nuclear receptor superfamily），其中还包括被某些细胞内代谢物激活的受体。该超家族的一些成员是通过编码它们的基因得到鉴定的，它们的配体尚不明了，因此这些受体被称为孤儿核受体（orphan nuclear receptor）。

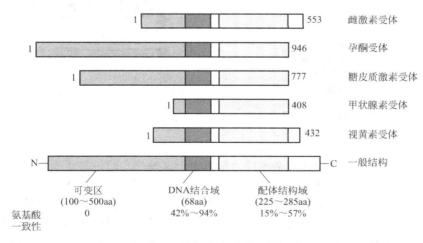

图 10-34　脂溶性激素受体的结构特征

DNA 分子上受体的结合位点被称为应答元件。糖皮质激素受体和雌激素受体应答元件的一致序列为 6bp 倒转重复序列，中间被 3bp 的间隔区分开（图 10-35）。维生素 D_3 受体应答元件的一致序列为一正向重复序列，中间被 3～5 个碱基对隔开。所以，类固醇激素受体是以二聚体的形式与 DNA 结合的。

有些脂溶性激素受体主要位于细胞质中，与配体结合后进入细胞核。而另一些脂溶性激素受体在没有配体的情况下也和核内的 DNA 结合。无论是哪一种情况，无活性的受体均与抑制蛋白结合。当配体与受体结合后，改变了受体的构象，导致抑制蛋白解离，并使共活化子结合到受体蛋白上诱导基因表达（图 10-36）。

未与激素结合时，糖皮质激素受体与抑制蛋白结合，游离在细胞质中。当糖皮质激素穿过细胞膜，在细胞质中与受体结合后，导致受体与抑制蛋白分离，然后受体二聚化，并进入细胞核。受体上的 DNA 结合域与激素应答元件结合，激活目标基因。甲状腺素受体的作用方式不同于糖皮质激素受体，在未与激素结合时，受体与 DNA 分子上的应答元件结合，辅阻遏蛋白与受体结合抑制基因的转录。受体与甲状腺素结合后，构象发生改变，在释放出辅阻遏蛋白后，募集辅激活蛋白激活转录。

(a) 糖皮质激素受体应答元件

5′ A G A A C A (N)$_3$ T G T T C T 3′

3′ T C T T G T (N)$_3$ A C A A G A 5′

(b) 雌激素受体应答元件

5′ A G G T C A (N)$_3$ T G A C C T 3′

3′ T C C A G T (N)$_3$ A C T G G A 5′

(c) 维生素D$_3$受体应答元件

5′ A G G T C A (N)$_3$ A G G T C A 3′

3′ T C C A G T (N)$_3$ T C C A G T 5′

(d) 甲状腺素激素受体应答元件

5′ A G G T C A (N)$_4$ A G G T C A 3′

3′ T C C A G T (N)$_4$ T C C A G T 5′

(e) 视黄素受体应答元件

5′ A G G T C A (N)$_5$ A G G T C A 3′

3′ T C C A G T (N)$_5$ T C C A G T 5′

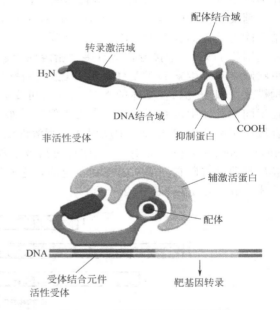

图 10-35 类固醇激素受体的 DNA 结合位点　　　图 10-36 脂溶性激素受体的活化

10.5.2.2 信号转导对转录因子活性的调节

很多胞外信号分子具有较强的亲水性，细胞膜上又缺少专门的转运系统，因而不能穿过脂膜进入细胞。这样的信号分子首先结合到细胞表面受体上。这些受体为跨膜蛋白，其胞外区有配体的结合点。信号分子的结合使受体的构象发生改变，常常导致以单体形式存在的受体蛋白形成二聚体。很多受体蛋白的胞内部分具有激酶活性，所以当两个受体蛋白因与信号分子结合而彼此靠近时，相互磷酸化，从而激活胞内生化事件，这是胞内信号转导途径的第一步，并且最终导致转录因子的活化和基因表达的变化。

（1）STAT 参与的信号转导　干扰素和白细胞介素等许多细胞因子都是细胞外信号多肽。它们与细胞表面受体结合后激活转录因子 STAT（signal transducer and activator of transcription），使其靠近 C 末端的一个酪氨酸残基磷酸化。如果细胞表面受体是酪氨酸激酶家族的成员，则它能直接激活 STAT。如果它是一个酪氨酸激酶相关受体，那么它自身没有磷酸化 STAT 的能力，而是通过 JAK 起作用。

JAK 具有酪氨酸激酶活性，附着于受体的胞内区（图 10-37）。当配体与受体结合后，两条受体链会聚集在一起，激活 JAK 的酪氨酸激酶活性，使细胞因子受体上的一个特定的酪氨酸残基磷酸化。STATs 通过其 SH2 结构域与受体上的磷酸酪氨酸残基结合。SH2 结构域是一段保守的氨基酸序列，约由 100 个氨基酸残基组成，该结构域首先被鉴定为原癌蛋白 Src 和 Fps 的保守序列，后来发现存在于许多参与细胞内信号传递的蛋白质中，特异性地结合蛋白质上的磷酸酪氨酸残基。一旦被募集至受体上，STAT 也被 JAK 磷酸化。磷酸化的 STATs 二聚体进入细胞核，激活靶基因的转录。在这种类型的信号转导系统中，细胞表面受体与胞外信号结合可以直接激活转录因子。这是胞外信号引起基因组应答反应最简单的系统。

（2）受体酪氨酸激酶信号转导系统　受体酪氨酸激酶（receptor tyrosine kinase，RTK）是一组十分重要的细胞表面受体。RTK 的配体是水溶性或是与细胞膜结合的多肽/蛋白质类激素，包括神经生长因子（nerve growth factor，NGF）、血小板衍生生长因子（platelet-derived growth factor，PDGF）、纤维细胞生长因子（fibroblast growth factor，FGF）、表皮生长因子（epidermal growth factor，EGF）和胰岛素（insulin）等。当配体与此类受体结合时，受体的蛋白酪氨酸激酶活性被激活，并引发信号转导级联，使细胞的生理活动和基因的表达模式发生改变。RTK 信号通路有着广泛的生物学功能，包括调节细胞的增殖和分化以及细胞的代谢活动等。

所有 RTK 都有相同的结构模式，包括一个胞外结构域、一个跨膜的疏水 α-螺旋和一个胞内结构域。胞外结构域含有一个配体结合位点，胞内区有一个具有蛋白酪氨酸激酶活性的区域。与配体结合会造成大多数以单体形式存在的 RTK 形成二聚体。在二聚体中，每一单体的蛋白激酶活性磷酸化另一单体上的一组特定的酪氨酸残基，这一过程被称为自体磷酸化（autophosphorylation）。有一些 RTK 亚基（例如胰岛素的受体）通过共价键连接在一起。尽管这些受体与配体结合以前是以二聚体或者四聚体的形式存在的，然而自身磷酸化的发生仍需要配体的存在。通常认为配体的结合所诱发的构象变化激活了受体的激酶活性。

Ras 是一种在 RTK 下游起作用的 GTP 结合开关蛋白，分布于质膜胞质一侧。它能够在结合 GTP 的活性状态与结合 GDP 的非活性状态之间相互转换，而这种转换需要鸟苷酸交换因子（guanine nucleotide-exchange factor，GEF）和 GTP 酶激活蛋白（GTPase-activating protein，GAP）的介导（图 10-38）。GEF 和 Ras·GDP 复合体结合，导致 Ras 的构象发生改变，释放出 GDP。由于细胞内 GTP 的浓度远比 GDP 高，所以 GTP 就会自发地与 Ras 结合，形成有活性的 Ras·GTP 复合物，并释放出 GEF。GAP 与 Ras·GTP 结合后，使 Ras 自身的 GTP 酶活性提高了 100 倍，随后发生的 GTP 水解又使 Ras 回到失活状态。哺乳动物的 Ras 蛋白与人类的多种肿瘤有关。突变的 Ras 能够结合，但是却不能水解 GTP，因此处于一种永久的活化状态造成细胞的转化。

RTK 和 Ras 是通过 GRB2 和 Sos 发生联系的（图 10-39）。GRB2 一方面通过其 SH2 结构域和 RTK 上一个特定的磷酸酪氨酸残基结合，另一方面通过两个 SH3 结构域与 Sos 蛋白结合。因此，当 RTK 被激活后，就会在细胞膜的胞质面上形成一个由 RTK、GRB2 和 Sos 构成的复合体，其中，GRB2 是一种衔接蛋白，Sos 是一种鸟嘌呤核苷酸交换因子。SH3 结构域大约由 55～70 个氨基酸残基组成，存在于许多与胞内信号转导有关的蛋白质中。复合体的形成导致 Sos 从细胞质转移至细胞膜，这样 Sos 就与它的底物——膜结合的 Ras·GDP 彼此靠近。Sos 与 Ras·GDP 的结合造成 Ras 构象发生改变，使无活性的、与 GDP 结合的 Ras 释放出 GDP，然后与 GTP 结合，形成有活性的 Ras·GTP，激活下游的效应分子。

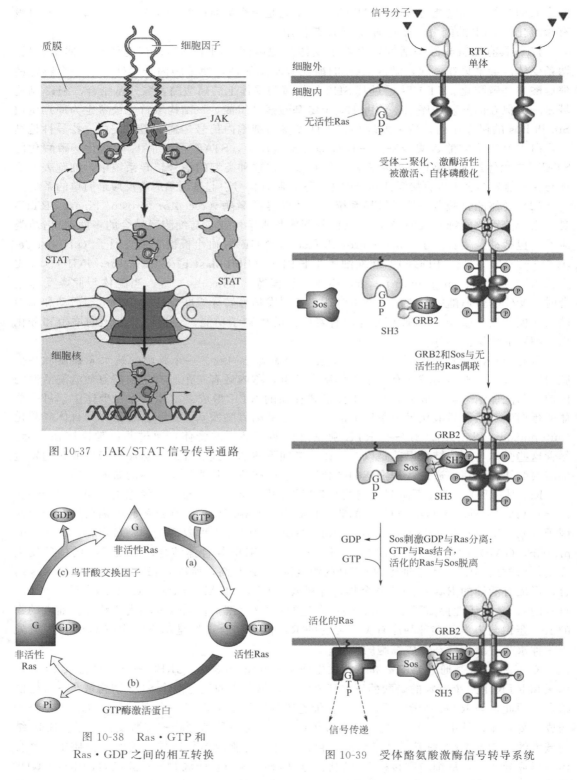

图 10-37　JAK/STAT 信号传导通路

图 10-38　Ras·GTP 和
Ras·GDP 之间的相互转换

图 10-39　受体酪氨酸激酶信号转导系统

另外几种蛋白质（包括 GAP）也会结合到 RTK 特定的磷酸酪氨酸残基上，使得 GAP 能够靠近 Ras·GTP，促进 Ras 循环。

遗传学和生物化学的研究揭示了在酵母、秀丽线虫、果蝇和哺乳动物细胞中存在一个高度保守、在 Ras 下游发挥作用的 MAP 蛋白激酶级联。如图 10-40 所示，活化的 Ras 与 Raf 的 N 端结构域结合，激活 MAP 级联的最高一级激酶。Raf 是一种丝氨酸/苏氨酸激酶，被激活后，磷酸化下一级激酶 Mek 的苏氨酸和丝氨酸残基，激活 Mek。被激活的 Mek 进而磷酸化并激活 MAP 激酶（Erk）。该 MAP 激酶随后磷酸化一系列底物，包括转录活化子，调节多种基因的转录。

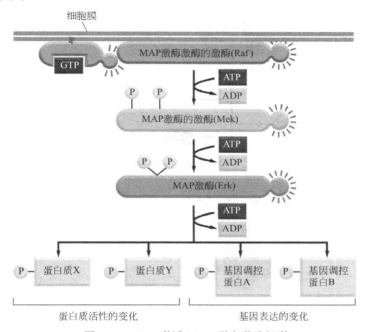

图 10-40　Ras 激活 MAP 蛋白激酶级联

还有两种蛋白质 14-3-3 和 Ksr，在 Ras 下游的 MAP 激酶级联中发挥着重要作用。在静止状态的细胞中，14-3-3 二聚体使 Raf 以非活性的状态存在于细胞质中。14-3-3 二聚体的每一个单体分别与 Raf 上磷酸化的 Ser 259 和 Ser 621 结合。锚定在细胞膜上的 Ras·GTP 募集非活性 Raf 至细胞膜，并诱发 Raf 构象的变化，使其与 14-3-3 脱离联系。接着 Ser 259 脱磷酸化，激活 Raf 的激酶活性。

Ksr 含有 Raf、14-3-3、Mek 和 MAP 激酶的结合位点。Ksr 似乎是一个衔接蛋白，把 MAP 激酶信号级联中的各种组分聚集成一个信号传递复合体。

尽管酵母和其他的单细胞真核生物缺少 RTK，但也同样具有 MAP 激酶信号通路。并且，在高等真核生物中，其他类型的受体被激活后，也能通过信号传递激活 MAP 激酶。在真核细胞中存在多种 MAP 激酶，所有这些蛋白质都是丝氨酸/苏氨酸激酶，它们在细胞质中被专一性的胞外信号激活后转移至细胞核。这样，在所有的真核细胞中，多种类型的胞外信号通过高度保守的信号级联，最终激活不同的 MAP 激酶，介导不同的细胞反应，包括形态发生、细胞死亡和逆境反应。尽管不同的 MAP 激酶通路具有相同的上游组分，但是，其中一条通路被胞外信号激活后并不导致含有相同组分的其他通路的激活。

（3）G 蛋白耦联受体信号转导系统　　许多不同类型的哺乳动物细胞表面受体与 G 蛋白耦联。当配体与受体结合后激活与之耦联的 G 蛋白，后者激活效应酶，再由效应酶催化产生第二信使。所有与 G 蛋白耦联的受体都有 7 个跨膜的 α-螺旋区，它的 N 末端朝向细胞外，C 末端位于细胞内（图 10-41）。多种激素和神经递质的受体属于 G 蛋白耦联受体。

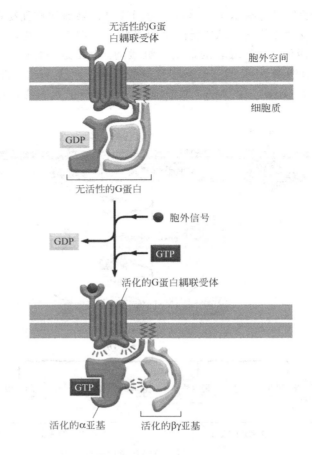

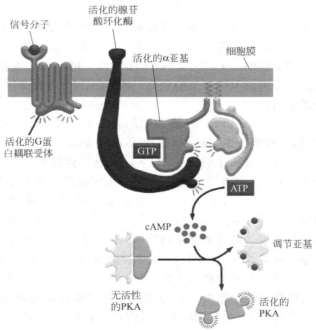

图 10-41 信号分子与 Gs 偶联的受体结合后激活腺苷酸环化酶

G 蛋白含有 α、β 和 γ 三个亚基。当受体未与配体结合时，Gs 蛋白的 α 亚基与 GDP 结合，并且与 β 和 γ 构成复合体（图 10-41）。受体与配体结合后，构象发生改变，造成受体与 Gs 蛋白结合，诱发 Gs 蛋白发生构象的变化，结果是与 α 亚基结合的 GDP 被 GTP 取代，Gs 蛋白的 α 亚基与 βγ 亚基复合体分离。游离的 α·GTP 激活腺苷酸环化酶。腺苷酸环化酶是一种结合在细胞膜上的酶，它把 ATP 转化为 cAMP 和焦磷酸。这种激活状态只持续几秒钟，因为 α 亚基的 GTP 酶活性很快把 GTP 水解成 GDP。α·GDP 与腺苷酸环化酶脱离，重新与 βγ 亚基形成一个三聚体。

在哺乳动物细胞中，胞内 cAMP 水平的提高会刺激很多基因的表达。受 cAMP 调节的基因都含有一个顺式作用序列，称为 cAMP 应答元件（cAMP-reponse element，CRE）。神经递质和激素与 Gs 蛋白耦联的受体结合激活腺苷酸环化酶，导致细胞内 cAMP 水平的升高和 cAMP 依赖型蛋白激酶催化亚基的活化。cAMP 依赖型蛋白激酶，又称蛋白激酶 A（protein kinases A，PKA），由两个调节亚基（R）和两个催化亚基（C）构成（图 10-41）。四聚体蛋白没有激酶活性，因为调节亚基上与底物相似的序列掩盖了催化亚基上的活性位点。cAMP 与调节亚基的结合，造成两个催化亚基与调节亚基脱离，然后，催化亚基转移至细胞核，磷酸化 cAMP 应答元件结合蛋白（cAMP response element-binding protein，CREB）的丝氨酸 133。磷酸化的 CREB 蛋白与 cAMP 应答元件相结合，募集共激活蛋白 CBP/P[300]。CBP/P[300] 可以通过两条途径激活转录：利用其自身的组氨酸乙酰转移酶活性使靶基因启动子区的染色质变得松弛；募集基本转录机器。有趣的是，类固醇激素与它的胞内受体结合以后也是利用 CBP/P[300] 激活转录的。因此，CBP/P[300] 可以整合多种信号通路，并把信号通路传递的信息转换成基因转录水平的变化。

10.6　转录后水平的基因表达调控

真核生物基因的转录和翻译分别发生在细胞核和细胞质中，在细胞核内转录产生的 mRNA 前体必须在核内经过 5'-端加帽、3'-端加尾、拼接、内部碱基修饰等一系列的加工过程，才能成为成熟的 mRNA，在这个过程中产生的大小不等的中间产物称为核内不均一 RNA（hnRNA）。成熟的 mRNA 必须被转运至细胞质中才能被翻译成蛋白质。在 mRNA 加工、成熟和转运过程中对基因表达的调控属于转录后水平的基因表达调控。以下以果蝇性别决定所涉及的一个选择性剪接级联为例，说明生物体是如何通过选择性剪接对基因表达进行调节的（图 10-42）。

该级联的第一个基因 sxl 的转录产物中有一个可选择的外显子，该外显子中有一个终止密码子。在雄性果蝇中，该外显子保留，因此翻译产生截短的、没有活性的蛋白质产物。在雌性果蝇中，这一外显子被跳过，从而形成有功能的 SXL。SXL 是一个剪接抑制子，在雌性果蝇中，它封闭了 tra 前体 mRNA 第一个内含子的 3'-剪接位点，使 U2AF 不能在该位点定位，于是剪接体选择第二外显子内部的一个隐形剪接位点催化剪接反应，由此产生的 mRNA 编码有功能的 TRA 蛋白。雄性个体因为没有 SXL 蛋白，所以 3'-剪接位点未被封闭，外显子 2 完全被保留。由于被保留下来的外显子序列也含有一个终止密码子，所以翻译产生一个截短的、无活性的蛋白质产物。TRA 蛋白是一个剪接增强子，它使 dsx 前体 mRNA 的外显子 4 在雌性果蝇中被保留，产生的 mRNA 编码一个雌性特异的 DSX 蛋白。在雄性个体中，由于没有功能性 TRA 蛋白，dsx 前体 mRNA 的第 4 个外显子被剔除，产生的 mRNA 编码一个雄性特异的 DSX 蛋白。形成的雄性和雌性特异的 DSX 蛋白是果蝇性别决定的首要因素。

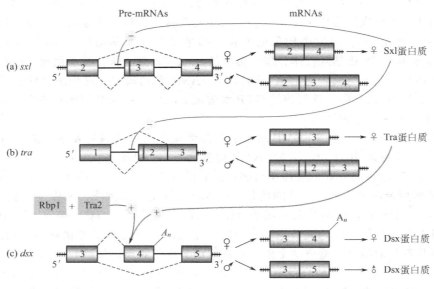

图 10-42　果蝇性别决定中的可变剪接

10.7　翻译水平的基因表达调控

真核生物可以在翻译水平上通过多种途径对基因表达进行调控，其中包括对 mRNA 稳定性和翻译的起始进行调控。

10.7.1　mRNA 结合蛋白对翻译的调控

铁是细胞必需的营养元素，是很多蛋白质（例如细胞色素和珠蛋白）的辅因子，然而过量的铁又会导致产生有害的自由基。因此，细胞内铁离子的浓度必须受到严格的控制。哺乳动物通过两种方式来调节细胞内铁离子的浓度。一是调节细胞内铁蛋白（ferritin）的含量。我们知道，铁蛋白的作用是储存细胞内多余的铁离子。在真核细胞中，铁蛋白是一种由 20 个亚基组成的、中空的球形蛋白质。多达 5000 个铁原子以羟磷酸复合体的形式储存在球形的铁蛋白中。二是调节细胞表面转铁蛋白受体（transferrin receptor，Tfr）的含量。携带铁离子的转铁蛋白通过细胞表面的转铁蛋白受体进入细胞。当细胞需要更多的铁离子时，就会增加转铁蛋白受体的数量，使更多的铁离子进入细胞，同时降低铁蛋白的含量，减少被储存的铁离子，增加游离的铁离子的数量。当细胞内铁离子浓度过高时，则会降低转铁蛋白受体的数量，提高铁蛋白的含量。

在动物细胞内铁蛋白的水平依赖于翻译调节，动物的铁蛋白 mRNA 的 5′-非翻译区具有一个呈茎环结构的铁应答元件（iron-responsive element，IRE）（图 10-43）。当铁稀少时，铁调节蛋白（iron regulatory protein，IRP）结合至铁应答元件，阻止核糖体小亚基与 mRNA 的帽子结构结合，抑制 mRNA 的翻译。多余的铁原子会导致 IRP 离开 mRNA，解除其对翻译的抑制作用。在植物中，铁蛋白的表达调控发生在转录水平；细菌则是通过反义 RNA 来调节 bfr mRNA 的翻译（第 9 章）。

铁离子是通过调控转铁蛋白受体 mRNA 的稳定性来调节 Tfr 基因的表达。Tfr mRNA 的 3′-UTR 会形成 5 个茎环结构，这些茎环结构，包括环上的碱基序列，与铁蛋白 mRNA 5′-UTR 中的铁应答元件非常相似，同样介导铁离子对 Tfr 表达的调控。如果细胞缺乏铁离

(a) IRP对铁蛋白mRNA翻译起始调控

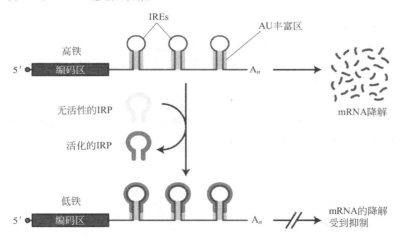

图 10-43　铁调节蛋白对铁蛋白和转铁蛋白受体的调控作用

子，IRP 与 IRE 结合，保护 Tfr mRNA 不被降解，增加 Tfr mRNA 的稳定性。

　　细胞质中游离的铁离子浓度由铁调节蛋白直接监控。IRP1 是一种主要的铁调节蛋白，含有一个 Fe_4S_4 簇（图 10-44）。当细胞中的铁离子充足时，IRP1 是三羧酸循环中的顺乌头酸酶，催化柠檬酸转化为异柠檬酸；当铁稀少时，有一个铁原子从 Fe_4S_4 簇中脱落下来。顺乌头酸酶失去其酶活性，并且改变其构象暴露出 RNA 结合位点，能够和 IRE 结合。

10.7.2　翻译激活因子对翻译的激活作用

　　在叶绿体内，核基因编码的翻译激活子（translational activators）能够与叶绿体编码的 mRNA 结合，促进 mRNA 的翻译。PsbA 是叶绿体光系统Ⅱ的一个组分。光照能够使翻译激活子——叶绿体多聚腺苷酸结合蛋白（chloroplast polyadenylate binding protein，cPABP）结合至 PsbA mRNA 5′-UTR 中一段富含腺嘌呤的序列上，并激活翻译。在黑暗中，cPABP 不与 mRNA 结合，mRNA 形成一种不利于翻译的二级结构。cPABP 以两种构象形式存在，但是只有其中的一种构象能够结合 RNA。cPABP 在两种形式之间的相互转变受到光的控制。来自光系统Ⅰ的高能电子通过一个短的电子传递链传递给 cPABP，使 cPABP 的二硫键还原，导致其构象发生改变。还原型的 cPABP 结合至 mRNA，激活转录。

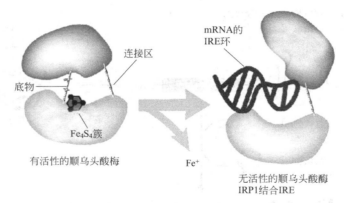

图 10-44 IRP 的顺乌头酸酶活性与 IRE 结合活性

10.8 DNA 重排与抗体基因的组装

10.8.1 抗体的分子结构

抗体是高等动物体在抗原物质的刺激下，由浆细胞产生的一类能与相应抗原在体内外发生特异性结合的免疫球蛋白（immunoglobulin，Ig）。所有的抗体都具有相似的结构，为一种由 2 条相同的重链和 2 条相同的轻链组成的 "Y" 分子（图 10-45）。哺乳动物有 5 类抗体，即 IgA、IgD、IgE、IgG 和 IgM，每类抗体含有一种类型的重链。这 5 种类型抗体的重链分别是 α、δ、ε、γ 和 μ。抗体分子具有 λ 和 κ 两种轻链，λ 和 κ 恒定区和可变区的氨基酸序列均不相同，但拥有 λ 或 κ 轻链的抗体并没有功能上的差别。

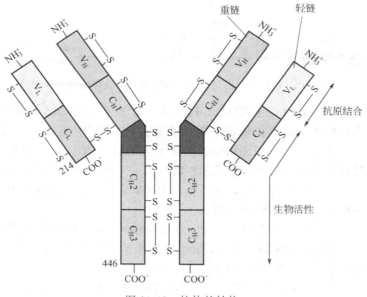

图 10-45 抗体的结构

抗体的每条轻链有两个区，分别是氨基端的可变区（variable region，V_L）和羧基端的恒定区（constant region，C_L），它们各占轻链长度的 1/2。每条重链有 4 个区，分别是氨基端的一个可变区 V_H 以及羧基端的三个恒定区 C_H1、C_H2 和 C_H3。重链的可变区占重链长度的 1/4,恒定区占 3/4。在抗体中,轻链和重链之间以及重链和重链之间都由二硫键相连接。轻链和重链的每一个可变区和恒定区的长度大约是 110 个氨基酸残基,含有一个链内二硫键,折叠成一个致密的结构域。轻链和重链都是由重复片段构成,说明抗体基因是由一个原始的基因经过多次重复产生的,该原始基因编码一个由 110 个氨基酸构成的结构域。重链的每一结构域都是由一个独立的编码区(外显子)编码为这一假设提供了证据。

抗体的抗原结合专一性是由抗体的 V_L 区和 V_H 区决定的。重链与轻链的 V 区配对产生两个相同的抗原结合位点,位于 Y 字型两臂的顶端。V_L 区和 V_H 区序列上的可变性为抗原结合位点的多样性提供了基础。可变区中氨基酸序列的变化主要集中于 3 个高变区(hyper-variable region),其他相对恒定的区域称为构架区(framework region)。每个高变区中仅有5～10 个氨基酸残基参与形成抗原结合位点。

10.8.2　抗体基因的结构及其重排

抗体基因是在 B 细胞发育过程中,由彼此分离的基因片段通过 DNA 重排组装而成的。20 世纪 70 年代,分子生物学家比较了小鼠的早期胚胎 DNA 和小鼠的一种 B 细胞瘤 DNA,发现轻链可变和恒定区的编码序列处于肿瘤细胞 DNA 的同一个限制性片段上,但是这两个编码序列位于胚胎细胞 DNA 不同的限制性片段上(图 10-46)。小鼠的早期胚胎细胞不产生抗体,B 细胞瘤只产生一种抗体,故在 B 细胞发育的某一阶段编码抗体分子的 DNA 序列发生了重排。现在我们知道发生在抗体基因座上的 DNA 重排不仅形成了一个有功能的抗体基因,还改变了基因的启动子与增强子以及与沉默子之间的相对位置,从而激活了基因的转录。另外,基因片段的连接还可以通过多种途径增加抗原结合位点的多样性。

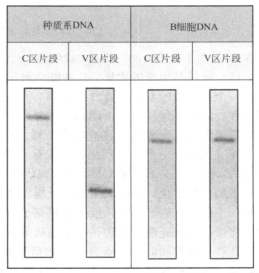

图 10-46　在 B 细胞发育过程中,编码抗体分子的 DNA 序列发生重排

(1)抗体基因座的结构　人类基因组中并不存在编码免疫球蛋白重链和轻链的完整基因,相反,这些多肽链的编码信息储存于不同的 DNA 片段之中。例如,在人类的种质系 DNA 上 κ 基因座大约由 100 个 V 区(V region)、5 个连接区(J region)和 1 个 C 区(C region)构成 [图 10-47(a)]。每个 V 区含有一个编码免疫球蛋白前导链的 L 片段和一个编码可变区的 V 片段,L 片段和 V 片段之间是内含子。每一 V 区大约 400bp 长,相邻的 V 区相距约 7kb,这样 100 个 V 区将占据 740kb 的区段。每一 J 区大约 30bp 长,编码可变区 C 端的 12～14 个氨基酸。5 个 J 区在 DNA 分子上大约占据 1.4kb 的区段。3′J 区和单一的 C 区之间为一 2.4kb 的间隔区。V 区和 J 区的数目随哺乳动物物种的不同而不同,但是 V 区数目总是比 J 区多得多。

λ 基因座由两部分组成,即 L-V 基因片段和 J-C 基因片段。L 片段编码 λ 链的前导序列,V 片段编码可变区,它们被一内含子分开。J 片段非常短,编码可变区最后一段氨基酸,C 片段编码恒定区,它们之间也被一个内含子分开 [图 10-47(b)]。

重链基因座则由 4 个区段组成,包含一个额外的 D 片段(diversity region),该片段位

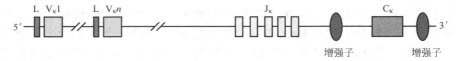

(a)κ基因座

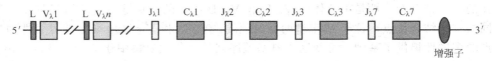

(b) λ基因座

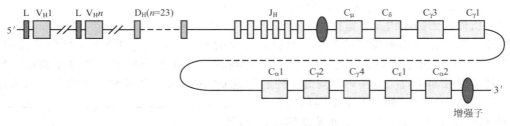

(c) 重链基因座

图 10-47　抗体重链和轻链基因座的结构

于 V 片段和 J 片段之间［图 10-47(c)］。

（2）抗体基因座的重排　B 淋巴细胞发育时，抗体基因座需要通过位点专一性重组才能形成一个有功能的基因座。如图 10-48 所示，κ 基因座通过重组使一个 V 区和一个 J 区连接在一起。这种连接反应是由能够识别每个 V 区 3′-侧翼序列和每个 J 区 5′-侧翼序列的位点特异性重组酶催化完成的。这些侧翼序列又称识别序列，决定着 V 区和 J 区的连接位点。一旦 V 和 J 连接在一起，就产生了一个有功能的轻链基因。重组时，V 区和 J 区之间的组合是随机的，因此人类的种系 DNA 能够编码 500 种不同的 κ 轻链。实际上，V-J 连接还可以产生更多的序列变化，这是因为连接反应发生时，V 区和 J 区都会随机丢失几个数目不等的核苷酸。连接反应的不精确性极大地提高了 V-J 连接区编码的氨基酸序列的多样性。V-J 连接时，连接位点核苷酸的丢失是一个随机的过程，故大约每 3 次连接反应中有两次会导致移码突变，产生没有功能的多肽链。重排后有功能的 κ 基因含有 3 个外显子。5′-端是 L 片段，编码的前导肽指导新合成的多肽链进入内质网，然后进入细胞的分泌途径。前导肽在翻译后的加工过程中被去除。第二个片段编码轻链的 V 区，第三个片段位于基因的 3′-端，编码 C 区。

形成一个有功能的重链基因需要进行两次重组反应（图 10-48）：第一次发生在 D 和 J 之间；第二次发生在 V 和 DJ 之间。V 和 D 以及 D 和 J 之间的连接都是随机的。可变区由 3 个而不是由 2 个基因区段编码，极大地提高了组合的多样性。在人类的种质系 DNA 上，大约有 100 个 V 区、30 个 D 区和 6 个 J 区，所以通过重组可以产生 18000 种重链。V-D 和 D-J 连接会造成连接区核苷酸丢失，也可以在连接区随机插入一个或几个核苷酸，从而进一步增加了可变区的多样性。另外，在重链基因重排开始时，两条染色体上都发生 D 区段移位到 J 区段而发生 D-J 连接。在此以后，只有其中一条染色体上的 V 区段与 D-J 区段连接。V 区段的 5′-端含有启动子，J 和 C 基因片段之间的内含子中含有转录增强子。如果一条染色体 V 基因与 D-J 重排无效（non-productive），另一条染色体的 V 基因片段开始发生移位，与 D-J 基因片段连接。

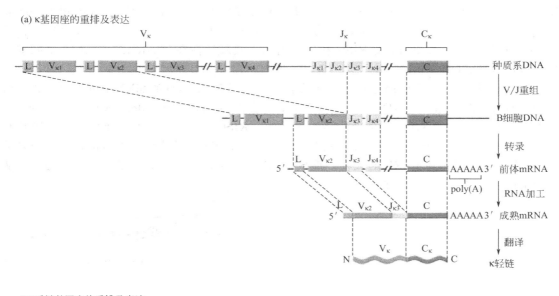

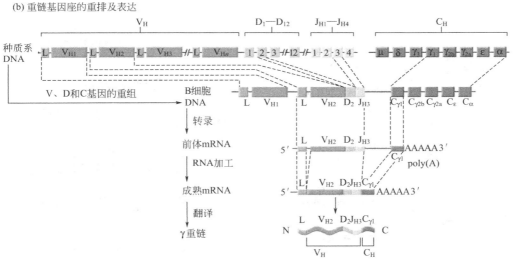

图 10-48　免疫球蛋白基因座的重排及表达

10.9　RNA 介导的基因沉默

10.9.1　RNA 干扰

　　RNA 干扰（RNA interference，RNAi）是由双链 RNA 引起的转录后基因沉默过程。RNAi 具有序列专一性，降解那些与 dsRNA 同源的单链 RNA（通常为 mRNA）。一般认为 RNAi 起源于细胞的病毒清除机制。正常情况下，细胞含有 dsDNA 和 ssRNA，没有 dsRNA。然而，大多数 RNA 病毒在侵染细胞时，病毒的基因组通过双链 RNA 中间体（复制中间体）进行传递。所以，dsRNA 被细胞当做病毒侵染的信号，并诱导抗病毒反应。

　　RNA 干扰由 21～23bp 长、完全互补的 dsRNA 诱发。大分子双链 RNA 要被 Dicer 核酸酶逐步切割成 21～23bp 的 dsRNA 才能引发 RNA 干扰，这种小 RNA 分子又被称为短干涉

RNA（short interfering RNA，siRNA）。RNA 诱导沉默复合体（RNA-induced silencing complex，RISC）结合并解开 siRNA 双链，然后介导其中一条单链 RNA（反义链）与目标 RNA 互补配对，形成双链体。RISC 利用其内切核酸酶活性在距 siRNA 3′-端 12 个碱基处切断目标 RNA（图 10-49）。

　　RNA 干扰具有很强的诱导基因沉默的能力。不到 50 个拷贝的 siRNA 可以导致数千拷贝的目标 RNA 降解。在 RNA 依赖的 RNA 聚合酶（RNA-dependent RNA polymerase，RdRP）的作用下，RNA 干扰的效应能够被放大。RISC 把目标 RNA 切成两段，一段具有帽子结构，但没有 poly（A）尾，另一段具有 poly（A）尾，但没有帽子结构。这两个异常的 RNA 分子可以作为 RdRP 的底物，形成 dsRNA。dsRNA 又可以作为 Dicer 的底物，从而产生更多的次生 siRNA（图 10-50）。

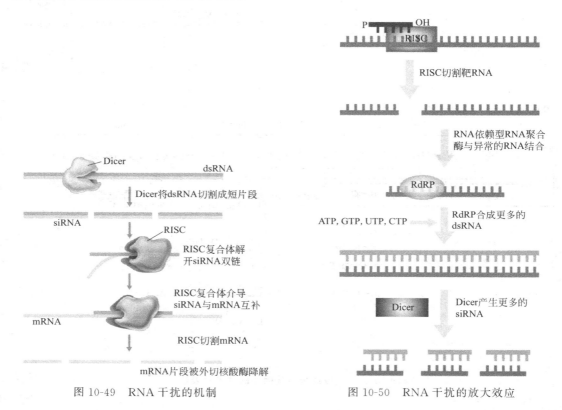

图 10-49　RNA 干扰的机制　　　　　　图 10-50　RNA 干扰的放大效应

　　RNA 干扰的效应除了能够被有效放大以外，还能在细胞间扩散，并在有机体中传递很远的距离。这种扩散效应在植物体中尤其明显。siRNA 信号还能传递给下一代，例如在线虫中 RNA 干扰效应能够传递好几代。哺乳动物不具有放大 RNA 干扰效应的 RdRP，因而 RNA 干扰表现出局部效应。据认为，哺乳动物特异性免疫系统的形成降低了 RNA 干扰的地位。

　　RNA 干扰普遍存在于真核生物，包括原生动物、无脊椎动物、哺乳动物和植物中，但在原核生物中尚未发现这种机制。

10.9.2　转录后基因沉默

　　植物体中的转录后基因沉默（post-transcriptional gene silencing，PTGS）和动物中的 RNAi 是被独立发现的，但它们似乎使用了同一种保守的机制。植物中的转录后基因沉默比动物中的 RNA 干扰早几年被发现。当通过转基因技术把额外拷贝的植物基因导入到植物细胞后，人们发现与预期相反，基因的表达水平不是升高，而是极大地降低了。例如，1990年 Napoli 等将查尔酮合成酶基因导入矮牵牛，试图加深花朵的紫颜色，结果却是部分花的颜色并非期待中的深紫色，而是形成了花斑状甚至白色。造成转基因和内源基因同时被抑制的原因是相关的 mRNA 发生特异性地降解，而降解的机制与上面描述的发生在动物体中的RNA 干扰密切相关。与 RNAi 一样，PTGS 也需要形成 dsRNA。将能够产生 dsRNA 的表达载体导入植物细胞同样能够有效诱导 PTGS。在转基因植物中，RdRP 以高表达的有义链为模板，合成反义链，形成双链 RNA，最终产生 siRNA。拟南芥 PTGS 缺失突变体表现出对某些 RNA 病毒更高的敏感性。这也再次表明 PTGS/RNAi 的功能是保护有机体免受病毒的侵染。

　　反义 RNA 也能够介导基因沉默。在反义沉默的植株内，存在大量双链 siRNA。这表明正义和反义 RNA 在体内同源配对形成双链 RNA，是这些双链 RNA 引发了基因沉默。所以，反义介导的基因沉默发生在转录后。

10.9.3　双链 RNA 对基因组的调节

　　由双链 RNA 引起的基因沉默主要发生在细胞质中，但也可以发生在基因组水平。在细胞核中，小 dsRNA 可以诱导具有相同序列的靶 DNA 片段中的胞嘧啶发生甲基化作用，导致基因沉默，这种现象称为 RNA 介导的 DNA 甲基化（RNA-directed DNA methylation，RdDM）。核内小 dsRNA 与细胞质中引起 RNA 干扰的 siRNA 不同，由一种核内的类 Dicer 酶催化产生。在细胞质中产生的 siRNA 也可以进入细胞核，引起同源性 DNA 序列发生 Rd-DM（图 10-51）。

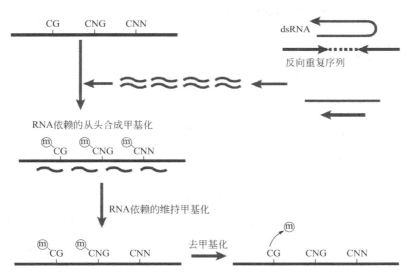

图 10-51　RNA 介导的 DNA 甲基化

10.9.4　微小 RNA

　　微小 RNA（micro RNA，miRNA）是由内源基因编码、能够阻止 mRNA 翻译的单链小分子 RNA。miRNA 长约 22nt，通常它通过与靶 mRNA 的 3′-末端互补配对抑制 mRNA 的翻译。mi RNA 是由长度约 70nt 折叠成茎环结构的前体 RNA 加工而来的。Dicer 切割茎环结构的双链区，产生双链 miRNA（图 10-52）。与完全互补配对的 siRNA 不同，miRNA 的中部有 1~3 个未配对的碱基。然后，miRNA 的两条链彼此分离，其中的一条链与靶 mR-NA 结合。通常两者之间的碱基配对是不完全的，结果是 mRNA 的翻译被阻断，而不是

mRNA 被降解。

一些 miRNA 的表达具有时空特异性，许多受 miRNA 调控的靶基因编码在发育过程中具有重要调节作用的转录因子。此外，大多数 miRNA 能作用于多个靶 mRNA，而每个基因的 mRNA 又有可能受到多个 miRNA 的控制，说明在生命活动中 miRNA 是一类具有重要生理功能的调节分子。

图 10-53 总结了 RNA 介导基因沉默的三种机制。在 siRNA 介导的基因沉默中，RNA 前体分子通过 Dicer 酶被切割成 siRNA。siRNA 随后与 RISC 结合，并在 ATP 存在下解旋。siRNA/RISC 复合体通过反义 RNA 链按照碱基配对原则与靶 mRNA 结合，然后由 RISC 将 mRNA 降解，这一过程在动物细胞中称为 RNAi，在植物中称为转录后基因沉默。由基因组编码的前体 RNA 被 Dicer 加工产生的 miRNA 与 mRNA 的 3′-UTR 互补结合，阻止翻译的发生（右图）。被 Dicer 酶加工产生的小 RNA 在 RNA 指导的 DNA 甲基化中发挥作用（左图）。这些 RNA 与 DNA 甲基转移酶（DMTase）结合指导靶 DNA 序列的甲基化，导致基因沉默。

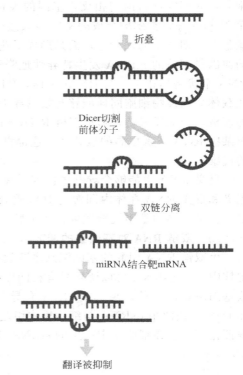

图 10-52　MicoRNA 的生成及作用机制

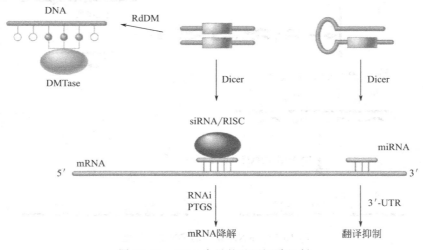

图 10-53　RNA 介导的基因沉默机制

第 **11** 章　分子生物学方法 Ⅰ

11.1　核酸的分离、纯化、检测和杂交

11.1.1　DNA 的分离和纯化

从细胞中提取 DNA，首先需要裂解细胞，使细胞内含物释放到溶液中。因材料不同，裂解细胞的方法也不相同。裂解细菌细胞可以用溶菌酶，或者用 NaOH 和 SDS 一同处理细胞。除化学方法外，还可以利用煮沸、冷冻及超声波等物理方法使细菌细胞裂解。对于动、植物材料，一般采用物理的方法，如加入液氮研磨，首先将其粉碎，然后利用去垢剂裂解细胞。制备细胞提取物的最后一步是通过离心的方法去除像部分消化的细胞壁碎片等不溶性成分。在离心的过程中，这些不溶性细胞残余物沉降到离心管的底部，与细胞内含物分离。

在细胞提取物中，除 DNA 外，还存在大量的蛋白质和 RNA。除去细胞提取物中蛋白质的标准方法是苯酚抽提。苯酚能够使提取物中的蛋白质变性沉淀，离心后沉淀出的蛋白质会聚集在水相和有机相的分界面上，形成白色的凝集物，而 DNA 和 RNA 保留在水相。对于蛋白质含量高的材料来说，可以先用蛋白酶（比如蛋白酶 K）处理细胞提取物，将蛋白质降解成小的肽段，以便于进行苯酚抽提。

DNA 样品中的 RNA 可以利用核糖核酸酶去除，这种酶能够迅速地将 RNA 降解为短的寡核苷酸，但不会作用于 DNA 分子。接下来，可以加入等体积的乙醇沉淀 DNA。由于乙醇还能从溶液中沉淀 RNA、蛋白质及多糖等其他大分子，因此乙醇沉淀一定是在除去这些成分后进行。经过离心，DNA 沉降在离心管的底部，而 RNA 片段则保留在上清液中。除去上清液后，DNA 沉淀可以用水或者缓冲液溶解。

除苯酚抽提法外，DNA 还可以通过树脂柱进行纯化，这些树脂可以特异性地结合 DNA 和 RNA。silica 树脂和离子交换树脂是两种重要的树脂。silica 树脂在低 pH 和高盐条件下快速结合核酸，在高 pH 和低盐条件下核酸被洗脱出来。离子交换树脂，比如二乙基氨基乙基纤维素，带有正电荷，在低盐状态下可以和带负电的 DNA 结合；在高盐状态下，离子键被破坏，DNA 被洗脱出来。

11.1.2　DNA 凝胶电泳

电泳（electrophoresis）是利用分子所带净电荷、形状和大小的差异，在电场中分离带电分子的一种方法。DNA 带负电，被置于电场中时，它们会朝着阳极迁移。大分子在电场中的迁移速度取决于其形状和荷质比。然而，通常情况下，DNA 分子具有相同的外形和非常相似的荷质比，因此，不同大小的 DNA 片段无法通过标准的电泳方法进行分离。

但如果电泳在凝胶中进行，则 DNA 分子的大小就成为一个影响电泳结果的重要因素，凝胶通常是用琼脂糖、聚丙烯酰胺或者二者的混合物制备的，包含复杂的孔道网络，DNA 分子必须通过这些孔道才能到达阳极。较小的 DNA 分子因更容易通过凝胶介质中的孔道，所以迁移得更快。凝胶电泳常常用来将不同大小的 DNA 片段分离开来（图 11-1）。另外，超螺旋 DNA 具有较紧密的构型，所以其迁移的速度也就比同等相对分子量的松弛型 DNA、开环 DNA 和线状 DNA 分子要快些，这就是应用凝胶电泳的方法鉴定 DNA 分子构型的原理。

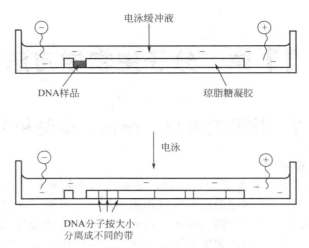

图 11-1　凝胶电泳根据 DNA 片段的大小对其进行分离

　　大多数 DNA 利用琼脂糖凝胶电泳分离。琼脂糖是从海藻中提炼出的一种多糖，与水混合煮沸后，熔化成一种均质的溶液，冷却后成为凝胶。凝胶的浓度影响介质孔道的大小：浓度越高，孔径越小，其分辨力越强，有利于分离小分子 DNA；反之，凝胶浓度越低，凝胶的孔径就越大，其相对分辨力减弱，适于分离大片段 DNA。例如，1%～2% 的琼脂糖凝胶可以清晰地分辨出几十到几百个碱基对的双链 DNA 分子，而对于几十 kb 的大片段 DNA，就要用低浓度（0.3%～0.7%）的琼脂糖凝胶进行分离。而非常薄（0.3mm）的 40% 聚丙烯酰胺凝胶，含有很小的孔道，能够用于分离大小范围在 4～1000bp 的 DNA 分子，并且聚丙烯酰胺凝胶电泳有很强的分辨力，能够分离仅仅相差一个核苷酸的 DNA 分子。

　　DNA 是无色的，观察凝胶电泳实验结果最简单的方法，就是用能够使 DNA 显色的化合物对凝胶进行染色。溴化乙锭常常被用来对琼脂糖凝胶和聚丙烯酰胺凝胶中的 DNA 进行染色。溴化乙锭专一性地与 DNA 和 RNA 紧密结合，镶嵌在 DNA 和 RNA 的碱基对之间，所以 DNA 比 RNA 结合更多的溴化乙锭分子。在紫外线的照射下，结合在 DNA 分子中的溴化乙锭能够发出橘红色的荧光，将大小不同的 DNA 片段以不同的条带显示出来（图 11-2）。

　　凝胶电泳可以用来纯化 DNA。将含有目的片段的条带从凝胶中切下来后，能够很容易地将 DNA 从切下的凝胶条带中纯化出来。还可以利用凝胶电泳的方法估算 DNA 片段的大小，这时需要选用一组已知各片段大小的标准 DNA 与待测 DNA 样品在同一块凝胶上同时进行电泳，凝胶染色后可以根据 DNA 样品中各条带所在的位置推断出它们的大小。

11.1.3　脉冲场凝胶电泳

　　DNA 分子的长度与其在琼脂糖凝胶电泳中的迁移速率仅在很小的范围内呈线性关系，随着 DNA 分子长度的增加，凝胶电泳的分辨率急剧下降。所有长度超过 50kb 的 DNA 分子在标准琼脂糖凝胶电泳中形成一条缓慢移动的带，因而不能相互分离。然而，在不改变凝胶浓度、电场强度和缓冲液的条件下，采用脉冲场凝胶电泳（pulsed-field gel electrophoresis，PFGE）技术可以分离从 10kb 至 10Mb 的 DNA 片段。PFGE 的基本原理是，用一个方向不断变换的电场取代简单的单一电场（线性电场），使凝胶中 DNA 分子的迁移方向随电场方向的改变而改变，以达到分离的目的。

　　垂直交变电场凝胶电泳（orthogonal field alternation gel electrophoresis，OFAGE）是这种复杂电场的一个例子。OFAGE 有两对电极，每对电极与凝胶的长轴成 45°角，两个电场方向彼此成一直角。垂直交变电场的两个电流方向是固定的，但两个电极交替打开与关闭。凝胶中的 DNA 分子在电场方向不断变换的情况下，随时改变泳动方向（图 11-3）。小分子 DNA 比大分子 DNA 更容易在凝胶中重新定向，因而迁移速度更快。

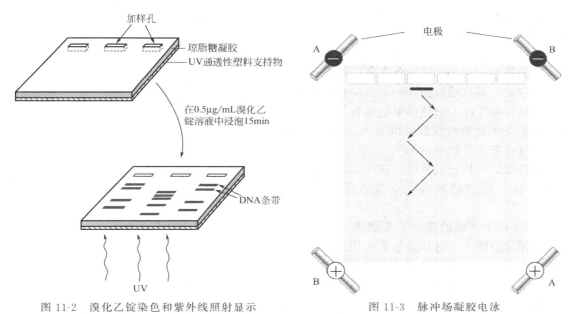

图 11-2　溴化乙锭染色和紫外线照射显示　　　　　　　图 11-3　脉冲场凝胶电泳
琼脂糖凝胶中的 DNA 条带

11.1.4　变性梯度凝胶电泳

变性梯度凝胶电泳（denaturing gradient gel electrophoresis，DGGE）是一种将凝胶电泳与 DNA 变性结合起来的技术，可以将片段大小相同但序列组成上存在差异的 DNA 片段分开。DGGE 利用尿素及甲酰胺两种变性剂，制成一种由低到高的线性浓度梯度。电泳开始时，DNA 尚未发生变性，DNA 片段在凝胶中的迁移速率仅与其大小有关。而一旦泳动到变性剂浓度梯度的某一位置，DNA 双链在特定的区域（变性区域）开始解链，部分解链的 DNA 分子在凝胶中的泳动速率会显著降低。变性区中单碱基的替代足以导致两个不同的 DNA 片段在不同的变性剂浓度下变性，从而在凝胶上形成不同的条带（图 11-4）。

DGGE 用于分析碱基替换造成的突变。例如，DGGE 技术被用于筛选 *BRCA1* 和 *BRCA2*

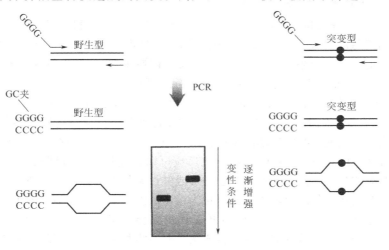

图 11-4　变性梯度凝胶电泳

这两个与肿瘤形成有关的基因的突变。另外，DGGE被广泛运用于微生物群落的遗传多样性研究，而没必要对其进行分离培养。

11.1.5 DNA 的化学合成

目前，用化学方法合成 DNA 片段是一种十分成熟的技术。利用 DNA 合成仪，根据预定的核苷酸序列，可自动地按 3′→5′ 方向将核苷酸连接成寡核苷酸片段。合成的单链寡核苷酸可以用作分子杂交实验中的探针、PCR 反应的引物等。通过合成两条互补的单链 DNA，并使它们退火，可以获得双链寡核苷酸片段。这些双链片段可以作为基因工程中的接头，或者被用来组装成基因。

DNA 化学合成的第一步是将第一个核苷连接到固体支持物上。近年来经常使用的固体支持物是具有同一大小孔径的可控孔径玻璃珠（controlled pore glass，CPG）（图 11-5）。这样的玻璃珠被填充在一个柱子里，其表面依靠硅氧烷键与间隔分子连接，而第一个核苷的 3′-OH 通过酯键又与间隔分子相连。当化学试剂按照顺序从柱子中流过时，核苷酸逐一地添加到核苷酸链上，而生长中的核苷酸链一直结合在玻璃珠上直到合成结束。

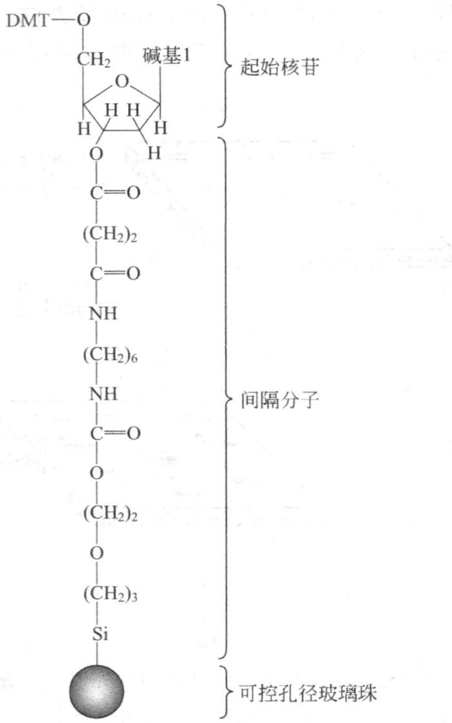

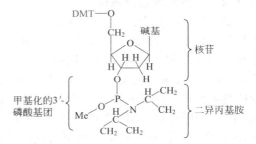

图 11-5　第一个核苷酸通过间隔分子与玻璃珠相连

亚磷酰胺（phosphoramidite）合成法是目前 DNA 人工合成的标准方法，该方法使用的前体分子是亚磷酰胺核苷酸（含有一个磷酸基团）（图 11-6），而不是核苷三磷酸，合成的方向也与 DNA 生物合成的方向相反，按 3′→5′ 方向进行。在亚磷酰胺核苷酸分子中，核苷的 5′-OH

图 11-6　亚磷酰胺核苷酸分子结构示意图

被二甲氧三苯甲基（dimethoxytrityl，DMT）封闭，其 3′-OH 通过酯键与亚磷酰胺连接。

下一步是用三氯乙酸（trichloroacetic acid，TCA）处理柱子，以除去封闭基团 DMT，暴露出第一个核苷酸的 5′-OH。然后，向反应柱中加入四唑和下一个亚磷酰胺核苷酸。四唑是 DNA 合成的缩合剂，可以使二异丙基胺基团的 N 原子质子化，从而激活 N 原子，导致固相载体上核苷的 5′-OH 取代二异丙基胺。缩合反应使两个核苷酸通过一个亚磷酸三酯键连接在一起（图 11-7）。缩合反应结束后，并非所有的 5′-OH 都参与了反应。这些未参与反应的羟基在下一个缩合反应发生之前，必须用乙酰基团封阻（图 11-8），以防止它们参与下一个缩合反应，导致错误核苷酸序列的形成。5′-OH 的乙酰化反应可以通过加入乙酸酐和二甲氨基吡啶完成。缩合反应产生的亚磷酸三酯键并不稳定，在酸性或碱性条件下都容易发生断裂。在封阻反应完成后应立即用碘溶液将三价的亚磷酸三酯氧化为稳定的五价的磷酸三酯（图 11-9）。

接下来是上述四步反应（脱去 DMT 保护基团、缩合反应、封闭反应和氧化反应）循环进行，每一循环加上一个新的核苷酸，直到合成出具有所需长度的寡核苷酸片段为止。每步反应完成后，需要用乙醇清洗柱子，除去未反应的试剂，然后用氩气吹干以除去痕量的乙醇。

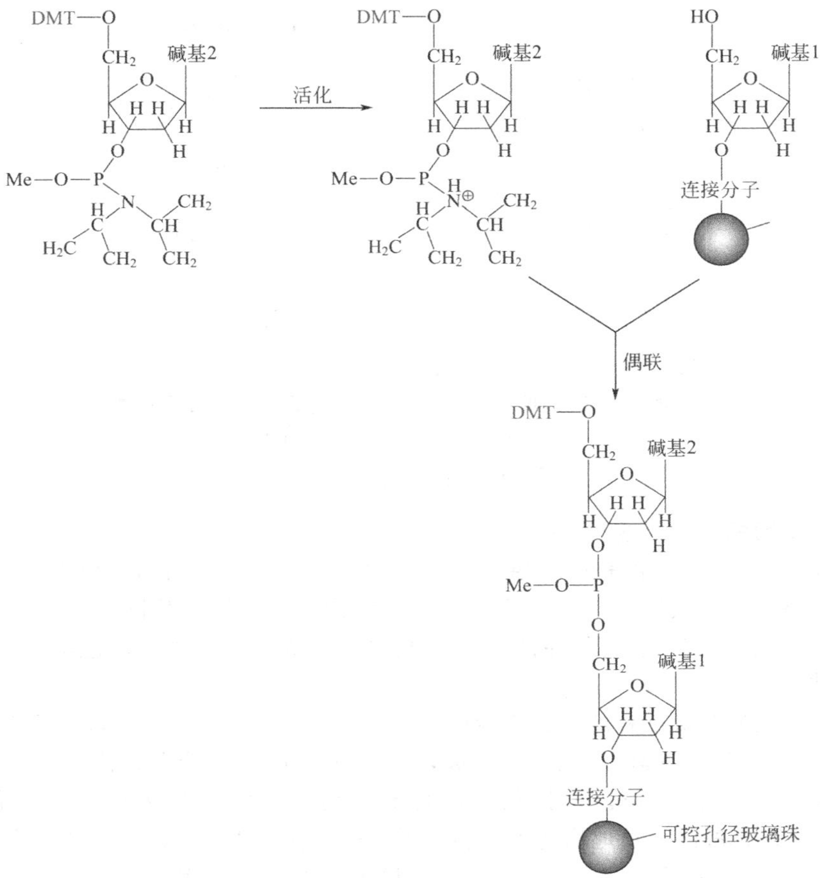

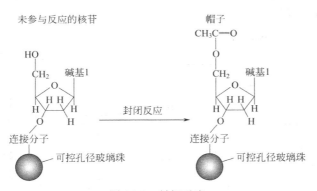

图 11-7　缩合反应

图 11-8　封闭反应

　　碱基游离的氨基也有反应活性，这些氨基基团在整个合成反应中，或被苯甲酰基团（腺嘌呤和胞嘧啶）或被异丁酰基团（鸟嘌呤）保护。合成终止后，DNA 片段的 5′-OH、磷酸基团和游离氨基仍被相应的基团保护，因此须通过相应的方法将这些保护基团去除。DNA 片段的 5′-末端通过化学的方法或者用 ATP 和多核苷酸激酶磷酸化。利用 29% 的浓氨水将新合成的寡核苷酸从反应柱上切除，产生的带有 3′-OH 的 DNA 片段用乙醇或异丙醇沉淀法初步纯化，再用 HPLC 或者凝胶电泳进一步纯化。

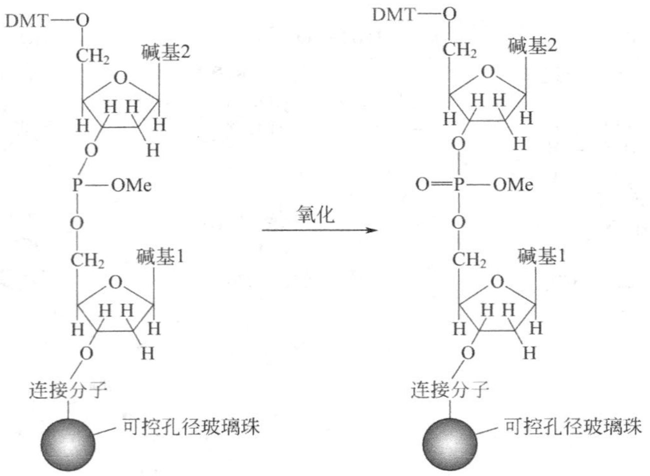

图 11-9　氧化反应

11.1.6　完整基因的化学合成

人工合成的 DNA 片段的长度取决于缩合效率。例如，98％的缩合效率产生的由 40 个单体构成的寡核苷酸链大约为 50％，由 100 个单体构成的寡核苷酸链约占 10％。因此，只有很短的基因才能一次合成，更长的序列，只能分段合成，然后再组装起来，常用的组装方法有以下两种。

第一种方法是先合成互补的寡核苷酸单链，退火后形成带有黏性末端的双链寡核苷酸片段。再把这些双链寡核苷酸片段混合在一起，加入 T4 DNA 连接酶，使之彼此连接组装成一个完整的基因或基因片段。这种基因的合成与组装方法又称为全片段酶促连接（图 11-10），应用这种方法已成功地构建了许多基因。第二种方法是酶促填充法，合成的单链寡核苷酸序列只在 3'-OH 部分互补，退火后形成模板-引物接头，然后在 Klenow 酶的作用下便会迅速合成相应的互补链（图 11-11）。无论采用哪种方法合成的基因，都需要克隆到质粒载体中进行序列分析加以检测。

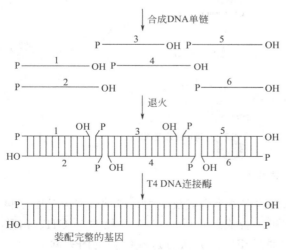

图 11-10　全片段酶促连接法

首先将一个完整的基因划分为若干个寡核苷酸片段分别合成，相邻的片段间有 4～6 个碱基的序列重叠互补。退火后，用 DNA 连接酶将 DNA 分子上的切口封闭，形成完整的基因

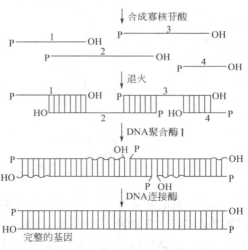

图 11-11　基因合成的酶促填充法

11.1.7　肽核酸

肽核酸（peptide nucleic acid，PNA）是一种人工合成的分子，在遗传工程中被用作 DNA 的替代物。肽核酸的骨架由 N-(2-氨乙基）甘氨酸重复单元通过酰胺键连接而成，A、G、C 和 T 四种碱基以亚甲基羰基（—CH₂—CO—）与骨架中的甘氨酸的氨基相连（图11-12）。PNA 的这种设计使碱基从骨架中伸出，并且碱基与骨架的距离以及相邻碱基之间的距离与 DNA 或 RNA 中的相应参数基本相同，这就保证了 PNA 链能够与互补的 DNA 链或 RNA 链结合成稳定的杂合体。PNA 的骨架由于不含磷酸基团，所以不带电荷，呈中性。

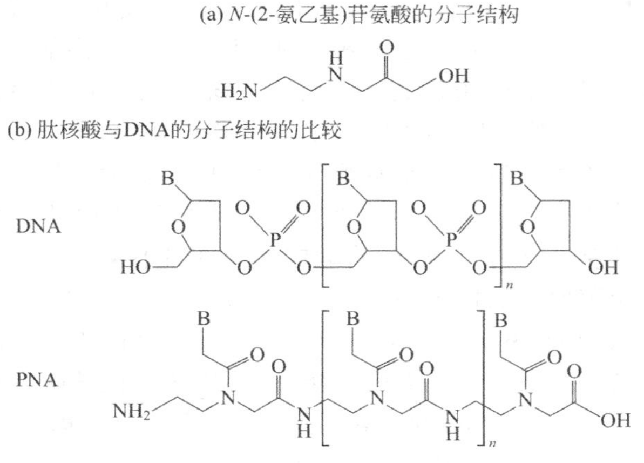

PNA 遵循 Watson-Crick 碱基配对原则，与互补的 PNA、DNA 或者 RNA 形成双链体。PNA-PNA 双螺旋

(a) N-(2-氨乙基)甘氨酸的分子结构

(b) 肽核酸与DNA的分子结构的比较

图 11-12　肽核酸

要比 PNA-DNA 双螺旋更加稳定；而 PNA-DNA 和 PNA-RNA 杂合体要比相应的 DNA-DNA 和 DNA-RNA 双链的稳定性更强。这是因为带电荷的核酸骨架与中性的 PNA 骨架之间没有排斥现象。由于在 PNA-DNA 双螺旋中单个碱基错配要比 DNA-DNA 双螺旋中相应的单个碱基错配更加不稳定，所以 PNA-DNA 特异性更高。因此，PNA 很容易区分碱基的精确配对和错配。另外，PNA-DNA 双螺旋的稳定性很少受盐浓度的影响。

PNA 也可以与靶 DNA 形成稳定的三螺旋结构。这种结构由两条 PNA 单链和一条 DNA 单链组成，另一条 DNA 单链被置换出来，形成一个 D 环。在三螺旋结构中，一条 PNA 链通过 Watson-Crick 碱基配对方式与 DNA 链结合，另一条 PNA 链通过 Hoogsteen 碱基配对方式与 DNA 链结合。两条相同的 PNA 链通过一个柔性的发卡状接头连接起来形成的 PNA 夹（PNA clamp）可以与靶 DNA 形成一个高度稳定的三螺旋结构。

PNA 骨架十分稳定，可以抵抗天然的核酸酶和蛋白酶的降解。PNA 可以用于结合并封闭 DNA 分子中嘌呤丰富区中的靶序列，阻止 DNA 转录。它也可以与 RNA 结合，阻遏蛋白质的合成。

11.1.8　用紫外线检测 DNA 和 RNA 的浓度

DNA 和 RNA 分子中碱基的芳香环在 260nm 处具有最大紫外光吸收。如果将一束紫外光穿过核酸溶液，溶液的紫外吸收值取决于 DNA 或者 RNA 的浓度。因此，DNA 或者 RNA 样品的浓度可用 UV 光谱学进行检测。核酸的消光系数（extinction effect）与其碱基所处的环境有关。比较而言，由于碱基充分暴露，单一的核苷酸光吸收值最大，其次是单链 DNA 和 RNA。而双螺旋 DNA，由于碱基的堆积，具有最小的吸收值。浓度为 1mg/mL 的核酸溶液，光程为 1cm 时，双链 DNA 的 A_{260} 为 20，RNA 和单链 DNA 的 A_{260} 为 25。溶液的 DNA 或 RNA 浓度可以利用下面的公式计算：

$$DNA 浓度（\mu g/mL）= OD_{260} \times 稀释倍数 \times 50 \mu g\ DNA/mL$$
$$RNA 浓度（\mu g/mL）= OD_{260} \times 稀释倍数 \times 40 \mu g\ RNA/mL$$

紫外分光光度法不但能确定核酸的浓度，还可以通过测定 260nm 和 280nm 处的紫外吸收值估计核酸的纯度。纯 DNA 的 A_{260}/A_{280} 为 1.8。蛋白质在 280nm 处具有光吸收，这主要是由色氨酸的芳香环引起的。若 DNA 样品中存在蛋白质，这个比值将小于 1.8。纯 RNA

的 A_{260}/A_{280} 大约是 2.0。如果 DNA 样品中有 RNA 存在，这个比值将大于 1.8。

11.1.9 核酸的放射性标记

分子生物学领域，^{32}P 和 ^{35}S 是两种最重要的放射性同位素。P 是 DNA 分子的组成元素，如果 ^{32}P 掺入到核酸分子中，DNA 或 RNA 就有了放射性。^{32}P 具有高的放射性，检测灵敏度高。但是，它在衰变的过程中会产生高能量的 β 射线，导致放射自显影光片上的条带远比凝胶上的条带宽，因此其分辨率低。^{32}P 的半衰期是 12d，被 ^{32}P 标记的核酸分子不能长期保存。

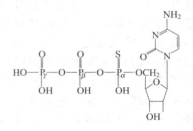

硫不是核酸的正常组分，在利用 ^{35}S 标记核酸时需要使用硫代磷酸的衍生物。一个磷酸基团由四个氧原子围绕一个中心磷原子组成，而在硫代磷酸基团中，一个硫原子取代了一个氧原子（图 11-13）。为了将 ^{35}S 掺入到 DNA 或 RNA 分子中，含有放射性硫原子的硫代磷酸基团被用来连接核苷酸。用 ^{35}S 标记核酸有两个好处：第一，^{35}S 的半衰期是 88d，衰变慢；第二，^{35}S 的放射性较弱，检测的灵敏度低于 ^{32}P，但其分辨率高，放射自显影的本底低，因此使用 ^{35}S 更加精确。

图 11-13 核苷酸中的硫代磷酸基团

11.1.10 放射性标记 DNA 的检测

放射自显影（autoradiography）可用于检测凝胶中放射性标记的 DNA 或 RNA（图 11-14），也可以检测在杂交实验中，与结合在膜上的靶序列互补配对的放射性探针。无论放射性 DNA 是在凝胶里面，还是在膜上，放射性同位素都会释放出 β 射线，使感光材料中的卤化银等感光。进行放射自显影实验时，将胶片放置在干燥后的凝胶或者滤膜上面，并在黑暗中放置几小时或者几天时间。显影后，胶片上出现的黑色条带对应于凝胶中放射性 DNA 条带所在的位置。

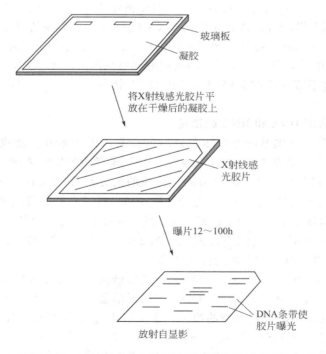

图 11-14 用放射自显影法观察琼脂糖凝胶中的 DNA

11.1.11　DNA 和 RNA 的荧光检测

分子吸收某种波长的射线而后发出一种波长更长的射线时便产生了荧光。荧光的检测需要一束入射光激发荧光染料和一个检测器检测荧光染料受到激发后发出的荧光。DNA 分子可以用荧光染料标记。自动化测序需要对 DNA 进行荧光标记，荧光染料通常连接到双脱氧核苷酸上，四种不同的双脱氧核糖核苷酸用不同的荧光染料标记。在电泳过程中，当被标记的 DNA 分子通过荧光探测器时，探测器记录每一条电泳带在受到激光照射后发出的荧光的波长，并将数据传递给计算机，再由计算机将这些信息转换成 DNA 序列。

流式细胞仪（flow cytometry）最初的功能是将荧光标记的细胞与未被标记的细胞分离开来。更加灵敏的流式细胞仪能够分离染色体。操作时，将细胞破裂获得染色体的混合物，然后用荧光染料对染色体染色。因为结合于染色体的染料量依赖于染色体的长度，所以较大的染色体将结合更多的染料，产生的荧光比较小的染色体强。稀释染色体样品后，将其通过小孔以形成液滴流，每个液滴只含单个染色体。当液滴通过可检测荧光量的检测器时，就可以确定含有待分离染色体的液滴，并将该液滴加上电荷，使它的移动产生偏离，从而达到与其他液滴分开的目的（图 11-15）。流式细胞仪的另一项应用是对个体小的生物体（例如线虫）进行分选。

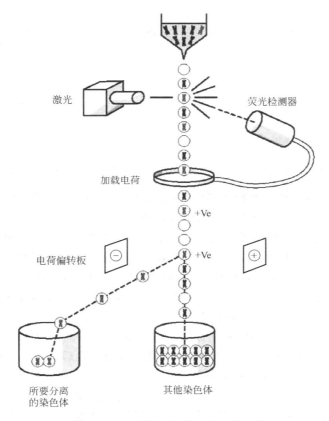

图 11-15　使用流式细胞仪分离染色体

11.1.12　用生物素和地高辛标记 DNA

生物素（维生素 H）和地高辛（一种来源于毛地黄植物的类固醇）被广泛用于 DNA 标记。这两种分子通过一个碳链臂共价连接到 dUTP 分子中嘧啶碱基的第五位 C 原子上（图 11-16）。被生物素或者地高辛标记的 dUTP 在 DNA 合成反应中可以取代 dTTP 整合到 DNA 分子中，并且不会破坏其双螺旋结构。

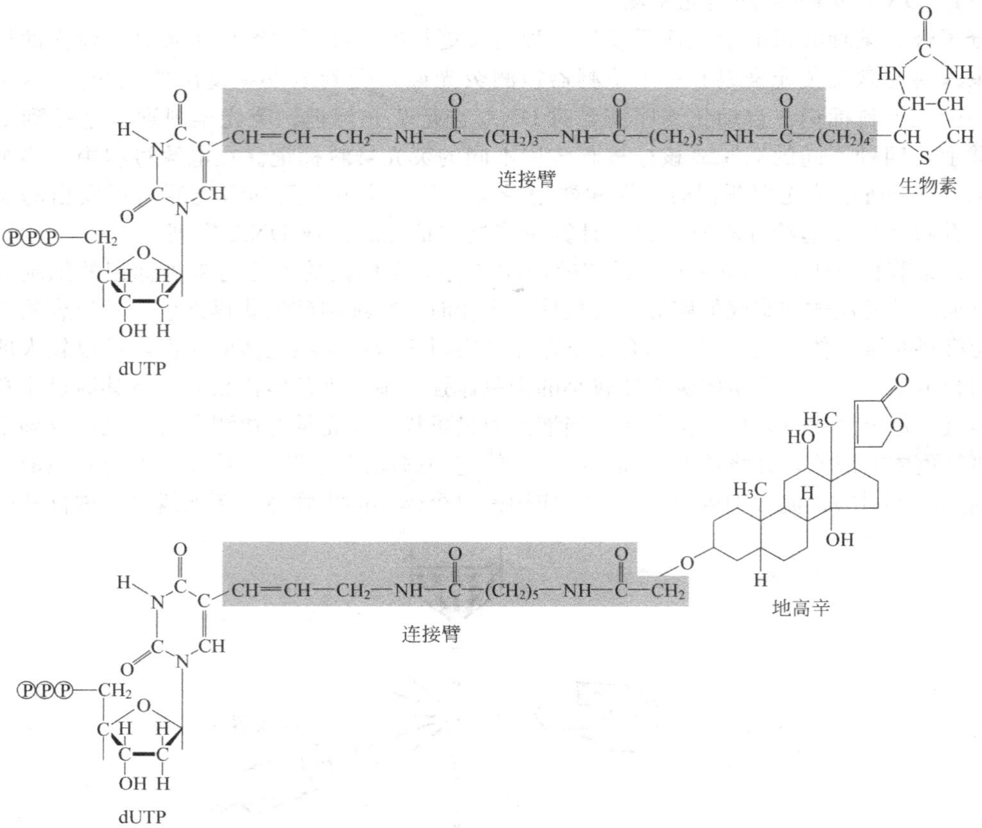

图 11-16　生物素和地高辛通过一个碳链连接臂与 dUTP 结合

　　生物素可以用酶偶联的抗生物素蛋白（avidin）或者链霉抗生物素蛋白（streptavidin）进行检测。抗生物素蛋白是从卵清中提取的一种碱性四聚体糖蛋白；链霉抗生物素蛋白由链霉菌产生，为抗生物素蛋白的同源蛋白，由四个相同的亚基构成。这两种抗生物素蛋白能够以非常高的亲和力与四个生物素分子非共价结合。地高辛是一种半抗原，可以通过酶偶联的抗地高辛抗体进行检测。通常在抗生物素蛋白和抗地高辛抗体上偶联的是碱性磷酸酶，这种酶可以将很多分子中的磷酸基团切掉。在碱性磷酸酶介导的检测反应中可以使用生色底物进行发色检测，也可以使用化学发光底物进行发光检测。

　　X-phos（5-溴代-4-氯代-3-吲哚磷酸酯）是一种人工合成的显色底物，由一个染料前体和一个磷酸基团组成。碱性磷酸酶把 X-phos 的磷酸基团切除后，染料前体在空气中被氧化成蓝色化合物。Lumi-pho 是碱性磷酸酶的化学发光底物，由一个化学发光基团和一个磷酸基团连接而成。碱性磷酸酶将磷酸基团去除后，不稳定的发光基团发出荧光。如果被标记的 DNA 被固定在滤膜上或存在于凝胶中，就可以使用胶片检测和记录被生物素或者地高辛标记的 DNA 所在的位置。

11. 1. 13　Southern 和 Northern 印迹杂交

　　Southern 印迹杂交是 Edward Southern 于 1975 年首先建立并使用的。利用 Southern 印迹杂交可以检测靶 DNA 分子中是否存在与探针序列相同或相似的序列。进行 Southern 印迹杂交时，首先利用限制性内切酶将靶 DNA 切割成较小的片段，再将酶切后的 DNA 片段通过琼脂糖凝胶电泳按大小分离。用 NaOH 溶液浸泡凝胶使 DNA 片段在原位变性后，通过电流或者毛细管作用将单链 DNA 转移到一张尼龙膜上，并通过烘烤或紫外线照射将单链 DNA 牢固地结合在膜上。然后将此膜放入含有放射线同位素标记的探针分子的溶液中。随着溶液在滤膜表面来回晃动，探针分子与结合在膜上的同源序列互补配对形成杂交体。漂洗除去多余的探针分子，经放射自显影，便可鉴定出与探针的核苷酸序列同源的待测 DNA 片段（图 11-17）。

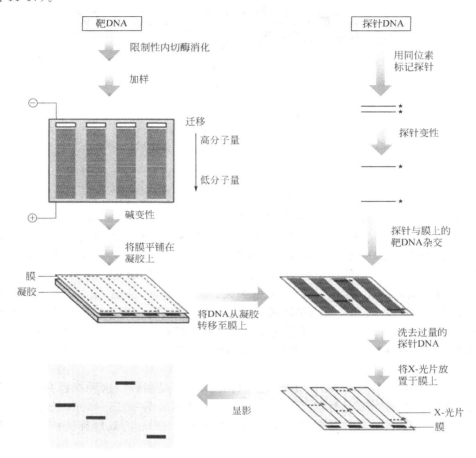

图 11-17　Southern 印迹杂交

　　Southern 印迹杂交指的是 DNA 探针与固定在膜上的 DNA 的杂交。相应地，将来自于特定细胞或组织中的 RNA 样品进行凝胶电泳分离后，从电泳凝胶转移到支持物上进行核酸杂交的方法称为 Northern 印迹杂交。

11.1.14　荧光原位杂交

　　荧光原位杂交（fluorescent in *situ* hybridization，FISH）是以荧光标记的 DNA 分子为探针，与完整染色体杂交的一种方法，染色体上的杂交信号直接给出了探针序列在染色体上的位置。进行原位杂交时，需要打开染色体 DNA 的双螺旋结构使其成为单链分子，只有这样染色体 DNA 才能与探针互补配对（图 11-18）。使染色体 DNA 变性而又不破坏其形态特征的标准方法是将染色体干燥在玻璃片上，再用甲酰胺处理。FISH 最初用于中期染色体。中期染色体高度凝缩，每条染色体都具有可识别的形态特征，因此可以很容易地确定探针在染色体上的大概位置。使用中期染色体也有其不足之处，由于它的高度凝缩的性质，只能进行低分辨率作图，两个标记至少相距 1Mb 以上才能形成独立的杂交信号而被分辨出来。

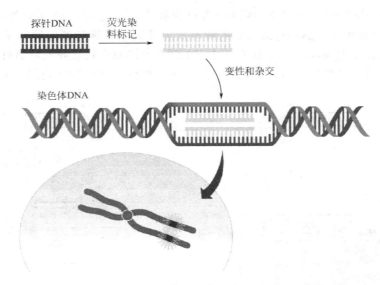

图 11-18　荧光原位杂交的原理

　　最新发展起来的纤维荧光原位杂交（fiber fluorescent in situ hybridization，Fiber-FISH）将探针直接与拉直的 DNA 纤维杂交。Fiber-FISH 技术需要用碱或者其他的化学手段破坏染色体结构，使 DNA 分子与蛋白质分离，再将游离的 DNA 纤维拉直并固定在载玻片上用作 FISH 的模板。与使用染色体作为模板进行荧光原位杂交的普通 FISH 技术相比，Fiber-FISH 具有明显的优点：第一，分辨率大大提高，为 1～2kb；第二，线性 DNA 分子在 FISH 中展示的长度（μm）可直接转换为序列的长度（kb），为高精度物理图谱的构建提供了一种新的手段；第三，可以直接确定探针在不同 DNA 序列之间的排列关系，并且具有快速、直接、准确的优点，为利用 FISH 技术开展比较基因组研究提供了便利。

11.1.15　分子信标

　　分子信标（molecular beacon，MB）是一种特殊的荧光探针，这种探针只有与靶 DNA 结合后才能发出荧光。分子信标包括三个部分：①环状区　为一 15～30nt 的序列，可特异结合靶序列；②茎干区　环状区两侧的互补序列形成的 5～8bp 的双螺旋区；③荧光基团和

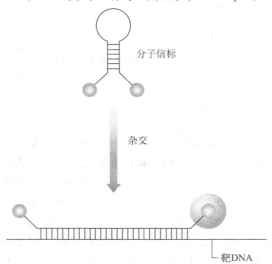

图 11-19　分子信标与靶 DNA 杂交后，茎环被破坏，探针发出荧光

猝灭基团 猝灭基团常连接于 MB 的 3′-端，而荧光基团连接于 5′-端。自由状态时，分子信标为一茎环结构，荧光基团与猝灭基团相互靠近，荧光几乎完全猝灭。加入靶序列后分子信标可与完全互补的靶序列形成更加稳定的异源双链杂交体，使得荧光基团与猝灭基团之间的空间距离增大，荧光恢复（图 11-19）。分子信标操作简单，敏感性和特异性高，甚至可用于单个碱基突变的检测。

11.2 基 因 克 隆

11.2.1 工具酶

11.2.1.1 限制性内切核酸酶

限制性内切核酸酶（restriction endonuclease）又称限制酶（restriction enzyme），是一类能够识别双链 DNA 分子中特定的核苷酸序列，并对双链进行切割的酶。这类酶是细菌细胞中限制-修饰系统的组成部分，该系统可以识别和切割外源 DNA 分子，而自身的 DNA 分子则由于甲基化酶的修饰而受到保护。根据作用方式的不同，限制性内切核酸酶可以分成 3 种类型。由于 II 型限制性内切核酸酶在识别位点的内部切开 DNA，切割位点的位置是已知的，这种类型的限制性内切酶在遗传工程中被广泛使用。

限制酶的识别位点通常有 4～6 个核苷酸组成，为具有旋转对称轴的回文结构。例如，*Eco*R I 的识别位点为 GAATTC，*Sau*3A 能够识别 GATC，而 *Alu* I 在 AGCT 位点进行切割。限制酶切割 DNA 时新形成的 5′-端总是保留磷酸基团，3′-端为羟基。限制酶对识别位点的切割有两种形式，一种是在对称轴上切割两条链，产生平整末端（blunt end）（图 11-20）。另一种是对 DNA 双链进行交错切割，并且切割位点对称地分布在中心轴的两侧，切割后产生的是单链突出末端（图 11-20）。由于交错切割产生的两个单链末端彼此互补配对，因此又被称为黏性末端（sticky end）。像 *Eco*R I 那样，在对称轴的 5′ 侧切割双链 DNA 的每一条链，产生的是 5′-端突出的黏性末端。像 *Pst* I 那样，在对称轴的 3′ 侧切割双链 DNA 的每一条链，产生的是 3′-端突出的黏性末端。

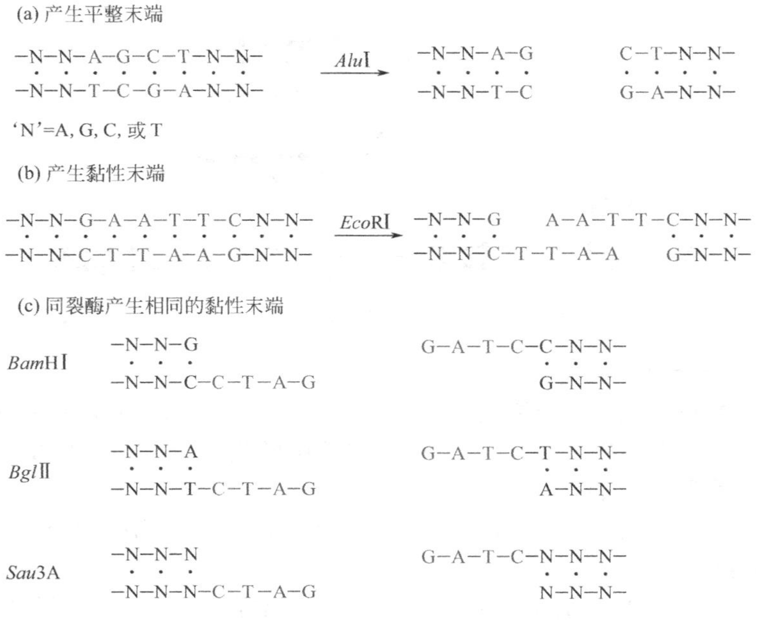

(a) 产生平整末端

```
−N−N−A−G−C−T−N−N−        −N−N−A−G      C−T−N−N−
 ·  ·  ·  ·  ·  ·  ·  ·    AluI      ·  ·  ·  ·    ·  ·  ·  ·
−N−N−T−C−G−A−N−N−   ────→   −N−N−T−C      G−A−N−N−
```

'N'=A, G, C, 或 T

(b) 产生黏性末端

```
−N−N−G−A−A−T−T−C−N−N−        −N−N−G      A−A−T−T−C−N−N−
 ·  ·  ·  ·  ·  ·  ·  ·  ·  ·    EcoRI      ·  ·  ·      ·  ·  ·  ·  ·  ·
−N−N−C−T−T−A−A−G−N−N−   ────→   −N−N−C−T−T−A−A      G−N−N−
```

(c) 同裂酶产生相同的黏性末端

```
BamHI        −N−N−G                  G−A−T−C−C−N−N−
              ·  ·  ·                  ·  ·  ·  ·  ·  ·  ·
             −N−N−C−C−T−A−G            G−N−N−

BglII        −N−N−A                  G−A−T−C−T−N−N−
              ·  ·  ·                  ·  ·  ·  ·  ·  ·  ·
             −N−N−T−C−T−A−G            A−N−N−

Sau3A        −N−N−N                  G−A−T−C−N−N−N−
              ·  ·  ·                  ·  ·  ·  ·  ·  ·
             −N−N−N−C−T−A−G            N−N−N−
```

图 11-20 不同的限制性内切酶切割产生的 DNA 末端

有些限制性内切核酸酶来源不同，但是具有相同的识别和切割位点，这样的限制酶称为同裂酶（isoschizomers）。*Msp* Ⅰ 和 *Hpa* Ⅱ 是一对具有相同切割位点的同裂酶，它们的靶序列均为：5′C↓CGG3′。这一对限制酶可用于研究 DNA 胞嘧啶残基的甲基化作用。当靶序列中的第二个胞嘧啶被甲基化成 5-甲基胞嘧啶（5′CC^{m}GG）时，*Hpa* Ⅱ 即不再识别，而 *Msp* Ⅰ 仍能识别。因此，通过比较 *Msp* Ⅰ 和 *Hpa* Ⅱ 消化的基因组 DNA 可以获知四核苷酸序列 CCGG 的甲基化状况。

还有一些限制性内切酶来源不同，识别序列也不同，但切割后产生相同的黏性末端，这样的一组限制性内切酶称为同尾酶（isocandamer）。*Taq* Ⅰ、*Cla* Ⅰ 和 *Acc* Ⅰ 为一组同尾酶，它们的识别序列和切割位点分别是 T↓CGA、AT↓CGAT 和 GT↓CGAC，这三种限制性内切酶切割各自的靶序列时，均产生 5′-CG 黏性末端。另外，*Bam*H Ⅰ、*Bgl* Ⅱ 和 *Sau*3A 切割 DNA 分子也能产生相同的黏性末端（图 11-20）。

11.2.1.2　DNA 连接酶

DNA 连接酶是分子克隆中必需的一类酶，催化 DNA 分子上相邻的两个核苷酸的 3′-羟基与 5′-磷酸基团共价连接。重组 DNA 技术主要使用两种 DNA 连接酶，即大肠杆菌 DNA 连接酶和 T4 DNA 连接酶。具有互补黏性末端的两个 DNA 片段可以通过黏性末端之间的互补配对结合在一起，DNA 连接酶能够有效地将这样的 DNA 片段连接在一起形成重组 DNA 分子（图 11-21）。待连接的两个 DNA 片段的黏性末端，如果是同一种限制性内切酶的作用产物，连接后形成的重组 DNA 分子上仍保留原限制性内切酶的识别序列；如果是同尾酶的切割产物，则连接后产生的新序列不能被原来的两种限制性内切酶识别。T4 DNA 连接酶还能够将平整末端连接在一起（图 11-21），细菌的 DNA 连接酶没有这种功能。

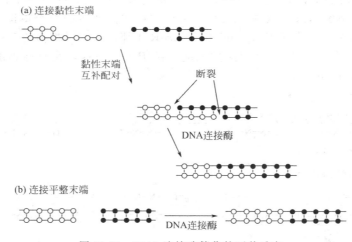

图 11-21　DNA 连接酶催化的两种反应

11.2.1.3　DNA 聚合酶

DNA 聚合酶能够合成一条与模板 DNA 或 RNA 互补的 DNA 链，通常只有当模板上具有引物时，聚合酶才能发挥作用。DNA 重组技术中常用的 DNA 聚合酶包括大肠杆菌的 DNA 聚合酶Ⅰ、大肠杆菌 DNA 聚合酶Ⅰ的 Klenow 片段、*Taq* DNA 聚合酶和反转录酶。它们的共同特点是在模板链的指导下，将 dNTP 连续地逐个加到引物分子的 3′-OH 末端，催化核苷酸的聚合（图 11-22）。

（1）大肠杆菌 DNA 聚合酶Ⅰ　　大肠杆菌 DNA 聚合酶Ⅰ具有 5′→3′ 的聚合酶活性，以及 3′→5′ 和 5′→3′ 的外切酶活性，在体内负责 DNA 的修复和复制。在 DNA 重组实验中，

DNA 聚合酶Ⅰ被用于缺口平移反应（图 11-22）。大肠杆菌 DNA 聚合酶Ⅰ的 Klenow 片段是大肠杆菌 DNA 聚合酶Ⅰ经枯草杆菌蛋白酶处理后产生的 76kDa 的 C 端片段，具有 5′→3′ 聚合酶活性和 3′→5′ 外切酶活性，但失去了 5′→3′ 外切酶活性。Klenow 片段被广泛用于 DNA 重组实验，其主要用途有填补 DNA 分子上的缺口（图 11-22）、补平 DNA 双螺旋的 3′-凹端、DNA 测序、合成 cDNA 第二链及随机引物法标记 DNA 探针等。

（2）*Taq* DNA 聚合酶　*Taq* DNA 聚合酶是细菌 *Thermus aquaticus* 中的 DNA 聚合酶Ⅰ，具有 5′→3′ 聚合酶活性，但很少或没有 3′→5′ 和 5′→3′ 外切酶活性。*Thermus aquaticus* 是一种生活在温度很高的温泉中的细菌，因此它的许多酶，包括 *Taq* DNA 聚合酶，都是热稳定性的。*Taq* DNA 聚合酶最适温度为 70～75℃。在热处理的条件下不会发生变性这一特殊性质使得 *Taq* DNA 聚合酶适用于 PCR 反应。

（3）反转录酶　反转录酶是一种参与一些病毒基因组复制的酶，这种酶以 RNA 为模板合成一条互补的 DNA(cDNA)（图 11-22）。商品化的反转录酶有两种，一种来自禽成髓细胞瘤病毒（AMV），另一种来自 Moloney 鼠白血病病毒（MLV）。反转录酶被用于 cDNA 的合成。

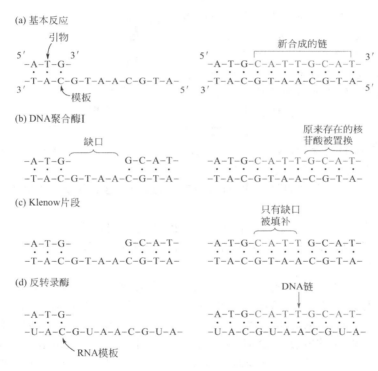

图 11-22　DNA 聚合酶催化的反应

(a) 基本反应——在模板链的指导下沿 5′→3′ 方向延伸引物；(b) DNA 聚合酶Ⅰ填补缺口，并使得切口平移；(c) 由于没有 5′→3′ 方向的外切酶活性，Klenow 片段只填补切口；(d) 反转录酶以 RNA 为模板合成 DNA

11.2.2　基因克隆的载体

通常把能够在宿主细胞中自主复制并能承载外源基因的 DNA 分子称为克隆载体（cloning vehicle, vector）。一个理想的克隆载体有助于目的基因的重组、选择和鉴定，因此克隆载体必须具备以下几个方面的特征：克隆载体必须有一个或多个克隆位点（通常是限制性内切酶的识别位点），用于外源 DNA 片段的插入；能够被有效地导入到宿主细胞，并在细胞中自主复制，或者整合到宿主染色体 DNA 上，并随染色体 DNA 的复制而复制；具有合适的选择标记，用于选择携带克隆载体的宿主细胞；载体 DNA 分子必须易于分离、纯化和操作。常用的基因克隆载体主要包括质粒载体、噬菌体载体和人工染色体等。

11.2.2.1 质粒载体

以大肠杆菌质粒为基础构建的克隆载体是使用最为广泛，也是最简单的克隆载体。天然存在的质粒都不是理想的克隆载体，需要去除质粒上不必要的部分，使质粒变小，便于操作和克隆较大的 DNA 片段。还需要消除质粒上不必要的酶切位点，并引入供外源基因插入的多克隆位点（multi-cloning site，MCS），同时增加或减少筛选标记。现在有很多不同的大肠杆菌质粒载体可供选择，这些质粒载体都是以天然质粒为基础，由人工构建而成的。这些载体既易于纯化，又具备一些重要的特征，如高的转化效率、便于转化体和重组体筛选的遗传标记及能够克隆较大的 DNA 片段等。

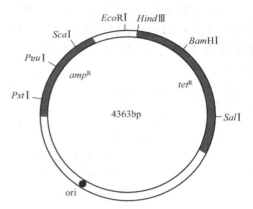

图 11-23 pBR322 结构示意图

（1）pBR322 pBR322 质粒是早期基因克隆中应用最多的人工载体，目前使用的质粒载体多由它改进而来。pBR322 的大小为 4 363bp，其限制性内切酶图谱如图 11-23 所示。图谱上的两个抗生素抗性基因都可以作为质粒的筛选标记，而且每个抗性基因都拥有几个单酶切位点，这在克隆实验中特别有用。用 *Pst* Ⅰ、*Pvu* Ⅰ或 *Sca* Ⅰ酶切后插入外源 DNA 片段会导致氨苄青霉素抗性基因失活；用 *Bam*H Ⅰ和 *Hind* Ⅲ等 8 个限制性内切核酸酶酶切后插入外源 DNA 片段会导致四环素抗性基因失活。有大量的限制性酶切位点可供选择，这意味着 pBR322 支持具有不同黏性末端的外源 DNA 片段的插入。

（2）pUC 系列质粒 pUC 系列质粒由 pBR322 质粒发展而来，含有来自 pBR322 质粒的复制起点和 *amp*R 基因，但 *amp*R 基因的核苷酸序列被改变了，不再包含一些限制性内切酶的单一识别位点。

质粒上的 *lacZ'* 只编码 β-半乳糖苷酶 N 端 146 个氨基酸的 α-肽。如果宿主的基因组含有一个带有缺失突变的 *lacZ* 基因，它的编码产物缺少了 β-半乳糖苷酶 N 端 11～41 位的氨基酸序列，那么质粒编码的 α-肽和宿主 *lacZ* 基因的编码产物非共价结合会产生一个有完全活性的 β-半乳糖苷酶，这种现象称为 α-互补（α-complementation）。通常情况下，分别编码的两个肽段是无法结合成一个有活性的蛋白质的，而 β-半乳糖苷酶是一个例外。

pUC 系列质粒的多克隆位点位于 *lacZ'* 的编码区，非常靠近基因的前端（图 11-24）。β-半乳糖苷酶 N 端的几个氨基酸对酶的活性是非必需的，只要多克隆位点的插入不打断基因的读码框，仅增加几个氨基酸并不影响 α-肽段的功能。然而，如果一个外源的 DNA 片段插入到多克隆位点，*lacZ'* 的阅读框被破坏，就不再产生有活性的肽段。要判断 β-半乳糖苷酶是否存在也是一件非常容易的事，如果 X-gal、IPTG 和氨苄青霉素一起被加入到琼脂平板中，携带自连质粒的菌落由于能够产生 β-半乳糖苷酶，所以是蓝色的；携带重组体的细胞因为 *lacZ'* 基因被破坏而无法合成有活性的 β-半乳糖苷酶，将形成白色菌落。

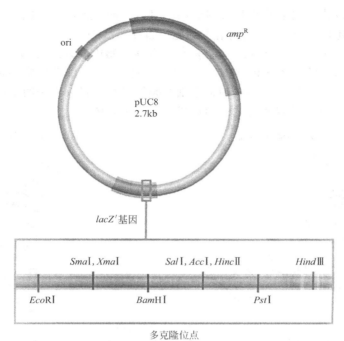

图 11-24   pUC18 结构示意图

11.2.2.2   λ 噬菌体载体与柯斯质粒

（1）λ 噬菌体载体   λ 噬菌体基因组 DNA 是一条长度为 48kb 的线性 DNA 分子，其基因组序列有两个明显特征。首先是 DNA 分子的两端各有一个由 12 个核苷酸组成、完全互补的 5′-凸出末端。λ DNA 进入宿主细胞后，左右两个单链末端互补配对，粘合成环状 DNA 分子，而由黏性末端结合形成的双链区称为 cos 位点（cohesive end site）。另外，λ 噬菌体基因组中，功能相关的基因成簇排列（图 11-25）。噬菌体染色体左臂上的基因主要负责编码头部和尾部衣壳蛋白。右臂包含调控基因、噬菌体的复制基因以及溶菌基因。中央部分约占 λ DNA 总长度的 1/3，该区对 λ 噬菌体的裂解生长是非必需的，携带的基因与 λ DNA 的整合、删除和重组有关。如果删除中央区，λ 噬菌体不能整合到大肠杆菌染色体中进行溶源生长，只进行裂解生长，形成噬菌斑。

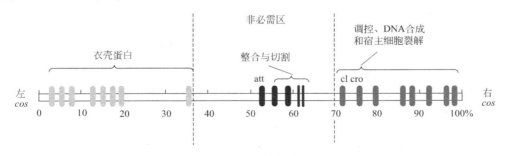

图 11-25   λ 基因组图谱

删除基因组中的非必需区并不影响噬菌体的裂解生长

    λ 噬菌体外壳只能容纳一定长度的 DNA 分子，相当于 λ DNA 的 70%～105%。也就是说，只有 37～52kb 长的 DNA 分子才能被稳定地包装进 λ 噬菌体颗粒的头部，形成有感染能力的病毒颗粒。λ DNA 上约有 20kb 的区段对噬菌体的生长不是绝对需要的，可以缺失或被外源 DNA 片段取代。如果外源 DNA 插入到 λ DNA 的中央，将形成一个两端为黏端的线性 DNA。要把重组 DNA 分子导入到宿主细胞，首先需要对重组 DNA 分子进行体外包装，形成有侵染能力的病毒粒子（图 11-26），然后可以通过感染的方式将 DNA 注入细胞内进行复制，这种转移 DNA 的效率远高于转化。与质粒不同，进入细菌的噬菌体 DNA 在大量复制后，重新包装成噬菌体颗粒，最后使宿主细胞裂解死亡。释放出来的子代噬菌体颗粒再感染周围的细胞，最终在固体培养基的表面形成清亮的噬菌斑。

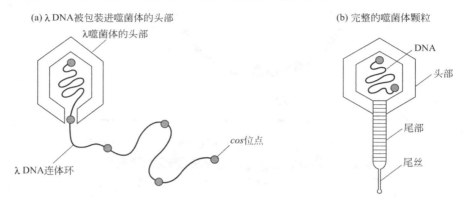

图 11-26　λDNA 分子的体外包装

（a）λDNA 通过滚环复制产生串联体，末端酶 A 蛋白在 cos 位点上进行交错切割，产生单个基因组 DNA，带有黏性末端的分子被包装入噬菌体的头部。（b）具有侵染能力的 λ 噬菌体颗粒

　　λ 噬菌体载体可以分为插入型载体（insertion vector）和置换型载体（replacement vector）两种不同的类型。插入型载体至少包含一个供外源 DNA 片段插入的单酶切位点，例如在 λgt10 载体的 cI 基因中有一个 EcoR I 的单酶切位点，可以插入超过 8kb 的外源 DNA（图 11-27）。cI 基因的插入失活导致重组体形成清澈的噬菌斑。λZAP II 携带的 lacZ' 基因上有一个多克隆位点，最大可插入 10kb 的外源片段（图 11-27）。外源基因插入会造成 lacZ' 失活，从而使得在含有 IPTG 和 X-gal 的固体培养基上形成的重组体噬菌斑是无色清澈的而不是蓝色的。

图 11-27　λ 插入载体

λgt10 克隆载体在 cI 基因中有一个 EcoR I 限制性位点。λZAP II 克隆载体中的 P 为多克隆位点

　　置换型载体由左、右两臂和可被外源 DNA 片段置换的填充片段（stuff fragment）组成（图 11-28）。左臂带有编码噬菌体头部和尾部蛋白的全部基因，右臂包含 λ DNA 的复制起点、启动子和其他必需基因。两臂的末端是 cos 位点。填充片段不含噬菌体增殖所必需的基因，其作用是维持载体被包装成噬菌体颗粒所需的长度，它的两侧具有成对出现的限制酶识别位点。例如，λEMBL4 携带一个长度为 13.2kb 的填充片段，片段的两边有成对的 EcoR

Ⅰ、*Bam*H Ⅰ 和 *Sal* Ⅰ 的酶切位点，用这三种酶中的任意一种进行酶切都可以除去填充片段，留下两个臂，外源片段可以取代填充片段与两个臂相连（图 11-28）。

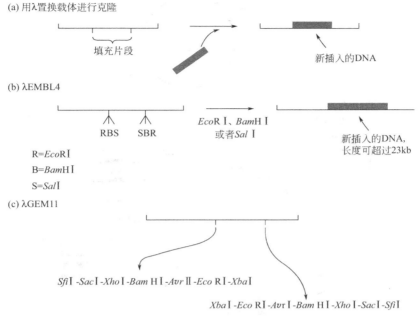

(a) 用 λ 置换载体进行克隆

填充片段

新插入的DNA

(b) λEMBL4

RBS   SBR

*Eco*R Ⅰ、*Bam*H Ⅰ 或者*Sal* Ⅰ

新插入的DNA，长度可超过23kb

R=*Eco*RⅠ
B=*Bam*HⅠ
S=*Sal*Ⅰ

(c) λGEM11

*Sfi*Ⅰ-*Sac*Ⅰ-*Xho*Ⅰ-*Bam* HⅠ-*Avr*Ⅱ-*Eco* RⅠ-*Xba*Ⅰ

*Xba*Ⅰ-*Eco* RⅠ-*Avr*Ⅱ-*Bam* HⅠ-*Xho*Ⅰ-*Sac*Ⅰ-*Sfi*Ⅰ

图 11-28　λ置换载体

(a) 用 λ 置换载体进行克隆；(b) 用 λEMBL4 进行克隆；(c) λGEM11 插入片段两侧的多接头位点中的限制性酶切位点

（2）黏粒载体　设计黏粒的想法来源于这样一个事实：λ DNA 的包装只与 *cos* 位点及其两侧大约 280bp 的序列有关，在体外包装系统中，任何长度在 37～52kb 之间的 DNA 分子，只要两端含有 *cos* 位点，就能够有效地包装进噬菌体的头部。

黏粒（cosmid）是一类带有 *cos* 位点的质粒。它含有 ColE1 质粒的复制起点和抗性标记，所以能像普通质粒一样在大肠杆菌细胞内复制和扩增（图 11-29）。但是黏粒载体最大的特征是当插入大片段 DNA 时，它能够像 λ DNA 一样被包装成噬菌体颗粒，可利用 λ 噬菌体的高效感染能力将大片段 DNA 转移进大肠杆菌细胞进行扩增。线状的重组 DNA 被注入细胞后，通过 12nt 长的黏性末端互补配对形成环状 DNA 分子，这时黏粒 DNA 又成为一个大的质粒 DNA，与 λ 噬菌体无关，在平板上选择到的是含有黏粒的菌落，不会形成噬菌斑。

黏粒本身比较小，只有 4～6kb，所以可以克隆 33～47kb 的外源 DNA。利用这一特性，黏粒载体被广泛用于构建基因组文库。采用黏粒进行克隆实验时，首先用 *Bam*H Ⅰ 切开质粒，去磷酸化后与带有相同黏性末端的基因组 DNA 片段连接，形成重组体。这些片段通常是基因组的不完全酶切产物，因为完全酶切的 DNA 片段对于黏粒来说太小了，重组后不能被包装。如果插入的 DNA 片段大小合适，体外包装系统将从 *cos* 位点切开连环体，并将重组后的黏粒包装成噬菌体颗粒。然后，用重组噬菌体颗粒去感染大肠杆菌，并把感染后的大肠杆菌涂布在选择性培养基上，所有在选择培养基上生长的菌落都是重组体，因为那些没有重组的线性质粒太小，不会被包装进噬菌体的头部。

11.2.2.3　酵母人工染色体

研究高等生物的基因组需要克隆更大的 DNA 片段。酵母人工染色体（yeast artificial chromosome，YAC）是最早使用的大容量载体。如图 11-30 所示，pYAC 包含 *TEL*、

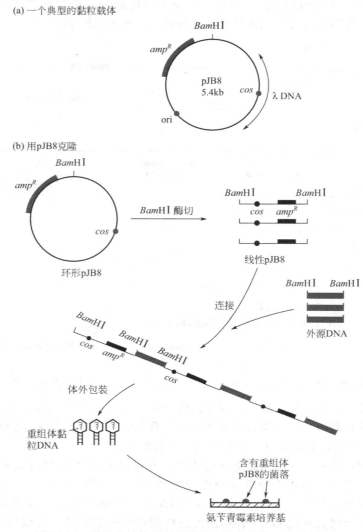

(a) 一个典型的黏粒载体

(b) 用pJB8克隆

图 11-29　黏粒的结构及利用黏粒克隆大片段 DNA 的方法

CEN4、ARS1、TRP1、URA3 和 SUP4 等酵母 DNA 或基因序列。TEL 为端粒 DNA，可维持人工染色体末端的稳定；CEN4 为酿酒酵母第 4 号染色体的着丝粒 DNA，使人工染色体复制后精确地分配到子细胞中；ARS1 是复制起点，来自 1 号染色体的自主复制区。TRP1（编码色氨酸合成途径的第一个酶）和 URA3（编码尿嘧啶合成途径的第三个酶）为选择标记，可使含有 YAC 的酵母细胞能在选择培养基上存活；SUP4 在重组体中会由于目的 DNA 插入而失活，该基因是进行红/白选择的基础，类似于大肠杆菌的蓝/白选择。

宿主细胞为营养缺陷型突变体，不能合成相应的化合物。例如，trp1 突变菌株自身不能合成色氨酸，只有在添加色氨酸的培养基上才能生长。用携带有完整 TRP1 基因的 YAC 转化突变酵母菌株可以弥补其缺陷，那些被转化的细胞能够在缺少色氨酸的培养基上形成菌落。

克隆位点是位于 SUP4 基因中间的 EcoRⅠ。SUP4 编码可抑制赭石突变的酪氨酸 tR-NA，它的反密码子为 UUA，能够识别终止密码子 UAA（赭石突变）和 UAG。用含有 ade2 赭石突变的酵母菌菌株作为宿主细胞，通过菌落的颜色可以鉴别重组体。在 ade2 赭石

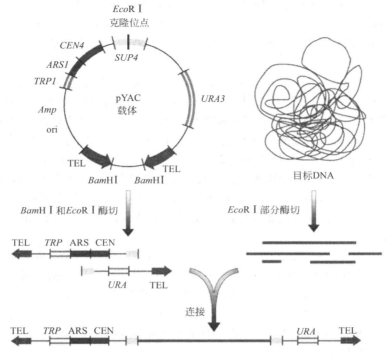

图 11-30　YAC 的结构及利用 YAC 克隆大片段基因组 DNA

突变株中，*ade2* 基因内部含 UAA 终止密码子，*SUP4* 基因的表达使转化子呈白色。外源 DNA 片段插入后使 *SUP4* 基因失活，结果形成红色菌落。不同 pYAC 载体之间的主要区别在于克隆位点，pYAC2、pYAC3 和 pYAC5 的克隆位点分别是 *Sma*Ⅰ、*SnaB*Ⅰ和 *Not*Ⅰ的识别序列。

上述的染色体组件序列和选择标记在 YAC 中只有 10～15kb 的长度。天然的酵母染色体大小在 230～1700kb 之间，因此 YAC 具有克隆 Mb 大小的 DNA 片段的潜力。在使用 pYAC4 构建 YAC 文库时，首先用 *Eco*RⅠ和 *Bam*HⅠ消化 pYAC，产生两个大片段（染色体的左臂和右臂）和一个填充片段。回收两个大片段，去磷酸化后与具有 *Eco*RⅠ黏性末端的基因组 DNA 大片段连接。然后，用连接产物转化酵母菌的原生质体，并用缺少色氨酸和尿嘧啶的培养基筛选转化子。由于 *TRP1* 基因和 *URA3* 基因位于染色体的两个不同的臂上，所以能够筛选出完整的染色体（图 11-30）。*SUP4* 基因的插入失活被用于红白筛选，分离携带插入片段的重组体。

11.2.2.4　细菌人工染色体

细菌人工染色体（bacterial artificial chromosome，BAC）载体系统是以大肠杆菌的 F 因子为基础发展而来的（图 11-31）。F 因子与一般的质粒有两点不同：一是它的相对分子质量很大，能够稳定地携带 1Mb 的细菌 DNA；二是它

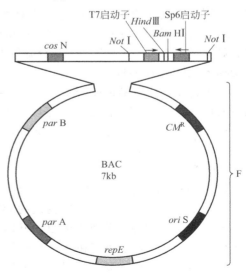

图 11-31　BAC 克隆载体

的复制受到严格的控制，每个大肠杆菌细胞只有一个或两个拷贝的 F 因子。由 F 因子衍生的 BAC 载体也具有两个特点：一是具有较大的克隆容量，可以克隆 100～300kb 的外源片段；另外，由于 BAC 在每个细胞中仅有 1～2 个拷贝，减少了插入片段发生重组的概率，因此 BAC 克隆比较稳定。

F 因子携带调节其复制和控制其拷贝数的基因。这些基因包括 oriS、repE、parA 和 parB。oriS 和 repE 负责 F 因子的单向复制，而 parA 和 parB 维持质粒在宿主细胞中的低水平拷贝数。BAC 载体除了保留了这些必需的基因外，还整合一个氯霉素抗性基因作为筛选标记。BAC 上的 cosN 为 λ 噬菌体末端酶 A 蛋白的专一性切割位点。loxP 为 P1 噬菌体 Cre 重组酶作用位点。利用 cosN 和 loxP 两个位点可将环状 BAC DNA 转变成线形分子，便于物理作图。Hind Ⅲ和 BamH Ⅰ为外源 DNA 的插入位点。两侧的几个富含 C+G 的限制性酶切位点（Not Ⅰ、Eag Ⅰ、Xma Ⅰ、Bgl Ⅰ、Sma Ⅰ和 Sfi Ⅰ）可用于将外源片段从载体上切割下来。克隆位点的两侧有 T7 和 Sp6 启动子，可以用于制备 RNA 探针以及对插入片段的末端进行测序。

11.2.3　基因文库

基因文库是一组不同的 DNA 克隆的集合。基因组文库和 cDNA 文库是最常见的两种基因文库，前者指一种生物体基因组 DNA 随机克隆片段的总和，后者指来源于一种组织或细胞所有 mRNA 的反转录产物（cDNA）的克隆集合，代表该组织或细胞中有转录活性的基因。一个理想的基因组文库应包含来自一个物种全部的基因组序列，而一个理想的 cDNA 文库应代表特定时间在一种组织或细胞内存在的所有不同 mRNA 分子。

11.2.3.1　基因组文库的构建

基因组文库的构建，简单地说就是基因组片段的克隆过程，涉及基因组 DNA 的提取和切割、载体的选择和制备、DNA 片段和载体的连接及重组体转化宿主细胞等步骤。

构建基因组文库时，为了保证生物体基因组的全部序列都能够被包含在文库之中，应尽可能地对基因组进行随机切割。物理剪切和限制性酶解是对基因组 DNA 进行切割的两种基本方法。用振荡或超声波等物理方法可以随机剪切 DNA，形成小片段。但机械力打断的 DNA 片段往往带有一个单链尾巴，因此采用物理方法获得的 DNA 片段不能直接与载体重组连接，需要先把末端处理成平端。

利用限制酶对基因组 DNA 进行切割是一种更为常用的方法。为了实现随机切割，通常采用识别 4 个核苷酸的限制性内切酶对基因组 DNA 进行部分酶解，产生一套相互重叠的 DNA 片段。部分酶解的 DNA 需经凝胶电泳分离，然后回收一定大小的 DNA 片段与载体连接。如果选用 Mbo Ⅰ和 Sau3A 部分降解 DNA，所产生的片段带有 5'-GATC 黏性末端，可直接插入载体的 BamH Ⅰ位点。

为了得到大片段染色体 DNA，通常将细胞包埋在低熔点琼脂糖凝胶块内，细胞的裂解、蛋白质消化均在凝胶块内进行。基因组 DNA 经过 EcoR Ⅰ等合适的限制酶进行部分酶解，再通过脉冲场凝胶电泳分离 500～1000kb 的大片段 DNA 与载体连接。

11.2.3.2　cDNA 文库的构建

cDNA 是以 mRNA 为模板在反转录酶的催化下产生的 DNA 序列，只反映基因转录及加工后的 mRNA 产物所携带的信息，不含基因的内含子序列以及与基因表达有关的启动子和终止子序列。以 cDNA 为材料构建的 cDNA 文库复杂性低，适于特异性基因的分离，而且从 cDNA 文库中筛选分离出的目的基因可直接用于原核表达，因此 cDNA 文库的构建与筛选往往是分子生物学研究和基因工程操作的基础。

构建 cDNA 文库主要包括以下几个步骤：细胞总 RNA 的制备和 mRNA 的分离，cDNA 第一链的合成，双链 cDNA 的合成，cDNA 与噬菌体载体或质粒载体的连接，通过噬菌体

颗粒的包装和转染或转化的方法将重组 DNA
分子导入大肠杆菌细胞,扩增后保存。

(1) mRNA 的分离纯化　构建 cDNA 文
库首先需要从特定的组织细胞中分离出总
RNA,然后利用真核生物 mRNA 具有 Poly
(A) 尾巴的特性将 mRNA 从总 RNA 中分离
出来。当总 RNA 流经结合有 oligo(dT) 的
纤维素柱时,mRNA 分子因其 Poly(A) 尾
巴与 oligo(dT) 的杂交结合而附着于纤维柱
上 (图 11-32)。rRNA 和 tRNA 可以通过中
盐缓冲液洗去。最后,利用低离子强度的洗
脱缓冲液把 mRNA 从纤维柱上洗脱下来。也
可以用带有 oligo(dT) 的磁珠分离 mRNA,
附着有 mRNA 的磁珠可以通过磁性分离架
捕获。

(2) cDNA 的合成

① cDNA 第一链的合成　cDNA 第一链
是以 mRNA 为模板,在反转录酶的作用下合
成的。与 Poly(A) 尾巴互补的 oligo(dT) 可
以用作第一链合成的引物。通常情况下,由
12～20 个脱氧胸腺嘧啶核苷酸组成的 oligo
(dT) 短片段可以杂交到 Poly(A) 尾巴上
去,以该 oligo(dT) 为引物引导反转录酶以
mRNA 为模板合成第一链 cDNA,形成一种
RNA-DNA 杂合分子。

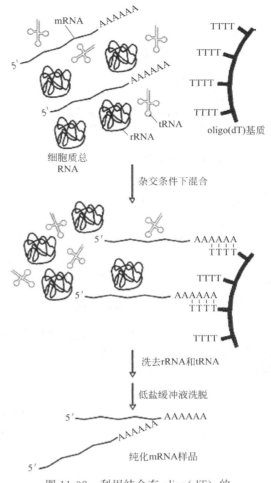

图 11-32　利用结合有 oligo(dT) 的
纤维素柱分离 RNA

随机引物也可以指导第一链的合成。由
6～10 个核苷酸组成的随机片段混合物可以
与 mRNA 模板在许多位点同时发生配对杂交,并作为合成第一链 cDNA 的引物。在这种情
况下,cDNA 的合成可以从 mRNA 模板的许多位点同时发生。

② 双链 cDNA 的合成　cDNA 第二链的合成可以采用不同的方法,常用的有自身引导
合成、置换合成和 oligo(dG) 引导合成三种方法。

自身引导合成法的原理是 cDNA/mRNA 杂合体用碱处理后获得的单链 cDNA 会在其
3′-端发生自身环化形成一个发卡环,该发卡可以作为引物合成第二条链,由此产生具有完
整发卡环结构的双链 cDNA 分子 (图11-33)。最后用具有单链切割作用的 S1 核酸酶切割发
卡,得到双链 cDNA。自身引导合成法在早期的 cDNA 文库构建中几乎是唯一的选择,但是
由于 S1 核酸酶的单链切割作用经常会导致 5′-端丢失部分序列。正是由于这一原因,目前已
很少用这种方法合成第二链 cDNA。

置换合成法利用 RNase H 将 DNA/mRNA 杂交分子中的 mRNA 消化成许多短的片段,
这些短的片段可以作为 DNA 聚合酶Ⅰ的引物,以第一链为模板合成第二链。故此,mRNA
分子除了最靠近其 5′-端的极小部分外,完全被新合成的第二链 cDNA 所取代。最后用 DNA
连接酶将 cDNA 片段连接成完整的 DNA 分子 (图 11-34)。通过这种方法获得的 cDNA 几乎
含有从 mRNA 分子 5′-端开始的全部核苷酸序列,改善了 cDNA 合成的质量。

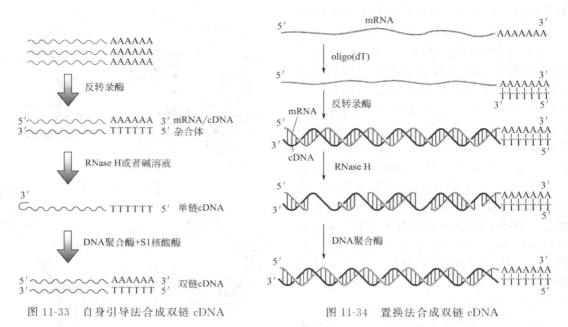

图 11-33 自身引导法合成双链 cDNA   图 11-34 置换法合成双链 cDNA

oligo(dG) 引导合成法的原理也比较简单，用 NaOH 降解杂合双链中的 mRNA，然后利用末端转移酶在第一链 cDNA 的 3′-端加上多聚 C 尾巴，以互补的 oligo(dG) 作为引物合成第二链 cDNA（图 11-35）。

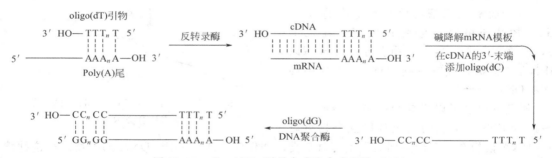

图 11-35 oligo(dG) 引导合成法合成双链 cDNA

③ cDNA 末端的处理及与载体的连接 双链 cDNA 的末端被补平后，要进行甲基化处理。如果在第一链 cDNA 合成时，使用了 5-甲基脱氧胞嘧啶核苷三磷酸，可以省去甲基化步骤。随后可以用 T4 DNA 连接酶将人工接头或衔接物与双链 cDNA 的平末端连接（图 11-36）。用相应的限制性内切酶处理后，可以将带有黏性末端的 cDNA 与质粒载体或者噬菌体载体连接。如果选用质粒载体构建文库，在重组子鉴定、文库扩增等方面的操作会较为方便，但质粒文库的转化效率不高。如果选用 λ 噬菌体载体构建 cDNA 文库，在重组子鉴定和文库扩增等方面的操作会较为繁琐，但文库的侵染效率高，并且能在高密度噬菌斑下进行筛选，故通常利用噬菌体载体构建 cDNA 文库，而一般不用质粒载体。

11.2.3.3 基因文库的筛选

从基因文库的大量克隆中鉴定出含有目的基因的特定克隆的过程称为基因文库的筛选。常用的筛选方法有核酸分子杂交和免疫学筛选两种方法。

（1）分子杂交筛选 利用分子杂交技术筛选基因文库需要合适的核酸分子作为探针。核酸探针可以是目的基因的一段序列，或者是根据目的基因编码的一段氨基酸序列设计的一组寄核苷酸序列，或者是另一物种的同源基因。操作时，首先把菌落或者噬菌斑转移到硝酸纤维素膜或尼龙膜上，裂解细菌或噬菌体，同时使 DNA 变性，再通过烘烤将变性的 DNA 固定在滤膜上。DNA 分子通过其磷酸-戊糖骨架与膜结合，而它们的碱基是自由的，可以和互补的核酸分子配对结合。

　　探针标记后，加热变性，与结合在膜上的重组 DNA 分子杂交，含目的 DNA 的菌落或者噬菌斑通过放射自显影而定位，从而可以把目标克隆很容易地从主平板上选择出来（图 11-37）。这种筛选方法又称为菌落（或噬菌斑）原位杂交。

　　（2）免疫学筛选　如果可以制备目的基因表达

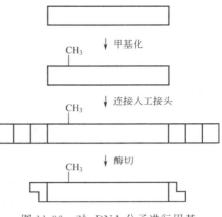

图 11-36　对 cDNA 分子进行甲基化修饰并连接上人工接头

产物的抗体，则可以通过构建表达型的 cDNA 文库，用免疫学方法来筛选目的基因。构建表达型 cDNA 文库所使用的载体通常带有一个由三个组件构成的表达盒，这三个组件分别是高活性的启动子、位于启动子后面的克隆位点以及转录终止信号。表达载体也可以带有一个 SD 序列，以确保转录形成的 mRNA 能够作为蛋白质合成的模板。任何一个缺乏启动子的外源基因以正确的阅读框克隆进这个载体，将会得到高水平的表达。

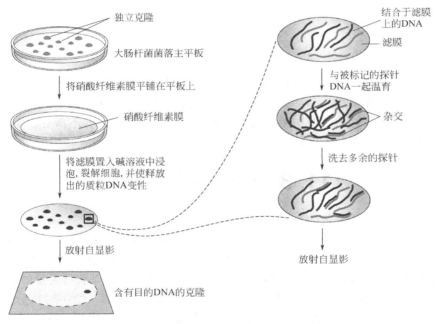

图 11-37　通过核酸杂交筛选基因文库

　　为了筛选表达文库，在主平板上生长的菌落要被转移到合适的滤膜上。细胞被裂解后，释放出的蛋白质被固定在滤膜（如硝酸纤维素膜）。然后用含有合适抗体的溶液处理滤膜，形成抗原-抗体复合物。洗去多余的抗体后，加入耦合有碱性磷酸酶的第二抗体。碱性磷酸酶能将无色的 X-phos 裂解生成为蓝色的吲哚衍生物。如果选择 X-phos 进行显色反应，第二抗体结合的位置将转变成蓝色，而在主平板的对应位置可以找到带有目的基因的菌落。也可以选择放射性标记的二抗与一抗相结合，然后通过放射自显影检测（图 11-38）。

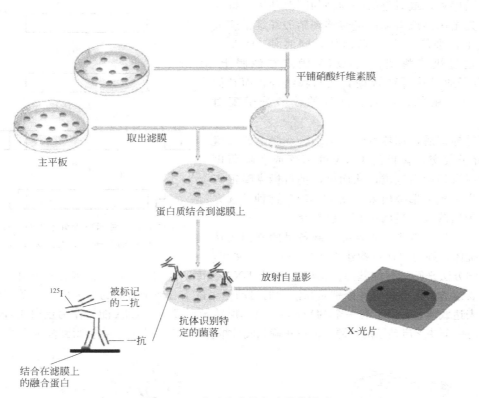

平铺硝酸纤维素膜

取出滤膜

主平板

蛋白质结合到滤膜上

^{125}I

被标记
的二抗

一抗

结合在滤膜上
的融合蛋白

抗体识别特
定的菌落

放射自显影

X-光片

图 11-38　表达文库的免疫化学筛选

目的蛋白的抗体可以通过将蛋白注射进兔子的循环系统中，由兔子的免疫系统产生，然后从血液里面分离出所有的抗体。第二抗体来自于另一种动物，比如山羊，可以识别兔子产生的所有抗体。携带有检测系统的第二抗体通常是从公司购买的，并不需要在实验室专门制备，因为制备抗体需要很长的时间和很高的费用。

11.3　聚合酶链式反应

11.3.1　PCR 简介

聚合酶链式反应（the polymerase chain reaction，PCR）是一种在模拟 DNA 复制反应的基础上对一个 DNA 分子某一特定区域进行选择性扩增的方法。DNA 分子上任何一个区域，只要它两端的序列是已知的，都可以利用 PCR 进行特异性扩增，以获得大量的扩增产物。

PCR 反应体系包括：①模板，其上待扩增的序列称为靶序列；②一对特异性引物，它们是人工合成的由 10～30 个核苷酸组成的单链 DNA 片段，与靶序列的两端互补；③耐热 DNA 聚合酶，用于延伸引物合成 DNA，PCR 反应中常用的 DNA 聚合酶是 *Taq* DNA 聚合酶；④四种脱氧核糖核苷三磷酸，dATP、dGTP、dCTP 和 dTTP 是 DNA 合成的前体分子。此外，PCR 需要一种能够迅速对反应体系进行加热和冷却的设备——PCR 仪，从而有效控制模板的变性温度、引物与模板的退火温度和引物的延伸温度。

PCR 实验的基本步骤如下：①高温变性，反应混合物被加热到 94℃，在该温度下，DNA 双螺旋两条链之间的氢键被打断，DNA 分子发生变性；②低温退火，当温度降低时，引物与单链模板杂交；③适温延伸，退火后，温度又被升高到了 72℃，这是 *Taq* DNA 聚合酶的最适工作温度，*Taq* DNA 聚合酶延伸引物合成与模板互补的新链（图 11-39）。这三步构成一个循环，接下来温度又被升到 94℃，双链 DNA 分子又变性成为单链，于是便开始了第二轮变性-退火-延伸的循环。由于每一次循环的产物都可以作为下一次循环反应的模板，通常经过 25～30 次后，被扩增的 DNA 片段可以达到几百万个拷贝。

　　具有热稳定性的 DNA 聚合酶是 PCR 得以实现的关键。在扩增实验中最常使用的 *Taq* DNA 聚合酶是从嗜热菌 *Thrmus aquaticus* 中分离而来的。该酶的热稳定性高，可以耐受 93～95℃ 的高温，最适温度是 70～75℃。所以，在 PCR 反应中使用 *Taq* DNA 聚合酶避免了每次高温变性处理后补加聚合酶的繁琐操作，同时使退火和延伸温度得以提高，减少了非特异产物和 DNA 二级结构对 PCR 的干扰，增进了 PCR 的特异性、产量和敏感度。但 *Taq* DNA 聚合酶缺少大多数 DNA 聚合酶都具有的 3′→5′ 外切酶活性，因此具有较高的错误率。目前已从多种嗜热菌中分离出耐热的 DNA 聚合酶，它们之间的最大差异在于是否具有 3′→5′ 外切核酸酶活性。来自于耐高温海洋古生菌激烈热球菌（*Pyrococcus furiosus*）的 *Pfu* DNA 聚合酶是一个耐高温、高活性的单体 DNA 聚合酶，具有 3′→5′ 校对能力。

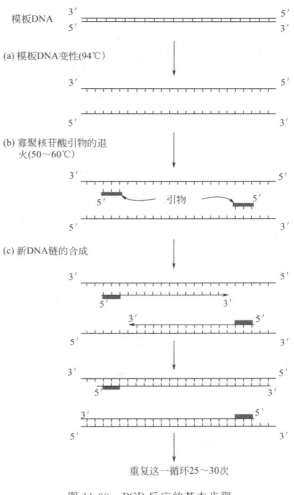

图 11-39　PCR 反应的基本步骤

11.3.2　简并引物

　　简并引物（degenerate primer）是长度相同、但某些位置上的碱基存在差异的一组引物。如果一个基因编码的多肽链中有一段氨基酸序列是已知的，则可以根据这段序列设计引物对基因进行扩增。由于遗传密码的简并性，任何一段氨基酸序列都存在若干种可能的 DNA 序列与之对应，因此根据氨基酸序列设计的引物为简并引物。例如，根据"Trp-Glu-Asp-Met-Trp-Phe"设计的引物为由 8 种不同的引物构成的简并引物库（图 11-40）。

　　简并 PCR 一直被用来寻找和发现基因家族的新成员以及不同物种的同源基因。由于几乎所有蛋白质都具有与其他蛋白质的相似性，并经常具有共同的进化起源，通过比对许多相关蛋白质的氨基酸序列，便能找到保守的蛋白质结构域，这些结构域可被用来设计简并引物，进行简并 PCR。当分离出一种新蛋白并测定了其中的一段氨基酸序列，要进一步寻找相应的基因时，也可以使用简并 PCR 技术。

11.3.3　反向 PCR

　　反向 PCR 是对已知序列两侧的未知序列进行扩增的一种方法。反向 PCR 的基本操作程

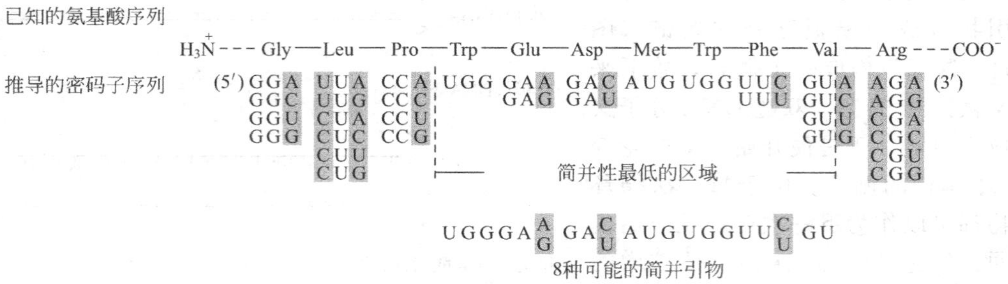

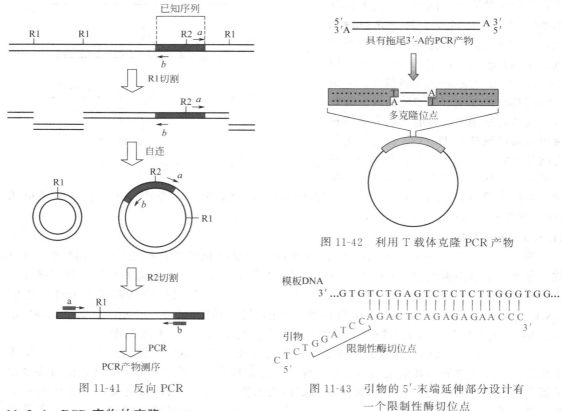

已知的氨基酸序列

$H_3\overset{+}{N}$ --- Gly — Leu — Pro — Trp — Glu — Asp — Met — Trp — Phe — Val — Arg --- COO^-

推导的密码子序列　(5′)GGA UUA CCA UGG GAA GAC AUG UGG UUC GUA AGA (3′)

8种可能的简并引物

图 11-40　根据已知的氨基酸序列设计的简并引物

序如图 11-41 所示。首先，用一种在已知序列（核心序列）上没有识别位点的限制性内切酶切割 DNA 分子，酶切产物由核心序列和两侧的未知序列构成。线状 DNA 片段的两端为相互匹配的黏性末端，因此很容易被 DNA 连接酶环化。然后，利用在已知序列上有识别位点的限制性内切酶 R2 切割环状 DNA，使其线性化，并根据已知序列设计引物 a 和 b，扩增核心序列两侧的序列。扩增产物由核心序列的左侧序列和右侧序列首尾连接而成，而连接点是 R1 的识别位点。反向 PCR 可用于研究编码序列的 5′-或 3′-侧翼序列，亦可获得染色体已知片段两侧的序列。

图 11-41　反向 PCR

图 11-42　利用 T 载体克隆 PCR 产物

图 11-43　引物的 5′-末端延伸部分设计有一个限制性酶切位点

11.3.4　PCR 产物的克隆

很多实验需要把 PCR 产物连接到质粒载体中。*Taq* 聚合酶在催化反应时，会在它催化合成的每一条链的 3′-端多加一个腺嘌呤核苷酸，并且这种反应与引物和模板均无关系。除 *Taq* 聚合酶外，还有几种热稳定的 DNA 聚合酶同样具有这种末端转移酶活性。这样就可以将带有 3′-A 的 PCR 产物克隆到两端带有 3′-T 的线性 TA 克隆载体中（图 11-42）。

用平端限制性内切酶切开一个普通的载体，在只有 dTTP 存在的情况下用 *Taq* 聚合酶处理即可制备 TA 载体。因为没有引物存在，*Taq* 聚合酶只会在平末端载体的 3′-末端添加上一个 T，这样就形成了适宜的 PCR 产物插入载体。

第二种克隆 PCR 产物的方法是在引物设计时引入一个限制性内切酶的识别位点（图 11-43）。酶切位点可以设计在每条引物的 5′-末端的延伸片段上。这段延伸片段虽然不与模板杂交，但并不影响 PCR 反应，并且使 PCR 产物的两个末端各含有一个限制性酶切位点。PCR 结束后，纯化出扩增片段，并用相应的限制性内切酶处理，形成黏性末端。这样，可以很方便地把 PCR 产物插入到标准的克隆载体中。

11.3.5　随机扩增多态性 DNA

用同一套 PCR 随机引物扩增群体中不同个体的基因组 DNA 得到大小和数量有差异的产物叫做随机扩增多态性 DNA（randomly amplified polymorphic DNA，RAPD）。RAPD 技术是基于统计学原理设计的。任何一个 5-碱基序列，例如 ACCGA，平均每 1024（$4 \times 4 \times 4 \times 4 \times 4 = 4^5$）个碱基出现一次。11-碱基序列大约每 4 百万个碱基出现一次，这大约是细菌基因组序列的大小，也就是说，一个 11-碱基的随机序列在每一个细菌的基因组中随机出现一次。

RAPD 所用的一系列引物 DNA 的序列各不相同，但对于任一特定的引物，由于概率，在基因组中存在与它完全匹配的序列。如果两个引物与模板结合的方向是相对的，而且结合位点间的距离合适，就可以扩增出 DNA 片段。因此，如果基因组在一些区域内发生 DNA 片段插入、缺失或碱基替换就可能导致引物结合位点的分布发生相应的变化，而使扩增产物的数量增加、减少，或者产物的大小发生改变（图 11-44），RAPD 技术可用于生物的品种

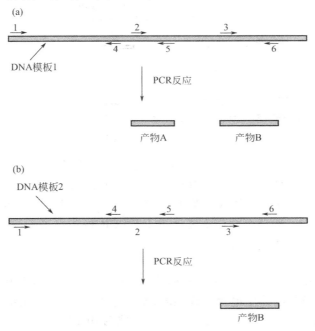

图 11-44　RAPD 技术的原理

（a）DNA 模板 1 有 2 个 RAPD 扩增产物 A 和 B，产物 A 由引物 2 和引物 5 合成，产物 B 由引物 3 和引物 6 合成。（b）由于序列的多态性，模板 2 引物结合位点的位置和方向发生改变，引物 2 的结合位点消失，因此只得到了 1 个 RAPD 扩增产物 B

鉴定、系谱分析及进化关系的研究上。

RAPD 的特点是：①PCR 引物为随机引物，因此引物设计不需要知道序列信息，可以在对物种没有任何分子生物学研究的情况下分析其 DNA 多态性；②不同的物种可以使用通用的引物进行遗传分析；③RAPD 技术简单，容易掌握，不涉及 Southern 杂交和放射自显影，因此在短期内即可获得大量的遗传标记，但重复性较差。

11.3.6 反转录 PCR

反转录 PCR（reverse transcription PCR，RT-PCR）是指首先将 mRNA 反转录成 cDNA，再利用特异性引物以 cDNA 为模板进行 PCR 扩增反应（图 11-45）。反转录的模板可以是细胞的总 RNA 或者总 mRNA，反转录产生的单链 cDNA 可以直接作为 PCR 的模板，而不必合成双链 cDNA。RT-PCR 的具体操作通常可以分为一步法和两步法，一步法是指反转录和 PCR 在同一反应体系中完成；两步法是指在反转录完成之后，取出少量产物作为下一步 PCR 反应的模板。RT-PCR 为分离基因的 cDNA 序列提供了一种通用、快速的实验手段。

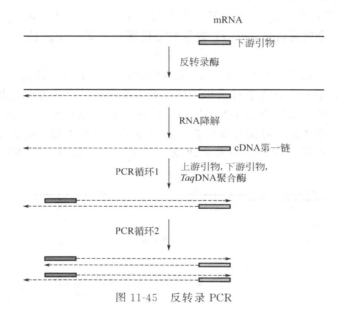

图 11-45　反转录 PCR

RT-PCR 具有很高的灵敏性，还可以用来研究在不同生长条件下某一基因的表达情况。如果目标基因在特定的条件下表达，该基因首先被转录成 mRNA，在反转录酶的作用下生成 cDNA。这样，在反应体系中加入该基因的特异性引物，则会有扩增产物的生成。相反，如果该基因是关闭的，其转录产物就不能通过 RT-PCR 检测出来。利用这种分析手段，可以研究环境因子对基因表达的影响。

11.3.7 差异显示 PCR

差异显示是 RAPD 和 RT-PCR 相结合形成的一种能够对特定组织中很多种 mRNA 同时进行检测的方法。真核生物体中绝大多数 mRNA 带有 $3'$-Poly(A) 尾结构，人们可以用 oligo(T) 作为引物进行反转录。差异显示的反转录引物为 $d(T)_{12}MN$（M=G、C、A，N=G、C、A、T），共有 12 种组合，可以覆盖所有的 mRNA。反转录完成后，将 mRNA：cDNA 杂合体，连同 $d(T)_{12}MN$ 和 10 聚核苷酸的随机引物一起进行 ^{35}S 标记的 PCR 扩增反应（图 11-46）。PCR 产物进行变性聚丙烯酰胺凝胶电泳，一般产生 100～200 个条带。在同一胶板进行不同处理间 cDNA 电泳图谱的比较就可以显示出差异表达的条带。

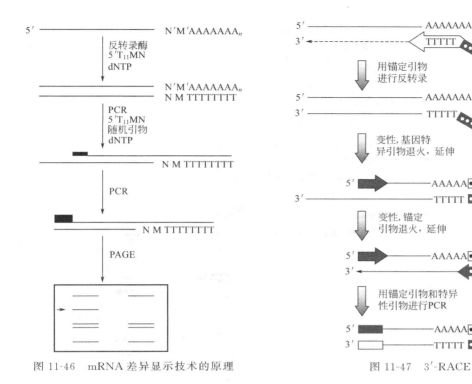

图 11-46　mRNA 差异显示技术的原理　　　　图 11-47　3'-RACE

11.3.8　快速 cDNA 末端扩增

以 oligo(dT) 为引物，利用反转录酶很难合成全长 cDNA，特别是低丰度 mRNA 或者长 mRNA 的 5'-端序列，这是因为 RNA 分子中存在的二级结构使反转录酶很难抵达长 mRNA 的 5'-末端。围绕这个难题，1988 年 Michael Frohman 和 Gail Martin 提出了 cDNA 末端快速扩增（rapid amplification of cDNA ends，RACE）新技术。依据扩增的末端不同，这项技术又可分为 3'-RACE 和 5'-RACE 两种。

如图 11-47 所示，3'-端快速扩增利用了 mRNA 3'-端天然的 Poly(A) 尾巴，由 oligo(dT) 和锚定序列组成的引物被用来引发 cDNA 第一链的合成。然后，利用根据锚定序列和内部 cDNA 序列设计的一对引物进行标准 PCR 反应扩增 cDNA 的 3'-端。在进行 3'-RACE 时，内部特异性引物的设计应靠近已知序列的 3'-端。

如图 11-48 所示，5'-端快速扩增首先要根据内部 cDNA 序列设计一条靠近 5'-端的特异性引物，此引物与 mRNA 结合，引发反转录酶合成 cDNA 第一链。然后用末端转移酶在 cDNA 的 3'-端加上一段短的 Poly(A) 尾。除去杂合分子的 RNA 链后，由 oligo(dT) 和锚定序列构成的引物被用来引导 cDNA 第二链的合成。随后利用内部特异引物和锚定引物进行 PCR 反应，扩增 cDNA 的 5'-端序列。

11.3.9　定点突变

定点突变是指在 DNA 分子的预定位点上产生突变的技术，常被用于检测蛋白质不同部分的功能。人们在 PCR 反应的基础上设计了多种定点突变技术，重叠延伸 PCR 定点突变技术就是其中的一种，这种方法可以快速有效地在基因的特定位点引入突变。如图 11-49 所示，重叠延伸 PCR 需要四种引物，F 和 R 分别为侧翼引物，用以扩增全长序列；Fm 和 Rm 为含有设定突变彼此互补的中间引物。分别用引物 F 和 Rm，以及 Fm 和 R 进行两轮 PCR 扩增，形成两条彼此重叠的双链 DNA 片段。由于具有重叠序列，除去未掺入的多余引物之

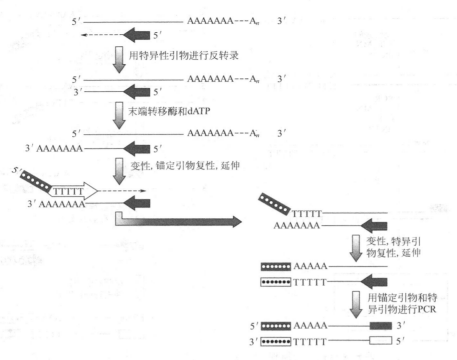

图 11-48   5′-RACE

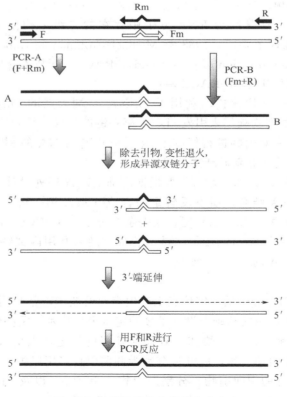

图 11-49   重叠延伸介导的定点突变

后，这两条双链 DNA 经变性和退火处理，便可形成两种不同形式的异源双链分子。其中一种具有 3′-凹端的双链分子，通过 Pfu DNA 聚合酶的延伸作用，将凹端补平。以两条侧翼引物 F 和 R 进行第三次 PCR 反应，扩增产物即为引入了目的突变的 DNA 分子。

11.3.10　PCR 介导产生融合基因

除了向 DNA 分子引入点突变外，利用重叠延伸 PCR 技术还能够将不同来源的 DNA 片段连接起来形成杂合基因（图 11-50）。采用这种方法将两个基因融合在一起时，需要设计两个侧翼引物（F1、R2）和两个重叠引物（R1、F2）。两个重叠引物除彼此互补外，还分别与基因 A 的 3′-端和基因 B 的 5′-端匹配。分别用 F1 和 R1 扩增基因 A，F2 和 R2 扩增基因 B。两个基因的扩增产物变性退火后，将形成重叠链。在随后的扩增反应中通过重叠链的延伸，将相同或不同来源的扩增片段拼接起来。该技术可以实现任意两个基因的拼接，也可以将不同来源的结构域融合成一个新基因。

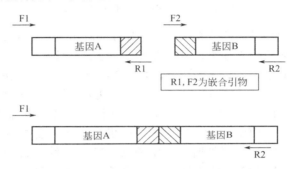

图 11-50　利用重叠引物合成融合基因

11.3.11　实时荧光定量 PCR

在 PCR 反应体系中加入荧光探针，利用荧光信号的积累可以实时在线监控 PCR 反应。实时荧光 PCR 使用的荧光探针大体可以分为两类，一类是嵌入性荧光染料，如 SYBR Green Ⅰ。SYBR Green Ⅰ是一种只能与双链 DNA 结合的荧光染料，且只有与 DNA 结合后才可发出荧光（图 11-51）。随着新合成的靶 DNA 数量的增加，探针与更多的靶 DNA 结合，荧光信号等比例增加。在特定的热循环仪中，每经过一个循环，收集一次荧光信号，于是利用荧光信号的积累可以实时监测整个 PCR 进程，并做出荧光信号增加相对于循环数的扩增曲线（图 11-52）。这类探针的缺点是，只检测双链 DNA 的总量，不能区分特异性扩增和非特异性扩增。

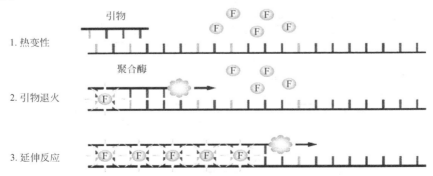

图 11-51　用 SYBR Green 进行实时荧光 PCR

在 PCR 反应过程中有 SYBR Green 存在时，这种荧光染料与双链 PCR 产物结合，在紫外线的照射下产生 520nm 的荧光。SYBR Green 只有在与双链 DNA 结合后才能发出荧光，因此荧光的强度与 PCR 扩增产物的数量相关

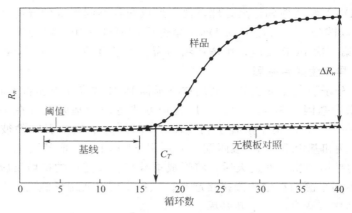

图 11-52　实时荧光 PCR 扩增曲线

　　第二类探针属于序列特异性的荧光探针，例如 TaqMan 探针。TaqMan 探针由三个部分组成，一端带有一个短波长荧光基团，另一端带有一个长波长荧光基团，中间的碱基序列与靶 DNA 的中间部分互补配对。当一个荧光基团的发射光谱与另一个荧光基团的吸收光谱相重叠时，能量可以从短波长（高能量）的荧光基团传递到长波长（低能量）的荧光基团，即短波长的荧光基团所释放的荧光被屏蔽，这种现象称为荧光共振能量转移（fluorescence resonance energy transfer，FRET）。FRET 现象的发生与供、受体分子的空间距离紧密相关，有效距离一般为 7~10nm。复性时，完整的 TaqMan 探针与目标序列配对，5′-端荧光基团发射的荧光因与 3′-端的淬灭基团接近而被淬灭。在进行延伸反应时，*Taq* 聚合酶的 5′→3′外切酶活性将探针降解为单核苷酸，使得荧光基团与淬灭基团分离，短波长荧光基团

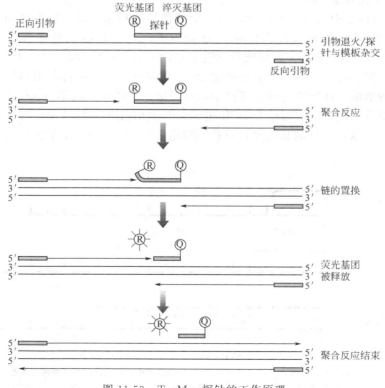

图 11-53　TaqMan 探针的工作原理

发出的荧光被荧光监测系统接收（图 11-53）。每扩增一条 DNA 链，就有一个荧光分子形成，在这种情况下，荧光信号的强弱直接与扩增的靶序列的数量呈正比。

　　PCR 扩增曲线可以分成三个阶段（图 11-52）：基线期（荧光背景信号阶段）、对数期（荧光信号指数扩增阶段）和平台期（扩增产物不再呈指数增长）。在基线期，扩增的荧光信号被荧光背景信号所掩盖，无法判断产物量的变化。随着 PCR 循环数的增加，DNA 聚合酶失活、dNTP 和引物的枯竭、反应副产物焦磷酸对合成反应的阻遏等因素，致使 PCR 并非一直呈指数扩增，而最终进入平台期。图 11-54 是同一样品重复进行 96 次实时 PCR 扩增时的实时监控结果，从图中可以看出，尽管平台期的变化很大，但在扩增曲线指数增长期的某一区域重复性非常好，可以在这一区域人为地设定荧光信号的检出界限值，即阈值。

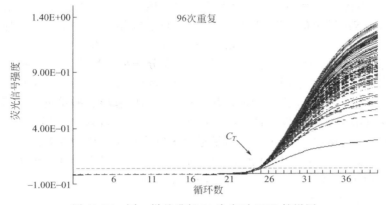

图 11-54　同一样品进行 96 次实时 PCR 扩增图

　　在实时定量 PCR 中阈值循环数（cycle threshold, Ct）是一个很重要的概念。Ct 值是指 PCR 过程中荧光信号达到阈值所需的循环数，它与模板起始拷贝数的对数存在线性关系，模板 DNA 分子越多，荧光信号达到阈值所需的循环数越少，即 Ct 值越小（图 11-55）。利用已知起始拷贝数的标准品可作出标准曲线，其中横坐标代表起始拷贝数的对数，纵坐标代表 Ct 值。因此，只要获得未知样品的 Ct 值，即可从标准曲线上计算出该样品的起始拷贝数。

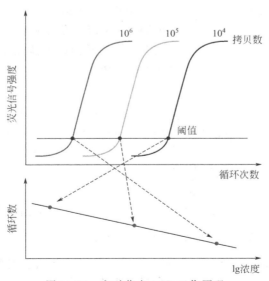

图 11-55　实时荧光 PCR 工作原理

第 12 章 分子生物学方法 Ⅱ

12.1 DNA 测序和基因组测序

12.1.1 DNA 测序

DNA 测序是现代分子生物学和基因工程中的一项十分重要的技术，利用这项技术可以精确地确定一条 DNA 链上的核苷酸顺序。在 20 世纪 70 年代中期建立了两种快速有效的测序方法，即链终止法测序（chain termination sequencing）和化学降解法测序（chemical degradation sequencing）。这两种测序方法都是在高分辨率变性聚丙烯酰胺凝胶电泳技术的基础上建立起来的。原理虽不同，但都需要在 4 个特定的反应体系中，生成一系列带有放射性标记、一端固定而另一端终止于特定碱基、长度不同的寡核苷酸单链。然后，将这 4 个反应体系中的寡核苷酸链加热变性，进行凝胶电泳，最后通过放射自显影法读出 DNA 碱基序列。起初，这两种方法都被普遍采用，但是近年来链终止法已成为主要的测序方法，特别是在基因组测序中。这一方面是因为化学降解法中使用的试剂具有毒性，但主要原因是链终止法更容易实现自动化。以下着重介绍链终止法测序。

12.1.1.1 链终止法测序

（1）链终止法测序的原理 链终止法测序的起始材料是均一的单链 DNA 分子，测序反应要求在 DNA 聚合酶的作用下，合成与单链模板互补、长度不同的 DNA 片段。测序反应的第一步是测序引物与模板分子退火，然后 DNA 聚合酶以 4 种脱氧核糖核苷三磷酸（dATP、dGTP、dTTP 和 dCTP）作为底物，合成与模板互补的 DNA 链。在链终止测序反应中，除了 4 种 dNTP 外，反应体系中还加入了一小部分双脱氧核苷三磷酸作为链终止剂（2′,3′-ddNTP）。2′,3′-ddNTP 与普通的 dNTP 不同之处在于它们在脱氧核糖的 3′ 位置上缺少一个羟基（图 12-1）。DNA 聚合酶不能区分 dNTP 和 ddNTP，因此 ddNTP 也能掺入到延伸链中，但由于没有 3′-羟基，它们不能同后续的 dNTP 形成磷酸二酯键，正在生长的 DNA 链不能继续延伸。这样，在 DNA 合成反应中，链的延伸将与偶然发生但却十分特异的链的终止展开竞争，反应产物是一系列长度不同的核苷酸链，其长度取决于链终止的位置到引物的距离（图 12-2）。

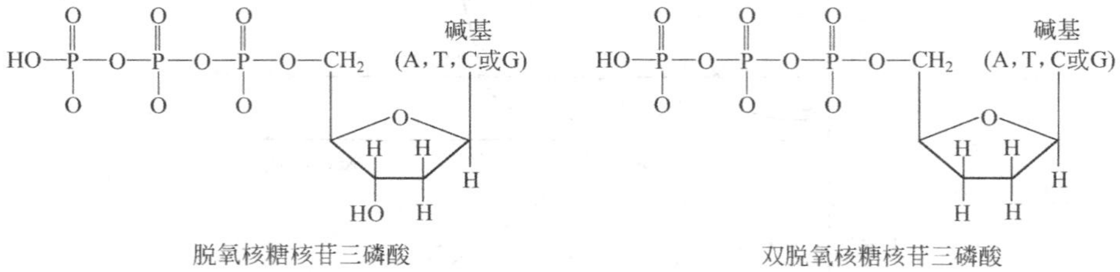

图 12-1 脱氧核糖核苷酸与双脱氧核糖核苷酸

例如，如果在测序反应混合物中存在 ddATP，链的终止就会发生在与模板 DNA 上的 T 相对的位置上。由于还存在 dATP，链的合成随机终止于模板链的每一个 T，结果是形成一系列长度不同的新链，但它们都终止于 A。测序时，要进行 4 组独立的酶促反应，分别采用

4 种不同的 ddNTP，结果产生 4 组寡核苷酸，它们分别终止于模板的每一个 A、每一个 T、每一个 C 和每一个 G 的位置上。反应结束后，对反应产物进行聚丙烯酰胺凝胶电泳。由于凝胶中的每一条带只含有少量的 DNA，因此电泳结果就必须使用放射自显影技术显示。向反应体系中加入一种放射性标记的脱氧核糖核苷酸（例如 ^{32}P- 或者 ^{35}S-dATP），或者使用放射性标记的引物，可使放射性标记掺入到新合成的 DNA 片段中。DNA 序列可以根据凝胶上条带的位置读出（图 12-2）。

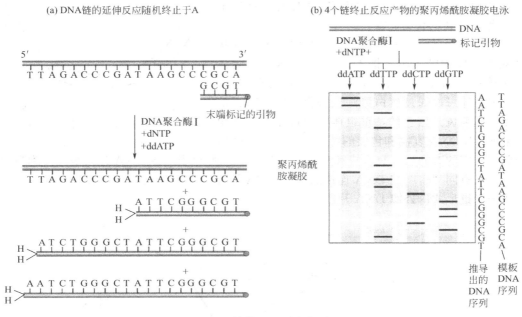

图 12-2　链终止法测序的原理

（2）用于链终止法测序的聚合酶　任何 DNA 聚合酶都能延伸与单链 DNA 模板退火的引物。然而，用于测序反应的 DNA 聚合酶必须满足一些特殊的要求。首先，聚合酶必须有较强的延伸能力，能够合成较长的 DNA 片段。其次，聚合酶应缺少外切酶活性，无论是 5′→3′ 还是 3′→5′ 外切酶活性对测序反应均有干扰作用，因为它们可能会截短已合成的 DNA 链。

Klenow 聚合酶是最早用于测序的一种 DNA 聚合酶。这种酶来自于大肠杆菌 DNA 聚合酶 I，但缺乏其 5′→3′ 外切酶结构域。起初，Klenow 聚合酶通过用蛋白酶处理 DNA 聚合酶 I 来制备，后来通过表达遗传修饰的基因来制备。Klenow 聚合酶催化链延伸反应的能力较差，通常一个反应只能读出大约 250bp 长的核苷酸序列，且易受模板链质量的影响。目前使用的测序酶是经过改造的 T7 DNA 聚合酶，这种酶的活性非常稳定，具有较强的链延伸能力、较高的聚合反应速度和非常低的外切酶活性，还能够利用多种经过修饰的核苷酸作为底物，非常适用于 DNA 测序反应。

（3）测序模板的制备　利用 M13 噬菌体克隆载体可以制备单链 DNA 作为链终止法测序模板。M13 噬菌体是一种丝状噬菌体，内有一环状单链 DNA 分子（"＋"链 DNA）。M13 的基因组长 6407 个核苷酸，包含 10 个紧密排列的基因和一个 507 个核苷酸长的基因间隔区（图 12-3）。M13 DNA 的复制起点定位于基因间隔区内。M13 噬菌体的 10 个基因都是基因组 DNA 复制和噬菌体增殖所必需的，所以外源 DNA 片段只能在间隔区内插入。

M13 噬菌体感染雄性大肠杆菌后，"＋"链 DNA 进入细胞，并以此为模板复制互补的

"—"链 DNA。由此产生的双链 DNA 称为复制型 DNA(RF-DNA)。RF-DNA 从一个复制起点开始进行双向复制，RF-DNA 的"＋"链所携带的遗传信息指导一系列与包装相关的蛋白质的合成。当细胞内的 RF-DNA 分子积累到近 200 个拷贝时，便通过滚环复制产生出大量单链环状基因组 DNA，被包装后生成新的病毒颗粒，并不断地从被侵染的细胞中释放出来，但宿主细胞并不发生裂解。

M13 载体是在 RF-DNA 的基础上构建的。构建 M13 克隆载体的第一步是把 *lacZ'* 基因导入到噬菌体 DNA 的间隔区中，然后在 *lacZ'* 中引入多克隆位点。所以，重组体可以通过蓝白斑筛选获得，即含有正常噬菌体的噬菌斑是蓝色的，重组体噬菌斑是无色透明的。根据 RF-DNA 复制和包装的特点，被转染的受体

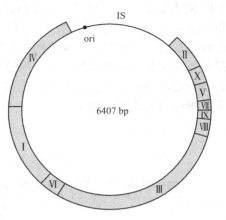

图 12-3　M13 基因组，示从 I 到 X 基因的位置，IS 为间隔序列

菌培养到一定的时间后，只合成和包装"＋"DNA。所以当外源 DNA 片段被克隆到噬菌体载体时，只有同"＋"链 DNA 连接的那条 DNA 链才能被大量复制和包装，这样就可以方便地获得单链形式的外源 DNA 片段（图 12-4）。

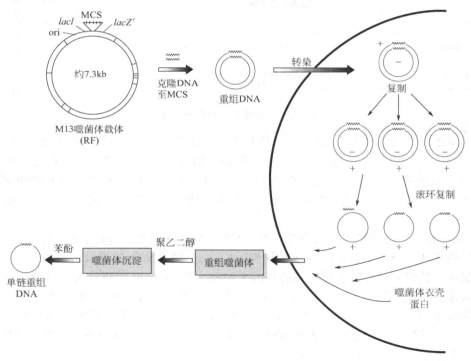

图 12-4　利用 M13 克隆载体制备单链 DNA

将 M13 DNA 的复制起点引入质粒载体构建出的一种新型载体叫做噬菌粒（phagemid）。噬菌粒能够像其他质粒载体一样在大肠杆菌细胞中正常复制。如果带有噬菌粒的细胞被辅助噬菌体感染，则辅助噬菌体可以提供 ssDNA 复制和包装所需的功能，合成类噬菌体颗粒，并从细菌细胞中释放出来。利用噬菌粒克隆外源 DNA 片段可以更容易地获取大量单链 DNA 分子。

12.1.1.2　热循环测序

热循环测序的方法类似于 PCR 反应，但是只用一条引物，每个反应复合物中只含有一种 ddNTP（图 12-5）。因为只有一条引物，所以起始分子中只有一条链被复制，PCR 产物以线性方式积累。反应混合物中 ddNTP 的存在会导致链合成的提前终止，产生一组长度各不相同的新链。测序时，同样需要进行 4 个独立的反应。反应结束后，将 4 种扩增产物平行地点加在变性聚丙烯酰胺凝胶电泳板上进行电泳，每种扩增产物的各个组分将按其链长的不同得到分离，从而制得相应的放射性自显影图谱。从所得图谱即可直接读得 DNA 的碱基序列。热循环测序的优点有：不需要专门制备单链模板；重复的变性、复性、延伸循环可使测序反应高效进行。

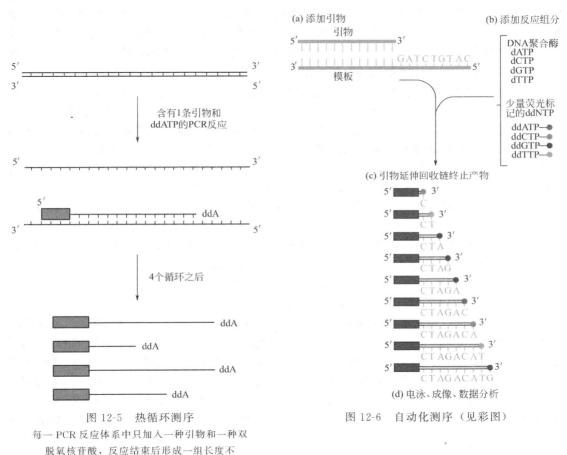

图 12-5　热循环测序

每一 PCR 反应体系中只加入一种引物和一种双脱氧核苷酸，反应结束后形成一组长度不同，但终止于特定核苷酸的单链序列

图 12-6　自动化测序（见彩图）

12.1.1.3　自动 DNA 测序

自动 DNA 测序是指用全自动 DNA 测序仪来确定 DNA 的碱基顺序。自动化测序要求用荧光标记代替同位素标记。荧光标记通常连接到 ddNTP 上，并且每种 ddNTP 可以标记上不同的荧光，这样在一个反应管中可以加入 4 种 ddNTP，同时进行 4 种反应。反应结束后，把反应产物加入聚丙烯酰胺凝胶的一条泳道中进行电泳，荧光检测仪可以区分不同的荧光标记，从而确定每条带代表的是 A、C、G 还是 T。当电泳条带通过检测仪时，激光束扫描条带，4 种荧光染料产生不同的荧光。计算机记录每条带的荧光，并把数据转换为实际的序列（图 12-6）。近年来，采用毛细管分离技术又进一步提高了自动化测序的效率。

12.1.1.4 DNA 芯片测序

（1）DNA 芯片技术 DNA 芯片是指固定在微小尺寸固相支持物（如尼龙膜、玻片、石英、聚丙烯膜）上的 DNA 序列的组合阵列。芯片上的序列包括寡核苷酸、cDNA、基因或基因片段及 PNA，这些序列或者是在芯片上直接合成，或者预先合成，再交联到芯片的表面。DNA 芯片的出现使得人们能够对大量的 DNA 序列同时进行快速分析。第一张芯片是20 世纪 90 年代初由 Affymetrix 公司研制的，从此以后，DNA 芯片技术在生命科学的许多领域（DNA 测序、突变分析和基因表达研究等）获得广泛应用。

DNA 芯片技术的理论基础是发生永久固定在芯片上的单链 DNA 与溶液中的 DNA 或者 RNA 之间的分子杂交。待分析的 DNA 或者 RNA 通常采用荧光标记，也可用生物素或放射性同位素标记。待测样品与基因芯片上探针阵列杂交后，经过漂洗以除去未杂交的分子。携带荧光标记的分子结合在芯片特定的位置上，在激光的激发下，含荧光标记的 DNA 片段发射荧光。不同位点的荧光信号被荧光共聚焦显微镜或激光扫描仪检测，荧光信号位置与强度由计算机记录下来，经特定的软件分析给出彩色数据阵列。

（2）DNA 芯片测序的原理及应用 将已知序列的寡核苷酸片段固定在玻璃片上，形成一个个寡核苷酸小区，每一个寡核苷酸小区代表一个已知序列探针，不同碱基组合的寡核苷酸小区按照一定的规律排列在一起形成探针点阵，构成 DNA 芯片。芯片中寡核苷酸小区的数目取决于寡核苷酸片段的长度。以八碱基序列为例，共有 $4^8 = 65536$ 种不同的序列，因此在芯片上的寡核苷酸小区的数目为 65536 个。测序时，将待测 DNA 样品变性解链，在单链 DNA 片段末端共价标记一个荧光分子，然后与 DNA 芯片杂交。经适当清洗，通过特定波长的激光束扫描芯片便可确定与靶序列杂交的探针的位置。由于每一个探针序列与其所处位置的对应关系是已知的，可获得一组与靶序列完全互补的探针序列。假如一未知的序列为TCCAACGATTAGTCG，它的互补序列应为 AGGTTGCTAATCAGC。因此，在所有65 536种可能的 8 碱基序列中，只有 8 种序列与靶序列杂交：

AGGTTGCT　TAATCAGC　TGCTAATC　GCTAATCA
GTTGCTAA　GGTTGCTA　TTGCTAAT　CTAATCAG

计算机程序可以检测这些 8 碱基序列的所有可能的重叠方式，然后排出靶 DNA 样品的全序列。如果靶 DNA 含有重复序列，使用寡核苷酸阵列进行测序将是非常困难的。因此，对全新的 DNA 序列要进行常规测序。然而，对于遗传缺陷的诊断和法医学分析，寡核苷酸阵列具有简单、快速的优点。最早由 Affymetrix 公司制备的 GeneChip 阵列用于检测 AIDS 病毒的反转录酶基因的突变。目前，有一系列商品化、以基因组分析和医学诊断为目的的 DNA 芯片被开发出来，例如检测 *p53* 和 *BRCA1* 癌基因的芯片。DNA 阵列还用于全基因组基因表达分析。

12.1.1.5 焦磷酸测序

焦磷酸测序是利用 DNA 合成伴随化学发光反应来完成对 DNA 序列的测定。其原理是：引物与模板 DNA 退火后，在 DNA 聚合酶、ATP 硫酸化酶、荧光素酶和腺苷三磷酸双磷酸酶的协同作用下，每一个 dNTP 的聚合与一次荧光信号的释放相偶联，以荧光信号的形式实时记录模板 DNA 的核苷酸序列（图 12-7）。

测序反应的过程如下：①将单链模板 DNA 与一条短的测序引物退火，然后加入 DNA 聚合酶、ATP 硫酸化酶、荧光素酶、腺苷三磷酸双磷酸酶、腺苷酰硫酸

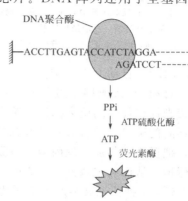

图 12-7　焦磷酸测序的原理

(adenosine phosphosulfate，APS，即 S 取代了 ADP 分子中 βP 原子）和荧光素组成一个反应体系；②将 4 种 dNTP 依次单独加入到反应体系中，在 DNA 聚合酶作用下，当每一种 dNTP 发生聚合反应时，便会产生相同物质的量的焦磷酸；③在 APS 存在的情况下，ATP 硫酸化酶将无机焦磷酸（PPi）转移到 APS 上形成 ATP，该 ATP 驱动荧光素酶将荧光素转化成氧化荧光素，同时释放出与 ATP 量成比例的荧光，发出的荧光信号被 CCD 摄像机拍摄下来，并以波峰形式被特定的软件记录下来，每一峰高（即荧光强度）都与参与 DNA 合成的核苷酸数成比例；④没有聚合的 dNTP、反应过剩的 dNTP 和 ATP 则迅速被反应体系中的腺苷三磷酸双磷酸酶降解，反应体系得以再生；⑤随后加入另一种 dNTP，重复上述过程。需要说明的是 ATP 和 dATP 都是荧光素酶的底物，因此 dATP 不能作为聚合反应的底物。在焦磷酸测序反应中通常使用 ATPαS（S 原子取代了 dATP 分子 αP＝O 上的 O 原子）。

焦磷酸测序是一种对已知短序列进行序列验证的方法，特别适合对已知的单核苷酸多态性进行分析。测序时，与已知序列互补的碱基逐个加入到反应体系中，直至某个碱基的加入并未导致光信号的产生，说明在模板链的对应位点上发生了突变。然后，分别加入另外三种碱基，直至产生聚合反应。焦磷酸测序无需进行电泳，DNA 片段也不需要用荧光标记，具有快速、准确、可重复、并行性和自动化等特点。

12.1.2　基因组测序

一次凝胶电泳能够分离的条带数目是有限的，任何测序反应最长只能测几百 bp 的 DNA 片段。所以，进行基因组测序时，首先要将基因组 DNA 切割成小片段进行链终止法测序，再将大量短的 DNA 序列正确地拼接成整个基因组的序列。目前，普遍采用的拼接方法有鸟枪法、克隆重叠群法和指导鸟枪法。

12.1.2.1　鸟枪法测序

（1）鸟枪法测序的原理　在 DNA 测序方法发明不久，人们就提出了鸟枪法测序的策略。在进行鸟枪法测序时，先将基因组 DNA 切割成大小适当、相互重叠的片段，并把它们插入到质粒载体中。接下来要把携带外源 DNA 片段的重组质粒导入到宿主细胞，重组质粒随着细胞的分裂而复制，这样就可以无限扩增目的片段，而被克隆的基因组 DNA 片段的组合就是基因组文库。然后，从文库中挑选足够多的克隆进行测序，使基因组的每一段都有一个高度冗余的覆盖率（典型的是 8～10 倍覆盖率）。最后利用计算机查找测序片段之间的重叠部分，把一段段的短序列拼接成长序列。理论上，若基因组不包含重复序列，并且能够均匀取样，则一个任意大小的基因组都可以通过鸟枪法直接测序。

（2）流感嗜血杆菌的基因组测序　第一个细菌基因组（流感嗜血杆菌基因组）的测序工作就是利用鸟枪法完成的（图 12-8）。测序的第一步是用超声波把基因组 DNA 打碎成小片段。经琼脂糖凝胶电泳分离后，从凝胶中纯化出长度为 1.6～2.0kb 的片段，并把它们连入载体，构建成克隆文库。从文库中随机挑取克隆进行单侧或双侧测序，共得到 24304 个有效序列，这些序列共计 11631485bp，相当于基因组长度的 6 倍，这一冗余对于确保测序反应完全覆盖全基因组是必需的。利用计算机寻找有效序列之间的重叠区，对序列进行组装，共得到 140 个连续的序列，或称克隆重叠群（contig）。

克隆重叠群之间的间隙需要填补起来。最简单的方法是利用每一间隙两侧的序列作为一对探针筛选基因组文库。与两个探针都能够杂交的克隆可能携带有跨越该间隙的 DNA 片段。对这一克隆进行测序就可以把该间隙填补上。然而，还有一部分间隙是不能用这种方法填补的，原因是相应的 DNA 片段被克隆至质粒后不稳定，发生了丢失。因此，鸟枪法测序的最后阶段需要利用另一种载体，通常是 λ 噬菌体载体，构建一个新的基因组文库。再利用克隆重叠群两端的序列作为一对探针筛选新构建的文库，同时与两个探针杂交的克隆携带有

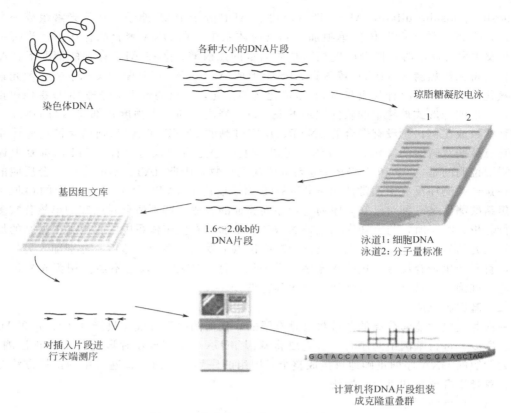

图 12-8　流感嗜血杆菌基因组测序流程图

连接两个克隆重叠群的片段。第三种方法是以基因组 DNA 为模板，随机选择一对与重叠群末端相匹配的引物，进行 PCR 反应。如果两个重叠群末端之间的距离在几个 kb 之内，就可以得到 PCR 产物。

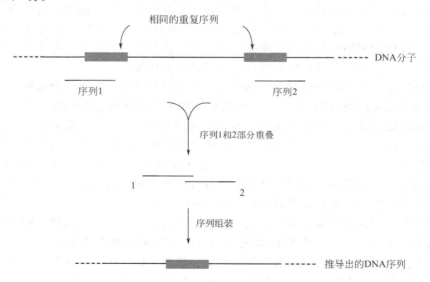

图 12-9　鸟枪法测序中所遇到的问题

DNA 分子含有两个散在重复序列。在进行序列组装时，由于序列 1 和 2 均终止于两个
相同的重复序列，所以它们可能被拼接在一起，造成中间序列的缺失

　　（3）鸟枪法测序的局限　原核生物的基因组小，查找测序片段之间的重叠序列所需要的计算量并不大，而且基因组中的重复序列少。这些特点使鸟枪法成为原核生物基因组测序的标准方法。然而，对于真核生物的基因组来说，鸟枪法的应用就受到很大的局限。原因是随着测序片段数量的增加，所需的数据分析会越来越复杂。另外，真核生物基因组中存在的大量的重复序列也会给拼接造成很大困难，例如两个相距很远的重复序列会被错误地拼接在一起，而中间的部分会被遗漏（图 12-9）。为了使鸟枪法能够应用于真核生物基因组测序，首先需要建立起一个基因组图谱（genome map），通过标明基因和其他标记在基因组中的位置，为序列组装提供指导。一旦得到了基因组图谱，就能够采用两种基本的方法进行基因组测序。

12.1.2.2　真核生物基因组测序

　　真核生物基因组测序有两种基本方法。一是克隆重叠群法（clone contig sequencing），或者叫做基于图谱（map-based）的方法。这种方法需要首先把基因组破碎成 100～200kb 的大片段，并构建出能够反映出每个片段在基因组中的具体位置以及和其他片段相互间位置关系的物理图谱。再把这些大片段切割成相互重叠的小片段进行测序。一旦这些小片段测序完成，就可以利用它们之间的重叠区重新组装成连续的大片段，并最终获得全基因组序列（图 12-10）。

　　另一种方法是将整个基因组随机切成小片段，并直接测定所有小片段的序列。然后，通过计算机程序，在基因组图谱的指导下，将这些小片段组装成连续的大片段，并最终得到全基因组序列。这种方法被称为指导鸟枪法（directed shotgun approach）或称全基因组霰弹法测序（whole-genome shotgun method）。

　　这两种方法都已被成功地运用。第一个真核生物基因组（酿酒酵母的基因组）和第一个动物基因组（线虫基因组）的序列测定采用了克隆重叠群法。而利用定向

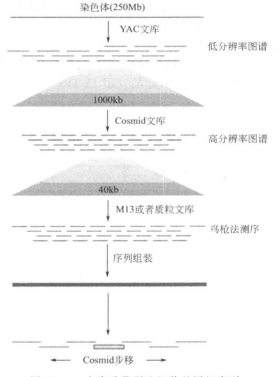

图 12-10　克隆重叠群法组装基因组序列

鸟枪法成功地完成了果蝇的基因组测序。对于人类的基因组测序而言，两种方法均已被采用。人类基因组计划采用了基于图谱的方法，而 Celera Genomics 公司采用的是全基因组霰弹法。无论哪一种测序方法，都需要遗传图谱和物理图谱作为基因组序列组装的基础。

　　（1）遗传作图　遗传作图（genetic mapping）是指采用遗传分析的方法将基因或其他遗传标记标定在染色体上，作图方法包括杂交实验和家系分析。遗传作图的理论基础是减数分裂时同源染色体之间会发生片段交换。如果交换是随机的，则因交换使两个连锁基因分开的频率同它们之间的距离成正比，因此重组率可作为测量基因之间距离的相对尺度。1% 的重组率被定义为一个 cM（厘摩尔根）。在遗传学实验中，只要获得不同基因之间的重组率，就可以绘制一张关于不同基因在染色体上相对位置的图谱，这就是遗传图谱。由于遗传标记之间的交换并非完全随机，遗传图谱的厘摩距离并不完全与 DNA 的长度成正比，所以遗传

图谱仅给出了各个标记在基因组上的相对位置，而不是它们之间的物理距离。

遗传作图需要有能够检测的遗传标记。基因是一种十分重要的遗传标记，为了检测减数分裂过程中发生的重组事件，作为标记的等位基因必须是杂合的。在大多数真核生物的基因组中，基因呈散在分布，它们之间有很大的间隙。所以，像脊椎动物和显花植物这样较大的基因组，仅仅依靠基因作出的图谱远不够精细。另外，只有一部分基因以传统上容易区分的等位形式存在，可以用于遗传作图。

要绘制高密度的遗传图谱需要利用 DNA 标记（DNA marker）。所谓 DNA 标记就是以两种或多种易于区分的形式存在的 DNA 序列。绘制遗传图谱最重要的 DNA 标记有限制性片段长度多态性（restriction fragment length polymorphism，RFLP）、简单序列长度多态性（simple sequence length polymorphism，SSLP）和单核苷酸多态性（single nucleotide polymorphism，SNP）等。

① 限制性片段长度多态性　从不同的生物个体制备的 DNA，使用同一种限制性内切酶切，得到的限制片段的长度可能各不相同，这种限制性片段长度的差异就是限制性片段长度多态性（RFLP）。RFLP 是由核苷酸序列的变化引起的。若 DNA 分子上的一个酶切位点发生了丢失，用限制性内切酶消化后，能够找出这个丢失的酶切位点，因为这个位点两侧的片段仍旧是连接在一起的（图 12-11）。

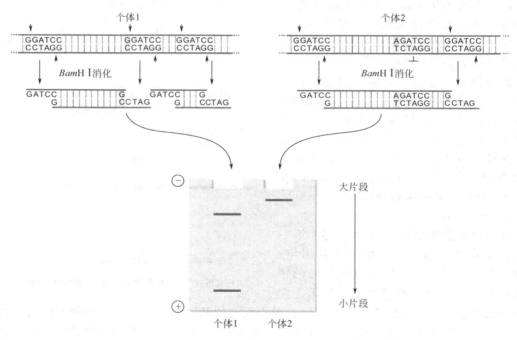

图 12-11　限制片段长度多态性

左侧的 DNA 分子具有一个多态性限制位点，而右侧分子不具有。限制性内切酶切割
左侧的分子得到两个限制性片段，切割右侧的分子得到一个限制性片段

RFLP 可以用 Southern 杂交来检测。首先用限制性内切酶水解基因组 DNA，产生大量的限制性片段，通过琼脂糖凝胶电泳可将 DNA 片段按各自的长度分开，一般在 0.2～20kb 范围内的片段都可以检测到。对于像线粒体 DNA 和叶绿体 DNA 这样较小的 DNA 分子，酶切后经过电泳分离就能够检测到 DNA 片段的差异。但对于真核生物基因组来说，电泳后许许多多的限制性片段在凝胶上形成连续的一片，无法辨认个别的限制性片段。为了显示某

一特定的限制性片段，必须将凝胶上的限制性片段做 Southern 印迹，再用适当的探针做杂交。

RFLP 标记与基因标记一样都遵循孟德尔定律。每个 RFLP 只有两种等位形式，在基因组的一个位置有或者没有某一限制性酶切位点。RFLP 的两种等位形式之间是共显性的，因此在 F1 代中检测 RFLP 标记时，总能观察到两个亲本各自的限制性片段；而在 F2 代中，RFLP 的分离比为 1∶2∶1。用 RFLP 标记构建遗传图谱的基本原理与使用形态学标记一样，二点测交、三点测交和系谱分析依然是基本的作图程序。

② 简单序列长度多态性　简单序列长度多态性（SSLP）是一系列不同长度的串联重复序列，不同的等位形式含有不同数目的串联重复。SSLP 包括小卫星和微卫星两种类型。小卫星亦称可变数目串联重复（variable number of tandem repeat，VNTR），其组成单位的长度约为 14～500bp，这些基本单位不断重复呈串联排列。小卫星的多态性来自于不等交换。

VNTR 检测的具体操作与 RFLP 相似，杂交探针为小卫星 DNA。VNTR 分析得到的杂交图谱上会出现许多条带。原因有二：其一，小卫星具有多座位性，小卫星在基因组中出现的频率高，一个小卫星探针可以同时与多个座位上的小卫星杂交；其二，VNTR 是一种可变数目串联重复序列，故具有高度的变异性。小卫星探针所检测的座位是基因组中有很高变异性的位点，由多个这种位点上的等位基因所组成的图谱必然是高度多态性的，具有高度的个体特异性，故称之为 DNA 指纹图谱。

微卫星，或称简单串联重复序列（simple tandem repeat，STR），是比小卫星更短的重复序列，组成单位一般为 1～6bp。在哺乳动物基因组中最常见的微卫星是 CA 重复、CT 重复、AT 重复等。微卫星在基因组中出现的频率很高，例如，在人类基因组中，平均每 Mb 有 27.7 个 CA 重复、19.4 个 AT 重复。图 12-12 表示一个微卫星 SSLP 的两个等位基因，在等位基因 1 中，"CA" 二核苷酸重复了 3 次，等位基因 2 重复了 4 次。

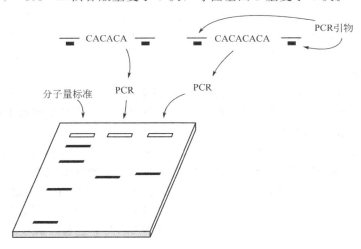

图 12-12　微卫星的 PCR 检测

微卫星比小卫星更常用作 DNA 标记有两个原因：第一，在基因组中，微卫星的数目更多，分布得更加均匀，且具有高度的长度多态性；第二，典型的微卫星由 10～30 个重复单位构成，每个单位的长度通常小于 4bp，所以微卫星非常适合利用 PCR 进行分型，而长度多态性分型最快的方法就是 PCR。

由于每个微卫星两端的序列是相对保守的单拷贝序列，因而可以根据两端的序列设计一对特异性引物，扩增每个位点的微卫星序列。微卫星作为分子标记的缺点是必须针对每个染色体座位的微卫星找出其两端的单拷贝序列设计引物，这给微卫星的应用带来一定的困难。

③ 单核苷酸多态性 单核苷酸多态性（SNP）是指在基因组水平上单个核苷酸的变异引起的 DNA 序列多态性，而其中一种等位基因在群体中的频率不小于 1%。在基因组中存在着数量巨大的 SNP。如果一个 SNP 位于限制酶识别位点，将会产生 RFLP。但是大多数的 SNP 所处的序列不能被限制性内切酶所识别，不会产生 RFLP。在人类基因组中，至少有 1420000 个 SNP，其中只有 100000 个 SNP 会导致 RFLP 的产生。

理论上每一 SNP 有 4 种等位形式，但是大多数的 SNP 只有两种存在形式。因此 SNP 在人类遗传图谱绘制方面有着与 RFLP 同样的缺点，即对于一个 SNP 很可能所有的家庭成员都是纯合子。SNP 的优点是它数目庞大，而且对 SNP 的分型不需进行凝胶电泳。凝胶电泳很难实现自动化，使用凝胶电泳进行检测相对缓慢而且费力。

SNP 检测是以寡核苷酸杂交分析（oligonucleotide hybridization analysis）为基础的，故检测速度更快。寡核苷酸是在试管中合成的、长度通常小于 50 个核苷酸的单链 DNA 分子。在高严谨条件下，一个寡核苷酸只有与另一个 DNA 分子完全互补时才能形成稳定的杂交体。如果有一个错配，杂交就不能发生。因此寡核苷酸杂交能区分一个 SNP 的两个等位基因。

④ 人类遗传学图 人类基因组计划的最初目标之一是完成一份遗传图谱，其密度至少为 1Mb 一个标记。这一目标于 1994 年完成。2 年后一篇相关的研究论文发表，遗传学图的密度达到 600kb 一个标记。这张图是以 5426 个 AC 型微卫星为基础构建的。选择 AC 型微卫星有两个理由：第一，它们在基因组中出现的频率较高，每 1Mb DNA 就有几个，能满足高密度作图的需要；第二，这种微卫星是高度可变的，每个微卫星在群体中有几个等位基因，显示出高度的杂合性，即如果从人群中随机选择一个人，那么对于一个特定位点的 AC 微卫星来说，极有可能是杂合体。

连锁分析将 5426 个标记分配到染色体的 2335 个位置上，被指定的位置数目少于标记的数目，原因是一些标记靠得太近，无法分开而定位在同一位置上。整个遗传学图的密度为 599kb 一个标记。密度最高的是 17 号染色体，每 495kb 一个标记，密度最低的是 9 号染色体，每 767kb 一个标记。

（2）物理作图 物理作图是指应用分子生物学技术直接检测 DNA 分子上的特征性序列，从而构建出显示各种标记序列位置的图谱。物理图谱反映的是基因组中标记间的实际距离，其图距通常以 kb 或 Mb 表示。

① 序列标记位点作图 序列标签位点（sequence tagged site，STS）作图是目前最有效的物理作图技术，能够对大基因组产生详尽的物理图谱。序列标签位点就是一段短的、便于用 PCR 方法检测的 DNA 序列，并且在待测的染色体或基因组中仅出现一次。最常见的 STS 有表达序列标签（expressed sequence tag，EST）、SSLP 和随机基因组序列。EST 是一段已测序的 cDNA。如果 EST 来自于单一序列 DNA，而不是基因家族的某一成员，就可以被用作 STS。

进行 STS 作图还需要覆盖整条染色体或整个基因组、彼此重叠的 DNA 片段，这些片段的集合称为作图试剂。要把一系列序列标签位点定位于基因组上，需要检测每一 DNA 片段含有哪些 STS 位点。两个 STS 共存于同一 DNA 片段上的概率取决于它们在基因组上的距离。彼此相邻的 STS 存在于同一 DNA 片段上的机会就大。相反，如果它们相距较远，它们位于同一片段上的可能性就小。根据这一原则，可以计算两个标记之间的距离，其方式与连锁分析中计算图距的方式相同，只是在连锁分析中，两个标记之间的图距根据它们之间的交换率来计算，而在 STS 作图中，两个标记之间的距离是根据它们之间的分离频率来计算的。

② 用于 STS 作图的 DNA 片段　放射杂交体可以作为作图试剂。放射杂交体是含有其他生物体染色体片段的啮齿类动物细胞。当用一定剂量的 X 射线照射人类细胞时，染色体会被随机断裂成碎片，放射剂量越大，产生的片段就越小。将经过处理的人类细胞与未经处理的仓鼠细胞融合，人类的 DNA 片段就会整合到仓鼠细胞的染色体中（图 12-13）。通常这些片段的长度为 5～10Mb，每个融合细胞所含的片段相当于人类基因组的 15%～35%。经过筛选得到的携带人类染色体碎片的融合细胞群称为放射杂交体组，它们可以用作 STS 作图试剂，但前提是使用 PCR 方法鉴定 STS 时，不会从仓鼠细胞基因组中扩增出相应的 DNA 片段。

X 射线对染色体的破坏是随机的。如果两个标记彼此接近，X 射线在两者之间打断的概率就越小，这样，两个标记在各个杂交系中同时存留的可能性就越大。反之，如果两个标记相距较远，X 射线在两者之间打断的概率就越大，两个标记在各个杂交系中同时存留的可能性就越小。

克隆文库也可以用作 STS 分析中的作图试剂。来自 STS 分析的数据可以用来构建物理图谱，也可以用于构建克隆重叠群。组装好的克隆重叠群可以作为 DNA 测序的材料，然后利用 STS 数据将序列精确定位到物理图谱上。如果 STS 也包括已通过遗传连锁分析定位的 SSLP，则 DNA 序列、物理图谱和遗传图谱就可以全部结合在一起。

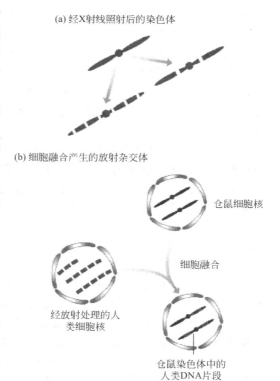

(a) 经X射线照射后的染色体

(b) 细胞融合产生的放射杂交体

仓鼠细胞核

细胞融合

经放射处理的人类细胞核

仓鼠染色体中的人类DNA片段

图 12-13　放射杂交体（见彩图）
(a) X 射线照射导致染色体片段化，X 射线剂量越大，产生的片段越小。(b) 将一个经过 X 射线照射的人类细胞与未经照射的仓鼠细胞融合，形成放射杂交体。图中只显示了细胞核

③ 人类基因组物理作图　人类基因组计划中的物理图谱绘制于 1996 年完成。在计划开始阶段，大约有 450000 个已知的 EST，但其中含有大量的冗余，许多基因对应于两条或两条以上的 EST。所以，第一步是对 EST 文库中的部分序列进行计算机分析，以排除序列的重叠与冗余。这样就形成 49625 个 EST 数据组，每组可能代表一个不同的人类基因。人们通过研究 G3 和 Genebradge4 放射性杂交组（分别含有 83 个和 93 个仓鼠细胞系）以及一个含 32000 个克隆、插入片段约为 1Mb 的 YAC 文库，对 30000 个这样的 EST 数据进行定位。最终定位了 20104 个 EST，其中大部分（共 19000 个）是通过放射性杂交组定位的，其余通过 YAC 文库定位。20104 个 EST 定位于 16345 个不同的位点，表明部分 EST 可能来自同一基因。平均作图密度是每 183kb 一个标记。

12.1.2.3　人类基因组测序

① 人类基因组计划的测序路线　人类基因组计划最初设想在测序阶段使用 YAC 文库，因为与其他克隆系统相比，YAC 能容纳更长的外源片段。后来发现，接近一半的 YAC 克隆含有来自基因组不同部分的非连续片段，或者插入片段发生了重排和缺失，因而不得不放弃原来的打算，转而利用 BAC 载体，构建了含有 30000 个 BAC 克隆的文库。

接着将 BAC 克隆用限制酶处理获得指纹，然后按照指纹重叠方法组建 BAC 克隆重叠群。根据克隆重叠群所含有的 STS 标记，将 BAC 克隆重叠群标定在物理图上，构成了"序列准备图"（sequence ready map）。因此，在测序之前 BAC 克隆的物理位置是已知的，这是测序阶段的基础。我国承担的人类基因组测序任务为 1%，位于 3 号染色体的端部区域，由已知的 BAC 克隆覆盖。然后，对每个 BAC 克隆的插入序列进行鸟枪法测序，并进行组装。接下来，要把 BAC 插入片段的顺序与 BAC 克隆指纹对比，将已阅读的顺序锚定在物理图上。

② 指导鸟枪法的测序路线　Celera Genomics 公司采用的是全基因组鸟枪法测序。鸟枪法基因组测序的实践已证明，如果测序的长度超过基因组总长度的 6.5～8 倍，那么由此产生的序列重叠群将覆盖 99.8% 的基因组，其中留下的空隙可用嗜血流感杆菌基因组测序计划中采用的填补方法进行填补。对人类基因组而言，如果能完成 7000 万次测序，每次读 500bp 或略长，那么可给出 35000Mb 的顺序，即人类基因组总长度的 10 倍，足以覆盖 99% 的基因组顺序。

最大的问题是如何对 7000 万个平均长度约为 500bp 的序列进行正确的组装。如果完全采用随机鸟枪法，由于没有任何基因组图谱作指导，要从 7000 万个序列中寻找重叠区，又要避免人类基因组中广泛分布的重复序列带来的干扰，显然做不到。但是，定向鸟枪法则在计划的组装阶段充分利用了基因组图谱，尤其是大量的 STS 位标确立了序列组装的基点，可使随机测序获得的序列重叠群准确锚定在基因组图上。

③ 人类基因组的序列草图和完成图　人类基因组测序的目标是形成一个高质量的基因组序列，这种高质量的序列称为"完成"序列或"完成"图。完成序列的标准是基因组的任何一个碱基的正确率达到 99.99%，就是说每 10000 个碱基最多不能有超过一个的错误。为了达到这一目标，每个碱基平均要被测 9 次，也就是说要有 9 倍的覆盖深度。为了找到所有的基因和它们的调控区，这一准确率是必需的。一个完成图还有助于检测出不同个体间 DNA 序列的差异，有助于了解世界不同人群序列间是怎样变化的，以及人类的 DNA 与祖先及最具亲缘关系的生物的 DNA 有着怎样的不同。

2001 年发表的人类基因组序列只是一个工作框架图或工作草图，而不是完成图。工作框架图包括了人类基因组 90% 的序列，大约 2.95×10^6 kb 的常染色质区，大多数基因定位在这个区域。工作草图的每个碱基至少有 4～5 倍的覆盖率，具有 99.9% 的准确率。公布时，基因组的三分之一已达到完成图标准，也就是达到 99.99% 的准确率。基因组中少量未测序列主要是异染色质区，通常出现在着丝粒和端粒附近，几乎全部由重复序列组成，难以克隆、测序和组装。

④ 人类的基因组概貌

a. 人类基因组的序列组成　人类的核基因组约 3.2×10^6 kb（或 3.2Gb），被分为 24 个线性分子，最短的 50Mb，最长的 260Mb，每一个 DNA 分子被包装成不同的染色体。构成人类核基因组的 24 条染色体中有 22 条为常染色体，2 条为性染色体 X 和 Y。基因组中的大部分序列为非编码 DNA，也就是既不编码蛋白质也不编码功能性 RNA 的序列，包括基因间隔区和内含子。大约 28% 的人类 DNA 能够被转录成 RNA，由于初级转录产物包括内含子，编码蛋白质的序列只有 1.25%。总体来说，人类基因组的内含子比已测序的其他生物的内含子要长。在人类基因组中，存在 AT 丰富区和 GC 丰富区。GC 丰富区的基因密度更高，内含子也相对较短。

在人类基因组中，重复序列占 50% 以上，包括：ⓐ转座子来源的重复序列，占基因组重复序列的 45%，其中 SINEs 占 13%、LINEs 占 21%、病毒型反转录转座子占 8%、DNA

转座子占 3%；ⓑ基因（蛋白质编码基因和小分子 RNA 编码基因）的反转录拷贝；ⓒ简单序列重复，即相对较短的串联重复序列，如（A）n、（CA）n 或（CGG）n 等，占基因组的 5%；ⓓ大片段染色体重复，占基因组的 3%；ⓔ卫星 DNA。

b. 遗传距离与物理距离的比较　　通过比较基因组的遗传图与物理图，可以计算出每条染色体臂的重组率。研究发现，染色体臂的重组率与臂的长度呈负相关。当染色体臂的长度减小时，平均重组率上升。长臂的平均重组率是 1cM/Mb，而短臂的重组率大约是 2cM/Mb。酵母的基因组也存在类似现象，而且酵母染色体的伸长和缩短将导致重组率发生相应的代偿性变化。另外，大多数染色体的着丝粒部位的重组受到限制，而末端部分有所增加，末端 20～35Mb 的区域重组率的增加尤为显著。

为什么染色体的短臂具有更高的重组率？较高的重组率会增加每一染色体臂在减数分裂时至少形成一个交叉的可能性，而交换被认为是减数分裂时相互配对的同源染色体彼此分离的前提条件。一个极端的例子是，Xp 和 Yp 的拟常染色质区彼此配对，这段区域的物理长度只有 2.6Mb，但遗传长度是 50cM，相当于 20cM/Mb。这么高的重组率能够确保这一区域发生交换。

c. 人类基因组中的基因　　基因只占人类 DNA 的一小部分，但它体现了基因组的主要生物学功能，一直是生物学家关注的焦点。从基因组中鉴别基因也是人类基因组序列分析中最具挑战性的工作。

对于基因组较小的生物来说，可以直接通过鉴别 ORF 来识别大部分的基因。但是人类基因组的外显子通常很小（平均只编码 50 个密码子），并被长长的内含子隔开（有些超过 10kb）。这就产生了一个信噪比问题，直接用计算机程序寻找基因，其精确性非常有限。有很多预测出的基因可能是无功能的假基因。与之相反，也会有很多真正的基因被忽略，尤其是当基因的外显子比较短，并被许多长内含子隔开时。有时不同的程序还会把同一个外显子序列归为不同的基因。因此，要给出人类基因的精确数目需要把实验室工作和计算机搜索结合起来进行仔细的分析。

关于人类基因的数目最合理的预测是 30000～40000 个，大约是果蝇和线虫基因的3～4倍。果蝇和线虫的基因数分别是 1300 和 1800。当把所预测的人类基因与其他有机体的基因进行比较时，发现不到 10% 的人类蛋白质家族是脊椎动物特有的。人类的蛋白质中已鉴定出的结构域，超过 90% 与线虫和果蝇的蛋白质结构域有关。绝大多数新基因含有先前进化出的结构域，因此有可能是通过改变结构域的结构和顺序形成的。

把人类的基因组与其他生物的基因组进行比较，显示有超过 200 个人类基因明显地来自于细菌。这些基因的同源物没有出现在果蝇、线虫和酵母的基因组中，但广泛存在于细菌和脊椎动物的基因组中。

通过比较不同生物的基因家族可以揭示人类行为的遗传基础。与其他大多数哺乳动物相比，猿和猴的嗅觉不灵敏，而人类的嗅觉是最迟钝的。大多数哺乳动物具有 1000 个以上编码嗅觉受体的基因。这些受体是结合并探测气味分子的蛋白质。在小鼠中，100% 的嗅觉受体蛋白基因是有功能的完整基因，黑猩猩和大猩猩具有 50% 的功能基因，而人类仅有 30% 的功能基因。

并非所有的基因都编码蛋白质，在人类的基因组中有几千个基因的转录产物是非编码 RNA（non-coding RNA，ncRNA），它们不再被翻译成蛋白质，直接以 RNA 的形式发挥作用。tRNA、rRNA、snoRNA 及 snRNA 是几种主要的 ncRNA。ncRNA 还包括端粒酶的 RNA、信号识别颗粒的 7SL RNA，以及 *Xist* 基因的转录产物等。ncRNA 缺少读码框，分子比较小，所以编码 ncRNA 的基因不容易被鉴别出来。ncRNA 缺乏 poly（A）尾，因此也不存在于 cDNA 文库中。

人类基因组有大约 500 个 tRNA 基因。编码 18S、28S 和 5.8S rRNA 的基因构成一个转录单位，若干个 rRNA 基因转录单位串联排列分布在 13 号、14 号、15 号、21 号和 22 号染色体的短臂上。在人类基因组中，这些 rRNA 基因大约有 200 个拷贝。5S rRNA 基因也呈簇排列，最长的 5S rRNA 基因簇位于 1 号染色体长臂的近端粒处。人类基因组大约有200~300 个真正的 5S rRNA 基因，但至少有 500 个假基因。

d. 人类基因组的序列多态性   多态性（polymorphism）指相关生物个体之间存在的 DNA 序列上的差异。多态性可以人为地分为两类：碱基替换造成的多态性和 DNA 分子相应区段之间的长度多态性。DNA 序列的多态性是生物个体之间性状差异的遗传基础。简单序列长度多态性指的是串联重复 DNA 由于重复单位拷贝数的改变造成的多态性，包括 VNTR、微卫星和其他串联重复。

SNP 是一个基因组学术语，指单个核苷酸变异引起的 DNA 序列多态性。SNP 通常利用 DNA 芯片，通过杂交的方法进行鉴定。如果一个 SNP 位于一个限制性酶切位点，则会造成限制片段长度多态性。然而，绝大多数 SNP 因不在限制性酶切位点上，并不造成 RFLP。

SNP 在人类基因组中有 250 万个以上，大约 6 万个已知的 SNP 分布在编码区。人类遗传多样性比预期要小得多。尽管黑猩猩的种群数量比人类少得多，但有着更高的遗传多样性。最合理的解释是，大约 500 万年以前，人类与黑猩猩分离后经过了一个遗传瓶颈。现代人类可能是在 10 万年以前，从一个很小的原始群体演化而来，所以在一开始遗传多样性就非常低。

SNP 在很大程度上代表了个体之间的遗传差异，是当前疾病基因组学、药物基因组学和群体进化研究中的重要工具。SNP 分析被越来越多地用于遗传缺陷的筛选，或者检测基因组重要区域中影响药物疗效的单一碱基的改变。对已知 SNP 进行检测时，通常需要将含有 SNP 的区域用 PCR 的方法扩增出来，然后确定多态性位点上的碱基类型，而不需要对整个序列进行测定。单碱基延伸（single base extension）技术是常用的 SNP 分型技术之一，其原理是设计一条引物位于待测 SNP 位点的上游，该引物的 3′-端距离 SNP 位点一个碱基，加入不同荧光标记的 ddNTP 进行反应，只有当加入的 ddNTP 与 SNP 位点碱基互补时，引物才得以延伸，通过检测延伸碱基所发出的荧光来判断 SNP 的类型。

12.2   基因表达分析

基因表达是指将一个或多个基因转录成结构 RNA（rRNA、tRNA）或者 mRNA，并将 mRNA 翻译成蛋白质的过程。与之相对应，可以通过检测基因的 RNA 产物或蛋白质产物的水平来检测基因的表达。基因的蛋白质产物可以通过对细胞抽提物进行聚丙烯酰胺凝胶电泳或者免疫印迹进行检测；如果蛋白质是一种酶，还可以对其活性进行检测。蛋白质的检测和分析方法将在下一节论述，在这里，先介绍在转录水平上研究基因表达调控的方法。

12.2.1   报告基因

表达产物易于检测的基因可以作为报告基因用于遗传分析。在研究目的基因表达调控时，可以把报告基因的编码序列和目的基因的调控序列融合形成嵌合基因。导入受体生物体后，报告基因在调控序列控制下，精确模仿目的基因的表达模式，因此能够通过对报告基因产物的检测来分析调控区的功能。

报告基因具有两个特点：一是报告基因应能在宿主细胞中表达，其产物对细胞没有毒性，检测方法灵敏、准确、稳定、简便；二是宿主细胞无相似的内源表达产物。目前，分子生物学中使用的报告基因一般是编码酶的基因，主要有 β-半乳糖苷酶基因、碱性磷酸酶基因、荧光素酶基因和 β-葡萄糖苷酸酶基因等。另外，绿色荧光蛋白基因作为一种新型的报告基因在基因表达调控研究中得到广泛应用。

12.2.1.1　β-半乳糖苷酶基因

lacZ 基因是最常用、最成熟的一种报告基因，它编码的 β-半乳糖苷酶催化乳糖分解成一分子的半乳糖和一分子的葡萄糖。β-半乳糖苷酶也能水解多种天然或人工合成的半乳糖苷化合物。ONPG（*o*-nitrophenyl galactoside，邻硝基苯半乳糖苷）和 X-gal 是两种无色的人工底物，常常被用于检测 β-半乳糖苷酶的活性。ONPG 被分解成邻硝基苯酚和半乳糖（图 12-14）。邻硝基苯酚为黄色可溶性物质，所以很容易定量检测。X-gal 被水解成一种靛蓝色染料的前体，空气中的氧气能将这种前体转变成不溶性的蓝色沉淀。

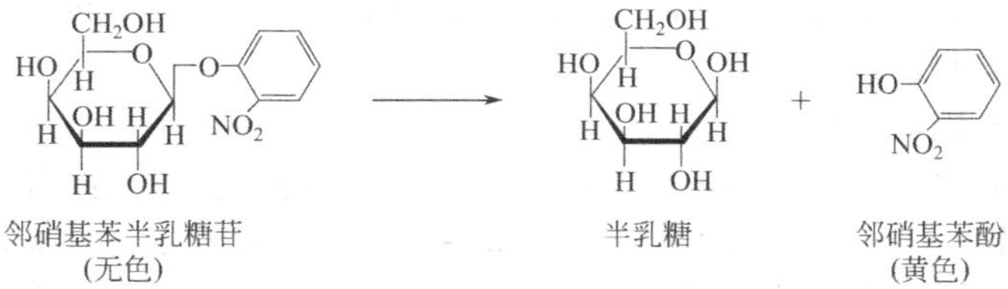

邻硝基苯半乳糖苷　　　　　　半乳糖　　　邻硝基苯酚
（无色）　　　　　　　　　　　　　　　　（黄色）

图 12-14　β-半乳糖苷酶水解邻硝基苯半乳糖苷生成半乳糖和黄色的邻硝基苯酚

12.2.1.2　碱性磷酸酶基因

另外一种广泛使用的报告基因是 *phoA*，它编码的碱性磷酸酶能够从多种底物中切下磷酸基团。与 β-半乳糖苷酶一样，碱性磷酸酶也作用于一系列人工底物。

① 邻硝基苯磷酸酯被裂解后释放出黄色的邻硝基酚。

② X-phos（5-bromo-4-chloro-3-indolyl phosphate，5-溴-4-氯-3-吲哚磷酸）能被碱性磷酸酶分解并释放出一种靛蓝色染料前体。暴露在空气中，染料前体能被转化成蓝色染料。

③ 4-甲基伞形酮酰磷酸酯（4-methylumbelliferyl phosphate）可被碱性磷酸酶分解释放出 4-甲基伞形酮（4-methylumbelliferone，4-MU）。4-MU 分子中的羟基解离后被 365nm 的光激发，产生 455nm 的荧光，可用荧光分光光度计定量（图 12-15）。

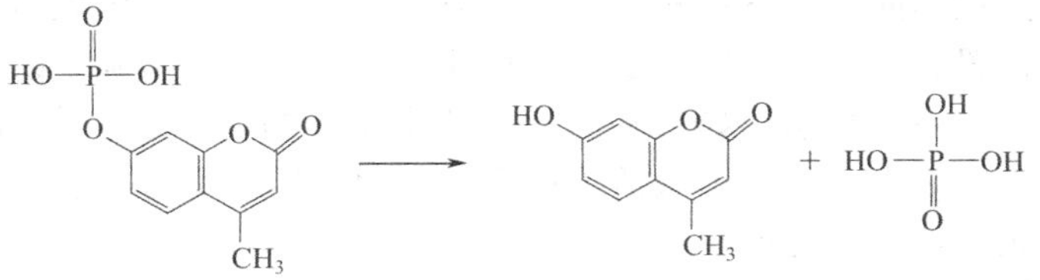

图 12-15　碱性磷酸酶催化 4-甲基伞形酮酰磷酸酯脱去磷酸基团，产生荧光分子 4-甲基伞形酮

12.2.1.3　荧光素酶基因

荧光素酶（luciferase）能够催化生物体自身发光，存在于从细菌到深海乌贼等多种发光生物体中。萤火虫荧光素酶和细菌荧光素酶基因都可以作为报告基因。细菌荧光素酶以脂肪醛（RCHO）为底物，在还原型黄素单核苷酸（$FMNH_2$）及氧的参与下，催化脂肪醛氧化为脂肪酸，同时放出光子，产生 490nm 的荧光，其化学反应式如下：

$$RCHO + O_2 + FMNH_2 \longrightarrow RCOOH + H_2O + FMN + 光$$

萤火虫荧光素酶，在 Mg^{2+}、ATP 和 O_2 的参与下，催化萤火虫荧光素氧化，并放出光子，产生 550～580nm 的荧光，其化学反应式如下：

$$\text{荧光素}+O_2+ATP \longrightarrow \text{氧化荧光素}+CO_2+AMP+Pi+\text{光}$$

如果携带荧光素酶基因的 DNA 分子被导入靶细胞，当有荧光素存在时，细胞就会发出荧光。利用闪烁计数器（scintillation counter）可以对荧光素酶的活性作出定量检测：在标准反应条件下，加入超量底物，在一定时间内，荧光闪烁总数与样品中存在的荧光素酶的活性成正比。

12.2.1.4 β-葡萄糖苷酸酶基因

gus 基因存在于某些细菌体内，编码 β-葡萄糖苷酸酶（β-glucuronidase，Gus），该酶是一种水解酶，能催化许多 β-葡萄糖苷酯类物质的水解。该酶的专一性很低，可作用于多种人工底物，如 X-Gluc（5-bromo-4-chloro-3-indolyl-β-D-glucuronic acid）。在使用组织化学法检测 *gus* 基因的表达时，将被检材料浸泡在含有底物的缓冲液中保温，若组织、细胞发生了 *gus* 转化，表达出 Gus，在适宜条件下该酶可将 X-Gluc 水解生成蓝色物质。另外，以 4-甲基伞形酮-β-D-葡萄糖醛酸苷（4-methylumbelliferyl-β-D-glucuronide，4-MUG）为底物，Gus 能将其水解为 4-MU。

12.2.1.5 绿色荧光蛋白基因

来自于维多利亚水母（*Aequorea victoria*）外皮层中的绿色荧光蛋白（green fluorescent protein，GFP）在接受 Ca^{2+} 激活的水母发光蛋白（aequorin）发出的蓝光后可在体内产生绿色荧光。此过程不需要底物或辅助因子，而是通过两个蛋白质之间的能量转移完成的。另外，在紫外光或者蓝光的照射下，GFP 在活细胞中可以自主产生绿色荧光，而无需水母发光蛋白、Ca^{2+} 或其他任何辅助因子和底物，这十分有利于活体内基因表达调控研究。而前几种报告基因的编码产物都是酶，检测时需要底物或辅助因子，在活体内的使用受限。

野生型的绿色荧光蛋白在 395nm 处有最大吸收，发射 509nm 绿色荧光。现在有很多经过基因工程改造的 GFP 可供选择。这些经过改造的 GFP 能够发出更强的荧光，或者荧光的波长发生了改变，形成黄色荧光蛋白和红色荧光蛋白。其他的修饰包括根据不同的生物体有着不同的密码子偏倚，改变 *gfp* 基因的密码子组成使其能够在不同的生物体中高水平表达。

12.2.2 上游序列的缺失分析

基因的上游调控区含有 RNA 聚合酶的结合位点以及若干个调控蛋白的结合位点。这些调控位点决定着基因在不同条件下的转录水平，或者决定着基因组织表达的特异性。为了确定这些调控位点的位置和作用，可以构建一系列缺失突变体，然后确定缺失了不同调控位点的上游调控区对基因转录的影响。如果基因的表达水平升高，暗示缺失的是一个抑制序列；而表达程度降低则表示缺失的是一个激活子序列；基因表达组织特异性方面的改变可被用于确定启动子的组织相关性调控元件。

构建缺失突变体最简单的做法是从 5'-端连续删除调控区序列，再把不同长度的调控区插入到报告基因的上游，构建表达载体。把重组体导入宿主生物体后，确定报告基因的表达模式，可推断出缺失的 DNA 片段在基因表达调控中的作用。

在图 12-16 中，结构基因的上游调控区包括启动子序列和大肠杆菌的 cAMP 受体蛋白 CRP 的结合序列。分别将 5'-端删除了不同长度的调控序列与报告基因 *lacZ* 融合，转化细胞后分析 β-半乳糖苷酶的活性。完整的上游序列驱动报告基因高水平表达。除去最外侧的一段序列对调控区的活性影响很小，说明在这个区域不存在重要的调控元件。当除去了 CRP 结合位点，β-半乳糖苷酶的活性降低了一半，表明 CRP 增强基因的表达。当启动子区被删除一半时，酶的活性几乎降为零，证明上述两个位点控制着报告基因的活性，因此也控制着被取代的结构基因的表达。

(a) 将不同长度的调控区与报告基因融合

(b) β-半乳糖苷酶活性检测

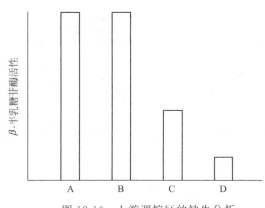

图 12-16　上游调控区的缺失分析

12.2.3　确定上游调控区中的蛋白质结合位点

12.2.3.1　凝胶阻滞实验

　　基因的上游调控区通常含有调控蛋白的结合位点，凝胶阻滞实验（gel retardation assay）可以用来检测调控蛋白与 DNA 间特异性的相互作用（图 12-17）。其原理是结合了蛋白质的核酸探针在非变性聚丙烯酰胺凝胶中的泳动速度变慢，迁移率降低。在检测调控区是否与调控蛋白结合时，首先用一种限制性内切酶消化基因的上游区，并将酶切片段分成两份。其中一份与纯化的调控蛋白共同温育，另一份作为对照进行低离子强度聚丙烯酰胺凝胶电泳和放射自显影检测。如果调控蛋白与某一个限制片段结合，复合体泳动速度变慢，在放射自显影胶片上形成比对照样品中游离 DNA 片段滞后的带型。

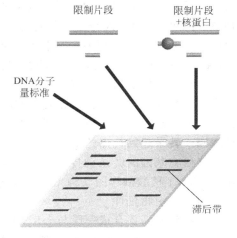

图 12-17　凝胶阻滞实验
细胞核蛋白与调控区的一个限制性片段结合，导致该限制性片段泳动速度减慢

12.2.3.2　足迹分析

　　凝胶阻滞实验只能确定调控区中哪一个限制性片段与调控蛋白结合，但不能用来定位蛋白质在 DNA 分子上的结合位点。要在凝胶阻滞实验识别的限制性片段中精确定位蛋白质的结合位点通常需要进行足迹（footprinting）分析，其原理是调控蛋白和 DNA 调控序列结合，能够保护这段 DNA 区域不被内切核酸酶降解（图 12-18）。

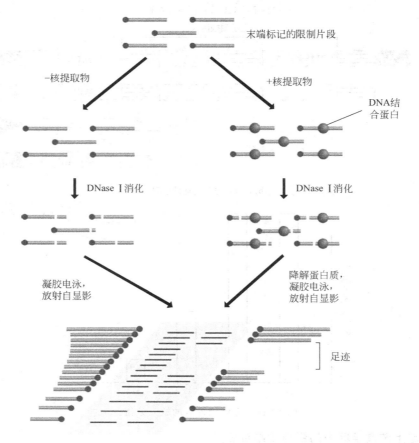

图 12-18　足迹分析

结合在 DNA 分子上的蛋白质保护 DNA 分子免受 DNase Ⅰ 的切割

　　足迹法的实验步骤与 DNA 化学测序法有些相似。首先，对待测的双链 DNA 片段中的一条单链进行末端标记，然后将样品分成两份，其中一份与蛋白质混合。再向每份样品中加入一定量的 DNase Ⅰ，使之在 DNA 链上随机形成切口。之所以选择 DNase Ⅰ，是因为这种核酸酶可以在 DNA 分子上任意两个核苷酸间切断磷酸二酯键。水解未被保护的 DNA 产生的是一系列长度仅相差一个核苷酸的 DNA 片段。但是，如果有一种蛋白质已经结合到 DNA 分子的某一特定区段上，那么它将保护这一区段免受 DNase Ⅰ 的降解，因而也就不能产生出相应长度的切割条带。将两种 DNA 样品并排加样在变性的 DNA 测序胶中进行电泳分离，经放射自显影，在电泳凝胶的放射自显影图片上，相应于蛋白质结合部位是没有放射性条带的，出现一个空白的区域，人们形象地称之为足迹。

12.2.4　转录起始位点的确定

　　要研究基因的转录调控需要知道转录起始的精确位点。利用引物延伸 (primer extension) 和 S1 核酸酶作图 (S1 nuclease mapping) 可以对 mRNA 的 5′-端进行精确作图。

12.2.4.1　引物延伸

　　引物延伸需要合成一段与 mRNA 互补的寡核苷酸作为引物。5′-端标记的引物与靶 mRNA 退火后，反转录酶延伸引物至 mRNA 的 5′-末端，合成一段与 mRNA 互补的 DNA 序列。通过聚丙烯酰胺凝胶电泳和放射自显影确定单链 DNA 分子的长度，从而可以在 DNA 序列上定位转录产物的 5′-端位置 (图 12-19)。

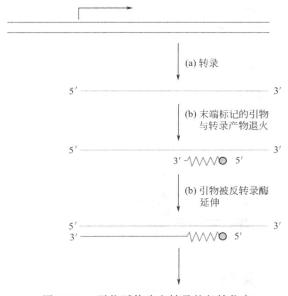

图 12-19 引物延伸确定转录的起始位点

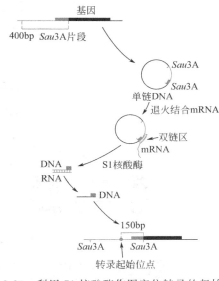

图 12-20 利用 S1 核酸酶作图定位转录的起始位点

12.2.4.2 S1 核酸酶作图

另外一种确定转录起始位点的方法是 S1 核酸酶作图。S1 核酸酶是一种从米曲霉（Aspergillus oryzae）中提取出的内切核酸酶，只能切割单链 RNA 或 DNA，但对双链 DNA 以及 DNA-RNA 杂交体均不起作用。进行 S1 核酸酶作图时，需要将含有转录起始位点的 DNA 片段克隆至合适的载体，产生单链 DNA 探针。在图 12-20 所示的例子中，400bp 的 Sau3A 限制片段被插入到 M13 载体中，转化大肠杆菌细胞，在有放射性脱氧核苷酸前体存在的条件下，制备含有 Sau3A 限制片段的单链 M13 DNA 分子作为探针。

加入 mRNA 样品后，经退火，mRNA 与 DNA 结合。DNA 分子仍以单链为主，但其上与 mRNA 互补的区域，包括转录的起始位点，形成异源双链区。加入 S1 核酸酶消化所有的单链 RNA 和 DNA，只有 RNA-DNA 杂交体被保留下来。沉淀杂交体后，用碱消化 RNA，释放出单链 DNA。通过聚丙烯酰胺凝胶电泳和放射自显影确定被保护的单链 DNA 的长度后，便可绘出转录起始位点的图谱。同样的策略也可以被用来定位转录终止位点、内含子和外显子之间的连接点。

12.2.5 转录组分析

在任一特定条件下，细胞内所有 RNA 转录本的集合称为转录组。因此，描述转录组需要鉴定出在特定条件下细胞所含的 mRNA 的种类和相对丰度。有几项技术可以对转录组进行检测。

12.2.5.1 基因表达系列分析

研究转录组最直接的办法是将 mRNA 反转录成 cDNA，然后对构建好的 cDNA 文库中每个克隆进行测序。这种方法的缺点是费时费力，如果对比两个或多个转录组，花费的时间会更多。基因表达系列分析（serial analysis of gene expression，SAGE）是一种快速、高效分析组织或细胞转录组的方法。其理论依据是来自转录物内特定位置的一小段核苷酸序列可以代表转录组中的一种 mRNA。通过一种简单的方法将这些标签串联在一起，形成大量的多联体，并对多联体进行克隆和测序，然后应用 SAGE 软件对测序结果进行分析，确定表达基因的种类，标签出现的频率还可以反映基因的表达水平（图 12-21）。

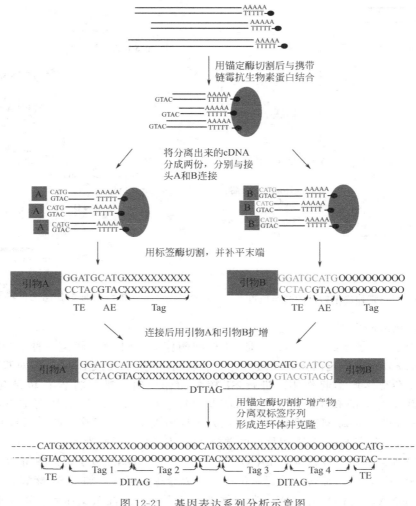

图 12-21　基因表达系列分析示意图

　　具体操作时，首先从目标细胞或组织中分离出 mRNA，然后以生物素标记的寡聚（dT）为引物反转录合成第一链 cDNA，并在此基础上合成双链 cDNA。用识别 4 个碱基的限制性内切酶（例如 *Nla* Ⅲ）切割 cDNA，该酶称为锚定酶（anchoring enzyme，AE）。切割后用带有链霉抗生物素蛋白的磁珠分离 cDNA 的 3′-末端，并将回收到的 cDNA 分成两部分，分别连接接头 A 和 B。接头 A 和 B 长 40bp，均含有一种标签酶（tagging enzyme，TE）的识别位点（例如 *Bsm* FⅠ的识别位点）。

　　接着分别用 *Bsm* FⅠ消化带有接头的 cDNA。*Bsm* FⅠ结合到接头中的识别位点，并在其下游 14bp 处切断 cDNA。被切下来的标签片段长 54bp（接头 40bp＋*Bsm* FⅠ识别位点下游序列 14bp）。将连接有接头 A 和接头 B 的 cDNA 片段补平，混合连接，然后以接头序列设计引物进行 PCR 扩增，产生大量尾尾连接的双标签序列。再次用锚定酶切割双标签序列，通过凝胶电泳将双标签序列纯化出来，然后连接形成有 AE 位点隔开、由不同双标签序列构成的多联体。经电泳分离后，收集大小适中的片段克隆至质粒载体，形成 SAGE 库。随机挑选 SAGE 文库中的克隆进行测序，并用专门的 SAGE 软件对标签进行分类和计数，生成相应的报告和丰度指标。

　　SAGE 技术的最后测序对象是标签多聚体，可以在一次测序结果中同时得到 20～80 个标签序列，这样通过 3000～5000 个测序反应，就可以得到约 100000 个标签序列，通过分析平均可以得到 5000～10000 种转录本的表达信息，与大规模 cDNA 随机测序相比测序量大大降低。

12.2.5.2　用基因芯片和微阵列技术研究转录组

利用基因芯片进行转录组分析时，要求固体支持物上必须携带有与某种细胞或组织中的所有 mRNA 互补的 DNA 序列。这些 DNA 序列可以点样在尼龙膜或玻璃片上。目前的技术可以达到每平方厘米印制大约 100000 个特征点，每一个特征点与一种 mRNA 互补配对。与尼龙膜相比，在玻璃载片上可以印制更高的密度。也可以直接在玻璃片或硅片的表面原位合成寡核苷酸，制备更高密度的阵列。这种原位合成的阵列称为基因芯片（gene chip），由美国 Affymetrix 公司独家制造。这些芯片的密度高达每平方厘米 1000000 个特征点，每个特征点由多达 10^9 个长度为 25nt 的单链寡核苷酸组成。

在芯片上原位合成寡核苷酸利用了固相化学、光敏保护基团及光敏蚀刻技术。首先在玻璃片上涂布一层连接分子，连接分子的羟基结合有可以被光去除的光敏保护基团。在每一次合成循环中，一些特定的位点被光掩蔽膜覆盖，而另一些位点经过曝光处理，除去保护基团。在玻璃基片上添加 5′-OH 结合有光敏基团的核苷酸与暴露出的活性羟基进行偶联反应，然后洗去未有效结合的单体。应用常规 DNA 合成步骤，将未偶联的活性羟基封闭，对新形成的亚磷酸三酯进行氧化，使之成为磷酸三酯键，从而完成一次循环（图 12-22）。每一循环只添加一种核苷酸与所有被暴露的位点发生偶联反应。更换不同的光掩蔽膜，重复上述步骤，直至所需的 DNA 微阵列合成完毕。

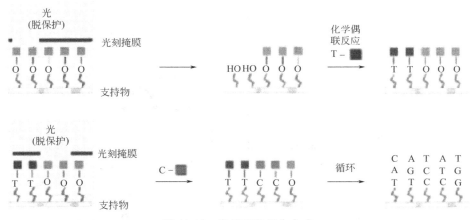

图 12-22　寡核苷酸原位合成

在利用基因芯片和微阵列进行转录组分析时，需要将样品中的 mRNA 反转录成 cDNA。cDNA 被标记后加到芯片上，与微阵列杂交。在每一个杂交位点上，代表一个基因的寡核苷酸与该基因的 cDNA 序列形成了双链体，这样就可以确定样品中哪些基因被转录。如果进行非饱和杂交，则微阵列上每个特征位点的信号强度表示基因的转录水平。

如果微阵列是固定在尼龙膜上的，则这种阵列要求与放射性标记的核酸样本杂交，杂交信号用磷屏成像设备检查和定量。由于放射性信号的分辨率较低，导致阵列上的特征点不能排列得非常紧密。因此，尼龙阵列的尺寸较大，有时也称为宏阵列（macroarray）。玻璃基质的自发荧光很小，以玻璃片为基质制作的微阵列，可以与荧光标记的核酸样本杂交。如果两种 RNA 样品分别用不同的荧光染料标记，等量混合后可以与一张芯片进行杂交。通常人们用发绿色荧光的 Cy3 标定一个样本，而用发红色荧光的 Cy5 标定另一个样本。杂交被终止后，用激光激发的手段来测量每个特征点的荧光特性，并且把结果转化成两个样本中基因的表达水平。如果特定 RNA 仅出现在 Cy3 标记的样本中，阵列中相应的特征点就呈绿色；如果另一种 RNA 仅出现在 Cy5 标定的样本中，该点样就呈红色。如果该 RNA 在两种样本中等量出现，特征点将呈黄色（图 12-23）。

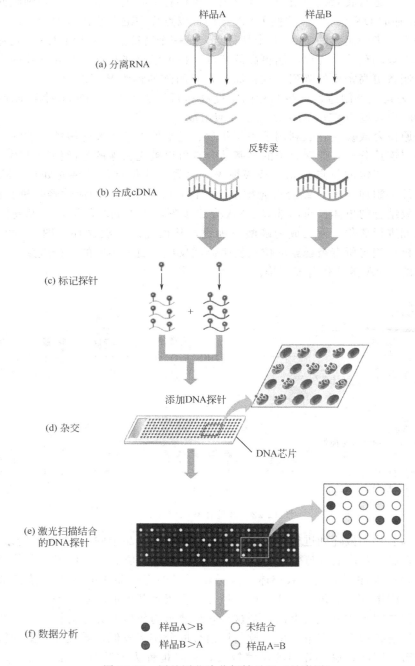

图 12-23 用基因芯片分析转录组（见彩图）

为了比较两种不同条件下生长的细胞的转录组，将在不同条件下生长的细胞的 mRNA 分离出来，
反转录成 cDNA 后分别用不同的荧光染料标记，然后将荧光标记的 cDNA 与芯片上的探
针杂交。由于使用了两种荧光染料，可以在一张芯片上对两种样品进行分析

12.3　蛋白质组学

蛋白质组是细胞中所有蛋白质的集合，蛋白质组学是研究细胞中蛋白质组成的方法学。蛋白质组是联系基因组和细胞生化功能的中心环节。转录组并不能代表蛋白质组，因为转录组只能准确显示在特定细胞内哪些基因开启，但不能准确说明基因编码的蛋白质是否真的合成。转录组和蛋白质组不对等，最主要的原因是：①在某一特定时刻不是所有的 mRNA 都被翻译；②不同的 mRNA 的翻译效率存在差异；③细胞蛋白质的组成是由新蛋白的合成和已有蛋白质的降解决定的。因此，要获得完整的基因组表达谱就需要研究蛋白质组。解读不同蛋白质组是了解基因组如何发挥功能的关键。

12.3.1　蛋白质电泳

依据分子量不同分离蛋白质，需要先将蛋白质样品在十二烷基磺酸钠（sodium didecylsulfate，SDS）溶液中煮沸。SDS 可以破坏蛋白质的三维结构，使蛋白质变性（图 12-24）。SDS 为一兼性分子，具有一个疏水的尾部和一个亲水的头部，其疏水的尾部缠绕在多肽链的骨架上，阻止多肽链重新折叠，使大多数蛋白质呈现相似的构象。SDS 的亲水基团使蛋白质溶于水，并带上负电荷。蛋白质结合的负电荷与蛋白质的长度呈正比，因此 SDS 凝胶电泳完全按大小分离蛋白质，较小的蛋白质移动较快。因为蛋白质比 DNA 和 RNA 小得多，分离蛋白质时要使用聚丙烯酰胺制成的凝胶，这种凝胶的孔径比琼脂糖凝胶的孔径小。电泳后，通过染色处理使蛋白质条带显色。有两种常用的染料可供选择，一种是考马斯亮蓝，这种蓝色染料与蛋白质紧密结合，但不结合凝胶；另一种是含银的化合物，银原子能够和蛋白

(a) SDS的分子结构

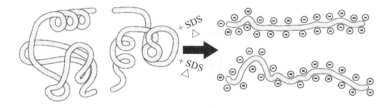

(b) 在SDS溶液中加热破坏蛋白质的三维结构，并使多肽链带上负电荷

(c) 聚丙烯酰胺凝胶电泳

聚丙烯酰胺凝胶

图 12-24　SDS-聚丙烯酰胺凝胶电泳

质紧密结合产生黑色或紫红色的复合物。与考马斯亮蓝相比，银染更加灵敏。

12.3.2　双向 PAGE 电泳

在研究蛋白质组的过程中，需要利用双向电泳技术分离细胞或组织中的全部蛋白质。双向电泳是指利用蛋白质所带的电荷和分子量大小的差异，通过两次凝胶电泳达到分离蛋白质群的技术。第一向电泳依据蛋白质的等电点不同，通过等电聚焦将带不同净电荷的蛋白质进行分离。在进行等电聚焦时，首先沿着柱状胶条形成一个稳定、连续的 pH 梯度，利用样品中蛋白质等电点的不同，进行分离和分析。在第一向凝胶电泳的基础上进行第二向的 SDS-聚丙烯酰胺凝胶电泳，依据蛋白质分子量的不同将之分离。染色后，在凝胶上产生了许多二维式的点，这些点具有不同的大小、形状和强度，每一个点代表不同的蛋白质或相关的蛋白质组合（图 12-25）。

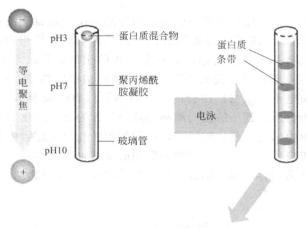

a. 从玻璃管中取出凝胶
b. 用SDS处理管状凝胶
c. 将管状凝胶放置于聚丙烯酰胺凝胶平板的顶端

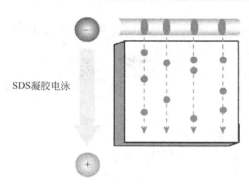

图 12-25　双向聚丙烯酰胺凝胶电泳

当比较两个不同蛋白质组的双向凝胶电泳结果时，通过分析这些点不同的分布模式，能够清楚地看出两个蛋白质组的不同之处。为了鉴定特殊点迹中的蛋白质成分，需要把样品从凝胶中纯化出来，然后用蛋白酶处理，使多肽链在特殊氨基酸序列上被切断。然后，对肽段进行质谱分析。质谱分析能够确定每条肽段的氨基酸组成，但这些信息通常足够用来从基因组序列中识别出相应的编码基因。

12.3.3　蛋白质 Western 印迹

Western 印迹可以检测蛋白质样品中某一特定的蛋白质（图 12-26）。首先，利用 SDS-

PAGE 或者双向电泳技术对蛋白质进行分离。然后将蛋白质从凝胶中转移至固体支持物（如硝酸纤维素膜）上。为了检测附着于膜上的某一特定的蛋白质，需要有针对这种蛋白质的抗体。硝酸纤维素膜上有许多蛋白质的非特异性结合位点，这些位点必须用非特异性蛋白质溶液进行封阻。特异性抗体被加在封阻液中，与目标蛋白结合。抗体-目标蛋白复合物用带有标记物的二抗检测，常用的是连接有碱性磷酸酶的二抗，因此印迹上的蛋白质条带可以用 X-phos 显示。

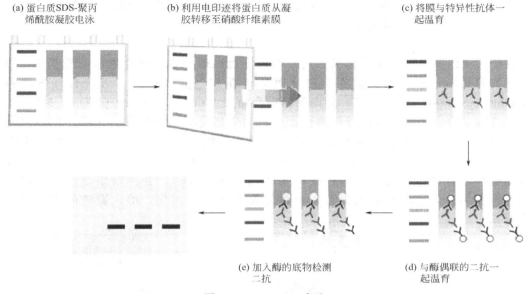

(a) 蛋白质SDS-聚丙烯酰胺凝胶电泳　　(b) 利用电印迹将蛋白质从凝胶转移至硝酸纤维素膜　　(c) 将膜与特异性抗体一起温育

(e) 加入酶的底物检测二抗　　(d) 与酶偶联的二抗一起温育

图 12-26　Western 印迹

12.3.4　蛋白质标签系统

12.3.4.1　组氨酸标签

蛋白质标签是指利用 DNA 体外重组技术添加到目的蛋白末端的短肽或完整的多肽链，有利于目的蛋白的表达、检测、示踪和纯化。第一个广泛使用的蛋白质标签是组氨酸标签（hisditine tag）。这是一种由 6 个串联的组氨酸残基组成的标签，可以添加在靶蛋白的氨基端或羧基端。组蛋白标签可以与镍离子紧密结合（图 12-27），因此带有组氨酸标签的重组

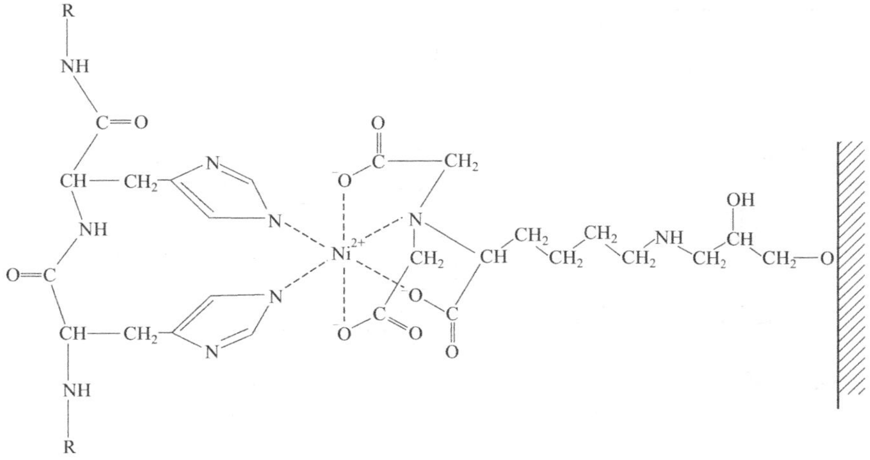

图 12-27　利用镍离子亲和色谱分离组氨酸标签重组蛋白

蛋白能够用螯合有镍离子的色谱柱纯化（金属螯合柱色谱）。

12.3.4.2 FLAG 标签和链霉素标签

另外两个广泛使用的短标签是 FLAG 标签和链霉素标签（Strep tag）。FLAG 标签为 8 个氨基酸构成的亲水性多肽。FLAG 作为标签可被抗 FLAG 的抗体识别，这样就可以方便地利用 Western 印迹对含有 FLAG 标签的融合蛋白进行检测和鉴定。把抗 FLAG 的抗体结合在合适的基质上可以制成亲和柱纯化带有 FLAG 标签的重组蛋白。Strep 标签由 10 个氨基酸残基组成，带有这种标签的融合蛋白可以通过链霉抗生物素蛋白亲和色谱纯化分离。结合在柱上的融合蛋白可以用低浓度的生物素竞争性地洗脱下来。

12.3.4.3 全长蛋白作为融合标签

完整的蛋白质也可以作为标签。这样的标签蛋白通常置于融合蛋白的氨基端，以利于翻译的起始。三种常见的标签蛋白分别是 A 蛋白（protein A）、谷胱甘肽-S-转移酶（glutathione-S-transferase，GST）和麦芽糖结合蛋白（maltose-binding protein，MBP），它们可以提高融合蛋白的稳定性与可溶性，也有利于融合蛋白的纯化。A 蛋白的融合蛋白可以通过连接有 A 蛋白抗体的色谱柱纯化，融合蛋白在酸性条件下洗脱。谷胱甘肽-S-转移酶与谷胱甘肽结合，所以谷胱甘肽-S-转移酶融合蛋白可以用含有还原型谷胱甘肽的琼脂糖凝胶柱纯化，用游离的谷胱甘肽洗脱（图 12-28）。麦芽糖结合蛋白可以与麦芽糖和淀粉结合，它的融合蛋白可以通过淀粉亲和色谱纯化，加入游离的麦芽糖洗脱融合蛋白。

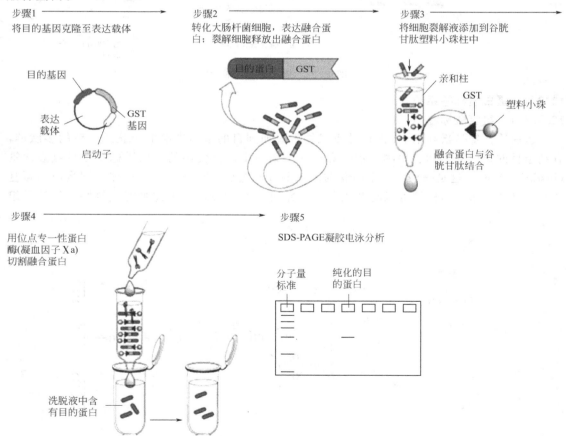

图 12-28 谷胱甘肽-S-转移酶标签的重组蛋白的表达与纯化

12.3.4.4　自我切割的内含肽标签

人们在内含肽的基础上开发出了具有自我切割功能的亲和标签，利用这种标签可以避免外源蛋白酶的加入以及后期对蛋白酶的清除等步骤。内含肽是存在于某些前体蛋白中的一段氨基酸序列，在前体蛋白转化为成熟蛋白的过程中，内含肽依靠自我剪切作用从前体蛋白中释放出来，同时将两端的外显肽连接在一起。修饰后的内含肽能介导 N 端或 C 端单侧肽键断裂，与蛋白质亲和纯化技术联合应用，可以高效分离纯化重组蛋白。

几丁质结合标签亲和纯化系统使用了来自于酿酒酵母 *VMA1* 基因的内含肽。该内含肽被修饰后只能在它的 N 端进行自我切割，在低温条件下，巯基试剂（例如 DTT）可以诱发这种自我切割反应。内含肽的 C 端连接一个几丁质结合域，在内含肽和几丁质结合域编码区的上游是多克隆位点。目的基因插入后，在合适的宿主系统中表达出一个由目标蛋白、内含肽和几丁质结合域组成的融合蛋白，再利用固定在树脂上的几丁质截留融合蛋白。加入DTT，并在 4℃下温育，可以诱发内含肽发生自我切割，释放出靶蛋白。而内含肽标签和几丁质结合域仍结合在几丁质柱上。

12.3.5　噬菌体展示

噬菌体展示技术的原理是将外源蛋白质或多肽的编码序列与噬菌体的衣壳蛋白基因融合，在转染大肠杆菌之后，融合基因指导产生融合蛋白。当融合蛋白被组装到子代噬菌体的蛋白质衣壳中时，外源蛋白就被展示于噬菌体颗粒的表面，并且被展示的外源肽或蛋白可保持相对独立的空间结构和生物活性。同时，编码融合蛋白的基因作为噬菌体基因组的一部分被包裹在噬菌体的内部。噬菌体展示技术最主要的用途是分离与靶分子相互作用的蛋白质。

丝状噬菌体 M13 常常被用于噬菌体展示实验。M13 噬菌体增殖时，宿主细胞并不被裂解，子代噬菌体不断地从宿主细胞中分泌出来。由于没有宿主细胞裂解产生的细胞碎片，子代噬菌体颗粒的纯化相对简单。有三种 M13 结构蛋白被用于展示外源蛋白，其中 pⅢ 展示系统最为常用。pⅢ 是一种次要的衣壳蛋白，仅有 5 个拷贝，在结构上 pⅢ 可分为 N1、N2 和 CT 三个功能区域，它们通过两段富含甘氨酸的连接肽 G1 和 G2 相连接（图 12-29）。其中，N1 和 N2 与噬菌体吸附大肠杆菌的菌毛及穿透细胞膜有关，而 CT 构成噬菌体蛋白外壳的一部分，并将整个 pⅢ 蛋白的 C 端结构域锚定于噬菌体的一端。当外源的多肽或蛋白质融合于 pⅢ 蛋白的信号肽和 N1 之间时，该系统保留了完整的 pⅢ 蛋白，噬菌体仍有感染性。

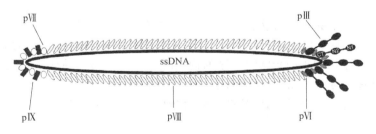

图 12-29　M13 噬菌体

M13 噬菌体呈丝状，直径大约 6.5nm，长度约 1μm。其单链 DNA 基因组被包裹在蛋白质
衣壳中。筒状衣壳的壁由大约 2700 个主要衣壳蛋白（pⅧ）组成。4 种次要衣
壳蛋白（pⅦ、pⅨ、pⅢ 和 pⅥ）分别组装于丝状噬菌体的两端

也可以将随机多肽 DNA 盒（random peptide DNA cassette）插入到上述位点，构建噬菌体展示库（phage display library）。展示库由许多重组噬菌体组成，每一重组噬菌体"展

示"一种不同的肽段。展示在噬菌体表面与特定靶蛋白发生专一性结合的目的肽段可通过淘选（panning）得到分离（图 12-30）。展示文库与固定在固体支持物（例如微量滴定盘的小孔）上的靶分子一起温育，然后洗去不能结合的噬菌体。将与靶分子结合的噬菌体洗脱，并通过侵染大肠杆菌进行扩增，然后对分离出来的子代噬菌体再进行新一轮的吸附—洗涤—洗脱—繁殖过程，使能够与测试蛋白相互作用的噬菌体得到富集。对分离出的噬菌体 DNA 测序，可以得到编码目的肽段的 DNA 序列。

(a) 目的基因与一种衣壳蛋白基因融合

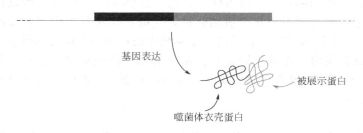

(b) 通过淘洗从展示文库中分离与测试蛋白发生相互作用的噬菌体颗粒

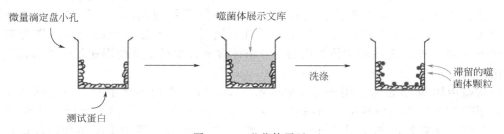

图 12-30　噬菌体展示

12.3.6　酵母双杂交系统

许多真核生物的转录因子都是由两个结构上可以分开、功能上相互独立的结构域组成。例如，酵母半乳糖苷酶基因的转录激活因子 Gal4，其 N 端有一个 DNA 结合域（DNA-binding domain，DBD），C 端有一个转录激活域（activation domain，AD）。Gal4 的 DBD 能够识别其效应基因的上游激活序列并与之结合，通过 AD 启动下游效应基因的转录。

通过酵母双杂交体系分析 X 蛋白和 Y 蛋白是否存在相互作用时，需要两种穿梭质粒载体（图 12-31）：第一种载体是 DBD 质粒载体，X 蛋白的编码序列按正确的方式插入到载体的多克隆位点后，与 Gal4 的 DBD 编码序列构成融合基因；第二种载体叫 AD 质粒载体，Y 蛋白的编码区插入后与 Gal4 的 AD 编码序列构成融合基因。这样两种载体出现在同一个细胞时，可以表达产生 DBD-X 和 AD-Y 两种融合蛋白，而且在核定位序列的作用下进入到酵母的细胞核内。

酵母双杂交实验所使用的宿主细胞带有报告基因。在报告基因启动子的上游有上游激活序列 UAS_G。由于基因组中的 Gal4 的编码基因被剔除，所以报告基因在宿主细胞内并不表达。如果 X 蛋白和 Y 蛋白之间存在相互作用，DBD-X 和 AD-Y 可以结合形成一个复合体，并与报告基因上游的 UAS_G 结合激活报告基因的表达。如果 X 蛋白和 Y 蛋白之间不存在相互作用，DBD-X 和 AD-Y 不能相互结合，报告基因就不会表达。

酵母双杂交体系的本质是将转录因子的 DNA 结合域和转录激活域分开，分别与 X 和 Y

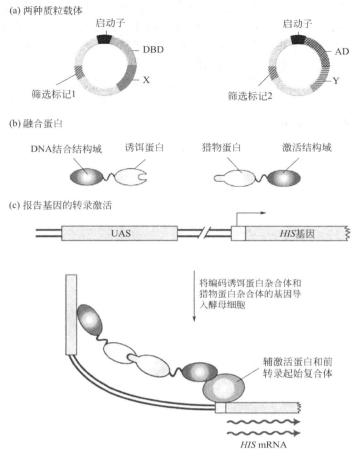

图 12-31　酵母双杂交系统

两种蛋白质形成 DBD-X 和 AD-Y 融合蛋白，通过报告基因是否表达来判断 X 和 Y 两种蛋白质之间是否存在相互作用，其最大的优点是不需要分离纯化蛋白质，整个过程只对核酸进行操作。在这个体系中，DBD-X 一般被称为诱饵蛋白（bait protein），AD-Y 被称为猎物蛋白（prey protein）。

12.3.7　免疫共沉淀

免疫共沉淀（co-immunoprecipitation）是确定生理条件下两种蛋白质在完整细胞内是否发生相互作用的有效方法。其原理是：如果用针对蛋白质 X 的抗体将该蛋白从细胞抽提物中沉淀下来，那么在细胞内与该蛋白发生相互作用的蛋白质 Y 也会伴随着它一同沉淀下来。这种方法常用于测定两种目标蛋白质是否在体内结合，也可用于确定一种特定蛋白质新的作用伙伴。

在哺乳动物细胞中，可以通过免疫共沉淀研究蛋白质之间的相互作用。将目的蛋白的基因导入哺乳动物细胞，表达出的目的蛋白可以通过特异性抗体分离出来。如果没有针对目的蛋白的抗体，可以在目的蛋白上连接 FLAG 短肽（也可以是其他的短肽标签），这样就可以利用针对 FLAG 标签的抗体来分离目的蛋白。来自于金黄色葡萄球菌（Staphylococcus）的 A 蛋白能够与抗体紧密结合，因此包被有 A 蛋白的微珠可以用于分离抗体以及与抗体结合在一起的蛋白质复合体。对分离纯化的蛋白质复合体进行 SDS-PAGE 电泳，确定复合体中蛋白质的数量，利用质谱或者蛋白质测序技术可以对纯化出的蛋白质进行鉴定。

利用双杂交系统鉴定出的蛋白质之间的相互作用还需要用免疫共沉淀技术加以验证。首先，通过 DNA 重组技术，将两种蛋白质分别连接上不同的标签，例如 FLAG 标签或者 His6 标签。将构建的重组体共转染培养的哺乳动物细胞。在细胞抽提物中加入针对一种标签的抗体温育，抗体复合物通过结合在固体支持物上的 A 蛋白分离，并对分离出的复合体进行 SDS-PAGE 电泳。电泳结束后，将凝胶中的蛋白质条带转移至硝酸纤维素膜，然后利用针对 FLAG 和 His6 标签的抗体进行鉴定。如果两种蛋白质在哺乳动物细胞中存在相互作用，那么它们将同时出现在 Western 印迹上。

参 考 文 献

［1］ Brown T A. 基因组 3. 袁建刚等译. 北京：科学出版社，2009.

［2］ Campbell A M，Heyer L J. 探索基因组学、蛋白质组学和生物信息学. 第 2 版. 孙之荣等译. 北京：科学出版社，2007.

［3］ Clark D. Molecular Biology：Understanding the Genetic Revolution. 2nd edition. 北京：科学出版社，2007.

［4］ Lodish H，Berk A，Zipursky S L，*et al*. Molecular Cell Biology. 4th edition. New York：W H Freeman Company，2000.

［5］ Malacinski G M，Freifelder. Essentials of Molecular Biology. 3rd edition. 北京：科学出版社，2006.

［6］ Strachan T，Read A P. Human Molecular Genetics. 2nd edition. New York：BIOS Scientific Publishes Ltd，1999.

［7］ Watson J D，Baker T A，Bell S P，*et al*. 基因的分子生物学. 第 5 版. 北京：科学出版社，2005.

［8］ Hartl D L，Jones E W. Genetics：Principles and Analysis. 4th edition. Toronto：Jones and Bartlett Publishers，1998.

［9］ 丹尼斯，加拉格尔. 人类的基因组：我们的 DNA. 林侠等译. 北京：科学出版社，2003.

［10］ 李振刚. 分子遗传学. 第 3 版. 北京：科学出版社，2011.

［11］ 楼士林，杨昌盛，龙敏南. 基因工程. 北京：科学出版社，2005.

［12］ 吴乃虎. 基因工程原理. 北京：科学出版社，2006.

［13］ 徐晋麟，陈淳，徐沁. 基因工程原理. 北京：科学出版社，2008.

［14］ 徐子勤. 功能基因组学. 北京：科学出版社，2007.

［15］ 杨荣武，郑伟娟，张敏跃. 分子生物学. 南京：南京大学出版社，2007.

［16］ 翟中和，王喜忠，丁明孝. 细胞生物学. 北京：高等教育出版社，2006.

［17］ 赵寿元，乔守义. 现代遗传学. 北京：高等教育出版社，2008.

［18］ 朱玉贤，李毅，郑晓峰. 现代分子生物学. 第 3 版. 北京：高等教育出版社，2008.